디스플레이와 광원의
색 구현기술

Peter Bodrogi, Tran Quoc Khanh 지음

이승배, 이은정, 이자은, 정종호 옮김

Σ 시그마프레스

디스플레이와 광원의 색 구현기술

발행일 | 2017년 1월 5일 1쇄 발행

지은이 | Peter Bodrogi, Tran Quoc Khanh
옮긴이 | 이승배, 이은정, 이자은, 정종호
발행인 | 강학경
발행처 | (주)시그마프레스
디자인 | 이상화
편집 | 문수진

등록번호 | 제10-2642호
주소 | 서울시 영등포구 양평로 22길 21 선유도코오롱디지털타워 A401~403호
전자우편 | sigma@spress.co.kr
홈페이지 | http://www.sigmapress.co.kr
전화 | (02)323-4845, (02)2062-5184~8
팩스 | (02)323-4197

ISBN | 978-89-6866-763-3

Illumination, Color and Imaging: Evaluation and Optimization of Visual Displays

이 도서의 국립중앙도서관 출판예정도서목록(CIP)은 서지정보유통지원시스템 홈페이지(http://seoji.nl.go.kr)와 국가자료공동목록시스템(http://www.nl.go.kr/kolisnet)에서 이용하실 수 있습니다.(CIP제어번호: CIP2016031938)

역자 서문

인간의 시각 체계를 통하여 정보를 제공하는 디스플레이 산업의 발전은 최근 들어 더욱 급속하게 진화하고 있다. TV와 스마트폰을 비롯하여 웨어러블 디스플레이, 퍼블릭 디스플레이 등 다양한 시각정보 기기의 발달과 더불어 사용자 입장에서 실제로 인지되는 올바른 화질 성능에 대한 중요성이 더욱 부각되고 있다. 그러나 아직도 디스플레이의 화질 성능은 그 디스플레이가 표현하는 광학 특성을 물리적인 입장에서 바라본 광 계측 기술로 다루어지고 있는 실정이다. 전기 광학 계측 시스템을 활용하여 측정되어 그 수치로 화질의 품위를 평가하는 것이 일반화되어 널리 사용되고 있다. 또한 그 많은 측정 방법들이 국제 표준으로 정의되어 있고, 이때 측정된 결과의 수치들은 화질 성능의 지표와 화질 마케팅용으로 사용되고 있다. 그러나 대부분의 화질 성능은 사용자 입장에서 인간의 눈을 통해 얻은 인지되는 화질 성능과 불일치하고 있어 객관적인 화질 평가에 불편함이 발생하고 있다. 이는 그 수치의 크기가 인지 화질 성능의 크기와 일관성이 부족하고, 또 사용자의 시청 환경이 반영되지 않은 결과를 사용함에 따라 발생하는 경우가 많다. 그럼에도 불구하고 마케팅을 극대화하기 위한 바람직하지 않은 수치 경쟁은 반복되고 있는 것이 현실이다.

이 책은 디스플레이 원리를 잘 이해하고 있을 뿐 아니라 광학 기술과 인간의 시각 기능에 대한 전문가가 저술한 책으로 화질 성능을 인지적인 차원에서 해석하고 연구하는 데 매우 유용한 내용으로 구성되어 있다. 시각 기능의 원리에서부터 다양한 디스플레이의 색채 처리 기술과 화질 향상 기술뿐 아니라 조명이 있는 상황에서의 화질 최적화에 대한 기술까지 다루고 있다.

이 책은 디스플레이에 관심이 있는 초보자부터 디스플레이의 화질 성능을 향상시키거나 객관적으로 평가하는 연구 개발자와 디스플레이와 관련해 공부하는 대학생 및 대학원생들에게 반드시 필요한 책이다. 미래 디스플레이의 성능은 지금보다 더 다양한 환경과 더 많은 콘텐츠를 제공하는 데 적합한 기술 개발이 요구되고 있다. 이는 향후 사용자의 행동 패턴을 이해하고 이와 부합하는 올바른 디스플레이 성능을 충족하는 기술 개발이 필요하다는 의미기도 하다. 이 책은 디스플레이 성능의 올바른 이해와 바람직한 연구 개발 방향을 정립하는 데 유익하게 사용될 수 있을 것으로 확신한다.

디스플레이가 지금까지 인간이 사용하고 있는 많은 전자 기기 제품에 활용되고 있다는 것은 언급할 필요도 없지만, 향후에는 더 많은 제품과 보다 넓은 영역에서 인간에게 유용한 정보를 제공하는 역할을 수행해 나갈 것이 분명하다. 지금까지는 단순히 정보를 제공하는 수준이었다면 미래에는 시각 기능을 통해 인간에게 감동을 주는 제품으로 진화해 나갈 수 있어야 한다고 생각한다. 따라서 이 책이 디스플레이를 통하여 인간의 삶이 보다 더 유익해지고 행복한 삶을 만드는 기술 개발의 지침서로 활용되기를 기대한다.

끝으로 이 책을 바쁜 업무에도 불구하고 분야별로 분할하여 많은 애착과 노력을 다해 번역함으로써 좋은 결실을 맺게 해 주신 삼성디스플레이 연구소에서 함께 근무하는 이자은 책임, 정종호 책임, 이은정 책임께 고마운 마음을 이곳에 표현하고자 한다.

2016년 11월
역자대표 이승배

시리즈 편집자 서문

디스플레이 제조 업체들은 많은 시간과 자원을 그들 디스플레이 제품의 시각적 특성을 향상시키는 데 투입한다. 이러한 개선은 해상도, 콘트라스트, 색 영역, 시야각 및 스위칭 속도를 포함한다. 그러나 주변광의 조도나 색조, 광원에 대해 너무 관심이 적기 때문에 디스플레이의 개발 방향은 종종 제멋대로이다. 조직 내에서 디스플레이 취급에 대해 책임이 있는 사람이 이러한 요소들에 대한 더 많은 지식을 가지고 이것들을 적절하게 조절할 수 있다면 시각적 경험은 얼마나 더 좋아지겠는가? 제조업자와 제품 개발자가 인간 시각계와 실제 세상에서 우리가 경험하는 색의 대부분의 색역에 의해 제한되는 실제적인 한계에 더 큰 관심을 가진다면 얼마나 더 효율적이겠는가? 마케팅 문장에는 너무나 빈번하게 단지 암실 조건하에서만 달성할 수 있는 엄청난 색역과 명암비가 들어가 있다.

이 시리즈의 가장 최근 책은 디스플레이 평가와 최적화 분야의 존경받을 만한 두 명의 전문가에 의해 집필되었다. 이 책은 내가 위에서 제기했던 문제점과 더 나은 제안들을 다룬다. 이 책은 매우 완성도가 높다. 사실 저자들이 서문에서 자세한 설명을 제공하고 있으므로 여기서 더 언급하지는 않겠다.

그러나 내가 말하고 싶은 몇 가지 일반적인 의견이 있다. 연구하고 있는 디스플레이를 측정하는 많은 사람들이 ─ 아마도 대부분이겠지만 ─ 그들의 특별한 디스플레이의 시간적 특성 및 콘트라스트 특성에 전적으로 관심을 가져왔다. 그에 대한 측정은 디스플레이의 기본적인 특징들이고 당연히 해야 할 일이다. 그러나 이 책에서 밝히고자 하는 것은 뒤따르는 개발 단계의 복잡성과 풍부함, 저자들의 말을 빌리자면 오늘날 기술적 난제를 해결하기 위하여 인간 시각계의 특성을 어떻게 사용하는가 하는 것이다. 이러한 문제는 컬러 모니터의 특성화와 교정 및 디지털 TV 및 영화 애플리케이션에서의 컬러 매니지먼트에 기반한 비색계와 컬러 현상 같은 친숙한 요소를 포함한다. 그러나 그들은 또한 시각적 인체공학과 선호 영상 렌더링을 위한 3원색, 색 외연 개념, 색 기억, 그리고 색 선호에 기반한 컬러 디스플레이의 향상을 위한 픽셀과 서브픽셀 구조의 최적화와 같은 덜 익숙한 개념을 포함한다. 나는 노화과정과 관련된 시각적인 변화에 익숙해져 가는 중이지만, 나에게는 문화적 차이를 정량적으로 처리하는 것이 신선하였다. 책에서 소개하는 디스플레이가 궁극적으로 도전해야 할 과제들은 아마도 더 좋은 기회로 이어질 것이다. 도전 과제들은 실내 조명이나 디스플레이 백라이트로서 사용되는 현대 광원의 스펙트럼 세기 분포를 최적화하는 능력을 포함한다.

이 책은 이전에 발표되지 않은 자료가 상당히 포함되어 있다. 최신 작업은 많은 요구사항들이 포함되어 있으며 영상 취득과 디스플레이 장치 및 시스템의 발전, 광원과 조명 시스템, 그리고 영상 최적화 작업과 소프트웨어 제작에 연관된 사람에만 한정하지 않고 넓고 다양한 청중에게 큰 이점과 중요한 지침을 제공할 것이다.

Anthony C. Lowe

저자 서문

이 책은 사용하기 편리한 디자인, 인간공학 및 만족스러운 정보 표시를 위해 사람의 색 정보 처리 시스템의 지식을 활용하는 방법에 관한 논문이다. 디스플레이와 일반적인 조명을 위한 광원을 포함하는 현대의 자발광 시각 기술의 설계자를 위해 인간 시각계로부터 유도된 최적화 원리들이 나타나 있다. 이 책은 최근의 디스플레이 기술과 일반적인 실내 조명 광원 기술의 놀라운 발전과 함께 망막 광 수용체로부터 받은 정보로부터 뇌에서의 시각적 지각, 선호, 조화, 그리고 감성을 일으키는 인간의 색 정보 처리를 포괄적인 관점에서 파생된 전체적인 원리에 대한 전문적 교과서의 필요성으로 생겨났다. 이런 의미에서 이 책은 인간의 시각이나 색채계(colorimetry)나 색채 과학이나 디스플레이 기술이나 광원 기술에 관한 책이 아니다. 대신에 이 책은 어떻게 인간 시각계의 특징을 색 채계, 색 현상에 기반한 컬러 모니터의 특성화 및 캘리브레이션, 디지털 TV와 영화에서 컬러 매니지먼트, 3 원색이나 더 많은 원색을 사용하는 디스플레이를 위한 픽셀과 서브픽셀의 구조, 색 외연, 색 기억, 색 선호에 기반한 컬러 디스플레이의 향상, 시각적 인간공학과 선호 영상 렌더링, 문화와 나이 차에 대한 고려, 백라이트에서 이미지 렌더링 픽셀 구조, 실내 조명에 사용되는 현대 광원의 분광 세기 분포의 최적화 등 현대 기술의 난제들과 부합시킬 것인지를 강조하고 있다.

이 책에서 의도하는 독자는 디스플레이와 카메라를 개발하는 연구자와 기술자이다. 예를 들어 근사한 광원을 개발하는 광 개발자, 컬러 영상 최적화 알고리즘을 개발하는 연구자나 기술자, 컬러 영상 처리 소프트웨어 개발자, 영상과 디스플레이 시스템 개발자, 색각 연구를 하는 과학자, 인간공학적 시스템의 디자이너, 디지털 영화의 후처리에서 특수 효과를 주는 응용 소프트웨어 개발자, 조명 환경 개발자, 이 분야의 대학원생, 그리고 컬러 매니지먼트 시스템과 연관된 사람이 이들이다. 이 논문의 자료는 컬러 영상 분야와 응용 분야의 연구자 및 설계과학자, 물리학자, 기술자 및 이 분야의 대학생들과 석사과정 학생들을 위한 배경 자료로 읽힐 수 있다. 이 책은 또한 미디어와 엔터테인먼트를 위한 소프트웨어 개발, 비디오와 영화 제작, 실내 건축, 홈 미디어 기술에 종사하는 전문가와 웹 개발자 및 그래픽 전공 학생들에게도 흥미로울 것이다.

책을 통하여 '자발광 시각 기술'이라는 용어가 영상 기술과 조명 기술에서 사용되었으나 프린팅 기술은 제외된다. 프린팅 기술과 전통적인 사진술은 큰 지식영역이며 이 책의 범위는 벗어난다. 가로등이나 자동차 같은 외광의 이슈는 중간 휘도 범위(박명)에서 인간 시각 성능의 매우 복잡한 메커니즘을 야기한다. 따라서 이들 이슈 역시 이 책의 범위를 벗어난다. 이 책에서 '영상 기술'이라는 용어는 캡처, 디지털화, 전송, 압축, 변형이나 광의 스펙트럼 및 시간에 따른 스펙트럼 분포를 디스플레이하는 것을 의미한다. 반면 '조명 기술'은 사용자에게 최적으로 구성된 시각적 환경을 제공하기 위해 반사체나 반투명체를 조명하는 데 사용되는 모든 광원 기술을 의미한다. '조명 기술'이라는 용어는 디지털이나 아날로그 프로젝터나 디스플레이 백라이트에 사용하는 광원의 디자인 또한 포함한다.

책은 7개 장으로 이루어져 있다. 1장은 색각과 자발광 시각 기술을 소개한다. 질문은 어떤 기술과 어떤 기술적 요소들이 색각의 구체적인 특징과 관련이 있으며 왜 그러냐는 것이다. 이러한 특징은 망막 광 수용체의 구조, 공간과 시간 콘트라스트 감도, 컬러 어피어런스 지각, 색차 지각, 가독성, 가시성, 색을 띤 물체의 현저함, 지각되고 인지되고 좋아하고 조화로우며 감성적인 색, 색각에서 개인들 사이의 다양성을 포함한다. 색각의 특성 때문에 발생하는 특정한 문제, 특징, 최적화 가능성은 디지털 영화, TV, 카메라, 컬러 모니터, HMD, 디지털 광고 디스플레이, 대형 타일 디스플레이, 마이크로 디스플레이, 프로젝터, 디스플레이 백라이트 광원, 일반적인 실내 조명을 포함하는 각각의 기술과 관련 지어 설명된다. 끝으로 1장은 시각 시스템의 지각적, 인지적, 감성적 특징과 관련된 기술적 도전과제와 그것이 어느 절에 포함되어 있는지에 대한 링크를 요약하는 표가 포함되어 있다.

2장은 톤커브 모델, 인광 매트릭스, sRGB, 그 외 다른 특성화 모델들의 일반적인 기술적 설명에서 출발하여 색채계와 컬러 어피어런스에 기반한 디스플레이 특성을 다룬다. 모니터 컬러 채널의 가산성이나 독립성은 효율적인 특성화 모델에 있어서 중요한 조건이다. 다차원 인광 매트릭스와 다른 방법들은 컬러 채널 상호

의존성으로부터 유발되는 색채계 오류를 줄일 수 있도록 표현된다. 이들 방법들은 모든 점에서 정확한 색을 달성하기 위한 디스플레이의 공간 균일성을 테스트하고 확인하여 표현된다. 또한 공간적 독립의 중요한 기준에 따르면 특정한 점에서 예상되는 색은 화면 상의 다른 점의 색에 의존적이지 않아야 한다. 또한 공간적인 상호 의존성을 예측하는 방법들이 설명되고 액정 디스플레이에 대해서는 시청 방향의 균일성의 개념이 특별히 중요하게 소개된다. 한 절에서는 시각적 부작용, 즉 디스플레이 기술의 불완전함 때문에 발생하는 시각적으로 혼란을 주는 패턴들을 다룬다. 시청 조건, 시청 모드와 외광을 포함하는 시청 환경의 효과가 자발광 디스플레이에 CIELAB, CIELUV와 CIECAM02를 적용할 수 있도록 설명된다. 특정한 특성화 모델들은 특정한 디스플레이 기술들을 설명한다. LED를 포함한 다른 프로젝터 광원과 백라이트 광원의 컬러 필터, 그것의 화이트 포인트, 로컬 디밍과 HDR 영상의 사용과 관련하여 설명된다. 마지막으로 2장에서는 소위 색 크기 효과라고 불리는 크고 작은 색 자극 사이에서 나타나는 컬러 어피어런스의 차이와 그것의 수학적 모델링에 대해 다룬다. 특별히 큰 색(60~100°)에서의 컬러 어피어런스는 작거나 중간 크기의 색(20° 이하)과 다르다. 이 효과는 큰 디스플레이의 특정한 시청 조건에 대해 CIELAB를 확장하는 이유가 된다.

3장은 컬러 디스플레이의 인간공학적, 기억 기반, 선호 기반 향상을 다룬다. 시각 디스플레이의 인간공학적 가이드라인과 색채 영상 재생산의 목적이 요약되었다. 인간공학적 색채 디자인의 원리는 가독성, 구분성, 시각적 탐색 사이의 관계에 기반한 디스플레이에서 나타나는 사용자 인터페이스와의 효율적인 작업을 지원하기 위한 컬러 디스플레이를 설명한다. 탐색 능력을 최적화하기 위한 색도 콘트라스트의 최적 사용 방법이 젊거나 나이 든 디스플레이 사용자들의 색도 콘트라스트 선호와 휘도 콘트라스트 선호의 이슈와 함께 소개된다. 3장에서는 친숙한 물체들의 장기 기억색을 색 공간 안에 위치시키고 기억색의 문화적 차이를 지적한다. 색채 영상 선호 데이터를 얻기 위한 방법과 선호에 기반한 색채 영상 향상 방법이 선호 화이트 포인트, 로컬 콘트라스트, 글로벌 콘트라스트, 색상, 채도(chroma)를 포함한 선호하는 색채 영상 변환을 포함하여 소개된다.

4장은 영화와 TV 생산을 위한 색 관리와 화질 향상에 대한 이슈를 다룬다. 현대 영화와 TV 생산에서 색 관리 작업흐름의 요소와 시스템이 영화 생산 체인의 요소로 함께 설명된다. 카메라 기술과 후처리 시스템에 대한 개요가 주어지고 TV와 영화 생산의 시청 조건하에서 CIELAB와 CIEDE2000 색차식이 다루어진다. 어떻게 동영상 필름에 대한 디지털 영상 처리 시스템에서 CIECAM02 컬러 어피어런스 모델이 적용되는지 설명된다. 영화를 찍는 디지털카메라, HDTV CRT 모니터, 필름 프로젝터, DLP 프로젝터 사이의 색역 차이가 지적된다. 어떻게 디지털 동영상 카메라의 해상도를 최적화할 것인지, 어떻게 지각되는 화질의 손상 없이 동영상을 압축할 것인지를 포함하여 디지털 TV, 카메라와 카메라 개발을 위해 색각의 시공간 특성을 어떻게 활용할 것인지 보여준다. 화질 평가 방법과 화질 실험이 설명된다. 디지털 동영상 필름을 보호하는 워터마크 알고리즘의 중요한 이슈가 자세히 다루어진다. 이것은 이 책에서 설명된 디스플레이 기술의 향상을 위한 인간 시각의 가장 전형적인 응용 중 하나이다. 4장의 다음 이슈로 컬러 영상의 렌더링 특성을 최적화하기 위한 촬영용 광원에 대한 스펙트럼 세기 분포를 고려한다. 마지막으로 컬러 동영상에서 시각적으로 유발되는 감성의 흥미로운 질문들을 다룬다. 그 질문은 어떻게 비디오의 기술적인 변수들이 영화에서 시각적으로 보여지는 것에 의해 유발되는 인간 감성의 이러한 부분들을 강화하거나 영향을 주는지에 대한 것이다.

5장은 3원색 또는 그 이상의 원색을 가지는 자발광 디스플레이에 대한 다양한 픽셀 설계를 다룬다. 디스플레이의 색역을 최적화하기 위하여 다양한 색역, 색 양자화, 원색의 수, 백색의 위치, 가상 원색의 이슈와 기술적인 제약, 그리고 시각적으로 받아들여질 수 있는 백색과 원색 사이의 휘도 비율을 포함한 여러 요소들이 고려된다. 최적화된 원색의 여러 가지 세트는 컬러 어피어런스 공간 내에서 최적 색역의 형태로 나타나게 된다. 5장에서는 인간의 공간적인 색각으로부터 유도되는 여러 원리로부터 색 윤곽 아티팩트 현상 최소화, 좋은 변조 함수, 등방성, 좋은 발광 해상도, 높은 개구율, 큰 색역을 위해 필요한 요구사항을 포함하여 3원색부터 7원색까지 갖는 현대 디스플레이의 서브픽셀 설계 최적화 역시 설명된다.

6장은 일반적인 실내 조명에서 색 품질의 최적화를 다룬다. 컬러 렌더링과 색 품질의 이슈가 색 품질의 정신적인 차원과 컬러 충실도(color fidelity)의 정량화에 사용되었던 측정 기준과 같은 측정방법을 포함하여 소개된다. 시각적인 컬러 충실도 실험 역시 전통적인 광원과 LED와 같은 고체 광원을 사용한 컬러 연색성의 예상 방법들과 함께 소개된다. 시각적인 색 조화 실험, 다른 색 조합들에서 색 조화를 예상하는 수학적인 방법들, 그리고 색 조화 렌더링의 계산적인 방법들은 지각되는 밝기(lightness), 시각적인 선명도, 색 구별 능력과 색 선호와 같은 여러 다른 요소에 의해 완성되는 색 품질 평가의 흥미로운 경우들을 보여준다. 6장은 또한 다양한 색 분포의 다른 컬러 연색성 특성을 가지는 다른 광원들에 의해 조명되는 실제 컬러 테스트 대상을 다루는 '수용 가능한' 실험의 설명에 뒤따르는 후속 요소인 원색 요소 분석의 결과를 보여준다. 마지막으로 광원의 색 품질상에서 관찰자 간의 다양성 효과가 논의된다.

7장은 플렉서블 디스플레이, 레이저 및 LED의 수명을 고려한 LED 디스플레이를 포함하여 오늘날 부상하고 있는 시각적 기술에 대해 다룬다. 다원색 디스플레이를 위한 색역 확장 알고리즘이 LED 칩으로 구성된 4원색(RGCB) 컬러 순차 모델 LED를 예로 하여 디스플레이 색역의 온도 의존성과 함께 설명된다. 빨간색과 청록색의 LED 칩은 빨강과 청록 인광 변환 LED로 대체되었고 모델 계산이 반복되었다. 7장에서는 컬러 품질의 다른 측면에서 강조될 부분과 새로운 인광 조합의 사용과 광원 디자인을 위한 색채 항등성의 영향을 포함한 추가적인 이슈들이 언급된다. 마지막으로 책 전체에 대한 요약과 미래 연구에 대한 전망이 주어진다.

이 책은 저자가 이전에 출판한 논문을 포함하여 다양한 출처의 자료를 포함한다. 이 자료들은 매우 철저한 리뷰와 재공식화를 거쳐 이제 더욱 읽기 쉬운 방법으로 구성되어 나오게 되었다. 저자들의 원래 아이디어들은 재고되고 정제되었으며 광공학의 관점에서 여러 가지 새로운 통찰을 포함하고 공개 특허를 포함한 최근의 다양한 문건을 포함하여 더 많이 설명되었다. 자료들 사이의 복잡한 상호의존이 지적되어 왔는데, 그래서 이 책은 원판보다 더 자세하고 이해하기 쉬우며 더 철저하고 더 시스템적으로 주제를 다루었다

P. Bodrogi

T. Q. Khanh

차 례

03

인간공학, 기억 기반 및 선호도 기반의 컬러 디스플레이 향상

04

영화 필름과 TV 영상을 위한 컬러 관리와 이미지 품질 향상

07

최신 시각 기술

01

색각과 자발광 시각 기술

색각은 관찰자의 환경으로부터 시각적 파동에 의해 촉발되어 눈의 망막 상에 맺힌 후 인간 뇌의 시각 영역에서 해석되는 영상의 복잡한 현상이다[1]. 시각적 디스플레이 제품은 TV 채널이나 컴퓨터와 같은 전기적 정보의 제공자와 빛으로 변환된 정보 흐름을 받아들이는 TV 시청자나 컴퓨터 사용자와 같은 관찰자 사이의 인터페이스로 구성된다. 시력, 동적 휘도 영역, 시간적 민감도, 색각, 시각 인지, 색 선호, 색 조화, 시각적으로 유발되는 감성과 같은 인간 시각 시스템의 이러한 인간 요소적인 특징들은 생물학적 진화에 의해 결정되기 때문에 변화할 수 없다.

따라서 매력적이고 유용한 인터페이스를 얻기 위해서는 인간 시각과 시각적 인지의 능력에 맞추어 크기, 해상도, 휘도, 콘트라스트, 색 재현력, 프레임 재생률, 영상 안정성, 내재화된 영상 처리 알고리즘과 같은 디스플레이 제품의 하드웨어와 소프트웨어의 특징들이 획득되어야 한다. 이 장에서는 인간 시각, 특히 색각에 대한 가장 합리적인 특징들이 오늘날의 디스플레이 기술을 특별히 고려하여 소개된다

이 장의 다른 목표로 색채계(colorimetry)[2]와 색 과학[3-5]의 몇 가지 핵심적인 개념에 대한 기본적 개요가 소개된다. 색채계와 색 과학은 지각되는 밝기(lightness)나 색 자극의 포화도(saturation)와 같은 색 지각의 다른 차원들에 대한

숫자적 표현의 집합을 제공한다. 이들 숫자적 상관물들은 디스플레이의 공간적 스펙트럼광 세기 분포와 같은 물리적 빛의 측정 결과로부터 계산될 수 있다. 이들 숫자적 상관물을 사용하여 광의 스펙트럼과 공간적인 세기 분포를 측정함으로써 디스플레이는 거추장스럽고 시간이 많이 드는 시각에 대한 직접적인 측정 없이 평가될 수 있고 시스템적으로 최적화될 수 있다.

1.1
색각 특징과 현대 자발광 시각 기술의 최적화

이 절에서는 망막의 광수용 구조, 인간 시각 시스템의 시간적·공간적인 콘트라스트 민감성, 컬러 어피어런스와 색차 지각, 시각적 성능과 인간공학[가독성 (legibility), 가시성, 색을 띤 물체의 뚜렷함], 인지되고, 선호하고, 조화를 이루고, 감성을 불러일으키는 색 현상과 같은 인간 시각의 정보 처리에서 후반부에 일어나는 어떤 특징을 포함한 자발광 컬러 디스플레이의 평가와 최적화를 위한 색각 (color vision)에 대한 가장 중요한 특징들을 종합한다. 색각의 개인 간 다양성의 가장 중요한 이슈 또한 이 절에서 다루어질 것이다.

1.1.1
광수용 구조부터 색채계까지

인간의 색각은 3원색이다[1]. 이 특징은 망막의 광수용체 구조가 세 가지 종류로 구성되어 있다는 것에 기인한다. 낮 시간의 빛 세기 레벨에서 L, M, S세포가 활성화된다. 간상세포에는 더 많은 종류의 망막 광수용체 종류가 있지만 야간이나 부분적으로는 석양이 지는 시각적 환경에서 작용하며, 이것은 이 책의 범위를 벗어난다. 디스플레이는 세 종류의 원추세포가 색 인지를 위한 최적의 조건에 들어가기 위해서는 충분히 높은 휘도 레벨(예 : 50~100cd/m^2 이상, 자극의 색도에 의존적임)을 보장해야 한다. 일반적으로 약 100cd/m^2 이상에서 간상세포는 더 이상의 신경 전달을 위한 신호처리를 하지 않고 오직 원추세포의 신호로부터만 색을 비교하고 나타내는 것이 가능해진다.

L, M, S원추세포는 망막에서 모자이크 형태로 구성되어 있다. 원추세포 모자이크의 중심부(간상세포가 없는)는 그림 1.1과 같이 보여진다.

그림 1.1에서 보는 바와 같이 중심부의 안쪽 부분(약 0.3°, 100μm에 해당하는 시각 영역)은 S원추세포가 없어서 소위 작은 청황색맹 영역이라 할 수 있으며 따라서 시각에서 중앙의 매우 작은 영역은 푸른빛에 둔감하다. 망막의 이 영역에서 L원추세포는 M원추세포보다 평균 1.5배 더 많다[1]. L과 M원추세포는 모든 원추세포의 93%를 차지하고 있으며 S원추세포는 나머지(7%)를 차지하고 있다.

세 원추세포의 파장 민감도[1]는 그림 1.2에 나타나 있으며 인간 색각을 묘사한

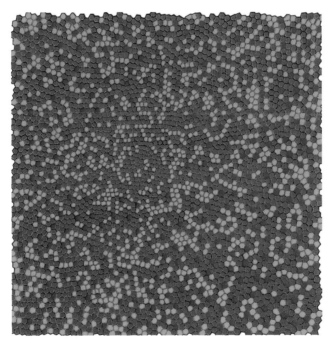

그림 1.1 간상세포가 없는 중심와의 원추세포 모자이크. 망막의 중심에 있으며 약 300μm로 1°에 해당한다. 빨간색 점 : 원추세포의 장파장 민감 수용체(L원추세포). 녹색 점 : 원추세포의 중간 파장 민감 수용체(M원추세포). 파란색 점 : 원추세포의 단파장 민감 수용체(S원추세포).
출처 : Cambridge University Press의 허가를 얻어 참고문헌 [1]인 Sharpe, L.T., Stockman, A., Jägle, H., and Nathans, J. (1999) Opsin genes, cone photopigments, color vision and color blindness, pp. 3−51의 Figure 1.1을 재생성하였음.

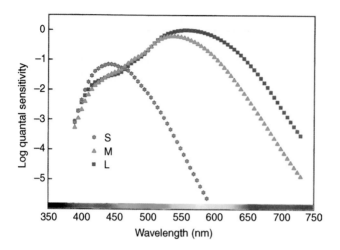

그림 1.2 눈매체와 반상색소의 필터 효과를 포함한 눈의 각막에서 측정된 세 종류의 원추세포 파장 민감도는 양자 단위로 측정되었다. (양자 단위를 얻기 위해 각각의 값에 log(λ)를 더하고 재정규화하였음) 민감도는 L, M, S원추세포의 평균 상댓값으로 조절되었다(즉 각각 56, 37, 7%).
출처 : Cambridge University Press의 허가를 얻어 참고문헌 [1]인 Sharpe, L. T., Stockman, A., Jägle, H., and Nathans, J. (1999) Opsin genes, cone photopigments, color vision and color blindness, pp. 3–51의 Figure 1.1을 재생성하였음.

특성 함수의 더 확장된 데이터베이스는 웹에서 찾을 수 있다.[1] 이 원추세포 민감도는 눈의 각막에서 측정되었다. 그러므로 이것은 눈 매체(ocular media)와 반상색소(macular pigment)로 불리는 망막 상에 있는 중심의 노란 색소 영역의 필터 효과를 포함하고 있다. 민감도 곡선은 L, M, S원추세포의 평균 상대 숫자인 56, 37, 7%로 각각 조절되었다.

그림 1.2에서 보듯이 L, M, S원추세포의 스펙트럼 띠는 디지털카메라의 CCD나 CMOS 센서처럼 세 가지 초기 색 신호를 제공한다. 이런 초기 색 신호로부터 망막은 두 색 신호(또는 색 채널)인 L–M(빨간색–초록색 반대색 채널)과 S–(L+M)(노란색–파란색 반대색 채널) 신호와 하나의 무채색 신호인 L+M을 계산한다. 후자의 신호는 휘도 신호 또는 휘도 채널로 불린다. 그림 1.2에서 보듯이 L, M, S민감도 곡선의 최댓값은 566, 541, 441nm에서 각각 나타난다. 이들 스펙트

---

[1] Web Database of the Color & Vision Research Laboratory, Institute of Ophthalmology, University College London, London, UK, www.cvrl.org

럼 민감도 곡선은 양자 단위로 표현되었다. 에너지 단위로 표현하기 위하여 파장의 로그값이 각 값에 더해지고 재정규화되었다[1].

시야각 1~4°에 대응하는 자극에 대하여 휘도 채널의 스펙트럼 민감도는 보통 낮눈 보기를 위한 CIE 표준 광도 측정 관찰자(photometric observer)로 정의되는 낮눈 보기(photopic vision)를 위한 스펙트럼 휘도 효율 함수인 $V(\lambda)$함수에 의해 근사된다[2]. $V(\lambda)$ 함수는 짧은 파장에서 휘도 채널의 스펙트럼 민감도가 심하게 저평가되어 있다.(1)

역사적인 이유로 세 종류의 원추세포 스펙트럼 민감도(그림 1.2)는 현재 인간 눈에 빛이 도달하는 색 자극의 결과로 색을 인지하는 것을 특성화하는 데 널리 사용되지 않는다. 대신에 시야각 1~4°에 해당하는 색 자극, CIE 1931 표준 색 관찰자[2]의 컬러 매칭 함수로 불리는 함수가 적용되었고 개인 간 차이는 무시되었다(1.1.6절 참조). 이들 컬러 매칭 함수는 $\bar{x}(\lambda)$, $\bar{y}(\lambda)$, $\bar{z}(\lambda)$로 표시되며 표준 비색계의 주성분(basis)을 구성한다. 이 점에서 우리는 흥미 있는 독자들에게 광도 측정과 색채에 대한 최근의 업데이트를 제공하고자 한다[6].(1)

시야각 4° 이상(예 : 10°)의 더 확장된 자극의 컬러 매칭을 설명하기 위하여 CIE 1964 표준 색채계 관찰자가 제안되었다[2]. 이들 컬러 매칭 함수는 $\bar{x}_{10}(\lambda)$, $\bar{y}_{10}(\lambda)$, $\bar{z}_{10}(\lambda)$로 표시되며 그림 1.3의 $\bar{x}(\lambda)$, $\bar{y}(\lambda)$, $\bar{z}(\lambda)$와 비교된다.

색채계의 목표는 보통의 색각을 가진 평균적인 관찰자의 표준 시청 조건에서 똑같은 색 지각을 나타내는 스펙트럼의 세기 분포를 예측하는 것이다. 이런 의미에서 2개의 대응되는 색은 XYZ로 불리는 같은 삼자극치를 가진다. XYZ 삼자극치는 CIE 색채계의 주성분으로 권장된다[2].

XYZ 삼자극치를 계산하기 위하여 컬러 패치로부터 스펙트럼 측정기에 의해 측정된 색 자극 $L(\lambda)$의 스펙트럼 분포는 세 가지 컬러 매칭 함수 중 하나와 곱해진 후 전체 가시 영역 파장에 대하여 적분되고 상수 k가 곱해져야 한다(식 1.1 참조).

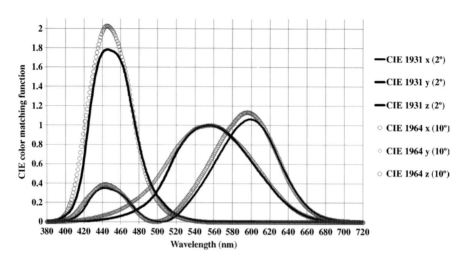

그림 1.3 검은 실선 : CIE 1931 표준 색 관찰자[2][(1)]의 컬러 매칭 함수로 $\bar{x}(\lambda)$, $\bar{y}(\lambda)$, $\bar{z}(\lambda)$로 표시되며 시야각 1~4°에 해당하는 색 자극의 매칭을 설명하기 위해 만들어졌다. 회색 원 : CIE 1964 표준 색 관찰자[2][(1)]의 컬러 매칭 함수로 $\bar{x}_{10}(\lambda)$, $\bar{y}_{10}(\lambda)$, $\bar{z}_{10}(\lambda)$로 표시되며 시야각 4° 이상에 해당하는 색 자극의 매칭을 설명하기 위해 만들어졌다.

$$X = k \int_{360 \text{ nm}}^{830 \text{ nm}} L(\lambda)\bar{x}(\lambda)\mathrm{d}\lambda$$

$$Y = k \int_{360 \text{ nm}}^{830 \text{ nm}} L(\lambda)\bar{y}(\lambda)\mathrm{d}\lambda \tag{1.1}$$

$$Z = k \int_{360 \text{ nm}}^{830 \text{ nm}} L(\lambda)\bar{z}(\lambda)\mathrm{d}\lambda$$

반사형 컬러 샘플에서는 스펙트럼 방사 자극[$L(\lambda)$]은 광원이 비추는 반사형 샘플로부터의 스펙트럼 조도 분포[$E(\lambda)$]에 의해 곱해진 샘플의 스펙트럼 반사[$R(\lambda)$]와 같다. 식 1.2는 확산 반사를 하는 물질에 대한 표현식이다.

$$L(\lambda) = \frac{R(\lambda)E(\lambda)}{\pi} \tag{1.2}$$

k는 식 1.3에 따라 계산될 수 있다[2].

$$k = \frac{100}{\int_{360\text{ nm}}^{830\text{ nm}} L(\lambda)\bar{y}(\lambda)\mathrm{d}\lambda} \qquad (1.3)$$

식 1.3에서 보는 바와 같이 반사형 컬러 샘플에 대해서 상수 k는 이상적인 백색 물체가 $R(\lambda) \equiv 1$이기 때문에 $y = 100$이 되도록 선택되었다.

자발광 디스플레이와 같은 자발광 물체에 대하여 k는 683 lm/W가 사용된다 [2]. 그때 y는 자발광 물체의 휘도와 같다. 자발광 디스플레이의 경우 디스플레이의 피크 화이트(peak white)는 배경이나 영상 주변의 백색 프레임 형태로 종종 나타난다. 이 경우 자발광 디스플레이 상에서 나타나는 색 자극의 상대적인 삼자극치는 어떤 색 자극의 모든 삼자극치(x, y, z)를 피크 화이트의 y(즉 피크 화이트의 휘도)로 나누고 100을 곱하여 계산된다. CIECAM02 컬러 어피어런스는 이와 같은 상대적인 삼자극치값을 예상하고 있다(2.1.9절 참조).

4°보다 큰 시야각에서의 색 자극에 대하여 삼자극치 X_{10}, Y_{10}, Z_{10}은 식 1.1에서 $\bar{x}(\lambda)$, $\bar{y}(\lambda)$, $\bar{z}(\lambda)$를 $\bar{x}_{10}(\lambda)$, $\bar{y}_{10}(\lambda)$, $\bar{z}_{10}(\lambda)$로 대체하여 계산될 수 있다. 그림 1.3에서 보는 바와 같이 컬러 매칭 함수의 두 세트인 $\bar{x}(\lambda)$, $\bar{y}(\lambda)$, $\bar{z}(\lambda)$와 $\bar{x}_{10}(\lambda)$, $\bar{y}_{10}(\lambda)$, $\bar{z}_{10}(\lambda)$는 현저하게 다르다. 그 결과 시야각 1°에 해당하는 컬러자극과 10°에 해당하는 컬러자극은 일반적으로 일치하지 않는다.

색도좌표로 불리는 (x, y, z)는 식 1.4와 같이 정의된다.

$$x = \frac{X}{X+Y+Z}, \quad y = \frac{Y}{X+Y+Z}, \quad z = \frac{Z}{X+Y+Z} \qquad (1.4)$$

색도좌표 x, y의 다이어그램은 CIE 1931 색도 다이어그램 또는 CIE(x, y) 색도 다이어그램으로 불린다[2]. 그림 1.4는 x, y 다이어그램을 따라서 어떻게 색의 지각이 변하는지를 보여주고 있다.

그림 1.4에서 보는 것처럼 색도는 스펙트럼 궤적으로 불리는 다른 파장들의 유사 단색 복사의 곡선 경계와 보라색 직선 내부에 위치하고 있다. 백색 톤은 다이어그램의 중간 범위에 위치하고 있으며 스펙트럼 궤적에 가까워질수록 채도는 증가한다. x, y 다이어그램의 중심에 있는 백색 톤 영역을 중심으로 돌면서 지각

되는 색상(보라, 빨강, 노랑, 초록, 청록, 파랑)이 변화한다.

1.1.2
공간적 · 시간적 콘트라스트 민감도

디스플레이 사용자는 배경으로부터 글자, 숫자, 기호와 같은 시각적인 대상물을 식별하고, 실사 사진에서 다른 물체들 간의 채색된 질감 분석과 같은 물체들의 세밀한 공간적인 구조에 대해 지각하고, 색깔 있는 배경의 다이어그램에 있는 얇은 색깔 선을 구분하고, 세밀하고 복잡한 동양 글자를 인식하고 싶어 한다. 이것을 하기 위해서 사용자는 인간 시각 시스템의 무채색 채널(L+M)과 색 채널(L−M, S−(L+M))의 공간 주파수 특징을 반영하는 적당한 디스플레이 하드웨어와 영상 렌더링 소프트웨어가 필요하다.

이들 공간 주파수 특징을 이해하기 위해서는 어떻게 인간 시각 시스템이 망막

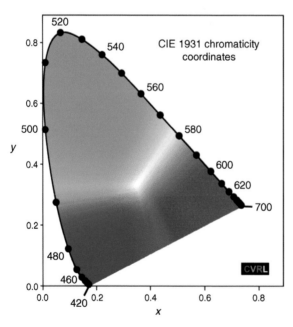

그림 1.4 CIE(x, y) 색도 다이어그램을 따라 어떻게 색의 지각이 변하는지를 나타내는 도해[2]. 세 자리 숫자(나노미터 단위의 파장)로 표현된 색의 곡선 경계는 단색 복사의 궤적을 나타낸다. 출처 : Wiley-VCH Verlag GmbH & Co. KGaA의 허가를 얻어 참고문헌 [7]의 그림 7을 재생성하였음.

이미지의 공간적인 구조를 해석하는지를 배우는 것이 필수적이다. L, M, S원추세포 신호는 신경절 세포를 포함하는 여러 종류의 망막세포에 의해 처리된다. 신경절 세포는 수용체 영역 내에 위치한 여러 원추세포로부터 신호를 처리한다. 신경절 세포의 수용체 영역은 다음과 같은 방식으로 영상의 공간 콘트라스트(즉 가장자리)를 증폭시킬 수 있다.

모든 수용체 영역은 원형의 중심과 동심원 가장자리 영역을 가진다. 중심과 주변의 자극은 세포절 세포에서 반대의 자극 반응을 보인다. 온중심 세포(on-center cell)는 자극이 중심에 주어졌을 때 활성화되고 주변에 주어졌을 때는 억제된다. 다른 종류의 세포절 세포인 오프중심 세포(off-center cell)는 자극이 중심에 주어졌을 때는 억제되고 가장자리에 주어졌을 때는 활성화된다. 이런 방식으로 공간적으로 변화하는 자극(콘트라스트나 가장자리 선)은 세포 활동이 증가하는 반면 공간적으로 균일한 자극은 미미한 반응만을 보인다(그림 1.5 참조).

인간 망막에서 무채색 콘트라스트(L+M 신호의 공간적인 변화)는 그림 1.5의 원리에 따라 탐지된다. 비슷한 수용체 영역 구조가 색채 콘트라스트, 즉 L−M이

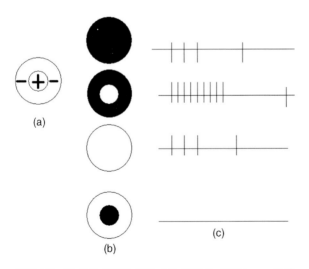

그림 1.5 (a) 중심 신경절 세포 수용 영역의 개념도. ＋ : 중앙, − : 주변. (b) 검은색 : 빛이 없음, 흰색 : 광 자극, 위에서부터 아래로 : (1) 전체 수용 영역에 빛이 없음, (2) 중심에는 빛이 있고 주변에는 빛이 없음, (3) 전체 수용 영역에 빛이 있음, (4) 주변 영역에만 빛이 있음. (c) 세포 활동 빈도, 위에서부터 아래로 : 약함, 강함, 약함, 응답 없음[8].

표 1.1 컬러 콘트라스트를 감지하기 위한 컬러 채널의 신호를 생성하는 수용 영역 구조의 중심과 주변에서 L, M, S원추세포 신호의 가능한 조합들

색 채널	세포 타입	중심	주변
L−M	온중심	+L	−M
L−M	오프중심	−L	+M
L−M	온중심	+M	−L
L−M	오프중심	−M	+L
S−(L+M)	온중심	+S	−(L+M)
S−(L+M)	오프중심	+(L+M)	−S

나 S−(L+M) 신호의 공간적인 변화에 대한 색채 신호들을 생성한다. 그러나 이 경우 중심의 스펙트럼 민감성은 중심과 주변에서 L, M, S원추세포의 다른 조합 때문에 주변의 스펙트럼 민감성과 다르다. 이 수용체 영역 구조는 공간적 대항 (중심/주변)과 원추세포 대항[L/M 또는 S/(L+M)]이 있기 때문에 이중 대립으로 불린다.

균일한 컬러 패치에 대해 색 신호를 생성하기 위해서는 단일 대립 수용체 영역 (원추세포 대항은 있으나 공간적 대항은 없는)이 반응한다. 이러한 수용체 종류 에서 중심과 주변은 (표 1.1의 조합을 포함하여) 공간에서 겹쳐진다[9].

무채색과 컬러 채널의 공간 주파수를 결정하는 것은 수용체 영역의 크기 및 민 감도와 눈매체(각막, 렌즈, 유리체액)의 수차이다[8]. 자발광 디스플레이를 포함 한 실용적인 응용에서 기본적인 질문은 주어진 크기의 시각적인 물체를 감지하 기 위해서는 주어진 공간 주파수에 부합하는 얼마나 큰 무채색 또는 컬러 콘트 라스트가 필요하냐는 것이다(3.3, 4.4절 참조). 크기는 보통 시야각의 각도로 표 시되는 반면 공간적인 주파수는 각도당 주기(cpd) 단위로 표현된다. 예를 들어 10cpd는 시야각 1° 안에 검은색과 흰색의 선 10쌍이 존재하는 것을 뜻한다.

콘트라스트(C)는 물체(S_O)의 신호값(L+M 또는 L−M)을 배경(S_B)의 신호값으 로 나눈 값(S_O/S_B)인 콘트라스트비에 의해서 또는 마이켈슨 콘트라스트라고도 불 리는 $[(S_O−S_B)/(S_O+S_B)]$로 측정될 수 있다. 콘트라스트 민감도(CS)는 대상물을 감지하기 위해 요구되는 콘트라스트의 문턱값에 대응하는 값이다. 무채색 콘트

라스트 민감도는 약 3~5cpd까지 증가하다가 더 큰 주파수에서 감소하는 대역 통과 필터 함수이다. 약 40cpd(대략 1분각의 시각적 대상물에 해당) 이상이 되면 무채색 민감도는 0이 된다. 이것은 대상물이 약 1분각보다 작아지게 되면 더 이상의 콘트라스트 증가는 (심지어 무한대가 되더라도) 소용이 없다는 뜻이다. 이것은 시력의 절대적인 한계이다. 이 한계 아래에서는 일반적으로 그림 1.6에서 보는 바와 같이 더 높은 공간 주파수의 대상물을 감별할 수 있으려면 더 큰 콘트라스트가 요구된다.

그림 1.6에서 패턴의 공간 주파수는 위에서 아래로 내려올수록 감소하고 콘트라스트는 왼쪽에서 오른쪽으로 갈수록 증가한다. 각 공간 주파수에 대하여 막 식별 가능하기 시작하는 수평의 문턱값 위치가 있다. 이들 시각적인 문턱값 위치는 그림 1.7에 그려진 무채색 콘트라스트 민감도 함수에 상응한다.

그림 1.7에서 볼 수 있듯이 무채색 콘트라스트 민감도는 높은 망막 조도 레벨에서 시각 시스템이 최적의 순응 상태로 작동하기 때문에 이와 같은 레벨(예 : 2,200Td)에서 더 높아진다. 망막 조도의 전통적인 단위는 Td(troland)이며 mm^2의 동공 면적과 cd/m^2의 휘도를 곱한 값이다. 그림 1.6의 그레이스케일 사인 함수 패턴에서 무채색 부분을 순수한 색으로 치환하면 컬러 채널의 콘트라스트 민감도를 볼 수 있다. 그림 3.19b에서 한 예를 볼 수 있다. 후자의 예는 어떠한 무채색 콘트라스트도 없는 L−M 콘트라스트와 S−(L+M) 콘트라스트의 조합을 보여준다. L−M과 S−(L+M) 채널의 색채 콘트라스트 민감도 함수는 그림 1.8의 (높은 망막 조도에서) 무채색 콘트라스트 민감도 함수와 비교된다.

그림 1.8에서 볼 수 있듯이 L+M(휘도) 콘트라스트 민감도 함수는 대역 통과의 특성을 나타내고 색 함수는 저역 통과 함수의 특성을 보여준다. 컬러 콘트라스트 민감도는 8cpd까지의 좁은 공간 주파수 범위로 한정된다. 심지어 더 낮은 공간 주파수에서도 컬러 콘트라스트 민감도는 무채색 콘트라스트 민감도에 비해 낮다 (3.3절 참조). 이런 지식은 디지털 TV와 영화에서 정지 영상이나 동영상, 데이터와 같은 디지털 신호를 위한 비디오 압축 알고리즘(예 : JPEG, MPEG)을 개발하는 데 활용된다. S−(L+M) 채널의 낮은 콘트라스트 민감도는 시각적 지각 없이

그림 1.6 무채색 콘트라스트 민감도 차트(Campbell-Robson 콘트라스트 민감도 차트로 불림). 위에서 아래 방향으로 패턴의 공간 주파수는 감소한다. 무채색 콘트라스트는 왼쪽에서 오른쪽 방향으로 증가한다. 각각의 공간 주파수에 대하여 패턴이 막 지각되기 시작하는 문턱값에 대한 무채색 콘트라스트 민감도 함수가 그림 1.7에 그려져 있다. 이들 문턱값의 위치를 공간 주파수에 대한 함수로 그림을 그리면 당신 자신의 눈에 대한 콘트라스트 민감도 함수를 재구성할 수 있다[8].

비디오에 워터마크를 삽입하는 데 사용될 수도 있다(4.4.4절 참조).

시간적인 콘트라스트 민감도를 고려하면 (Hz 단위로 측정되는) 시간적으로 변화된 자극의 주파수가 증가하면 먼저 플리커가 지각되고 더 높은 주파수에서 콘트라스트 자극이 나타난다. 이 둘 사이의 전이점을 플리커 결정 주파수(critical flicker frequency, CFF)라 부르며 디스플레이 인간공학에 있어서 중요한 역할을 한다(3.1절 참조). 무채색 채널의 시간 콘트라스트 민감도는 대역 통과 함수(band

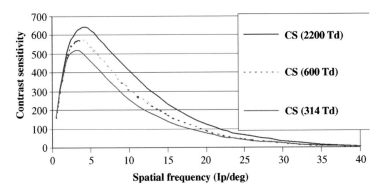

그림 1.7 망막 조도 레벨의 다른 값들에 대한 무채색 콘트라스트 민감도 함수(Td 단위). 망막 조도는 단위 동공 면적(mm²)당 자극의 휘도(cd/m²)에 대응된다. 가로축 : cpd 단위의 공간 주파수, 세로축 : 무채색 콘트라스트 민감도(상대 단위)[8].

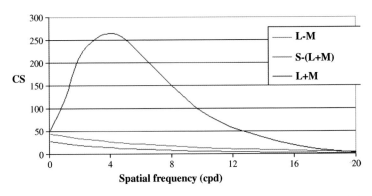

그림 1.8 L−M과 S−(L+M) 채널의 색채 콘트라스트 민감도 함수는 무채색 콘트라스트 민감도 함수와 (높은 망막 조도 레벨에서) 비교된다. 가로축 : cpd 단위의 공간 주파수, 세로축 : 상대 단위의 콘트라스트 민감도[8, 10].

-pass function)인 반면 색 채널은 저역 통과 함수(low-pass function)이다(그림 1.9 참조).

그림 1.9에서 볼 수 있듯이 컬러 채널의 시간 콘트라스트 민감도는 무채색 채널의 시간 콘트라스트 민감도보다 훨씬 덜하다. 컬러 채널의 플리커 결정 주파수는 약 6~7Hz인 반면 무채색 채널의 플리커 결정 주파수는 휘도 레벨과 자극의 특이성에 의존적이기는 하지만 약 50~70Hz이다. 이러한 지식은 더 느린 컬러 채널의 영향을 '없앨 수 있는' $V(\lambda)$함수 측정에 필수적이다. 현대 디스플레이와 영

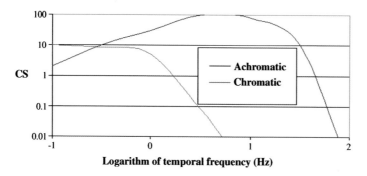

그림 1.9 무채색과 색채 채널의 시간 콘트라스트 민감도 함수. 가로축 : Hz 단위의 변화하는 자극의 시간 주파수, 세로축 : 콘트라스트 민감도(상대 단위)[8].

화 제작자는 더 높은 휘도 레벨과 주변 지각에서도 플리커의 부작용을 피하기 위하여 높은 프레임 비율을 사용한다(4.4.1절 참조).

1.1.3
컬러 어피어런스

삼자극치(X, Y, Z)의 시스템 안에서 색 자극의 기술은 이들 자극에 부합하는 색 지각의 균일하지 못하고 시스템적이지 못한 표현을 초래한다. (이 장의 시작에서 언급했듯이) 상술하자면 지각되는 색의 연관된 심리적 특성(즉 지각되는 밝기, 절대밝기, red-green의 정도, yellow-blue의 정도, 색상, 채도, 포화도, 컬러풀니스)는 XYZ값들의 항으로 직접적으로 표현될 수는 없다.

색상은 어떠한 색 자극이 red, yellow, green, blue이나 그들의 두 조합인 색의 지각과 유사하게 나타나는 시각적 감각 특성이다[11]. 절대밝기(brightness)는 더 많거나 적은 빛이 방출되는 것을 나타내는 색 자극의 속성이다[11]. 밝기(lightness)는 유사 조명된 기준 백색(reference white)(흰색으로 보이거나 매우 투명한)의 휘도에 대해 상대적으로 판단되는 색 자극의 휘도이다[3].

컬러풀니스(colorfulness)는 자극이 더 색깔을 띠는지 덜 띠는지를 나타내는 데 따른 색 자극의 속성이다. 주어진 색도에서 컬러풀니스는 일반적으로 휘도(luminance)에 따라 증가한다[12]. 실내 환경에서 시청자는 표면색

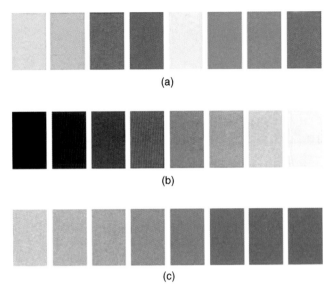

그림 1.10 지각되는 색의 세 가지 속성 도해 : (a) 색상 변화, (b) 밝기 변화, (c) 채도 변화. *Color Research and Application*의 허가를 얻어 참고문헌 [13]의 그림 1로부터 재생성하였음.

의 채도(chroma)를 평가하는 경향이 있다. 지각되는 채도는 기준 백색의 휘도 (brightness)에 비례하여 판단되는 색 자극의 컬러풀니스로 표현된다.

포화도(saturation)는 그 자신의 절대밝기에 비례하여 판단되는 자극의 컬러풀 니스이다[11]. 지각되는 색은 채도가 매우 높은 레벨이 아니어도 포화도가 매우 높을 수 있다. 예를 들어 어두운 붉은색의 시큼한 체리는 매우 포화도가 높지만 채도는 낮을 수 있다. 왜냐하면 신 체리는 그 자신의 휘도와 비교하면 매우 색을 띠고 있을 수 있지만 기준 백색의 절대밝기와 비교하면 그렇게 색을 띠고 있는 것 은 아닐 수 있다. 그림 1.10은 세 가지 지각 속성인 색상, 채도, 밝기를 보여주고 있다.

수치 상관물로 불리는 색 지각 속성의 수치 척도 모델링은 완벽하게 균일해야 한다. 이것은 같은 지각적 차이는 이에 대응하여 이들 척도들이 균일한 차이를 가져야 한다는 것을 뜻한다. 그렇지 않으면 이것들은 쓸모가 없다. 만약 위에서 언급된 수치 상관물들이 계산된다면 색 자극은 색 공간이라고 불리는 삼차원 공 간에 배열될 수 있다.

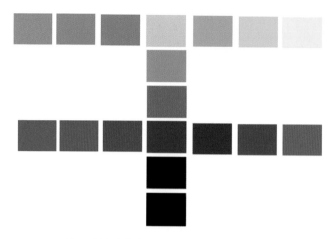

그림 1.11 색 공간의 일반적인 구조의 대략적인 도해. 밝기는 검은색에서부터 흰색까지 바닥부터 꼭대기로 중앙에서 회색의 밝기 스케일에 따라 증가한다. 채도는 회색 축에서부터 바깥쪽으로 갈수록 높은 채도로 증가한다. 공간 내의 회색 축을 따라 돌면서 지각되는 색상은 변화한다.

색 공간 안에서 3개의 수직축과 어떠한 각도들과 거리들은 지각된 색 속성과 연관된 심리적인 관련 의미들을 가진다. 그러므로 이들 색 공간은 색 지각, 인지, 선호와 감성의 모든 측면을 포함한 컬러 디스플레이 디자인과 평가에 매우 유용한 도구이다. 예를 들어 디스플레이 사용자 인터페이스의 선호되는 색은 그들이 이러한 색 공간 안에서 기술된다면 쉽게 표현되고 이해될 수 있다. 색 공간 구조의 개략도는 그림 1.11에서 볼 수 있다.

그림 1.11에서 밝기는 검은색에서 흰색까지 바닥에서 꼭대기로 색 공간의 중간에 위치한 회색 밝기 축을 따라 증가한다. 모든 밝기 레벨에서 채도는 회색 축으로부터 바깥쪽의 가장 포화된 색의 방향으로 증가한다. 색상의 지각 속성은 공간 내에서 회색 축 주위로 회전하는 면을 따라 변화한다.

CIE 비색계는 CIE 1976 균등 색 공간으로 불리는 CIELUV와 CIELAB의 두 가지 좌표계를 추천한다[2]. 이들 두 균등 색 공간 내에서 지각되는 색 속성의 대략적인 수치 상관물의 계산은 기준 백색 자극(X_n, Y_n, Z_n)의 XYZ값과 색 자극의 XYZ값으로부터 시작한다.

많은 경우, 기준 백색은 테스트되는 대상물에 사용된 것과 동일한 광원을 완벽한 확산 반사체에 조명한 하나의 물체색이다. 자발광 디스플레이에 대한 색 공간의 응용은 2.1.9절에 설명된다. CIELAB 색 공간은 식 1.5에 의해 정의된다.

$$
\begin{aligned}
L^* &= 116f(Y/Y_n) - 16 \\
a^* &= 500[f(X/X_n) - f(Y/Y_n)] \\
b^* &= 200[f(Y/Y_n) - f(Z/Z_n)]
\end{aligned}
\tag{1.5}
$$

식 1.5에서 f함수는 식 1.6과 같이 정의된다.

$$
\begin{aligned}
f(u) &= u^{1/3}, & u &> (24/116)^3 \\
f(u) &= (841/108)u + (16/116), & u &\leq (24/116)^3
\end{aligned}
\tag{1.6}
$$

CIELAB에서 결과량들(색 지각 속성의 유사 상관물)은 L^*(식 1.5의 CIE 1976 밝기), CIELAB 채도(C^*_{ab})와 CIELAB 색상각(h_{ab})을 포함한다. 식 1.5의 a^*와 b^*량은 지각되는 red-green(a^*값이 양이면 빨강, 음이면 초록)과 yellow-blue(b^*값이 양이면 노랑 음이면 파랑)의 정도에 대략적으로 상응한다. L^*, a^*, b^*는 CIELAB 색 공간의 세 수직축을 구성한다. 그림 1.11에서 보여지는 색 공간 도해와 비교해보라. 식 1.7은 C^*_{ab}와 h_{ab}가 a^*와 b^*로부터 어떻게 계산되는지 보여준다.

$$
\begin{aligned}
C^*_{ab} &= \sqrt{a^{*2} + b^{*2}} \\
h_{ab} &= \arctan(b^*/a^*)
\end{aligned}
\tag{1.7}
$$

비슷한 값들이 CIELUV로 잘 알려진 다른 색 공간에 정의되어 있다. CIELUV의 L^*는 CIELAB의 L^*와 동일하다. 직교 좌표계에서 u^*와 v^*는 식 1.8에 의해 계산된다.

$$
\begin{aligned}
u^* &= 13L^*(u' - u'_n) \\
v^* &= 13L^*(v' - v'_n)
\end{aligned}
\tag{1.8}
$$

식 1.8에서 CIE 1976으로 불리는 균일 색도 척도 다이어그램(UCS 다이어그램 또는 u^*, v^* 다이어그램)의 u^*, v^*값은 식 1.4에 정의된 x, y 색도좌표로부터 출발하여 정의된다(식 1.9 참조). 식 1.8의 아래첨자 n은 기준 백색을 나타낸다.

$$
\begin{aligned}
u' &= 4x/(-2x + 12y + 3) \\
v' &= 9y/(-2x + 12y + 3)
\end{aligned}
\tag{1.9}
$$

CIELUV 색 공간(L^*, u^*, v^*)에서 CIELUV 채도(C^*_{uv})와 CIELUV 색상각(h_{uv})은 식 1.7에서 a^*, b^*를 u^*, v^*로 각각 치환하는 것에 의해 정의된다. 이에 더하여 CIELUV는 지각된 **포화도**, S_{uv}의 수치 상응물 또한 지각적으로 균일한 UCS 색도 다이어그램에 따라 정의된다. 이것은 식 1.10에서 보여진다.

$$s_{uv} = 13\sqrt{(u'-u'_n)^2 + (v'-v'_n)^2} \qquad (1.10)$$

CIELUV와 CIELAB는 "평균적인 일광에서 너무 많이 다르지 않은 색도의 영역에서 명순응을 하였으며 둘러싸인 중간 회색과 동일한 백색 안에 있는 관측자에 의해 보여지는 동일한 크기와 형태의 물체색 사이의 차이 비교에 적용하기 위해 의도되었다"는 내용의 CIE 출판물[2]의 주석을 읽는 것은 중요하다. 텅스텐 빛/일광, 평균/깜깜한/어두운(average/dim/dark) 주변 휘도(luminance) 레벨 또는 다른 배경을 포함하는 다른 시청 조건에서 보여지는 색 자극의 비교를 위해 소위 컬러 어피어런스 모델은 CIECAM02와 같은 컬러 어피어런스 모델을 사용한다[14] (2.1.9절 참조). CIECAM02 모델은 모든 지각되는 색의 속성에 대한 수치 상관물을 계산한다. CIECAM02 상관물은 CIELAB나 CIELUV와 비교하여 색 지각의 향상된 모델을 보여준다.

1.1.4
색차 지각

CIE(x, y) 색도 다이어그램의 단점은 그것이 지각적으로 균일하지 않다는 것이다. 그림 1.4에서 다이어그램의 녹색 부분의 특정한 거리만큼 떨어진 두 색은 파란색이나 보라색 영역에서 같은 거리만큼 떨어진 두 색에 비해 지각되는 색도의 차이가 적다. 소위 MacAdam 타원은 이런 효과를 정량화한다(그림 1.12 참조). 개략적으로 말하자면 지각된 색도 차이는 타원 내에서는 알아차리기 힘들다 (MacAdam 타원에 대한 더 많은 상세 설명은 참고문헌 [15] 참조). 그림 1.12의 타원은 10배 확대된 것이다.

그림 1.12에서 볼 수 있듯이 MacAdam 타원은 CIE(x, y) 색도 다이어그램의 녹

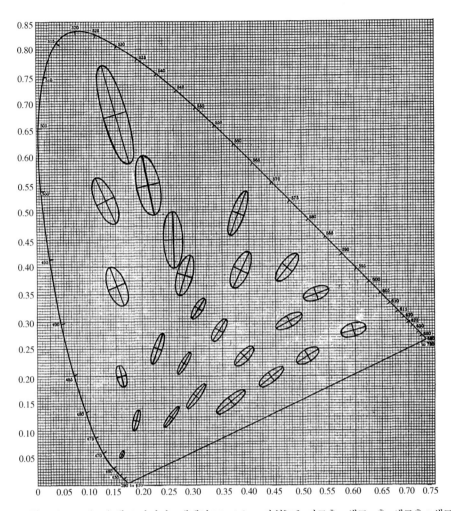

그림 1.12 CIE(*x*, *y*) 색도 다이어그램에서 MacAdam 타원[15]. 가로축 : 색도 *x*축, 세로축 : 색도 *y*축. 대략적으로 말하자면, 타원 안에서는 색조 차이를 인지할 수 없다. MacAdam 타원에 대한 좀 더 정확한 정의를 위해서는 참고문헌 [15]를 참조하라. 타원은 10배로 확대된 것이며 *Journal of the Optical Society of America*의 허가를 얻어 참고문헌 [15]로부터 재생성하였음.

색 영역에서 큰 반면 파랑과 보라 영역에서는 작으며 타원의 방향 역시 변한다. 이러한 문제를 극복하기 위하여 *x*와 *y*축은 MacAdam 타원으로부터 동등한 원을 만들 수 있도록 변형되었고 그 결과 식 1.9의 *u*′, *v*′ 다이어그램이 만들어졌다.

u′, *v*′ 다이어그램은 만약 Δ*Y*<0.5 정도로 두 색 자극의 상대적인 휘도의 차이가 작다면 완벽하게 균일하다(적어도 다이어그램의 어떤 부분에서라도 지각되는

색도의 변화가 동등하다면 동등한 거리가 차이가 난다). 이것은 u', v' 다이어그램이 밝기 차이 없이 지각된 색도의 차이를 평가하는 데 더욱 유용하다는 것을 의미한다.

두 색 자극 사이에서 지각되는 색차(ΔE^*_{ab}와 ΔE^*_{uv})는 그것들 사이의 유클리드 거리에 의해 계산된다. 유클리드 거리는 CIELAB(L^*, a^*, b^*)와 CIELUV(L^*, u^*, v^*) 직교 색 공간 안에서 계산되어야 한다. 두 색 자극(ΔL^*, ΔC^*_{ab}, Δh_{ab})의 밝기, 채도와 색상각의 차이는 두 색 자극의 밝기, 채도, 색상각을 뺌으로써 계산될 수 있다.

색상 차이(ΔH^*_{ab})는 색상각의 차이(Δh_{ab})와 혼동되어서는 안 된다. 색상각의 차이가 동일하더라도 큰 채도에서는 큰 색의 차이가 발생하고 작은 채도에서는(즉 CIELAB나 CIELUV L^*축 근처에서는) 작은 색의 차이가 발생한다. CIELAB 색상 차이는 식 1.11에 의해 정의된다. 식 1.11에서 ΔH^*_{ab}는 Δh_{ab}와 같은 부호를 갖는다.

$$\Delta H^*_{ab} = \sqrt{(\Delta E^*_{ab})^2 - (\Delta L^*)^2 - (\Delta C^*_{ab})^2} \qquad (1.11)$$

그러나 CIELAB와 CIELUV 색차들은 색 공간의 영역(붉은색이나 푸른색), 색차의 크기(작거나 중간이거나 큰 색차), 샘플의 분리, 질감, 배경색을 포함하는 잡다한 시각적 변수에 따라 지각적으로 불균등성을 나타낸다[16]. CIEDE2000 색차식은 표준 환경에서 잘 정의된 세트하에서 작은 색차에 대한 CIELAB의 불균등성을 바로잡는다[17]. CIEDE2000 수식은 CIELAB의 색차 요소인 색상, 채도, 밝기에 대한 가중치 함수와 색상–채도 상호작용을 설명하는 요소를 도입하였다.

최근 CIECAM02 현색 모델에 기반한 균일 색 공간이 작은 색차(CIECAM02-SCD)와 큰 색차(CIECAM02-LCD)를 기술하기 위해 도입되었다[18]. 중간 공간(intermediate space; CIECAM02-UCS) 역시 도입되었다. 최근에 CIECAM02-UCS의 월등한 성능이 컬러 연색성에 대한 시각적 실험에서 증명되었다[19, 20] (6.2.1절 참조).

1.1.5
인지, 선호, 조화, 그리고 감성 컬러

색 지각은 뇌의 시각 영역에서 정보처리를 거쳐 인지적, 미학적, 감성적, 그리고 기억과 관련된 색 현상을 일으킨다. 이들 효과는 시각적 디스플레이의 사용성과 영상 품질을 향상시키기 위해 활용될 수 있다. 지각된 색은 노란색, 오렌지색, 갈색, 빨간색, 핑크색, 녹색, 파란색, 보라색, 흰색, 회색이나 검은색과 같은 색이름에 의해 설명되는 색의 카테고리로 구분될 수 있다. 이 구분은 색 인지에서 기초적으로 처리되는 부분이다. 지각과 인지 사이의 차이점은 지각이 실세계의 물체나 사건에 대해 뇌로 즉각적인 매핑을 하는 것이라면 인지는 같은 물체나 사건에 대해 의미를 부여하고 언어적인 구분을 하거나 정신적인 이미지를 만드는 것과 같은 일련의 고차원적인 처리를 한다는 점이다[21, 22].

친근한 물체(푸른 하늘, 녹색 잔디, 피부, 그을린 피부, 노란 바나나)에 대한 장기 기억색은 인지색의 추가된 형태이다. 디스플레이에 있는 사진의 색 품질은 실제 영상 색을 장기 기억색으로 이동시킴으로써 향상될 수 있다(3.4절). 인지 색은 또한 시각적인 인간공학과도 관련이 있다(3.1~3.3절). 왜냐하면 인지색은 주의를 끌지 않는 시각적인 물체와 사건을 '필터링'하여 시각적인 주의를 조절하여 시각적인 검색 성능을 향상시키기 때문이다[23]. 색은 지시나 경고 신호나 비슷한 아이템을 모으거나 아이템을 분리하는 것으로 사용될 때 효과적인 기호 체계이다[24].

색의 미적인 면은 컬러 패치 자체, 컬러 사진 영상 또는 컬러 패치 조합의 좋아하거나 선호하는 형태와 관련된다. 후자의 측면(즉 색 조합의 미적 가치나 선호)은 색 조화라고 부른다(6.3절). 예를 들어 더 또는 덜 조화로운 수채색 조합을 그림 6.19에서 볼 수 있다. 색은 또한 정지 영상이나 동영상의 시각적, 비시각적 요소들의 조합에 의해서 종종 매우 강한 감성을 일으킬 수 있으며 이들 감성은 비디오 처리 알고리즘에 의해 강화될 수 있다(4.6절).

1.1.6
색각의 개인 간 다양성

이전의 절들에서, 색을 지각할 때 개인 간 차이는 무시되었고 가상의 평균적인 관찰자인 CIE 1931 표준 색채계 관찰자가 고려되었다. 그러나 실제로는 비정상적이고 결함 있는 색각을 가진 관찰자가 있다. 관찰자의 유전자형에 따르면 L, M, S원추세포의 스펙트럼 민감도의 피크 위치는 4nm까지 차이 날 수 있다. 어떤 관찰자는 더 적은 L, M 또는 S원추세포를 가졌으며 이를 각각 제1색약(적색약), 제2색약(녹색약), 제3색약(청색약)으로 부른다. 만약 원추세포 중 어느 한 종류가 완전히 없다면 그것을 제1색맹(적색맹), 제2색맹(녹색맹), 제3색맹(청색맹) 관찰자라 부른다. 결함 있는 색각과 관련된 시각 디스플레이는 흥미로운 분야지만 이 책의 범위는 벗어난다.

정상적인 3원색 색각에 속해 있더라도 특히 L과 M원추세포의 비율이 0.4~13 사이에서 변한다는 것을 고려하면 망막 모자이크에는 큰 다양성이 있다[25]. 색각의 광수용 후의 메커니즘은 적어도 원칙적으로는 매우 적응적이라서 광수용 모자이크의 이러한 다양성에 대한 균형을 잡아줄 수 있다. 그러나 결과적으로 색차 지각(6.6절), 색 인지, 선호(3.5절과 3.6절), 조화, 장기 기억색(3.4.2절)과 시각적으로 유발되는 감성을 포함한 신경적으로 색을 처리하는 후속 단계들에서 개인들 사이에는 큰 다양성이 있다.

1.2
(프린팅이 아닌) 현대 자발광 시각 기술의 색각 관련 기술적 특징

이 절에서는 여러 디스플레이 기술들(과 카메라)의 특별한 특징이 특별한 색각 특징들과 관련하여 연관된 디스플레이 기술의 모든 종류에 대하여 기술된다. 디지털 영화, 고해상도 디지털 TV에 대하여 특히 색의 정확한 재생성을 포함한 영상 품질은 주된 이슈이다. 이렇게 하기 위하여 (색역이라 부르는) 디스플레이될 수 있는 색의 세트는 가장 중요한 색을 포함하여 최적화되어 오고 있다(5.1, 5.2절 참조). 색 해상도는 연속적인 색의 명암을 표현할 수 있도록 충분히 높아야 한다(2.2.2.5절 참조).

영상 품질은 서브픽셀 렌더링과 동시에 공간적 색 결함을 줄이는 것에 의해 공간 해상도가 증가될 수 있다면 더욱 향상될 수 있다(5.3, 5.4절 참조). HDR(high dynamic range) 영상은 동영상의 감성적 효과를 증가시키기 위하여(4.6절) 디스플레이에 하이라이트를 나타내는 것을 의미한다(2.3.3절). 색 관리의 중요한 목적 중 하나(4.1.3절)는 검증용 모니터, 아날로그 영화와 디지털 영화와 같은 다른 디스플레이들에서 보여지는 색이 같은 색을 나타내도록 하는 것이다(3.2절 참조). 이렇게 하기 위하여 한편으로는 디스플레이의 컬러 특성화가 수행되어야 하고 다른 한편으로는 인간 시각 시스템의 순응을 설명하는 컬러 어피어런스 모델이 적용되어야 한다. 이들 두 요소는 디지털 전기 신호를 사람이 볼 수 있는 시각적인 광으로 바꾸는 (색 관리 시스템으로 불리는) 디스플레이의 하드웨어나 소프트웨어로 만들어져야 한다.

검증용 모니터와 영화나 TV에서 실제로 나타나는 것 사이의 색차를 평가하는 것 역시 중요하다(4.3.2절). 디지털 TV와 영화를 위한 큰 양의 데이터를 줄이기 위해서 시각적으로 지각되는 공간, 색, 움직임 정보의 손실 없는 영상 압축이 필요하다. 이것은 인간 시각 시스템의 색과 무채색 콘트라스트 민감도에 관한 지식을 활용함으로써 이루어질 수 있다(4.4절). 디지털 영화에 대하여 컬러 어피어런스에 영향을 주는 어두운 조명과 큰 화각이라는 종종 매우 특별한 시청 환경이 적용된다는 점을 알아두어라(2.4절).

영화관은 시각적으로 특별한 감성을 불러일으킬 수 있고 이러한 특징은 특별한 필름과 같은 컬러 어피어런스를 요구한다(4.2.4, 4.6절). 장기 색 기억과 색 영상에 대한 선호는 아마도 관찰자의 문화적 배경이나 나이와 같은 관찰자 그룹에 따라 달라질 것이며 좋아하는 영상을 제공할 수 있도록 고려될 수 있다(3.4, 3.5, 3.6절).

카메라에서 센서 배열과 렌즈의 컬러, 공간, 시간 해상도는 캡처된 영상의 품질을 결정한다(4.4.2절, 4.6절). 카메라의 컬러 특성은 각 픽셀의 XYZ값과 같은 기기에 독립적인 형태로 센서 신호로부터 얻어지는 가공되지 않은 영상 데이터를 변화시킬 수 있기 때문에 중요하다. 컬러 어피어런스 모델은 이미지의 화이트 밸런스나 톤 특성을 조절하는 것과 같은 방법을 통해 더 나은 보정을 할 수 있도록 도와준다. 비디오 데이터의 전송 대역폭을 줄이기 위하여 시각적으로 오류가 없는 영상 압축을 적용하는 것은 필수적이다.

컬러 모니터는 시청 환경과 사용 목적이 다르다는 점을 제외하고는 디지털 필름이나 TV와 유사한 특징을 보인다. 컬러 모니터는 보통 주변광을 무시할 수 없는 조명이 있는 사무실 환경에서 보여지며 이것은 컬러 어피어런스 모델을 적용할 때 고려되어야 한다. 모니터의 사이즈는 보통 더 작기 때문에 색 크기 효과는 무시될 수 있다(2.4절).

컬러 모니터는 즐기기 위한 목적보다는 컴퓨터 작업이나 정보처리에 사용되기 때문에 필름처럼 영상의 컬러 어피어런스나 시각적으로 유발되는 감성 대신 시각적 인간공학이 더 중요한 역할을 한다(3.1, 3.2절). 그래서 시각적 인간공학, 시인성, 문자 가독성, 문장 가독성, 시각적인 주의와 시각적 탐색 특징은 디스플레이의 하드웨어와 소프트웨어 디자인의 중대한 요소가 된다.

헤드 마운트 디스플레이(HMD, 2.2.2.4절)는 실제 세계나 가상적인 시각 세계를 투영하여 종종 몰입되는 시각 환경을 제공한다. HMD는 종종 삼차원으로 시각화되기 때문에 깊이 정보의 불완전한 표현으로 발생하는 시차 결함을 줄이는 것은 중요한 요구사항이다. 몰입된다는 것은 화각이 매우 크다는 것을 의미하기 때문에 색 크기 효과 역시 관련 있다(2.4절). 헤드 업 디스플레이(HUD)에서는 추가적인 시각 정보가 실제 세계에서 보여지는 영상 위에 겹쳐진다. 그래서 실제 세계 영상의 실제 휘도 레벨과 겹쳐진 영상의 휘도를 맞추는 것이 중요하다(2.2.2.4절).

디지털 광고 디스플레이와 큰 타일 디스플레이는 많은 사용자들에게 동시에 시각적인 정보를 제공하기 위해 실내나 실외의 건물 벽 위에 넓은 영역을 차지한다. 시각적인 인간공학으로부터의 결과에 따르면 디스플레이 정보의 문자 가독성을 확보하는 것이 필요하다. 플리커[2], 지터[3]와 외광 반사를 줄이는 것 또한

---

[2] flicker : 화면이 깜빡거리게 보이는 현상 – 역주
[3] jitter : 화면이 지글거려 보이는 현상 – 역주

중요하다.

프로젝터는 영상이 어둡거나 깜깜한 환경에서 보여지므로 현색 모델에서 이 부분이 고려되어야 한다. 큰 색역을 달성하기 위해서 프로젝터 광원의 스펙트럼 세기 분포는 프로젝터 컬러 필터의 스펙트럼 투과와 매칭되어야 한다(2.3.3절). LED 프로젝터에 대해서는 LED에서 최곳값을 갖는 파장이 비슷한 방식으로 선정된다.

디스플레이 백라이트의 광원(2.3.2절)은 디스플레이 컬러 필터 모자이크에 공간적으로 균일한 조명을 제공해야 한다(2.1.5절). 큰 색역을 달성하기 위해서 백라이트의 스펙트럼 세기 분포는 컬러 필터의 투과 스펙트럼과 매칭되어야 한다(2.3.3절). 백라이트 스펙트럼과 필터 투과를 함께 최적화하려면 디스플레이의 원색들은 화이트 포인트의 휘도와 비교하여 충분히 밝아야만 한다.

실내 조명의 광원에 대해서도 특별한 시각적 요구사항들이 적용된다(6장 참조). 왜냐하면 이것들이 보통 흰색의 벽과 여러 반사색을 가진 물체들이 있는 방을 조명하기 때문이다. 그림 6.17은 이런 상황을 모델링하기 위해 의도된 색깔 있는 물체들을 배열한 것을 보여준다. 무엇보다도 광원은 (그림 6.17의 기준 백색에서 볼 수 있는) 적당한 화이트 톤을 제공해야 한다. 예를 들어 서구에서는 가정 조명에서는 따뜻한 흰색을 사용하고 사무실 환경에서는 시원하거나 차가운 흰색을 사용한다.

이에 더하여, 반사되는 물체의 색은 적당한 방식으로 광원에 의해 렌더링되어야 한다. 반사된 색은 포화도가 덜하거나 더해서는 안 되며 일광이나 텅스텐 광원 아래에서 각각의 물체를 볼 때 나타나는 현색과 유사한 자연스러운 색상을 보여야 한다. 광원의 화이트 톤이 붉그스름하거나 푸르스름한 이상한 색조가 없이 받아들여질 만할지라도 광원의 스펙트럼 세기 분포에서 특정한 스펙트럼 영역이 빠져 있다면 물체의 반사색은 엉망으로 렌더링될 수 있다(6.2절 참조).

광원의 컬러 연색성과 컬러 충실도 특성 외에도 다양한 색을 띤 물체들 사이의 색 조화를 포함하는 색 품질의 여러 다른 면이 존재한다(6.3절 참조). 다양한 색 품질 측면은 시각적인 선명도, 연속적인 색 변화, 색 선호, 광원에 의한 장기기억색의 렌더링을 포함하여 6.4절에서 다루어진다.

1.3
시각 시스템의 지각적, 인지적, 감성적 특징과 상응하는 기술적 도전 과제

시각 디스플레이 기술과 실내 광원의 최적화를 위한 시작점은 (컴퓨터 사용자 인터페이스 작업이나 오락과 같은) 디스플레이 상에서의 중요한 시각적 작업들과 관련된 인간 시각 시스템의 특성을 포함한 사용자 특성 분석이다. 두 번째 단계는 가장 좋게 지각되거나, 인지되거나, 감성을 일으키거나, 선호되도록 영상을 표현할 수 있게 시각 디스플레이나 실내 광원을 디자인하는 기술적인 도전이다.

디스플레이에서 사용자 특성화는 사용자의 나이, 문화적 배경, 개성과 함께 개인의 인지적, 감성적 영상 선호 특성뿐만 아니라 색각 특징도 포함한다. 작업 분석은 (정지 영상인지 동영상인지 하는) 관찰 모드, (깜깜한, 어두운, 평균적인, 밝은) 주변 휘도(luminance) 레벨과 감시, 모니터링, 사용자 인터페이스에 의한 텍스트 입력, 프로그래밍, 확장된 시각 검색을 포함한 웹브라우징, 오락이나 교육을 위한 정지 영상이나 동영상 시청과 같은 사용자 작업의 종류를 고려해야 한다.

최적화를 위한 다음 단계는 읽기 작업을 위한 시각 시스템에서의 무채색 (휘도) 채널과 같은 작업과 관련된 중요한 시각적 메커니즘을 고려하는 것이다. 마지막 단계는 시간적, 공간적인 최적화와 좋은 화질을 위한 시각 시스템에 의해 발생하는 요구사항들을 만족시키기 위한 디스플레이의 컬러 기술 특성들을 최적화하는 것이다. 예를 들어 새로운 서브픽셀 구조 디자인(5.3절)은 인간 시각 시스템의 특성으로부터 유도된 디자인 원리를 적용하여 근사한 서브픽셀 구조가 발명될 수 있다(5.4절).

주로 정지 영상에 사용하는 잘 조명된 사무실 환경에서 정상적인 색각을 가지고 일하는 관찰자를 위해 제공되는 새로운 디스플레이의 색역은 사람 눈의 렌즈에 의해 디스플레이 영상이 투영되는 망막 모자이크의 특성에 따라 적당한 공간 해상도와 함께 최적화될 수 있다. 그래서 컴퓨터 메모리에 저장된 큰 정보량은 뇌의 시각 영역의 통합된 부분에 해당하는 망막에 의해 검출되고 디스플레이에 의해 방출된 광에 의해 매우 효과적으로 사용자의 뇌로 매핑될 수 있다.

실내 광원을 위한 작업 흐름의 최적화는 자발광 디스플레이의 작업 흐름과 다음과 같은 면에서 다르다. 이 경우 인간 시각 메커니즘은 실내광을 보는 위치를 고려해야 한다. 즉 실내 광원에 의해 조명된 환경에서 방 안에 있는 반사체의 현색, 물체들의 다양한 반사색 사이의 색 구분, 조합에 따른 선호되는 색 조화와 관찰자 색 선호의 요구에 대한 충실도가 고려되어야 한다. 광원을 최적화하기 위하여 모든 가능한 광원 기술은 실내 환경에서 나타날 가능성이 있는 중요한 대상들의 스펙트럼 반사 곡선을 고려하여 공간과 스펙트럼 세기 분포를 재단할 가능성에 유념해야 한다.

21세기가 시작된 이래로 광에 대한 연구는 '생체 시계'에 의해 동기화되는 인간 행위의 24시간 주기인 일주기 행태의 스펙트럼 민감성에 특별한 관심을 가져오고 있다. 이러한 일주기 리듬은 업무 집중, 수면의 질, 사무실과 산업 현장에서 작업자의 건강한 삶에 영향을 준다. 오늘날 기술적 도전은 내재적인 광민감성 망막 신경절 세포[intrinsically photosensitive retinal ganglion cells(ipRGCs); 7.2.2절 참조]로 불리는 광수용체의 특별한 형태를 시뮬레이션하여 광원의 스펙트럼과 스펙트럼 세기 분포를 최적화하는 것이다.

표 1.2는 인간 시각 시스템의 중요한 지각적, 인지적, 감성적 특징을 디스플레이나 광원 기술의 도전 과제와 함께 보여준다. 이 책에서 관련된 내용들이 어느 절에 있는지도 표 1.2에 표시되어 있다.

표 1.2 인간 시각 시스템의 지각적, 인지적, 감성적 특징과 디스플레이나 광원 기술의 도전 과제

특징	기술적 도전 과제	
3원색 시각, 색 매칭	컬러 디스플레이의 정확한 3원색 특성화	2.1, 2.2절
색도 콘트라스트와 시각적 탐색	디스플레이 사용자 인터페이스의 인간공학적 설계	3.3.2, 3.3.3절
공간적 색각	청년과 노년 사용자에 대한 선호 색 콘트라스트를 적용한 컬러 디스플레이의 인간공학적 설계	3.3.4, 4.4절
망막 모자이크의 공간색 특성	컬러 디스플레이, 디지털카메라, 동영상 압축 알고리즘, 워터마킹에서 다색 서브픽셀 구조의 최적화	4.4, 5.3절
컬러 어피어런스	현대 다원색 컬러 디스플레이 색역 최적화	5.1절
큰 색 자극의 컬러 어피어런스	대형 또는 몰입형 컬러 디스플레이의 정확한 컬러 어피어런스 제공	2.4절
색차 인지	소프트 교정 모니터와 디지털카메라 사이의 색차 평가	4.2.3절
컬러 어피어런스, 컬러 충실도, 색 순응, 색 선호, 색 조화	광이 있는 환경에서 색 품질 향상	6장
인지색	사용자의 인지와 시각적 검색 향상을 위한 컬러 디스플레이의 인간공학적 정보 표현	3.3.1절
장기 색 기억	그림이 포함된 컬러 영상에서 색 품질과 자연스러움 향상	3.4절
시각적으로 유발되는 감성	동영상에서 감성적 효과의 강도 향상	4.6절
영상 색 품질과 선호	그림이 포함된 컬러 영상에서 색 품질 향상	3.5, 3.6, 4.4.3절
생체 주기 특성	생체 주기 특성을 반영한 광원 최적화	7.2.2절

참·고·문·헌

1 Gegenfurtner, K.R. and Sharpe, L.T. (eds) (1999) *Color Vision: From Genes to Perception*, Cambridge University Press.

2 CIE 015:2004 (2004) *Colorimetry*, 3rd edn, Commission Internationale de l'Éclairage.

3 Hunt, R.W.G. and Pointer, M.R. (2011) *Measuring Colour (Wiley-IS&T Series in Imaging Science and Technology)*, 4th edn, John Wiley & Sons, Ltd.

4 Wyszecki, G. and Stiles, W.S. (2000) *Color Science: Concepts and Methods, Quantitative Data and Formulae (Wiley Series in Pure and Applied Optics)*, 2nd edn, John Wiley & Sons, Inc.

5 Fairchild, M.D. (2005) *Color Appearance Models (Wiley-IS&T Series in Imaging Science and Technology)*, 2nd edn, John Wiley & Sons, Ltd.

6 CIE 170-1:2006 (2006) *Fundamental Chromaticity Diagram with Physiological Axes – Part 1*, Commission Internationale de l'Éclairage.

7 Stockman, A. (2004) Colorimetry, in *The Optics Encyclopedia: Basic Foundations and Practical Applications*, vol. 1 (eds T.G. Brown, K. Creath, H. Kogelnik, M.A. Kriss, J. Schmit, and M.J. Weber), Wiley-VCH Verlag GmbH & Co. KGaA, Berlin, pp. 207–226.

8 Khanh, T.Q. (2004) Physiologische und Psychophysische Aspekte in der Photometrie, Colorimetrie und in der Farbbildverarbeitung (Physiological and psychophysical aspects in photometry, colorimetry and in color image processing). Habilitationsschrift (Lecture qualification thesis), Technische Universitaet Ilmenau, Ilmenau, Germany.

9 Solomon, S.G. and Lennie, P. (2007) The machinery of color vision. *Nat. Rev. Neurosci.*, 8, 276–286.

10 Nadenau, M. and Kunt, M. (2000) Integration of human color vision models into high quality image compression. Dissertation No. 2296, Ecole Polytechnique Fédérale de Lausanne.

11 CIE S 017/E:2011 (2011) *ILV: International Lighting Vocabulary*, Commission Internationale de l'Éclairage.

12 Hunt, R.W.G. (1977) The specification of colour appearance. I. Concepts and terms. *Color Res. Appl.*, 2 (2), 55–68.

13 Derefeldt, G., Swartling, T., Berggrund, U., and Bodrogi, P. (2004) Cognitive color. *Color Res. Appl.*, 29 (1), 7–19.

14 CIE 159-2004 (2004) *A Color Appearance Model for Color Management Systems: CIECAM02*, Commission Internationale de l'Éclairage.

15 MacAdam, D.L. (1942) Visual sensitivities to color differences in daylight. *J. Opt. Soc. Am.*, 32 (5), 247–274.

16 CIE 101-1993 (1993) *Parametric Effects in Color-Difference Evaluation*, Commission Internationale de l'Éclairage.

17 CIE 142-2001 (2001) *Improvement to Industrial Color-Difference Evaluation*, Commission Internationale de l'Éclairage.

18 Luo, M.R., Cui, G., and Li, Ch. (2006) Uniform color spaces based on CIECAM02 color appearance model. *Color Res. Appl.*, 31, 320–330.

19 Li, Ch., Luo, M.R., Li, Ch., and Cui, G. (2011) The CRI-CAM02UCS color rendering index. *Color Res. Appl.*, doi: 10.1002/col.20682.

20 Bodrogi, P., Brückner, S., and Khanh, T.Q. (2010) Ordinal scale based description of color rendering. *Color Res. Appl.*, doi: 10.1002/col.20629.

21 Barsalou, L.W. (1999) Perceptual symbol systems. *Behav. Brain Sci.*, 22, 577–660.

22 Humphreys, G.W. and Bruce, V. (1989) *Visual Cognition: Computational, Experimental, and Neuropsychological Perspectives*, Lawrence Erlbaum Associates, Hove,UK/Hillsdale, NJ.

23 Crick, F. (1994) *The Astonishing Hypothesis*, Simon & Schuster Ltd., London.

24 Krebs, M.J. and Wolf, J.D. (1979) Design principles for the use of color in displays. Proceedings of the Society for Information Display, vol. 20, pp. 10–15.

25 Carroll, J., Neitz, J., and Neitz, M. (2002) Estimates of L:M cone ratio from ERG flicker photometry and genetics. *J. Vis.*, 2, 531–542.

색채와 컬러 어피어런스 기반 디스플레이 특성화

이 장의 목표는 디스플레이 특성화 모델의 요소와 디스플레이의 특별한 형태에 대한 요소를 일반적으로 설명하는 것이다. 색채계(colorimetry) 특성화 모델은 일반적인 색각을 가진 인간 관측자를 위한 디스플레이의 모든 픽셀의 정확한 색 자극을 생성하기 위하여 어떻게 영상의 전기적인 색 신호가 주어진 삼자극치(XYZ)의 색깔 있는 빛으로 전환되는지 설명한다. 비정상적인 색각은 이 책의 범위를 벗어난다. 좋은 영상 색 품질을 위하여, 특성화 모델은 디스플레이 색의 예상되는 컬러 어피어런스인 색의 정확한 인지 색상, 밝기, 채도를 확인하기 위한 색채계를 뛰어넘어야 한다. 컬러 어피어런스는 주변 휘도 레벨, 디스플레이 영상의 공간 구조와 자극의 크기(시청 화각)를 포함하는 디스플레이의 시청 환경에 의존적이다. 큰 시청 화각을 가진 디스플레이에서 컬러 어피어런스는 표준 영상 크기와 비교하여 변화를 일으킨다. 디스플레이의 좋은 컬러 특성화는 시각적인 결함, 즉 디스플레이 색 기술의 불완전성으로부터 유발되는 불쾌한 시각적인 현상을 없애는 데도 도움을 준다.

위에서 정의된 틀 내에서, 2.1절은 톤 커브, 인광체 매트릭스, 적절한 특성화 모델에 의해 부분적으로 제거될 수 있는 특정한 결함들, 디스플레이에 컬러 어피어런스 모델을 적용하는 방법을 포함하는 일반적인 디스플레이 특성화 모델의 요소를 설명한다. 2.2절은 CRT(cathode ray tube), PDP(plasma display panel), LCD(liquid crystal display)와 프로젝터를 포함하는 특정 디스플레이 기술의 특성화 모델과 시각적 결함에 대해 설명한다. 2.3절은 다른 프로젝터들과 컬러 필터와 함께 디스플레이 백라이트 광원에 대해 소개한다. 2.4절은 위에서 언급된 색 크기 효과, 즉 표준 크기와 큰 색 자극 사이의 컬러 어피어런스 변화에 대해 설명한다.

2.1
특성화 모델과 일반적인 시각적 결함

이 절은 톤 커브 모델이나 인광체 매트릭스, 컬러 특성화와 sRGB의 측정된 값과 예상되는 값 사이의 차이, 컴퓨터로 컨트롤되는 디스플레이를 위한 여러 특성화 모델들과 같은 특성화 모델과 관련된 일반적인 시각적 결함들을 다룬다. 모니터의 색 채널의 독립성에 의존적인 색 가법성은 효과적인 특성화 모델을 위한 중요한 척도이다. 다차원 인광체 매트릭스의 방식은 기술적으로 색 채널이 독립되지 않았기 때문에 발생하는 비색 오류를 줄이기 위해 제시된다.

모든 지점에서 정확한 색 자극을 달성하기 위한 디스플레이의 공간적인 균등성을 테스트하고 확인하는 방법이 제시된다. 또한 특정한 점에서 예측되는 색은 화면 상의 다른 픽셀들의 영향을 받으면 안 된다 ─ 이것은 공간적 독립을 위한 중요한 조건이다. 공간적인 상호 의존성을 예측하기 위한 방법 또한 이 절에서 설명된다. 시야각 균등성의 개념도 소개된다. 이것은 LCD에서 특별히 중요하다. 하나의 절에서는 갖가지 시각적 결함을 집중 설명한다. 마지막으로 시청 조건, 시청 모드, 외광을 포함한 시청 환경의 효과가 CIELAB, CIELUV, CIECAM02 컬러 어피어런스 모델을 자발광 디스플레이에 적용하는 방법을 보여주면서 다루어진다.

2.1.1
톤 커브 모델과 인광 매트릭스

디스플레이를 위한 컬러 특성화 모델을 만들기 위해서는 스펙트럼 방사나 색채 측정이 수반되어야 한다. 컬러 특성화는 비디오 메모리나 컴퓨터로 컨트롤되는 디스플레이 그래픽 카드의 r, g, b 디지털값(간략히 rgb값)으로부터 모니터 상에 디스플레이되는 색 자극의 CIE X, Y, Z 삼자극치(간략히 XYZ값)를 예측하는 것을 뜻한다. 이들 rgb값은 디스플레이의 모든 픽셀에서 색을 컨트롤하는 전압 신호로 전환된다. 만약 모니터가 정확한 색을 보여주는 데 부적합하거나 적합하긴 하지만 특성화가 잘되어 있지 않다면 인지되는 색에는 왜곡이 일어난다. 색의 왜곡은 의료, 군사, 교통 감시나 컴퓨터 그래픽 적용과 같은 색의 정확한 분별이 필요한 시스템에서 부정확한 결정을 이끌 수도 있다.

특성화 모델을 만들기 위해 디스플레이의 스펙트럼이나 색채 측정이 수행되어야 한다. 디스플레이는 측정 전 안정화를 위해 켜두어야 한다. 측정을 위하여 다양한 rgb값의 컬러 패치들은 암실에서 디스플레이 상에 보여져야 한다. 측정 전에 고사양의 색 측정기나 스펙트럼 측정기를 사용하여 캘리브레이션하는 방법으로 실제 색 측정기의 측정 정확성이 체크될 수 있다. 색 측정기는 표준 램프와 $BaSO_4$ 또는 PTFE 판과 같은 표준 백색판을 사용하여 보정될 수 있다. (CRT 인광처럼) 디스플레이의 원색과 같은 스펙트럼 세기 분포와 비교될 수 있는 필터링된 광원에 대한 보정은 더 나은 컬러 정확도를 제공할 수 있다.

컬러 특성화 후에, 모델의 부정확성에 의해 유발되는 색채계 에러를 평가하기 위해 특성화에 사용된 것과는 다른 rgb값을 가진 테스트 색 자극을 이용한 측정을 수행하는 것이 필수적이다. 디스플레이의 자동 컬러 특성화를 위한 (하드웨어와 소프트웨어 조합의) 특별한 기기가 시장에 있다. 이들 기기의 색 측정기나 스펙트럼 측정기는 컴퓨터 프로그램에 의해 컨트롤되고 테스트 컬러 패치를 만들어준다.

일반적으로 컬러 특성화 모델은 톤 커브 모델과 인광체 매트릭스의 두 가지 요소를 가진다. 톤 커브 모델은 개별적인 색 채널(보통은 red, green, blue지만 몇몇 현대 디스플레이에서는 3원색 이상을 사용함)의 R, G, B($0 \leq R$, G, $B \leq 1$) 상대적인 휘도 출력을 예측한다. rgb값의 범위는 $0 \sim 2^n$까지이며 각 채널의 색 해상도는 n의 지수로 표시된다. RGB값들은 컴퓨터 메모리에 저장된 픽셀의 rgb값에 부합하는 디스플레이의 각 픽셀에서 예측된다.

오늘날의 자발광 색 기술에서 n은 6(낮은 색 해상도)에서 10(높은 색 해상도)까지의 범위를 갖는다. k가 색 채널의 수를 나타낼 때(즉 red, green, blue이면 $k =$ 3) 표현할 수 있는 색의 가짓수는 2^{kn}개이다. 예를 들어 $2^{3 \cdot 8} = 16,777,216$이다. (보통은 비선형적인) 측정된 $R(r)$, $G(g)$, $B(b)$함수는 다른 디스플레이 기술들에 따라 변한다. 전통적인 형태는 멱함수를 포함하거나(CRT) S자 형태의 커브를 포함한다(LCD). 내장 컨버터는 디스플레이의 자연스러운 톤 커브를 변화시킬지도 모른다. (종종 CRT 톤 커브처럼 보이는) 변환된 커브는 측정될 수 있다.

인광체 매트릭스는 RGB값을 색 자극을 설명하는 XYZ값으로 변환하는 것에 의해 (세 가지) 컬러 채널로부터 빛의 더해진 혼합을 모델화한다. XYZ값은 인간의 시각 시스템이 디스플레이를 관찰할 때 인지된 색 특성(색상, 채도, 밝기)의 수치화된 상관물로 변화될 수 있다. 인광체 매트릭스는 3개의 색 채널을 가진 전통적인 디스플레이에서 보통 3×3 숫자들로 구성된다. 매트릭스의 첫 번째 (또는 두 번째와 세 번째) 행은 RGB값을 X(또는 Y와 Z)로 변환한다. 특성화 측정 이후에 매트릭스의 두 번째 행은 cd/m^2 단위로 주어질 수 있다. 그런 다음, 결과값인 Y값은 모든 픽셀의 디스플레이 휘도를 예측한다.

인광체 매트릭스라는 용어는 CRT 디스플레이 기술이 전기적인 신호를 눈으로 볼 수 있는 빛으로 바꾸는 데 세 가지 인광체(red, green, blue)를 이용한 데서 유래했다. 다양한 자발광 색 기술은 LCD나 PDP처럼 컬러 필터 모자이크를 사용하거나 프로젝터의 디지털 마이크로미러 기기(DMD)처럼 회전하는 컬러 필터 휠을 사용한다. 모든 자발광 디스플레이 기술의 일반적인 특징은 디스플레이 사용자를 위한 전체 색역을 만드는 단계에서 분리된 컬러 채널을 가산적으로 혼합한다는 것이다. 이러한 가산 혼합은 XYZ값을 획득하기 위한 행렬과 색 채널을 분리한 상대적인 결과값을 곱하여 모델링될 수 있다. 이러한 관점에서 인광체 매트릭스라는 용어는 CRT가 아닌 기술에서도 유지될 수 있다.

2.1.2
측정된 색의 특성화, sRGB와 여러 특성화 모델

이 절에서는 CRT 모니터의 측정된 톤 커브가 표준 컬러 특성화 모델인 sRGB[1]

및 다른 모델과 비교 분석된다. 특성화 측정의 결과에 영향을 주는 게인과 오프셋 컨트롤, 테스트 컬러 패치의 위치 및 크기와 같은 CRT 모니터의 여러 가지 세팅을 제시할 것이다. sRGB 모델을 사용함으로써 발생하는 색도 오류와 전체적인 색 오류에 대해 측정된 톤 커브와 sRGB 톤 커브를 비교하여 평가한다[2].

CRT 기반 모니터나 다른 형태의 디스플레이를 사용하는 중저급 사용자를 위해 꽤 정확한 색 재현을 하는 방법으로 표준 컬러 특성화 모델이나 표준 디스플레이 색 공간(sRGB)이 제안되었다[1]. sRGB는 컬러 어피어런스의 수치적 표현이 필요하지 않다면 꽤 기기 독립적인 방식으로 디스플레이 색을 표현하는 단순하지만 효과적인 도구이다. 예를 들어 그것은 인터넷 사용자들로부터 수집된 색들을 모아 색 용어를 구성하는 큰 규모의 인터넷 기반 사전적 색 표현에 사용되었다[3].

서로 다른 백색과 인광체 색도를 가진 CRT 디스플레이에 sRGB 표준을 적용한 후 색채계 정확성을 자세히 들여다보는 것은 재미있다. 이 절에서는 가장 중요한 아이템이 모니터의 화이트 포인트이고 인광체의 색도 차이는 덜 중요하다는 것을 보일 것이다.

단일 컬러 채널(R, G, B)의 톤 커브(전압 입력-광 출력 특성) 역시 자세하게 다루어질 것이다. 이 이슈는 측정된 톤 커브를 맞추는 멱함수의 지수가 종종 γ로 표현되기 때문에 '감마 문제'로 불린다. γ값은 디스플레이와 화면 위치의 게인/오프셋에 의존한다. 실제 사용되는 것과는 다른 게인/오프셋으로 세팅된 γ값을 사용하면 $\Delta E_{ab}^{*}=21$까지도 비색 오류가 발생할 수 있다. 또 일반적인 CRT 모니터 상에서 실제 사용되는 위치와 다른 위치의 γ값을 사용하면 $\Delta E_{ab}^{*}=6$까지 오류가 발생할 수 있다[4].

이 절에서는 CRT 디스플레이의 서로 다른 게인/오프셋에서의 비색 측정 결과가 분석될 것이다. 그리고 디스플레이의 실제 게인/오프셋 세팅에서 실제 톤 커브의 측정 없이 sRGB를 사용하는, 디스플레이의 사용자가 제공한 sRGB 모델의 컬러 정확도가 평가될 것이다. 게인/오프셋 변화에 따른 톤 커브의 형태 변화 역시 이 절에서 보여질 것이다.

디스플레이 사용자는 보통 컬러 특성화 모델을 셋업하거나 적용하려고 할 때 디스플레이 인광체 매트릭스뿐만 아니라 톤 커브의 실제적인 형태에 영향을 주는 다음과 같은 요소들의 변화에 직면한다.

(1) 디스플레이 기술과 디스플레이를 구동하기 위한 그래픽 카드 종류의 효과
(2) 게인과 오프셋 컨트롤, 화이트 포인트, 개별 컬러 채널의 컨트롤과 같은 디스플레이 세팅
(3) 색 측정기나 스펙트럼 측정기에 의해 측정된 테스트 컬러 패치의 크기
(4) 화면 상에서 테스트 컬러 패치의 위치, 즉 공간적 불균등성의 효과
(5) 화면 상에서 밝고 어두운 부분의 상대적인 면적, 즉 전력 공급 과부하와 화면의 일부분에서 광반사의 효과
(6) 색 해상도나 비트 깊이, 예를 들어 색 채널당 6, 8, 10비트

위에서의 고려사항들을 설명하기 위하여 일련의 톤 커브 측정의 예가 보여진다[5]. 이들 측정에서 단일 컬러 채널 톤 커브(red, green, blue)는 디스플레이 입력 전압의 rgb값의 함수로 측정되었다. 실제 측정된 톤 커브와 sRGB 톤 커브 사이의 차이에 의해 유발된 색차는 11개의 CRT 모니터에 대해 계산되었다($i = 1 - 11$).

이 측정에는 640×480 공간해상도를 가지고 채널당 6비트의 컬러 해상도를 가지는 2개의 그래픽 카드가 사용되었다. 둘 중 하나는 디스플레이의 $i = 1, \cdots, 8$인 경우를 위해 사용되었고, 나머지는 $i = 9, \cdots, 11$인 경우를 위해 사용되었다. 그래픽 카드의 변화 효과를 시험하기 위하여 네 가지 다른 그래픽 카드를 사용하여 측정이 수행되었다.

테스트 컬러 패치의 크기는 80×80픽셀(작은 패치)이나 640×480픽셀(전체 화면)이었다. 작은 크기의 패치에 대하여 화면의 나머지 부분은 검은색으로 처리하였다. 작은 패치는 화면의 중앙에 있거나 네 구석(좌상, 좌하, 우상, 우하)에 위치하였다. 게인과 오프셋의 주된 세팅은 100%나 50%로 하였다.

각각의 개별적인 컬러 채널에 대하여 (k = red, green, blue) 휘도는 14 rgb값 (d_j)에 따라 측정되었다—0, 5, 10, 15, $\cdots$, 50, 55, 60, 63($j = 1, \cdots, 14$). d_j는 다른 두 채널이 항상 0의 값으로 구동될 동안의 r, g, b의 크기를 나타낸다. 측정된 휘

도값은 $L_{k,j}$로 표시하였다. 이 휘도값의 세트($L_{k,j}$)는 표 2.1에 정의된 아홉 가지의 게인/오프셋 세팅($s = 1, \cdots, 9$)으로 모든 디스플레이($i = 1, \cdots, 11$)에 대해 측정되었다.

두 선택된 디스플레이($i = 5, 6$)에 대하여 rgb값 0에서의 세팅(display black, L_{bl})과 최대 휘도(display peak white, L_{pw})와 부합하는 휘도는 그림 2.1과 2.2에서 각각 보여진다. 표 2.1의 아홉 가지 각 세팅에서 디스플레이 최대 휘도를 최소 휘도로 나누어 계산된 값인 **동적 명암비**(dynamic range, D) 역시 이 그림에서 보여진다.

그림 2.1과 2.2에서 볼 수 있는 것처럼 디스플레이의 블랙 휘도와 피크 화이트 휘도와 동적 명암비는 디스플레이 형태에 대한 특징이며 그것의 게인과 오프셋 세팅은 표 2.1에서 보여진다. 5번 디스플레이에 대하여(그림 2.1) 피크 화이트 휘도의 최댓값과 최대 동적 명암비는 2번 세팅(게인 = 100%, 오프셋 = 100%)에서 나타난다. $L_{bl} = 0.19\text{cd/m}^2$, $L_{pw} = 119.8\text{cd/m}^2$, $D = 631$이다. 6번 디스플레이에 대하여 2번 세팅(게인 = 100%, 오프셋 = 100%)은 가장 높은 피크 화이트 휘도($L_{pw} = 250.1\text{cd/m}^2$)를 갖지만 디스플레이 블랙 휘도의 불리점으로 인해($L_{bl} = 7.7\text{cd/m}^2$) 최대 동적 명암비는 4번 세팅(게인 = 50%, 오프셋 = 50%, $D = 36.5$)에서 나타난다.

그러나 4번 세팅의 피크 화이트 휘도는 고작 $L_{pw} = 47.5\text{cd/m}^2$에 불과하다. 이것

표 2.1 샘플 측정에 사용된 디스플레이의 세팅

s	Gain(%)	Offset(%)	Patch size	Position	Screen size
1	100	50	small	center	whole
2	100	100	small	center	whole
3	100	50	small	center	smaller
4	50	50	small	center	whole
5	100	50	small	top left	whole
6	100	50	small	top light	whole
7	100	50	small	bottom left	whole
8	100	50	small	bottom right	whole
9	100	50	full screen	—	whole

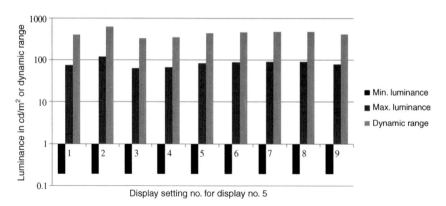

그림 2.1 디스플레이 5번에 대한 표 2.1의 아홉 가지 세팅 각각의 *rgb*값 0에서의 세팅(최소 휘도 또는 블랙 디스플레이, L_{bl})에 해당하는 휘도값, 최대 휘도(디스플레이 피크 화이트, L_{pw}), 디스플레이의 화이트 휘도를 블랙 휘도로 나누어 계산되는 동적 명암비(D)

은 시각 시스템 작업이 최적화되지 못하도록 만드는데 왜냐하면 디스플레이 색역의 많은 중요한 색들이 박명시(명순응과 암순응의 중간 순응일 때의 시각으로 여명이 있을 때의 밝기 정도에서 나타남) 영역으로 미끄러져 내려가 채도나 색상의 변화를 잃어버리는 일이 발생하기 때문이다[6]. 동적 명암비인 $D = 36.5$는 너무 낮아서 시각적으로 수용 가능하지 않다(3.5.5절 참조). 5번 디스플레이의 2번 세팅은 수용 가능한 피크 화이트에서 훨씬 높은 동적 명암비를 가지는데 이것은 중요한 기억색들(3.4절)이 시각의 명소시 영역에서 나타난다는 것을 의미한다.

위에서 언급했던 모니터들($i = 1, \cdots, 11$)과 표 2.1의 세팅에 대한 예에서 sRGB

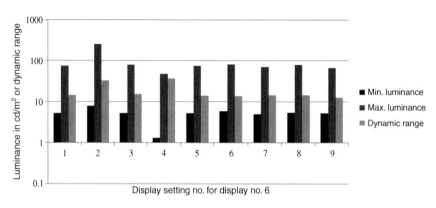

그림 2.2 그림 2.1과 동일하지만 디스플레이 6번에 대한 값

표준 특성화 모델의 정확도를 테스트하기 위하여 다음의 계산이 수행되었다. 정수 $j_1, j_2, j_3 (j_1 = 1 - 14, j_2 = 1 - 14, j_3 = 1 - 14)$의 모든 가능한 조합에 대하여 CIE XYZ 삼자극치는 피크 화이트 휘도 $L_{pw} = 80 cd/m^2$인 sRGB 표준 인광체 변환 행렬 $\mathbf{P}_{sRGB}$에 의해 rgb값 j_1, j_2, j_3로부터 계산된다.

$$\mathbf{P}_{sRGB} = \begin{bmatrix} 0.4124 & 0.3576 & 0.1805 \\ 0.2126 & 0.7152 & 0.0722 \\ 0.0193 & 0.1192 & 0.9505 \end{bmatrix} L_{pw} \tag{2.1}$$

CIE XYZ 삼자극치는 측정된 RGB값('meas'의 인덱스를 사용하여 표시)을 사용하거나 표준에서 요구되는 아래의 방법에서 rgb값들$(d_j = r, g, b)$로부터 sRGB('sRGB' 아래첨자로 표시)에 의해 예측되는 RGB값$(D = R, G, B)$을 사용하는 방법 모두에 의해 계산될 수 있다[1].

$$D_{j,sRGB} = \left[\frac{(d_j/63) + 0.055}{1.055} \right]^{2.4} \tag{2.2}$$

$(d_j/63) \leq 0.04045$인 경우 sRGB 표준 수식이 다음과 같이 됨을 주목하라.

$$D_{j,sRGB} = \frac{d_j/63}{12.92} \tag{2.3}$$

측정된 값과 표준 sRGB XYZ값 사이의 CIELAB 색차 ΔE_{ab}^*는 80cd/m²의 휘도 레벨에서 CIELAB 기준 백색이 sRGB 표준 백색점(D65)일 때 $14^3(j_1, j_2, j_3)$ 세트 중 각 하나에 대해 계산되었다. 예를 들어 그림 2.3~2.5는 5번 디스플레이 $s = 2$와 $s = 4$ 세팅에 대하여 red, green, blue 채널 각각에 대하여 측정된 톤 커브와 sRGB 표준 톤 커브 사이의 차이를 보여준다.

그림 2.3~2.5에서 보는 바와 같이 50%-50%의 게인과 오프셋 세팅을 하는 4번 세팅($s = 4$)은 100%-100%의 게인과 오프셋 세팅을 하는 2번 세팅($s = 2$)에 비해 sRGB 톤 커브와 가깝다. 표 2.2는 11개 모니터의 아홉 가지 세팅에 대한 ΔE_{ab}^*의 평균값을 보여준다. 평균값은 측정된 rgb값 $j_1, j_2, j_3(j_1 = 1, \cdots, 14, j_2 = 1, \cdots, 14, j_3 = 1, \cdots, 14)$의 모든 가능한 조합인 14^3개를 고려하여 계산되었다.

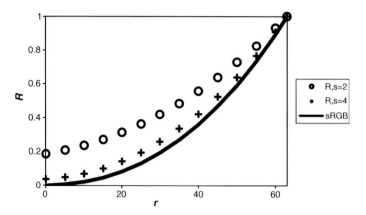

그림 2.3 5번 디스플레이의 s = 2와 s = 4 세팅(표 2.1)에 따라 측정된 톤 커브(원 또는 플러스 기호; red 채널)의 형태와 sRGB 표준 톤 커브(검은색 곡선) 사이의 차이[2]. *Displays*에서 허가받아 재구성함

표 2.2에서 볼 수 있듯이 5번 디스플레이의 2번 세팅은 평균 $\Delta E^*_{ab} = 35$로 크고, 4번 세팅은 평균 $\Delta E^*_{ab} = 13$으로 작다. 표 2.2의 모든 평균 색차 $\Delta E^*_{ab} = 6$ 이상임에 주목하라. 이 값은 레퍼런스 디스플레이와 같은 참조 sRGB 컬러 어피어런스에서 본다면 색차가 쉽게 인지될 수도 있다. 시각적인 레퍼런스가 없는 일반적인 경우, 디스플레이의 실제 색과 그 조합들은 장기 기억색(3.4절), 선호색(3.5

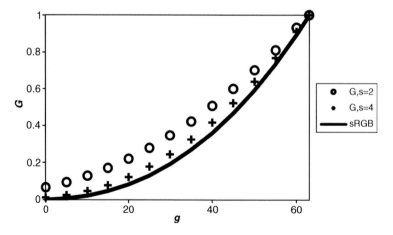

그림 2.4 그림 2.3과 동일하지만 green 컬러 채널에 대한 그래프[2]. *Displays*에서 허가받아 재구성함

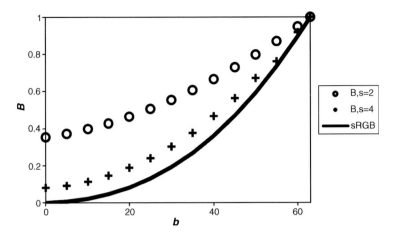

그림 2.5 그림 2.3과 동일하지만 blue 컬러 채널에 대한 그래프[2]. *Displays*에서 허가받아 재구성함

절), 조화로운 색 조합(6.3절)과 비교되어 판단된다. 이러한 시각적 비교에서 색차 $\Delta E_{ab}^* = 6$은 심각한 색 왜곡을 유발할지 모른다.

표 2.2에서 보듯이 색차는 $\Delta E_{ab}^* = 46$까지도 발생한다. 이것은 색의 이름을 바꿔야 할 정도로 큰 값이며 디스플레이 색 품질의 현저한 저하를 유발한다. 색차의

표 2.2 11개의 디스플레이(i)와 아홉 가지 세팅(s)에 대해 측정된 것과 sRGB *XYZ* 사이의 평균값[5]

s	i											mean
	1	2	3	4	5	6	7	8	9	10	11	
1	12	15	33	44	34	39	14	14	20	22	13	24
2	38	35	25	45	35	34	16	16	29	54	22	**32**
3	12	16	36	30	31	41	13	19	20	11	10	22
4	32	28	12	30	13	15	14	15	40	17	19	**21**
5	9	16	35	44	31	42	10	12	20	10	12	22
6	9	16	37	47	36	43	10	11	17	10	17	23
7	7	16	36	43	32	43	11	10	28	14	17	23
8	9	17	37	43	35	55	11	12	30	13	18	25
9	11	18	36	46	37	43	10	9	21	23	33	26
mean	15	20	32	**41**	32	39	**12**	13	25	19	18	

평균값은 *rgb*값 j_1, j_2, j_3의 모든 14^3가지 가능한 조합($j_1=1$, …, 14, $j_2=1$, …, 14, $j_3=1$, …, 14)을 고려하였다 (본문을 보라). *Displays*에서 허가받아 재구성함

크기는 측정되는 디스플레이에 따라 상당히 변한다. 예를 들어 7번 디스플레이의 평균 색차는 $\Delta E^*_{ab} = 12$인 데 반해 4번 디스플레이는 현저하게 높은 값인 $\Delta E^*_{ab} = 41$을 가진다.

위에서 보듯이 sRGB 톤 커브가 고정되었기 때문에 다양한 디스플레이의 세팅을 만족시킬 수 없다. sRGB와 일치하는 좋은 컬러 정확도를 얻기 위해서는 디스플레이의 톤 커브가 sRGB 톤 커브와 근접하게 되도록 세팅을 사용하는 것이 필수적이다. 대체할 수 있는 디스플레이 특성화 모델 역시 사용될 수 있다(2.2.2.1절). 비교를 위하여 식 2.4는 채널당 6비트의 색 해상도를 가지는 CRT 디스플레이에 대하여 전자물리로부터 톤 커브를 유도한 예를 보여준다[7, 8].

$$
\begin{aligned}
&\text{If} && Ad_j + [1-63A] \geq 0 \\
&\text{then} && D_j = (Ad_j + [1-63A])^{\gamma} \\
&\text{else} && D_j = 0
\end{aligned}
\tag{2.4}
$$

식 2.4에는 2개의 변수 γ와 A가 있다. 모든 변수는 모니터의 게인과 오프셋 세팅에 의존한다. 전자물리 톤 커브 모델과 sRGB 모델을 비교하기 위하여 식 2.2를 식 2.4와 유사한 형태로 다시 써보았다.

$$
\begin{aligned}
&\text{If} && (1/63)d_j + [-0.04045] > 0 \\
&\text{then} && D_{j,\text{sRGB}} = ((1/(63 \cdot 1.055))d_j + [0.055/1.055])^{2.4} \\
&\text{else} && D_{j,\text{sRGB}} = (d_j/63)/12.92
\end{aligned}
\tag{2.5}
$$

식 2.4의 장점은 식 2.5에서는 고정된 변수를 사용하였지만, 그것의 변수인 γ와 A가 여러 CRT 모니터의 세팅에 맞추어 넓은 범위에서 조절될 수 있다는 것이다.

CRT 구동에 사용되는 컴퓨터 그래픽 카드의 변경 효과를 시험하기 위하여 똑같은 세팅을 사용한 똑같은 CRT 디스플레이에 대하여 네 가지 다른 그래픽 카드를 사용하여 위에서 했던 것과 같은 방식으로 색을 측정하였다[5]. 그래픽 카드의 변화는 톤 커브의 형태 변화에 심각한 영향을 주지 않았다. 그래픽 카드 변화 때문에 유발되는 평균 색차 $\Delta E^*_{ab} = 0.8$ 미만이다.

톤 커브 차이의 정도를 특성화하기 위하여 다음의 δ라는 양이 도입되었다[2].

표 2.3 화이트 포인트 차이와 톤 커브 차이의 합으로부터 발생하는 평균 색차(ΔE_{ab}^*)[5]

	δ			
	0.00(sRGB)	0.07	1.56	4.00
12 700 K	11.8	16.8	35.4	45.0
10 000 K	5.7	12.2	33.7	44.4
D65(sRGB)	0.0	10.2	32.5	43.5
D55	3.4	10.7	32.2	43.3
D50	5.7	11.5	32.1	43.2

평균 ΔE_{ab}^*값은 식 2.7을 이용하여 계산되었고 모든 14^3가지 가능한 d_j값 조합을 고려하였다(본문을 보라). 모니터의 R, G, B 3원색의 색도는 sRGB 색채계와 같다고 가정되었다. 디스플레이의 피크 화이트의 상관 색온도는 첫 번째 열에 보여진다. *Displays*에서 허가받아 재구성함

$$\delta = \sum_{k=R,G,B} \sum_{j=1}^{14} \left(D_{k,j,\text{measured}} - D_{j,\text{sRGB}} \right)^2 \qquad (2.6)$$

δ라는 양은 위에서 설명했던 *rgb*값의 14^3개 조합에 대하여 sRGB 톤 커브로부터 예측된 값과 측정된 *RGB*값 사이의 차를 제곱 평균한 값이다. 측정된 톤 커브 대신 sRGB를 사용한 (각각의 CRT 모니터와 각각의 세팅에 대한) 평균 색차는 다음의 수식을 사용하여 δ값으로부터 커브 피팅(curve fitting)에 의해 예측될 수 있다 ($r^2 = 0.93$)[2].

$$\Delta E_{ab,\text{mean}}^* = 26.426\delta^{0.3418} \qquad (2.7)$$

sRGB 화이트 포인트(즉 D65)의 차이는 더 많은 색채계 오류를 유발한다. 표 2.3은 모든 디스플레이 피크 화이트와 톤 커브가 sRGB와 다른 경우, 0에서 4.00 사이의 범위에서 네 가지 δ값에 대하여 위에서 설명했던 측정된 색과 sRGB 사이의 14^3개 *rgb*값의 조합에 대해 계산되는 평균 색 오류를 보여준다. 이것은 표 2.2에 부합하는 δ의 일반적인 범위이다.

2.1.3
가산성과 컬러 채널 독립

2.1.2절의 단순한 두 단계 디스플레이 특성화 방법 기저에 놓인 가정[9]은 인광체 항구성(즉 각 컬러 채널의 색도는 그 채널의 r, g, b값의 양에 의존하지 않는다), 컬러 채널의 독립성, 공간적 독립성, 공간적 균등성, 시간적 안정성이다. 이 절은 컬러 채널의 독립에 대해 다룬다. 컬러 채널 독립은 CRT 디스플레이에 대해 '한 전자총의 출력과 그 결과 주어진 픽셀의 한 채널에서의 형광체 여기는 그 픽셀에서 다른 채널에 의존하지 않는다'는 것을 뜻한다[10].

　(CRT 디스플레이 기술이 아닌 것을 포함하여) 일반적으로 컬러 채널 독립은 주어진 컬러 채널의 출력이 그 채널의 디지털 색 수치에만 의존적임을 뜻한다. 예를 들어 어떤 픽셀에서 red 채널의 출력은 오직 red의 디지털 색 수치에만 영향을 받는다. 컬러 채널 독립은 주어진 픽셀의 색이 형광체 매트릭스를 사용하여 독립적 컬러 채널의 가법적인 혼합에 의해 rgb값으로부터 예측될 수 있다는 것을 뜻한다. 채널 독립의 부족은 채널 상호의존으로 불릴 수 있다. 채널 상호의존의 원인은 (모든 기술에서) 전력 공급의 과부하, 자기 렌즈의 결함, CRT 섀도 마스크와 픽셀 사이의 상호반사를 포함하는 디스플레이 기술 때문이다.

　다른 화면 배경 위에 디스플레이 색 자극을 요구하는 [예를 들어 색 지도(color map)의 적용을 위해] 이러한 적용들에서 채널 상호의존의 효과를 예측하고 색의 상호의존이 존재해도 색도적으로 정확한 색을 디스플레이하는 방법을 제공하는 것은 중요하다. 색 자극이 색채계적으로 정확한 방법으로 디스플레이되어야만 합리적으로 컬러 어피어런스의 정확한 수식이 계산될 수 있다.

2.1.4
다차원 인광 매트릭스와 여러 방법

Brainard는 캘리브레이션의 정확도는 컬러 채널 상호 간섭을 더욱 세밀하게 예측하는 수식에 의해 향상될 수 있다고 말했다[9]. Berns 등은 전기물리에 영감을 얻은 그들의 모델에서 red, green, blue의 디스플레이 피크 원색의 삼자극치를 측정하는 것에 의해서 결정된 인광체 매트릭스를 사용하여(이것은 인광체 매트릭스 **P** 이다) 또는 디스플레이의 색역을 샘플링하고 다선형 회귀에 의해 3×3 매트릭스 의 값을 추정하여(이것은 **M** 매트릭스로 부른다) CRT 디스플레이의 CIE *XYZ* 삼 자극치를 계산했다.

　Berns 등은 "특성화 정확도는 채널 독립의 결함이 나타나는 모니터에 대한 회 귀 방법을 사용하여 크게 향상될 수 있다"고 언급한다[7]. 그들은 채널의 상호의 존을 설명하기 위하여 "몇몇 디스플레이에서 선형항에 더하여 공분산항 역시 필 요하다"고 제안한다[7]. 이 생각은 CRT 모니터에 대한 Motta에 의해서도 지지되 었다[11]. 그는 예측되는 삼자극치 *T*는 항상 측정된 삼자극치 *T'*보다 크다는 것을 발견하였으며 그들의 비율인 *T'/T*은 CRT 디스플레이의 컬러 채널 상의 전기적 부하에 의존한다.

　위의 아이디어는 3×9 인광체 매트릭스를 도입하여 여러 방법으로 적용되었 다[12]. 이 방법은 원래 CRT 디스플레이를 위해 개발되었으나 어느 기술에도 적 용할 수 있다. 3×9매트릭스(χ)는 매트릭스 **M**과 비슷하게 디스플레이 색역의 측 정된 샘플에 대한 다선형 회귀로 구한다. 그러나 *RGB*값 자체에 더하여 행렬 χ는 *RGB*값들의 교차를 고려하여 곱을 취한다. 그래서 식 2.8에서 보듯이 *RGB* − *XYZ* 변환의 독립변수는 *RGB*값들로 구성된($T_1 = R$, $T_2 = G$, $T_3 = B$) 9차원 열 벡터 **S**와 모든 여섯 가지 가능한 그들의 곱으로 이루어진다.

$$S_i = T_i, \quad i = 1, 2, 3; \quad S_4 = T_1 T_1, \quad S_5 = T_1 T_2, \quad S_6 = T_1 T_3,$$
$$S_7 = T_2 T_2, \quad S_8 = T_2 T_3, \quad S_9 = T_3 T_3 \tag{2.8}$$

RGB − *XYZ* 변환은 아래의 항으로 쓰여질 수 있다.

$$\begin{pmatrix} X \\ Y \\ Z \end{pmatrix} = \gamma \mathbf{S} \tag{2.9}$$

식 2.8에서 $S_4, \cdots, S_9$는 채널 간의 상호의존성을 설명하기 위해 도입되었다[12].

　이 절의 뒤따르는 부분에서는 **P**, **M**, χ를 사용한 방법의 성능 실험 수행의 결과

[12]가 요약되었다. 이러한 일련의 디스플레이 측정에서 다른 크기의 컬러 패치는 화면상의 여러 테두리색과 디스플레이 배경색이 존재하는 가운데 색채적으로 측정되었다. 채널 독립 위배와 축소의 정도는 M, χ매트릭스에 의해 추정되었다. 이 실험에서 6개의 CRT 디스플레이($m = 1 - 6$)가 다른 품질 레벨을 표현하는 데 사용되었다. 디스플레이는 시간적인 안정화라는 중요한 이슈 때문에 측정 전 풀 화이트로 30분간 켜두었다. 화면 테두리의 색은 일정하게 한 상태로 화면 중앙 컬러 패치의 rgb값을 변화시키면서 이 부분을 측정하였다.

색 측정기로 디스플레이 색의 CIE X, Y, Z 삼자극치를 측정하였다. 디스플레이 블랙 휘도(L_{bl}) 역시 측정되었다. 만약 테두리가 흰색이라면 테두리의 빛이 측정된 화면의 컬러 패치에 산란될 것이다. 디스플레이의 블랙 휘도(L_{bl})는 항상 L_{bl} $= 4cd/m^2$보다 작았다. 정확한 특성화 모델을 위하여 모델 수식에 상수를 더함으로써 디스플레이 블랙을 포함하는 것은 중요하다.

모든 6개의 CRT 디스플레이는 채널당 6비트의 색 해상도를 가졌다. 그것들은 화이트 포인트의 색도를 자유롭게 세팅하기 위하여 red, green, blue 채널을 분리하여 조절하는 것이 가능한 디스플레이 $m = 3$(진보된 그래픽을 위한 고급 디스플레이)을 제외하고 중첩된 게인과 오프셋을 가진다. 디스플레이 $m = 1$과 $m = 4$는 사무 작업을 위한 값싼 것이고, $m = 2, 5, 6$은 그래픽 작업에 적합한 것이다.

(화면의 중앙에 보여지는) 다양한 색의 측정된 균등 컬러 패치의 크기는 컬러 패치의 픽셀 수를 전체 픽셀 수로 나누어 계산되는 디스플레이 화면 채움비 f에 의해 특성화될 수 있다. 컬러 패치의 화면 채움비는 $f = 0.02$(화면 일부, $s = 1$)이거나 $f = 1$(전체 화면, $s = 2$)이었다. 피크 화이트 테두리의 두께는 몇 가지의 일정한 값이었으며 화면 중앙의 컬러 패치를 둘러쌌다. 이때 두께는 화면의 가장자리에서 컬러 패치까지의 거리를 의미한다. 화면 채움비 $f = 0.00$(테두리 없음), 0.15, 0.30, 0.60, 0.98(흰색 테두리, 화면 전체 크기보다 2% 작음)의 다섯 가지의 테두리($k = 0 - 4$)가 사용되었다.

다음의 rgb값 세트로부터 125개 조합의 샘플이 선택되었다 — 0, 15, 31, 47, 63. 직접적으로 측정된 색은 인덱스 'm'으로 표시되었고 **P**, **M**, χ를 기반으로 계산된 값들은 인덱스 'c'로 표시되었다. CIELAB 색차 ΔE_{ab}^*는 측정된 색과 계산된 색 사이에서 계산되었다. 채널 상호의존성은 휘도 비율 $Q = Y_m/Y_c$에 의해 특성화되었다. ΔE_{ab}^*와 Q가 각 상태(k : 테두리, s : 작은 막대 또는 전체 화면 상태, m : 모니터 타입, $m = 1$, 2가 보여질 것이다)와 주어진 테스트 설계(k, s, m)의 측정된 컬러 데이터를 사용하여 결정된 **P**, **M**, χ를 포함한 여섯 가지 변환매트릭스를 사용한 각 샘플 컬러(1−125)에 대하여 계산되었다. 세 가지 추가된 매트릭스(P_0, M_0, χ_0)는 다음의 상태에서 측정된 컬러 데이터 사용의 특별한 경우를 표현한다 − $k = 0$(테두리 없음), $s = 1$(작은 막대), $m = 1$ 또는 2. 매트릭스 P_0, M_0, χ_0는 주어진 테스트 상태에 부합하는 변환매트릭스 대신 블랙 배경에 작은 막대 형태의 변화하는 색을 사용했을 때의 컬러 데이터로부터 결정되는 변환매트릭스를 사용했을 때의 효과를 나타낸다.

표 2.4는 여러 테스트 조건에서 평균 CIELAB ΔE_{ab}^*와 평균 Q값들을 포함한다. 평균은 125개 색 모두에 대해 계산되었다. 표 2.4의 1~3열은 모니터 종류 m, 테

표 2.4 다른 테스트 계획에 의한 평균 ΔE_{ab}^*와 Q값(측정된 휘도를 계산된 휘도로 나눈 값)[12]

1 m	2 k	3 s	4 p	ΔE_{ab}^*						Q					
				5 m	6 χ	7 P_0	8 M_0	9 χ_0		10 P	11 M	12 χ	13 P_0	14 M_0	15 χ_0
1	0	1	0.97	0.89	0.77	−	−	−		1.01	1.01	1.01	−	−	−
1	1	1	0.99	0.89	0.7	3.74	3.71	3.61		1.01	1.01	1	0.89	0.89	0.89
1	2	1	1.02	0.96	0.8	6.39	6.39	6.31		1.01	1.01	1.01	0.82	0.82	0.81
1	3	1	1.05	0.92	0.84	12.51	12.46	12.36		1.02	1.02	1.01	0.69	0.69	0.69
1	4	1	1.06	0.88	0.77	24.36	24.32	24.2		1.02	1.01	1.01	0.55	0.55	0.55
1	0	2	3.71	11.77	2.09	8.36	8.31	8.2		0.96	1.13	0.99	0.83	0.83	0.83
2	0	1	1.21	1.29	0.94	−	−	−		1.01	1.01	1.01	−	−	−
2	1	1	0.89	0.91	0.61	1.71	1.76	1.57		1.02	1.02	1.01	0.96	0.96	0.96
2	2	1	0.65	0.64	0.42	1.65	1.65	1.52		1.01	1.01	1.01	0.96	0.96	0.96
2	3	1	1.05	0.93	0.73	3.87	3.89	3.76		1.02	1.02	1.01	0.91	0.9	0.9
2	4	1	0.97	0.78	0.56	25.01	25.02	24.89		1.01	1.01	1	0.58	0.58	0.58
2	0	2	3.47	10.43	3.59	6.24	6.2	5.98		1.04	1.16	0.98	0.96	0.96	0.96

평균은 125개의 테스트색 모두를 고려하여 계산되었다(본문을 보라). 1−3열 : 테스트 환경들(CRT 디스플레이 종류 m, 테두리 크기 k, 작은 컬러 패치 $s=1$, 전체 화면 컬러 패치 $s=2$), 4−9열 : 행렬 P, M, χ, P_0, M_0, χ_0에 의해 계산된 평균 ΔE_{ab}^* 차이, 10−15열 : 유사 평균 Q값. *Displays*에서 허가받아 재구성함

두리 크기 k, 전체 화면 또는 막대의 크기를 나타내는 s값의 테스트 설계를 나타 낸다. 4~9열은 $\mathbf{P}$, $\mathbf{M}$, χ, $\mathbf{P}_0$, $\mathbf{M}_0$, χ_0 각각의 행렬을 사용하여 계산된 평균 ΔE_{ab}^*를 포함한다. 10~15열은 유사 평균 Q값을 포함한다.

표 2.4에서 다양한 색의 작은 막대의 경우($s=1$) 인광체 매트릭스는 테두리가 없고(블랙 배경) 흰색 테두리의 크기가 증가함에 따라 상당한 색차를 발생시키는 (표 2.4의 7~9열을 보라) 작은 컬러 패치(즉 $\mathbf{P}_0$, $\mathbf{M}_0$, χ_0 사용)에 대해 결정된다. 이 러한 결과는 흰색의 테두리로부터 컬러 패치로 빛이 산란된 결과가 아니다. 왜냐 하면 후자의 효과는 특성화 모델에서 상수를 더해주는 형태로 나타나기 때문이 다. 산란된 빛의 경우 측정된 휘도는 계산된 것보다 더 높다.

표 2.4의 13~15열에서는 단지 반대의 상황만 볼 수 있다(즉 측정된 휘도를 계 산된 휘도로 나눈 Q값) — 열 13~15의 모든 Q값은 1.00보다 작다. 또한 표 2.4의 7−9열에 있는 색차는 흰색 테두리의 크기가 증가함에 따라 커진다. 흰색 배경인 경우($k=4$) 최대 평균 색차는 약 24 ΔE_{ab}^*가 발생한다. 이들 색차는 행렬 $\mathbf{P}$, $\mathbf{M}$, χ 에 대해 각 테두리 크기에 상응하는 변환매트릭스를 사용하여 모든 테두리 크기 에 대한 이상 정도를 $1\Delta E_{ab}^*$ 정도로 감소시킬 수 있다(표 2.4의 4~6열을 보라).

그러면 Q도 1에 가깝게 만들 수 있다(10~12열과 13~15열을 비교하라). 평균 테두리 크기 k를 증가시킴으로써 Q값을 낮추어 $Q=0.55$까지 줄이는 대신에 $\mathbf{P}$, $\mathbf{M}$, χ매트릭스의 사용 중요성을 고려하여 Q값은 대략적인 상수(1에 가까운)로 남 겨둔다. 위의 경향성은 $m=2$일 때보다 $m=1$인 디스플레이에서 더 큰 색차를 일으킨 $k=2$나 $k=3$인 백색 테두리(7~9열)를 제외하고는 디스플레이 $m=1$과 $m=2$일 때와 유사하다. 이것은 $m=1$에서 높은 공간적 상호의존성이 있다는 뜻이 다(2.1.5절 참조).

표 2.4에서 볼 수 있듯이 매트릭스 $\mathbf{M}$이 잘 적용되지 않는다면 측정된 색과 예 측된 색(최소 ΔE_{ab}^*와 $|Q-1|$값의 항에서) 사이의 가장 일반적인 합의는 매트릭 스 χ를 적용함으로써 달성될 수 있다. 매트릭스 χ의 역할을 이해하기 위하여 디 스플레이상에서 측정된 색과 디스플레이 색역 내에서 변하는 특성화 모델에 의 해 예측된 색 사이의 색차를 보는 것은 필수적이다. 이것을 위하여 색역은 rgb값

표 2.5 rgb값의 측면에서 채널 색 해상도당 6비트 디스플레이 색역의 8개 구역(옥타브).

octave no.	red	green	blue
1	$0 \leq r < 32$	$0 \leq g < 32$	$0 \leq b < 32$
2	$31 \leq r < 64$	$0 \leq g < 32$	$0 \leq b < 32$
3	$31 \leq r < 64$	$31 \leq g < 64$	$0 \leq b < 32$
4	$0 \leq r < 32$	$31 \leq g < 64$	$0 \leq b < 32$
5	$0 \leq r < 32$	$0 \leq g < 32$	$31 \leq b < 64$
6	$31 \leq r < 64$	$0 \leq g < 32$	$31 \leq b < 64$
7	$31 \leq r < 64$	$31 \leq g < 64$	$31 \leq b < 64$
8	$0 \leq r < 32$	$31 \leq g < 64$	$31 \leq b < 64$

*Displays*에서 허가받아 재구성함

표 2.6 CRT 디스플레이에서 측정한 색 자극과 특성화 모델에 의해 예측된 색 자극 사이의 평균 CIELAB ΔE_{ab}^* 색차[12].

octave no.	P	M	χ	P_0	M_0	$χ_0$
1	2.33	9.99	3.06	4.82	4.82	4.69
2	2.63	24.9	2.34	8.18	8.18	7.98
3	4.05	16.11	2.38	9.65	9.54	9.6
4	2.22	7.51	2.03	6.21	5.99	6.02
5	2.39	7.52	1.71	5.64	5.62	5.40
6	3.93	8.38	1.75	8.70	8.85	8.71
7	6.56	3.13	1.71	10.97	10.99	11.04
8	4.39	2.81	1.55	7.05	6.95	7.03
평균	3.71	11.77	2.09	8.36	8.31	8.20

125개의 rgb값의 샘플 세트로부터 얻어진 색역 옥타브에서의 rgb값으로부터의 평균(본문과 표 2.5 참조). 테스트 방법의 예 : $k = 0$(테두리 없음), $s = 2$(전체 화면 바), 디스플레이 $m = 1$. *Displays*에서 허가받아 재구성함

의 항으로 8개의 구역인 옥타브로 나뉜다(표 2.5 참조).

모든 rgb 조합의 정육면체에서 표 2.5의 8개 옥타브는 같은 크기의 작은 부분 정육면체로 생각할 수 있다. 각 rgb 부분 색역의 평균 CIELAB ΔE_{ab}^* 색차는 $k = 0$(테두리 없음), $s = 2$(전체 화면 막대), 디스플레이 $m = 1$을 예로 하여 표 2.6에 보여진다.

표 2.6의 P_0, P, χ 매트릭스에 있는 평균 ΔE_{ab}^* 색차와 비교하여 χ는 색역의 빛과 덜 포화된 색, 즉 옥타브의 6번째, 7번째, 8번째 구역에 대하여 주로 매트릭스

P보다 더욱 강력한 P_0의 열의 색차를 감소시키는 듯하다. 이것은 이들 옥타브에 대한 높은 채널 상호의존성의 결과이다. CRT 디스플레이에 대한 공간 상호의존성과 관련된 채널 상호의존성의 더욱 자세한 설명을 포함하고 있는 다음 절을 보라.

2.1.5
공간적 균등성과 공간적 독립

공간적 독립은 다음과 같은 방식으로 정의될 수 있다. "디스플레이의 한 부분을 특성화했을 때, 그 부분의 휘도와 색도는 다른 부분의 디스플레이 색과 상관없이 안정적이고 변하지 않는다"[10]. 공간적 독립의 결여는 공간 상호의존성이라 불린다. CRT 디스플레이의 경우 공간 상호의존성은 채널 상호의존성과 종종 결합된다. 왜냐하면 일반적으로 채널 상호의존성의 정도는 2.1.4절에서 보여진 것처럼 디스플레이에서 더 큰 휘도 부분(즉 검정이 아닌 부분)의 크기에 의존하기 때문이다.

2.1.4절에서 배웠듯이 측정된 CRT 디스플레이의 다양한 색 패치에서 측정된 색은 캘리브레이션 모델의 예측으로부터 벗어나 있다. 이와 같은 이탈은 작은(즉 화면 채움비 $f = 0.02$) 컬러 패치 주변에 디스플레이된 발광 테두리의 영향으로부터 발생할 수도 있고, 특성화 측정을 위해 사용되는 작은 패치를 대신하는 큰 패치(즉 화면 채움비 $f = 1.00$)에 의해 생성될 수도 있다.

위에서 발견한 것을 설명하기 위하여 CRT 화면에 디스플레이되는 두 종류의 컬러 패치는 구분되어야 한다. 하나는 현재의 사용에 따라 색이 변화하는 것이고 다른 하나는 그 색이 긴 시간 동안 디스플레이 상에서 일정하게 유지되는 것이다. 첫 번째 컬러 패치는 타깃 패치라고 불리고 두 번째 컬러 패치는 컨스턴트 패치라고 불린다. 타깃 패치와 컨스턴트 패치 모두 균등하다고 가정된다. 예를 들어 CRT 디스플레이에 기반한 색 도표집의 적용에서 컨스턴트 패치가 디스플레이를 구동하는 소프트웨어에 의해 화면에 뿌려지는 모든 일정한 컬러 패치의 세트라고 한다면 타깃 패치는 현재 사용자에 의해 변화되는 컬러이다.

화면의 어떤 지점에 원래는 검정이었으나 새롭게 검정이 아닌 컬러 패치를 디스플레이하면 컬러 채널의 크로스토크(채널 상호의존성) 정도는 증가할 수 있고 컬러 채널의 출력은 감소할 수 있다. 이 현상은 디스플레이 기술 때문에 발생한다.

채널 상호의존성의 증가와 색 채널 출력의 감소는 디스플레이 화면 채움비 f와 최근 디스플레이된 색 패치의 rgb값에 의존한다. 큰 화면 채움비와 큰 rgb값은 채널 크로스토크의 큰 증가와 컬러 채널의 휘도 출력의 큰 감소를 일으킨다. 2.1.4절에 설명된 특성화 모델의 실험적 테스트 결과(표 2.4와 2.6)는 아래 방식으로 설명될 수 있다.

다양한 흰색 테두리를 가진($k = 0 - 4$) 작은 컬러 패치($s = 1$)의 경우 타깃 패치는 다양한 색의 작은 막대이고 컨스턴트 패치는 흰색 테두리이다. 흰색 테두리를 켜면 CRT 색 채널의 출력(즉 전자총)은 전 화면에서 감소한다. 그리하여 테두리가 없는 인광체 매트릭스의 사용으로 인해 타깃 패치의 휘도는 컬러 특성화 모델에 의해 과대평가될 것이다.

타깃 패치의 rgb값의 변화는 채널 크로스토크의 정도와 컬러 채널의 출력에 더 이상 영향을 주지 않는다. 왜냐하면 타깃 패치의 화면 채움비가 흰색 테두리의 화면 채움비보다 작기 때문이다. 그것이 흰색 테두리가 존재할 때 측정된 색에 따라 더 나은 효율의 인광체 매트릭스를 사용하는 이유이다.

테두리가 없는($k = 0$) 전체 화면 색 패치($s = 2$)의 경우 타깃 패치는 전체 화면이고 컨스턴트 패치는 없다. 타깃 패치의 rgb값의 변화는 채널의 상호의존성과 컬러 채널의 출력 정도에 강하게 영향을 준다. 이 경우 행렬 $\mathbf{P}$가 CRT 디스플레이의 전체 화면 프라이머리 측정에 의해 결정된 것이기 때문에 행렬 $\mathbf{P}_0$ 대신 행렬 $\mathbf{P}$를 사용하는 것은 측정된 색과 예측되는 색 사이의 색차를 감소시킨다.

행렬 χ는 여섯 번째, 일곱 번째, 여덟 번째 옥타브의 색에 대해 행렬 $\mathbf{P}$보다 더욱 강력하게 색차를 감소시키는데 모든 채널이 더 높은 rgb값에 의해 구동되어 상호의존성이 명백하게 나타난다. 행렬 χ는 공유항 덕분에 이러한 채널의 상호의존성이 고려된다.

위의 고려사항으로부터 CRT 디스플레이 상의 채널 상호의존성과 공간 상호의존성의 결합된 특성은 명백하다. 큰 화면 채움비의 컬러 패치를 디스플레이하는 것은 공간적 상호의존성을 유발한다. 그러나 그것은 채널 상호의존성도 이끈다. 채널 상호의존성과 공간 상호의존성의 관점으로부터 디스플레이의 주어진 세팅을 설명하기 위하여 이들 두 디스플레이 결함을 분리시키는 것이 바람직하다.

채널 상호의존성으로부터 공간 상호의존성의 효과를 분리하는 한 가지 방법은 다른 화면 채움비로 패치를 디스플레이하면서 디스플레이 원색의 휘도를 그들의 최대 *rgb*값에서 측정하는 것이다. 공간 상호의존성의 정도를 특성화하기 위하여 다음의 비율이 도입되었다.

$$R(f) = Y(f)/Y(f_0) \qquad (2.10)$$

식 2.10에서 함수 $Y(f)$는 주어진 색에서 화면 채움비 f의 컬러 패치의 휘도를 뜻한다. 기호 f_0는 디스플레이되고 측정될 수 있는 주어진 색의 가장 작은 패치의 레퍼런스 화면 채움비를 말한다(즉 $f_0 = 0.02$). 화면 채움비 함수로 측정된 것과 계산된 피크 화이트 휘도의 비율인 Q값은 피크 프라이머리와 피크 화이트의 $R(f)$함수로부터 계산될 수 있다. 이들 $Q(f)$함수는 다음 식으로 계산될 수 있다.

$$Q(f) = Y_{\text{peak white}}(f)/[Y_{\text{peak red}}(f) + Y_{\text{peak green}}(f) + Y_{\text{peak blue}}(f)] \quad (2.11)$$

그림 2.6은 $m = 2$인 CRT 디스플레이에서 피크 프라이머리와 피크 화이트의 측정된 $R(f)$함수의 예를 보여준다.

그림 2.6에서 보는 것과 같이 피크 화이트 커브는 채널 상호의존성의 결과인 R의 가장 낮은 값을 보여준다. 세 가지 피크 프라이머리의 $R(f)$함수들 사이에는 (3%까지의) 작은 차이가 있으며 화면 채움비 f에 따라 감소하는 동일한 경향을 보인다. 피크 프라이머리의 $R(f)$함수는 공간 상호의존성을 표현해준다.

그림 2.7은 $m = 2$인 CRT 디스플레이를 위한 측정된 $Q(f)$함수의 예를 보여준다. 그림 2.7에서 볼 수 있듯이 Q값은 결정 화면 채움비 f_{cr}까지 90% 이상으로 남아 있다가($m = 2$일 때 $f_{\text{cr}} = 0.6$) 급격하게 떨어져 $f = 1$인 경우 최솟값인 62%에 다다른다. 이 함수는 채널 상호 의존성을 표현해준다. CRT 디스플레이의 화면 채움비가 $f = 0.6$ 이상으로 피크 화이트가 디스플레이되는 경우 디스플레이의 전

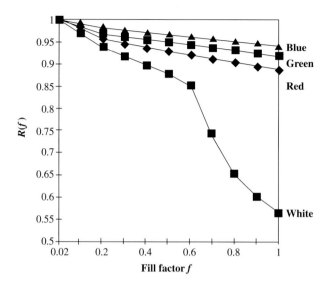

그림 2.6 CRT 디스플레이 $m=2$의 3원색(빨강, 초록, 파랑)과 피크 화이트에 대한 측정된 $R(f)$ 함수(식 2.10)의 예. *Displays*에서 허가받아 재구성함

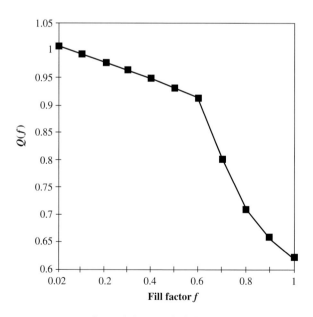

그림 2.7 CRT 디스플레이 $m=2$에 대한 측정된 $Q(f)$함수(식 2.11)의 예. *Displays*에서 허가받아 재구성함

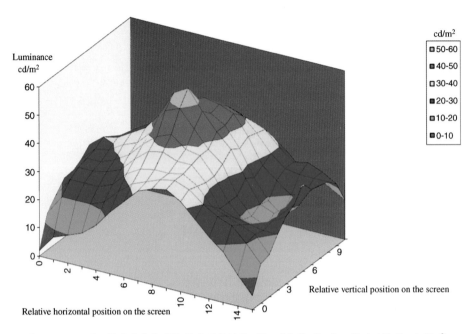

그림 2.8 CRT 디스플레이에서 나쁜 공간 균등성을 갖는 경우의 예. 피크 화이트의 휘도(cd/m²)가 디스플레이의 상대적인 위치에 따른 함수로 보여진다.

압 공급으로부터 전류 강하가 너무 크게 일어나서 전기적 보상이 되지 않는다. 이것은 휘도의 감소를 이끈다.

공간적 균등성을 고려하면 컬러 패치의 다른 픽셀에서의 같은 *rgb*값은 화면 전체에 따라 컬러 패치의 모든 픽셀에서 같은 색 자극, 즉 같은 *XYZ* 삼자극치를 가진다. 다시 말하면 디스플레이된 색은 시각적으로 받아들일 수 있는 변화의 한계 내에서 화면의 모든 지점에서 같은 휘도와 색도를 나타내야 한다. 몇 가지 경우 디스플레이 측정은 큰 공간적 불균등성을 발생시킬지도 모른다는 것을 보여준다. 그림 2.8은 매우 불균등한 CRT 디스플레이의 화면 상에서 나타나는 피크 화이트 휘도의 나쁜 예를 보여준다.

그림 2.8에서 볼 수 있듯이 피크 화이트 휘도는 화면의 가장자리에서 급격하게 감소하고 이것은 성가신 시각적 결함을 유발한다. 더 나은 공간 균등성이 LCD의 경우 측정되었다. 풀 화이트(즉 모든 픽셀의 최대 *rgb*값) 균등성에 대한 색채계 측정은 이 LCD 상의 25개 위치에 균등하게 분포되어 수행되었다(제일 위쪽 행 왼

표 2.7 LCD의 공간 균등성

position	L_{pw}(cd/m²)	ΔL^*	ΔC^*	$\Delta u'v'$	ΔE^*
1	170.3	−3.7	2.6	0.003	4.5
2	171.9	−3.3	2.0	0.002	3.9
3	172.8	−3.1	2.4	0.002	3.9
4	171.2	−3.5	**3.4**	**0.004**	4.9
5	**163.2**	**−5.3**	3.1	0.003	**6.1**
6	166.6	−4.5	2.0	0.003	4.9
7	182.8	−1.0	1.3	0.002	1.6
8	182.3	−1.1	2.6	0.003	2.8
9	181.2	−1.3	1.8	0.002	2.3
10	165.8	**−4.7**	**3.0**	0.003	5.6
11	167.4	−4.3	1.8	0.003	4.7
12	183	−1.0	1.4	0.002	1.7
13	187.6	−0.0	0.0	0.000	0.0
14	178.2	−2.0	2.7	0.003	3.3
15	172.2	−3.3	2.3	0.003	4.0
16	**164.8**	**−4.9**	2.5	**0.004**	**5.5**
17	176.3	−2.4	1.8	0.002	3.0
18	177.9	−2.0	1.4	0.001	2.5
19	178.2	−2.0	2.9	0.003	3.5
20	167.2	−4.4	1.6	0.002	4.6
21	**164.1**	**−5.1**	**3.1**	**0.004**	**5.9**
22	166.5	−4.5	1.3	0.002	4.7
23	168.5	−4.1	0.7	0.001	4.1
24	167.2	−4.4	2.4	0.002	5.0
25	**162.5**	**−5.4**	1.5	0.002	**5.6**

디스플레이의 25개 지점에서 측정한 피크 화이트(L_{pw}), CIELAB 밝기 차이(ΔL^*), 채도 차이(ΔC^*), 색차(ΔE^*), CIE 1976 색도 차이($\Delta u'v'$)[13]. 굵은 숫자는 디스플레이의 불균등한 부분을 나타낸다. 숫자 13으로 표시된 부분은 기준 영역이다.

쪽부터 오른쪽까지 1~5, 다음 줄은 6~10, …, 가장 아랫줄은 21~25의 위치 번호를 가짐)[13]. 13번 위치는 중앙이다. 또한 13번 위치는 중앙과 다른 위치 사이의 CIELAB 색차를 계산하기 위한 기준이기도 하다. 비슷한 방식으로, CIE 1976 UCS 색도 차이 역시 계산된다. 표 2.7은 피크 화이트 휘도(L_{pw}), CIELAB 밝기 차이(ΔE^*), 채도 차이(ΔC^*), 색차(ΔE^*), 그리고 CIE 1976 UCS 색도 차이($\Delta u'v'$)를 디스플레이 위치의 함수로 보여준다.

표 2.7에서 볼 수 있듯이 중심으로부터 멀어짐에 따라 화면 휘도는 감소한다. 가장 낮은 휘도(L_{pw}=162.5cd/m²)는 25번 위치(오른쪽 아래)에서 측정되었다. 이 값은 CIELAB 밝기 차 ΔL^*=−5.4에 해당하고 약 13%에 해당하는 휘도의 감소이다. 만약 휘도와 색의 변화가 디스플레이 상에서 연속적으로 나타난다면 이 변화는 시각적으로 두드러지게 나타나지 않는다. 5, 16, 21번 위치 역시 디스플레이의 불균등한 위치를 나타낸다. 색도 차이는 $\Delta u'v'$=0.05보다 작은데 이것은 화면을 따라 받아들일 수 있는 균등성을 가진다는 것을 뜻한다[14]. 채도 차이(최대 3.4)와 색차(최대 6.1)는 시각적으로 인지할 수 있는 범위 내에 위치해 있지만, 그러나 그것들은 시각적 영역 안에서 멀리 떨어져서 나타나고 색의 변화가 연속적으로 나타나기 때문에 시각적인 결함을 유발하지 않는다.

2.1.6
시청 방향 균등성

어떤 디스플레이 종류(특히 LCD)의 표면은 Lambertian 광 분포를 보이지 않는다. 이것은 광의 방사가 각도에 따라 달라진다는 것을 뜻한다. 만약 이 같은 디스플레이가 여러 사용자에 의해 보여지거나 한 사용자가 다양한 방향에서 본다면 상당한 휘도와 색도의 왜곡이 관찰될 수 있다. 정면에서 보았을 때 완벽하게 균등한 디스플레이라 하더라도 화면의 다른 부분에서는 색 자극의 변화가 생기는데 왜냐하면 사용자와 디스플레이의 상대적 위치에 따라 시야각이 달라지기 때문이다.

예를 들어 일반적인 능동 매트릭스 LCD(AM-LCD)의 측정 결과는 아래와 같이 보인다[15]. 이 측정에서 LCD는 휘도 측정용 스펙트럼 측정기에 의해 측정되며 동일한 위치에서 측정하기 때문에 LCD의 측정 부위가 달라짐에 따라 광축의 방향이 변하게 된다. 따라서 사용자가 디스플레이를 볼 때 나타나는 현상이 재현될 수 있다. 17개의 측정 포인트는 그림 2.9와 같다. 공간 해상도는 640×480 픽셀이고 측정된 균등 컬러 패치는 화면 중앙의 200×200픽셀이다. 이 크기는 스펙트럼 측정기의 위치로부터 10°×10°에 해당한다. 이미지의 중심에는 좌표가 할

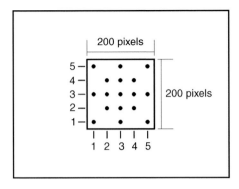

그림 2.9 스펙트럼 측정기에서 봤을 때 $10° \times 10°$의 시야각에 해당하는 균일한 200×200픽셀 컬러 패치 상에 디스플레이된 색의 시야각 의존성 측정. 색은 표시된 위치에서 측정된다.

당되었다(3; 3).

일곱 가지 테스트색은 그림 2.9의 17개 위치 각각에서 측정되었다. 일곱 가지 색은 피크 화이트(W), 피크 프라이머리인 R, G, B와 그것들의 조합인 청록(C), 자주(M), 노랑(Y)이다. 색도 차이($\Delta u'v'$)와 색차(ΔE_{ab}^*)가 중앙과 각 측정 지점들 사이에서 계산되었다. 평균값과 최댓값이 표 2.8에 보여진다.

표 2.8에서 볼 수 있듯이 $\Delta u'v'$의 최댓값은 0.006보다 작아 시청 방향이 달라도 균등하게 보인다. 피크 블루 프라이머리는 가장 큰 시청 방향 의존성을 보여주지만 이것도 시각적으로 받아들여질 수 있는 범위인 $\Delta u'v' = 0.02$ 내에 들어온다. 색차를 고려하면 최대(ΔE_{ab}^*) = 4.6이고 시청 방향 균등성 관점에서 시각적으로 받아들일 수 있는 범위(즉 5보다 작은) 안에 있다.

표 2.8 AM-LCD 디스플레이(예)에서 측정된 시야각 때문에 유발되는 평균과 최대 색도 차이와 색차

	TEST COLORS						
	R	G	B	C	M	Y	W
$\Delta u'v'$(mean)	0.0012	0.0005	0.0024	0.0012	0.0012	0.0009	0.0010
ΔE_{ab}^*(mean)	1.8	1.8	2.4	1.8	2.1	2.1	2.0
$\Delta u'v'$(max)	0.0033	0.0014	0.0059	0.0025	0.0030	0.0023	0.0020
ΔE_{ab}^*(max)	4.0	3.7	4.5	3.7	4.1	4.6	4.3

7개의 테스트 색이 보여진다(본문을 보라).

2.1.7
여러 다른 시각적 결함

2.1.3~2.1.6절에 설명된 기술적 결함과 디스플레이 색 자극의 색채 부정확성에 더하여 디스플레이 예열 때문에 나타나는 휘도 출력의 변화, 디스플레이 블랙의 휘도가 0이 아니기 때문에 나타나는 효과, 디스플레이의 여러 다른 부분들 간의 반사, 픽셀 오류, 색 윤곽 오류, 성가신 모아레 패턴을 포함한 주사 결함, 공간적인 색 양자화 결함, 글레어(glare) 효과가 이 절에서 다루어질 것이다.

화면을 켠 후에 디스플레이의 전기-광 부품은 계속해서 열평형 상태로 근접해간다. 예를 들어 CRT 디스플레이를 켠 순간에 섀도 마스크는 시각적인 색 왜곡을 유발하는 잘못된 인광체로 전자 빔의 일부를 향하게 할지도 모른다. 정확한 색 자극을 디스플레이하기 위하여 각 기기의 예열 특성이 측정되어야 한다. 정확한 색 자극은 오직 그것들이 시간에 따라 변화를 인지할 수 없을 때만 디스플레이될 수 있다. 그림 2.10은 AM-LCD의 예열 과정 동안 휘도 변화의 예다. 풀 화이트의 휘도는 시간의 함수로 측정된다.

그림 2.10에서 볼 수 있듯이 첫 3분 내에 급격한 휘도 증가가 있지만 10분 이후에는 시각적인 차이가 없다. 다른 이슈는 영상 안정화 시간이다. 예열 과정 이후 디스플레이의 영상이 변하면 얼마의 시간(보통은 몇 초 정도)이 새로운 영상의 색으로 안정화되기 위해 필요하다.

다음 두 결함(0이 아닌 디스플레이 블랙과 내부 반사) 모두 디스플레이 색의 불포화를 유발한다. 만일 디스플레이의 블랙에서($r = 0$, $g = 0$, $b = 0$) LCD 모니터 경우와 같이 0이 아닌 휘도가 나타난다면 이 오프셋 광이 피크 프라이머리를 포함한 모든 컬러에 더해지고 불포화되며 디스플레이의 색역은 줄어든다. 디스플레이 다른 부분에서의 내부 반사도 일반적으로 비슷한 불포화 효과를 일으킨다.

더욱이 방 안에 있는 디스플레이나 광원이 적절하지 못하게 디자인되거나 위치되어 있다면 외광이 화면으로부터 반사될 수 있다. 반사광은 화면의 다른 자발광 부분으로부터 산란되어 더해진다. 디스플레이 블랙(예 : LCD 모니터)의 0이 아닌 휘도와 함께 이 요소들(반사되고 산란된 빛)은 특성화 모델에서 상수값이

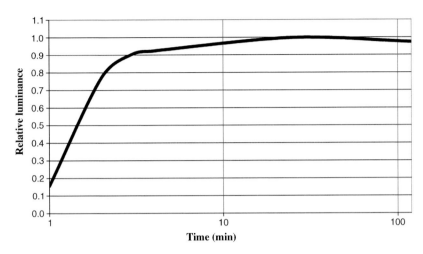

그림 2.10 예열 단계 동안의 휘도 변화. AM-LCD에 대상 시간(로그 스케일)에 따른 풀 화이트의 상대적인 휘도

더해지는 것으로 설명될 수 있다. 명백하게, 반사는 개별적인 색의 채도와 사용성을 위협하며 디스플레이 상에서의 부분적인 대비를 심각하게 감소시킬 수 있기 때문에 피해야만 한다[14].

픽셀 오류(제대로 작동하지 않는 픽셀)는 특히 망가진 픽셀의 다발이 있다면 연속적인 영상을 방해한다. 앨리어싱은 디스플레이 렌더링에 필요한 해상도와 비교하여 픽셀 간격의 낮은 해상도 때문에 발생하는 시각적 결함이다. 대표적인 예는 모아레 패턴(Moiré pattern)이라 불리는데 이것은 디스플레이 상에서 보여지는 시각적으로 매우 두드러지는 공간 패턴이지만 원래 영상에는 존재하지 않는 것이다.

가장 단순한 디스플레이 래스터 결함은 낮은 해상도로부터 유발된다(래스터는 기울어진 선으로 보이게 된다). 래스터 결함의 변동은 색 프린지 효과로 불린다 (5.3절 참조). 이 결함은 서브픽셀 해상도를 사용한 컬러 디스플레이 상에서 발생한다. 서브픽셀이 red, green, blue이기 때문에 검은색, 회색 또는 흰색의 세밀한 선은 서브픽셀에서 혼란스러운 컬러 프린지를 나타낸다. 공간적 래스터 결함은 영상 렌더링 알고리즘을 활용하여 줄일 수 있다(5.4절 참조).

공간적인 색 양자화 결함은 디스플레이 컬러 채널의 낮은 색 해상도 때문에 발생한다. (파란 하늘의 섬세한 명암 변화와 같이) 두 비슷한 색 사이에서 공간적으로 세밀한 변화가 있는 원 영상의 연속적인 명암은 색 해상도가 충분하지 않으면 렌더링할 수 없고 (시각적으로 인지되는) 경계로 둘러싸인 동일한 영역으로 나타난다.

(조명이 나쁜 회의실과 같은) 어두운 방에 설치된 디스플레이가 너무 높은 휘도를 가진다면 눈을 불편하게 하는 글레어가 나타난다. 현대의 백라이트 디스플레이는 이러한 결함을 나타내는 일반적인 예다. 이것은 디스플레이 휘도 출력에 제한을 주고 방의 휘도 레벨을 증가시키면 감소시킬 수 있다.

2.1.8
시청 환경 : 시청 조건과 시청 모드

이 장의 시작에서 언급했듯이, 디스플레이의 컬러 특성화 모델은 필수적이지만 인지적으로 영상의 컬러 어피어런스를 정확하게 얻는 데는 불충분하다. 특성화 모델은 디스플레이의 모든 픽셀에서 정확한 색 자극을 발견하기 위해 사용된다. 디스플레이 색 요소(균등 색 패치, 즉 예를 들어 대응되는 1~2°의 시야각에서 인접한 픽셀의 세트)의 컬러 어피어런스(디스플레이에서 관찰자가 색을 인지하는 방식)은 색 요소(예를 들어 XYZ값의 항으로 정의되는)는 색 자극뿐만 아니라 전체 시야에서의 다른 색 자극(적응 영역이라 불림)에도 의존한다. 이것은 망막의 다른 부분과 그것이 뇌의 시각 영역에 투영된 (망막과 망막 후) 신경 상호작용의 결과이다. 전체 시야는 보통 배경(우리가 고려하는 색 요소를 둘러싸고 있는 10° 영역)과 주변(배경 바깥쪽)으로 나뉜다[16].

따라서 컬러 어피어런스의 수학적 모델이 디스플레이에 적용되어야 한다. 이와 같은 모델은 (XYZ값의 항으로 자극을 표현한) 기본 색채계와 디스플레이 사용자에 의해 고려되는 색 요소의 지각되는 색상, 밝기, 채도의 예측을 넘어선다. 예측은 색 요소의 XYZ 삼자극치뿐만 아니라 디스플레이 실제 시청 환경을 특징짓는 변수의 세트에 의존하는 색상, 밝기, 채도 상관물의 수학적 방정식을 뜻한다[16].

영상화되지 않는 컬러 어피어런스 모델의 시청 환경 변수들은 (1) 기준 백색 색채계, (2) 주변 변수들, (3) 순응 영역 휘도와 (4) 색 순응 정도이다[17, 18]. 이 절과 다음 절은 복잡성과 기능성의 균형을 이루고 고속 색 제어 시스템에 적합한 현재 널리 사용되는 CIECAM02 컬러 어피어런스 모델에 집중한다[17, 18].

CIECAM02 모델은 두 가지 기본적 요소인 기준 시청 상태로의 색 순응 변환과 지각 상관물을 위한 방정식으로 구성된다. 반대 모드에서 모델은 색상, 채도, 밝기의 지각 상관물의 값이 주어진다면 CIE XYZ 삼자극치를 계산할 수 있다. 컬러 특성화 모델을 사용하는 것에 의해 디스플레이의 요구되는 컬러 어피어런스가 적용된 rgb값 역시 계산된다.

색상, 채도, 밝기에 더하여 CIECAM02 모델은 휘도(brightness), 포화도와 컬러풀니스의 상관물 역시 제공한다. 모델의 작업 흐름도는 이 책에서는 자발광 디스플레이에 대한 적용 방식을 설명하는 데 집중하기 위하여 설명하지 않는다. 모델이 적용된 무료 스프레드시트는 http://www.cis.rit.edu/fairchild/files/CIECAM02.XLS에서 다운로드할 수 있다.

CIECAM02는 더욱 균일한 색상과 채도를 보여주며 다양한 컬러 어피어런스의 효과를 설명하는 시청 조건 변수들의 폭넓은 세트로 미세한 튜닝이 가능하여 CIELAB와 CIELUV와 비교하면 현저한 향상을 보여준다. CIELAB와 CIELUV는 기준 백색만 변할 수 있고, 단순하고 구식의 색 순응 변환을 사용한다. 색 요소의 기저부 영역 효과, 즉 동시 색 대비, 부분적 순응, 공간 색각(다른 색 채널의 공간적 주파수 필터링)은 CIECAM02에서도 고려되지 않았다. 이 측면들은 영상 현색 프레임워크인 iCAM에서 다룬다[19].

예를 들어 광원에 의한 거실 방의 빛과 같은 반사되는 표면 색의 컬러 어피어런스 모드[20]는 자발광 디스플레이의 색 자극 현상과는 다르다. 반사되는 표면 색의 경우 컬러 어피어런스 모드는 '표면' 모드로 불리며 색채 불변성의 어떠한 메커니즘이 자발광 디스플레이보다 더 영향을 줄 수 있다. 후자의 경우 색 자극은 종종 기준 백색을 포함한 시야의 다른 부분들과의 직접적인 연결을 잃는다. 이 효과는 색 순응의 정도를 축소시킨다.

2.1.9

자발광 디스플레이에 대한 CIELAB, CIELUV, CIECAM02의 적용

이 절에서는 자발광 디스플레이의 일반적인 시청 조건에서 CIECAM02 컬러 어피어런스 모델(CIELAB 및 CIELUV의 두 색 공간)에 대한 적용 원리를 설명한다. 출발점은 디스플레이의 어떤 픽셀에서의 색 자극 XYZ와 방정식에서 그 픽셀의 컬러 어피어런스에 대한 적당한 수치적 보정을 얻기 위해 어떻게 CIECAM02의 시청 조건 변수들을 설정하느냐(또는 CIELAB와 CIELUV에서 기준 백색의 XYZ 값을 어떻게 선택하느냐)이다.

기준 백색은 시청 환경의 중요한 속성이다. 왜냐하면 시각 시스템은 하나의 색 자극의 현상과 관련되었기 때문이다. 예를 들면 시각 시스템은 기준 백색의 절대 밝기와 관련하여 색 자극의 절대밝기와 컬러풀니스를 비교한다. 그래서 두 가지 추가되는 심리학적 척도, 즉 밝기와 함께 절대밝기 그리고 채도와 함께 컬러풀니스를 만든다. 그러므로 자발광 디스플레이에 컬러 어피어런스 모델을 정확하게 적용하기 위해서는 적당한 기준 백색을 정의하는 것이 필수적이다.

기준 백색은 채택 기준 백색(adopted reference white), 순응 기준 백색(adapted reference white)의 두 가지 종류로 구분될 수 있다. 채택 기준 백색은 계산적인 것이다. 시각 시스템이 디스플레이의 주어진 시청 환경에서 백색을 고려하는 것으로 관련한 어떤 지식이 없을 때도 추측된다. 예를 들어 영상에서 실제로는 피크 화이트가 포함되지 않더라도 디스플레이의 피크 화이트는 기준 백색으로 고려될 수 있다. 때때로 정확한 컬러 어피어런스의 적용을 필요로 한다면 인간 시각 시스템의 실제 기준 백색인 순응 기준 백색으로 디스플레이 상에서 피크 화이트를 보여준다.

외광 존재에서 순응 기준 백색은 아마도 디스플레이의 피크 화이트(예 : 9000K 상관색온도의 차가운 백색 톤)와 디스플레이가 위치한 방의 흰 벽의 색 자극(예 : 2700K 색온도의 백색 LED 램프에 의해 조명된 흰 벽의 색) 사이가 될 것이다. 이 것은 혼합 순응 상태로 불린다[21]. 이 경우 채택 기준 백색은 디스플레이의 피크 화이트와 벽의 반사된 화이트의 세기에 대한 가중 평균이 될 수 있다.

디스플레이는 매우 어두운 시각 조건에서는 색각이 효과적으로 작동하지 않기 때문에 어두운 방에서는 드물게 사용된다. 2.1.7절에서 언급했듯이, 눈부신 빛 반사 역시 나타날 수 있다. 외광은 보통 디스플레이가 제공하는 평균 주변 휘도 정도로 나타난다. 주변비(surround ratio)라 불리는 값은 디스플레이 피크 화이트의 휘도로 평균 주변 휘도를 나누어 계산될 수 있다. 이 비율은 더 낮은 순응 영역 휘도에서 불완전한 색 순응을 예측하도록 도와준다.

CIECAM02 모델은 여섯 가지 시청 조건 변수들을 사용한다 — L_A(순응 영역 휘도), Y_b(0과 100 사이의 상대적 배경 휘도), F(순응 정도), D(채택 기준 백색에서 순응 정도), N_c(색 유도 요소), c(주변의 영향). 측정된 값이 없을 때 L_A는 채택 백색 휘도를 5로 나눈 값으로 추정할 수 있다. 디스플레이 상의 전형적인 그림 영상의 경우 $Y_b = 20$을 사용하거나 주어진 Y_b값을 가진 적당한 회색 배경에 색을 배치할 수 있다.

F, c, N_c는 주변비에 의존한다. 만약 주변비가 0이면 주변은 깜깜하다고 하며(dark), 만약 주변비가 0.2보다 작으면 주변이 어둡다고 하고(dim), 나머지 경우에는 평균적인 주변을 고려할 수 있다. F, c, N_c는 각각 깜깜할 때는 0.8, 0.525, 0.8이고 어두울 때는 0.9, 0.59, 0.95이며 평균적 주변일 때는 1.0, 0.69, 1.0이다. 중간의 주변비에서 이들 값은 보간될 수 있다. CIECAM02 모델에서 D는 보통 전용 방정식의 F와 L_A에서 계산될 수 있다. 그러나 D는 그 방정식을 사용하는 대신에 특정한 값으로 강제할 수도 있다. 예를 들어서 그것은 채택 기준 백색으로 완벽하게 순응하는 것을 보장하기 위하여 1로 강제할 수 있다.

CIELAB와 CIELUV 색 공간을 고려하여[22] 계산은 디스플레이 상의 XYZ 삼자극치에서 출발하여 밝기, 색상, 채도의 상관물이나(CIELAB), 밝기, 색상, 포화도, 채도를 제공한다(CIELUV). 컬러 디스플레이에 이들 색 공간을 적용하기 전에 채택 기준 백색(보통은 디스플레이의 피크 화이트)은 지정되어야 한다. 만약 순응 기준 백색이 **평균적인** 시청 조건에서 일광의 상태로부터 많이 벗어나지 않는다면 이 색 공간의 주목적은 색차의 평가이다. 작은 색차($\Delta E^*_{ab} < 5$)에 대하여 CIEDE2000 색차식[22]은 향상된 예측을 내놓는다.

CIECAM02는 CIELAB와 CIELUV와 비교하여 다음의 장점을 가진다 ― (1) 시청 조건 변수들은 디스플레이의 시청 조건을 표현하도록 설정될 수 있다. (2) 기준 백색은 넓은 범위에 걸쳐 신뢰할 수 있게 변경될 수 있다. (3) 색의 모든 인지 속성(colorfulness, chroma, saturation, hue, brightness, lightness)에 관련된 더 많은 수치적 상관물을 제공한다. (4) CIELAB와 CIELUV 상관물에 대응하는 보다 나은 상관물의 수치적 척도를 제공한다. (5) CIECAM02 기반 색차식과 균등 색 공간은 CIECAM02의 장점을 활용하는 작고 큰 색차에 대해 확립되어 오고 있다[23].

2.2
여러 디스플레이 기술의 특성화 모델과 시각적 결함

동시대에 존재한 디스플레이 기술과 그들의 적용을 대략 살펴본 후에 이 절에서는 특별한 특성화 모델과 CRT, PDP, LCD, HMD(head-mounted display), HUD(head-up display), DMD(digital micro-mirror device), LCD 프로젝터, OLED(organic light emitting diode) 디스플레이를 포함한 여러 디스플레이 기술의 시각적인 결함을 설명한다. 다양한 LCD 기술과 그들의 시청 방향 균등성이 논의된다. OLED의 Lambertian 방사가 LCD의 각도 방사 특성과 비교된다. LCD의 시청 각도 의존성 테스트 방법과 시청 방향 균등성을 확인한다.

널리 사용되는 LCD, PDP 같은 평판 디스플레이를 포함한 CRT가 아닌 디스플레이 기술과 여러 프로젝터 기술들은 잘 설계된 CRT 컬러 모델을 적용하기 부적합하다[24]. 첫째, 잘 만들어진 CRT 감마 특성은 색채 에러가 크기 때문에[25] LCD 모니터와 프로젝터의 더 높은 DAC 영역에서는 특히 더 사용되기 어렵다. 반면 어떤 형태의 CRT가 아닌 디스플레이들은 sRGB 표준과 가까워지기 위해서 CRT 톤 커브(감마 커브)를 흉내 낸다. 둘째, 어떤 형태의 LCD의 색도는 *rgb*값의 전 영역에 걸쳐 일정하지 않다.

시장에 전시되는 콘트라스트가 향상된 어떤 종류의 디스플레이는 주어진 *rgb*값의 *XYZ* 출력이 디스플레이된 컬러 패치의 크기에 의존적이도록 한다. 어떠한 디스플레이에서도 컬러 특성화 모델의 변수들이 기기의 세팅(예 : 화이트 포인트, 게인, 오프셋)에 의존한다는 것을 명심하는 것이 특히 중요하다. 반복적인 데이터를 얻어내기 위해서 세팅은 고정되어야만 한다. 다시 말하면 디스플레이는 컬러 특성화 전에 보정되어야만 한다[25, 26].

좋은 컬러 특성화 모델은 빠른 컴퓨터 알고리즘에 의해 실행되고 효과적으로 역계산될 수 있다. Thomas 등에 따르면[26] 일반적으로 컬러 특성화 모델은 세 그룹으로 분류될 수 있다 — (1) 디스플레이 내부에서 생성되는 빛을 물리적으로 처리하는 모델인 물리적 모델, (2) 테스트 색을 측정하거나 적합 연속 함수로 *rgb*값을 *XYZ*값으로 모델화하는 블랙 박스 접근을 따르는 수치적 모델, (3) 3개의 일차원 LUT(look up table)나 삼차원 LUT를 사용하여 *rgb*값과 *XYZ*값을 연결시켜주는 LUT 모델이 있다. 삼차원 LUT의 단점은 이것이 많은 컴퓨팅 파워를 필요로 하고 듬성듬성 있는 삼차원 데이터 세트의 보간을 요구하므로 역계산을 간단하게 할 수 없다는 것이다[27]. LUT 대신 신경망 방식 역시 제안되어 오고 있다[28].

광 측정 장치가 없을 때 사용자는 감마의 값을 시각적으로 추정할 수 있다[29]. 그러나 몇몇 최고급 디스플레이에서 발견되는 자동 특성화는 화면에 있는 컬러 센서와 sRGB와 같은 디스플레이 보정 소프트웨어를 사용하므로 더욱 정확하다 (2.1.2절 참조).

2.2.1
다른 디스플레이 기술들의 현대적인 적용

현대 디스플레이 기술은 텔레비전, 홈시어터, 2D와 3D 영화, 컴퓨터 모니터, 프레젠테이션, 디지털카메라 디스플레이, 휴대전화, PDA(palmtop computer), 자동차 계기판, 비행 기구용 패널, 차내와 기내의 정보 시스템, 가상 현실 돔, 원격 회의를 포함한 넓은 적용 범위를 가진다. 모든 디스플레이에서 더 적합하거나 덜 적합한 기술들이 사용될 수 있다. Silverstein[30]에 따르면 이용 가능한 기술들은 다음의 방식으로 분류될 수 있다 — 그것은 투사 디스플레이나 직접 보여주는 디스플레이로 나뉜다. 반면 홀로그램뿐만 아니라 HMD와 HUD(2.2.2.4절)도 카테고리로 구분될 수 있다.

투사 방식에서 CRT, LCD, DMD가 사용될 수 있으며(2.2.2.5절) 무기물 LED
는 떠오르는 중요한 광원 기술이다. 극장이나 별자리 투영 천문관과 같은 특별한
적용에서는 레이저 프로젝터가 사용된다. LCoS(liquid crystal on silicon) 기술은
작은 프로젝터에 이용된다. 기기에서 직접 디스플레이하는 기술은 CRT와 FPD
를 포함한다(2.2.2.1절 참조). FPD는 방출형과 비방출형으로 나눌 수 있다. 방출
형 디스플레이는 FED(field emission display), VFD(vacuum fluorescent display),
전장발광 디스플레이, 무기물 LED 디스플레이(대형 LED 모자이크 디스플레
이와 LED 백라이트 디스플레이 모두, 2.3.2절), OLED 디스플레이(2.2.2.6절),
PDP(2.2.2.2절), 투과형 LCD(2.2.2.3절)를 포함한다.

비방출형 디스플레이는 통전변색 및 전기 영동 디스플레이(후자는 전자책에
사용됨)를 포함한다. 큰 면적의 디스플레이는 LED 모자이크, PDP, LCD가 압도
적이다. LCD에 대해서는 최적화된 컬러 필터가 있는 무기물 LED 백라이트의 사
용으로 디스플레이의 색역과 시공간 해상도를 향상시킨다. 작은 디스플레이는
투과형과 투과반사형 LCD(차례로 작은 RGB LED 백라이트와 최적 컬러 필터가
그들의 색 품질을 향상시킨다), OLED, 전기 영동 기기에 이용된다.

삼차원 디스플레이는 안경식(양안식 또는 두 영상을 이용한 디스플레이), 각
눈에 다른 영상을 생성하기 위한 마이크로 렌즈를 장착한 무안경식 고해상도
TFT LCD, 컴퓨터로 만들어낸 시각 환경으로의 완전한 몰입을 제공하는 가상현
실 돔의 디스플레이나 투사형 디스플레이를 포함하는 여러 가능한 기술들로 과
학과 오락을 위한 새로운 적용들을 보여준다. 홀로폼 디스플레이는 다른 시점들
사이의 부드러운 동적 양안시차를 제공하기 위해 만들어졌다[31]. 체적형 디스플
레이(volumetric display)는 공간 상의 부피 내에 대상물을 재생성시킨다. 그러므
로 시청자는 원래의 대상물로부터 광의 파면을 재형성시키는 홀로그래픽 디스플
레이와 유사하게 넓은 시점과 각도에서 볼 수 있다[31]. 가상현실(VR) 시스템은
산업, 교육, 공공, 가정에서 다양하게 활용된다.

2.2.2

여러 디스플레이의 특별한 특성화 모델

이 절에서는 오늘날 가장 널리 사용되는 컬러 디스플레이 기술의 구체적인 컬러 특성화 모델을 설명하고 비교한다.

2.2.2.1 CRT

CRT 디스플레이는 좋은 인광 연속성(2.1.3절)과 좋은 시청 방향 균등성(2.1.6절)을 보여주나 저급과 고급 CRT 디스플레이 모두 채널과 공간 상호의존성을 가진다. 전통적인 CRT 결함은 화면주사율이 낮은 경우 플리커를 포함한다. 예를 들어 100Hz에서는 합리적인 시각적 성능을 보인 반면에 50Hz의 화면 주사율은 시각적인 성능과 시각적 피로의 악화를 유발한다[32].

또한 CRT 디스플레이는 부피가 크고 무거워 사용자는 사무실에서 활용할 때와 같은 경우 자신과 화면과의 상대적인 위치를 바꾸기가 어렵다[32]. CRT는 자기장 변화에 민감하다[33]. CRT 디스플레이를 움직이거나 돌리는 것은 색 왜곡을 유발할 수 있다. 어떤 것은 자기장 제거 스위치가 탑재되어 있다. 이 스위치는 특성화를 위한 측정 전에 (때로는 반복적으로) 눌려야 한다. 큰 CRT 디스플레이는 때때로 화면의 가장자리 부근에서 불균등한 휘도를 보인다. 이것은 가끔 (타원 보정이라 불리는) 내장된 추가 초점 부품에 의해 보정된다.

예열 특성은 2.1.7절에서 보여졌다. 영상이 안정화되는 시간을 고려하여 섬세한 실험에서 사용되는 2개의 CRT 모니터 상에서 풀 화이트 패치가 5분간 디스플레이되었다. 그런 다음 채움비 $f = 0.11$인 피크 레드, 그린, 블루 패치를 화면의 중앙에 켰다. 모든 CRT에서 휘도 변동은 10초 후 ±0.3% 이내로 유지되었다.

CRT 특성화 모델을 고려하여 식 2.4의 등가식은 다음과 같은 방식으로 물리적 CRT 모델을 사용하여 유도할 수 있다[7, 8, 10]. red, green, blue의 각 인광 픽셀은 전자 빔에 의해 여기되고 그것의 방출광은 빔의 전류에 의존한다. 차례로 이 전류는 비디오 신호를 구동하는 것에 의해 컨트롤되는 가속 전압에 의존하고 비디오 신호는 DAC(digital-analog converter)에 의해 아날로그 전압을 변환한 *rgb*

값(d_i, i = 빨강, 초록, 파랑, $0 < d_i < 2^n - 1$, n은 각 컬러 채널의 색 해상도임)에 의존한다. 이 때문에 rgb값은 DAC값으로도 불린다. 비디오 신호 v_i는 다음의 수식과 같이 rgb값에 의존한다.

$$v_i = (v_{\max} - v_{\min})\left(\frac{d_i}{2^n - 1}\right) + v_{\min} \tag{2.12}$$

식 2.12는 각각 v_{max}와 v_{min}으로 표현되는 최대와 최소 비디오 신호이다. 비디오 신호는 가속 전압 w_i를 얻음으로써 증폭된다.

$$w_i = a_i v_i + b_i \tag{2.13}$$

식 2.13에서 비디오 증폭의 게인은 a_i, 오프셋 전압은 b_i를 나타낸다. 대부분의 CRT 디스플레이는 세 컬러 채널 모두에 게인과 오프셋의 조절장치를 내장하고 있다. 고급 CRT 디스플레이는 피크 화이트의 색도 조절을 위한 각 채널을 조절하는 것이 가능한 분리된 컨트롤을 가진다. 게인 컨트롤 스위치는 때때로 콘트라스트 스위치로 부정확하게 불리지만 사실 이 스위치는 최대 휘도(그래서 인광 매트릭스의 모든 값을 확대시킨다)와 톤 커브(예를 들어 그림 2.5를 보라)의 형태를 조절한다. 오프셋 스위치는 때때로 절대밝기 스위치로 부정확하게 불리지만 이것은 특별히 동적 영역(D)에 영향을 주는 디스플레이의 블랙 휘도(L_{bl})를 조절한다. 블랙 레벨 보정은 모든 디스플레이 형태에서 매우 중요하다. 이것은 최적 디스플레이 세팅 기준과 함께 LCD(2.2.2.3절)에서 자세히 논의하겠다.

만약 CRT 디스플레이의 세팅이 바뀌면 그것의 색 자극과 전체 색역 역시 바뀐다. 이 때문에 최적 디스플레이 세팅을 얻는 것이 첫 번째 단계로 수행되어야 한다. 일단 이 세팅이 고정되면 정확한 컬러 특성화가 두 번째 단계로 수행되어야 한다. 식 2.13으로 돌아가보면 전자 빔의 전류 j_i는 다음과 같은 방식으로 가속 전압 w_i에 의존한다[7].

$$j_i = \begin{cases} (w_i - w_{Ci})^{\gamma_i}, & w_i \geq w_{Ci} \\ 0, & w_i < w_{Ci} \end{cases} \tag{2.14}$$

식 2.14에서 컷오프 전압은 w_{Ci}이고, 2.1.2절에서 소개되었던 변수는 물리적인 의미를 가진다. red, green, blue 인광의 스펙트럼 방사인 $M_{\lambda i}$는 각 인광의 스펙트럼 상수 $k_{\lambda i}$와 함께 전자 빔 전류 j_i에 비례한다.

$$M_{\lambda i} = k_{\lambda i} j_i \qquad (2.15)$$

식 2.15는 인광 항상성을 표현하고(즉 상대적인 스펙트럼 방사는 전자 빔 전류에 의존하지 않는다) 채널 독립적임을 표현하고 있다(RED 채널의 전자는 빨강 인광체로 정확하게 집중되고 초록이나 파랑 인광을 여기시키지 않는다). 몇몇 CRT 모니터에서 식 2.15는 사실이 아니므로 예를 들어 표 2.5의 일곱 번째 옥타브와 같이 높은 휘도의 색에서는[26] 특히 매트릭스 $\mathbf{P}$ 대신 매트릭스 χ가 사용되어야 한다. 수식을 사용하면 채널의 최대 스펙트럼 방사($M_{\lambda i,\,max}$)는 아래와 같은 형태로 쓰인다.

$$M_{\lambda i,max} = k_{\lambda i}(a_i v_{max} + b_i - w_{Ci})^{\gamma_i} \qquad (2.16)$$

게인과 오프셋의 크기 k_{gi}와 k_{oi}는 아래와 같이 도입된다.

$$k_{gi} = \frac{a_i(v_{max} - v_{min})}{a_i v_{max} + b_i - w_{Ci}} \qquad (2.17)$$

$$k_{oi} = \frac{a_i v_{min} + b_i - w_{Ci}}{a_i v_{max} + b_i - w_{Ci}} \qquad (2.18)$$

그런 다음 상대적인 스펙트럼 방사($T_i = M_{\lambda i}/M_{\lambda i,\,max}$)는 다음과 같은 형태로 쓰인다.

$$
\begin{aligned}
D_i &= \left[k_{gi}\left(\frac{d_i}{2^n-1}\right) + k_{oi} \right]^{\gamma_i} &&\text{if } \left[k_{gi}\left(\frac{d_i}{2^n-1}\right) + k_{oi} \right] \geq 0 \\[2mm]
D_i &= 0 &&\text{if } \left[k_{gi}\left(\frac{d_i}{2^n-1}\right) + k_{oi} \right] < 0
\end{aligned}
\qquad (2.19)
$$

D_i값(디스플레이 삼자극치)은 2.1절에 소개된 RGB값들과 등가이다($D_1 =$R, $D_2 =$G,

$D_3 = B$). 식 2.19는 GOG(gain-offset-gain) 모델이라 불린다. $k_{gi} + k_{oi} = 1$이기 때문에 $A_i = k_{gi}/(2^n - 1)$을 도입하면 식 2.19는 다음과 같은 형태로 쓸 수 있다.

$$
\begin{aligned}
D_i &= [1 + A_i(d_i - (2^n - 1))]^{\gamma_i} && \text{if} \quad A_i(d_i - (2^n - 1)) + 1 \geq 0 \\
D_i &= 0 && \text{if} \quad A_i(d_i - (2^n - 1)) + 1 < 0
\end{aligned}
\quad (2.20)
$$

만약 디스플레이의 색 해상도가 $n = 6$이고 모든 채널이 $A_i = A$, $\gamma_i = \gamma$의 같은 값을 가진다면 식 2.20은 식 2.4와 동등해진다. 식 2.19나 2.20의 '블랙박스' 접근에서 '물리적인' 톤 커브 모델 대신 톤 커브는 직접적으로 측정될 수 있고 불연속적인 선형 보간, 큐빅 스플라인 보간, 다항식 근사 역시 사용될 수 있다. d_i 대 $\log(D_i)$나 $\log(d_i)$ 대 $\log(D_i)$ 모델 역시 가능하다. 컬러 특성화의 두 번째 단계는 red, green, blue 채널의 휘도 출력을 합치는 것으로 구성한다. 이 단계에서 매트릭스 $\mathbf{P}$, $\mathbf{M}$ 또는 χ가 사용되어야 한다(2.1.4절 참조).

2.2.2.2 PDP

플라스마 기술은 기체 방전 현상에 기반한다[34, 35]. 플라스마라는 용어는 이온화된 기체(Ne, Xe, He의 혼합물)가 고전압에 의해 여기된 것을 말한다. 기체 이온이 안정화된 상태(ground state)로 변화하면서 초과 에너지는 가시광이나 UV 방사로 방출된다. 단색 플라스마 디스플레이의 방출 광은 직접적으로 사용되는 데 반해 컬러 PDP에서는 CRT 기술과 유사하게 인광에 의해 UV 방사광이 가시광으로 변환된다. 컬러 충실도를 위하여 PDP red, green, blue 채널의 고유한 톤 커브(또는 다른 말로 전기-광 변환 함수 또는 광전기 변환 함수, OETF)는 보통 내장 하드웨어에 의해 CRT 유사 톤 커브로 변환된다. PDP 사용자는 인광을 여기하는 PDP 기술이 CRT의 것과는 다름에도 불구하고 이러한 톤 커브들만 접하게 된다. 이 변환은 sRGB를 주로 사용하는 컴퓨터로 컨트롤되는 컬러 이미지 렌더링 시스템에서 중요하다.

PDP는 높은 피크 화이트 휘도와 높은 동적 명암비를 보이지만 시간이 지남에 따라 종종 피크 화이트 휘도의 저하가 발생한다(예 : 수명이 다할 때까지 50% 정도)[35]. 또 다른 전형적인 결함으로 의사 윤곽(false contours)이 나타나며 특히 움직이는 대상물에서 잘 나타난다. 이 결함은 PDP 톤 커브를 만들 때 시간에 따라 불균등하게 빛을 방출하는 방법인 이진 코딩이라 불리는 것을 원인으로 한다. 이진 코딩은 한 프레임(16.7ms)을 지속시간이 다른 8개의 서브 필드로 나누어 픽셀의 밝기를 조절하는 방법이다. PDP는 아날로그로 그레이 레벨을 만들어내는 것이 불가능하다. 그레이 레벨은 영상의 시간적 디더링에 의해 달성되어야만 한다. 다른 시각적 결함은 펄스가 가해졌을 때 PDP 셀 안의 씨앗 전자(seed electron)의 수와 관련된 방전의 통계적인 지연 시간 때문에 나타나는 지글거림(jitter)이다[35].

이 절에서는 42인치 PDP 디스플레이의 컬러 특성화가 설명된다[24]. 이 절의 기반을 이루는 실험에서[24], 톤 커브, 인광 매트릭스, 디스플레이 블랙 라디에이션, 스펙트럼 세기 분포는 Photo Research PR-705 스펙트럼 측정기로 측정되었다. 측정 대상은 42인치(대각) 고선명 플라스마 디스플레이 패널(HD-PDP)이었다. PDP는 1024×768픽셀의 공간 해상도를 가지고 채널당 8비트의 색 해상도를 가지며 1시간의 예열시간을 가졌다. PDP의 컬러모드는 화이트 포인트가 9481K가 되도록 설정되었다. 모든 스펙트럼 측정은 암실에서 수행되었다. 스펙트럼 측정기는 PDP 앞쪽의 삼각대 위에 설치되었다. 광축은 PDP 화면에 수직으로 맞추었다. 측정 거리는 80cm였다.

PDP로부터의 반사를 방지하기 위하여 스펙트럼 측정기의 전면 렌즈를 보호 실린더로 둘러싸고 스펙트럼 측정기가 초점을 맞추는 화면의 중앙에 5cm 크기의 정사각형이 뚫려 있는 추가적인 검정 마스크를 화면의 앞에 위치시켰다. PDP 중심에 있는 60×60픽셀 컬러 패치가 측정되었다. 배경은 회색($r = g = b = 128$)이었다.

컬러 특성화의 일반적인 문제는 기기의 색채적 행태를 정확하게 예측하고 현실적인 측정 횟수의 수행만으로 특성화를 가능하게 하는 추정 세트를 선택하는 것이다[9]. PDP를 특성화하기 위하여 GOG 모델의 세 가지 버전이 사용되었다 ― (1) 단순 모델, (2) 채널 상호의존성을 포함하는 모델, (3) 블랙 방출(black emission)을 포함한 모델.

단순 GOG 모델(첫 번째 모델)은 식 2.19에 의해 rgb값으로부터 RGB값을 계산한다. 차례로 *RGB*값은 피크 프라이머리의 *XYZ*값, 즉 red, green, blue 채널만 있을 때의 최댓값으로 구성된 매트릭스 **P**에 *RGB* 벡터를 곱하여 *XYZ*값으로 변환된다(2.1.4절).

$$\begin{pmatrix} X \\ Y \\ Z \end{pmatrix} = \begin{pmatrix} X_{r,max} & X_{g,max} & X_{b,max} \\ Y_{r,max} & Y_{g,max} & Y_{b,max} \\ Z_{r,max} & Z_{g,max} & Z_{b,max} \end{pmatrix} \begin{pmatrix} R \\ G \\ B \end{pmatrix} \tag{2.21}$$

채널 상호의존성을 설명하기 위하여(두 번째 모델), IEC 표준[36]의 행렬 T가 사용되었다. 행렬 T는 다음과 같이 정의된다.

$$\begin{pmatrix} X \\ Y \\ Z \end{pmatrix} = P \cdot T \cdot \begin{pmatrix} 1 \\ R \\ G \\ B \\ R \cdot G \\ G \cdot B \\ B \cdot R \\ R \cdot G \cdot B \end{pmatrix} \tag{2.22}$$

식 2.22에서 매트릭스 **P**(3×3)는 *RGB*와 *XYZ* 사이의 지배적인 관계를 나타낸다. 매트릭스 **T**(3×8)는 red, green, blue 채널들 사이의 상호의존성을 설명한다. $(R, G, B, R \cdot R, R \cdot G, R \cdot B, G \cdot G, G \cdot B, B \cdot B) \rightarrow XYZ$ 관계를 예측하기 위해 최적화된 매트릭스 χ(식 2.9)와 $(R, G, B, R \cdot G, G \cdot B, B \cdot R, R \cdot G \cdot B) \rightarrow P^{-1}(XYZ)$ 관계를 예측하기 위해 최적화된 매트릭스 **T** 사이의 차이를 관찰해 보라. 매트릭스 **T**는 IEC 표준에 정의된 32색(여러 gray, red, blue, green, cyan, magenta, yellow을 포함)의 측정 결과를 사용하여 얻어진다[36].

어떠한 디스플레이에서는 블랙 라디에이션을 설명하는 것이 필수적인데(세 번째 모델), 왜냐하면 디스플레이 블랙($r = g = b = 0$)의 휘도가 0이 아니기 때문이다. PDP는 항상 가장 낮은 여기 상태를 유지한다. 따라서 원하는 영상이 블랙이더라도 기체 안의 가스 혼합물은 연속적인 여기 상태에 있다. 이것은 원자를 불안정한 상태로 만든다. 구동값이 0이더라도 그들이 원래 상태로 돌아가면서 자외선이 방출되고 인광이 발생할 것이다.

디스플레이 블랙 상태에서 이 광 방출은 rgb값을 변화시켜 [그리고 이것은 컬러 트래킹(color tracking)[4]의 주요 부분을 구성한다. 아래를 보라.] 원색의 색도 이동을 유발한다. 이 효과는 낮은 rgb값($r, g, b < 60$)에서 중요하다. 만약 디스플레이 블랙의 휘도가 무시할 만하지 않으면 디스플레이의 블랙 발광을 측정하고 특성화 모델에서 이것을 고려하는 것이 합리적이다. 그러나 어떤 기기는 디스플레이의 블랙 발광을 측정하기에 불충분하게 낮은 민감도를 가지고 있다.

Berns 등[37]은 이러한 낮은 휘도 범위에서 충분히 민감한 색도계나 스펙트럼 측정기가 없을 때 컴퓨터로 컨트롤되는 기기의 블랙 발광을 평가하기 위한 방법을 제안했다. 이 평가 기술은 PDP의 블랙 레벨의 CIE XYZ값을 평가하기 위하여 사용되었다. 그것은 다음의 가정을 따른다. 왜냐하면 최적 블랙 레벨은 결과적으로 휘도 레벨이 불변하는 채널 색도가 되기 때문이다. 평가의 타깃 함수는 측정하는 범위에 걸쳐 각 채널의 색도 변화의 합으로 정의되었다. 이 타깃 함수를 최소화하면 디스플레이 블랙을 추정하게 된다.

디스플레이의 블랙 발광(leakage)에 대한 컬러 특성화 모델을 고려한다면 인광 매트릭스 **P**를 셋업하기 전에 디스플레이 블랙의 XYZ값은 모든 측정값들에서 빼주어야 한다. 매트릭스 **M**, χ, **T** 역시 매트릭스 **P** 대신 사용될 수 있음을 알아두라. 디스플레이 블랙(X_k, Y_k, Z_k)은 아래와 같은 방식으로 식 2.21의 오른쪽 항에 더해져야 한다.

$$\begin{pmatrix} X \\ Y \\ Z \end{pmatrix} = \begin{pmatrix} X_{r,\max} - X_k & X_{g,\max} - X_k & X_{b,\max} - X_k \\ Y_{r,\max} - Y_k & Y_{g,\max} - Y_k & Y_{b,\max} - Y_k \\ Z_{r,\max} - Z_k & Z_{g,\max} - Z_k & Z_{b,\max} - Z_k \end{pmatrix} \begin{pmatrix} R \\ G \\ B \end{pmatrix} + \begin{pmatrix} X_k \\ Y_k \\ Z_k \end{pmatrix} \quad (2.23)$$

세 모델(GOG, 채널 상호의존을 포함한 GOG, IEC 표준에서 사용되었던 32색의 매트릭스 **T**는 제외한 디스플레이 블랙 캘리브레이션을 포함한 GOG)의 변수값을 계산하기 위하여 다음의 rgb값들이 모든 채널에 대하여 측정되었다. $r, g, b =$

---

[4] 무채색의 레벨이 변해도 색평형이 유지되고 있는 정도

표 2.9 2.2.2.2절의 PDP에 대한 세 가지 컬러 특성화 모델의 샘플 계수

	First (GOG)/second (GOG with channel interdependence)		
	Red	Green	Blue
k_g	1.09	1.15	0.96
k_o	−0.10	−0.16	0.04
γ	1.72	1.51	2.23
	Third (GOG including display black correction)		
	Red	Green	Blue
k_g	1.06	1.11	0.96
k_o	−0.09	−0.09	0.08
γ	1.79	1.57	2.22

첫 번째와 두 번째 모델은 같은 계수를 가지고 있다는 것을 주목하라.

10, 20, ⋯, 240, 250, 255(즉 3×26 측정)이다. 이들 측정은 특성화 모델 변수의 평가를 위한 기준을 잡기 위해 사용된다. 이 함수를 측정된 톤 커브에 맞추는 작업이 최소 제곱 근사법에 의해 수행되었고 계수는 표 2.9에 나열되었다.

첫 번째 모델(GOG)와 두 번째 모델(채널 상호의존성을 고려한 GOG)의 톤 커브 변수들은 매트릭스 **T** 안에서만 다르다는 것을 알아두어라. 이 PDP에서 발견되는 매트릭스 **P**(첫 번째와 두 번째 모델)의 수치적 값을 보는 것은 흥미롭다.

$$\begin{pmatrix} 88.03 & 55.66 & 57.57 \\ 46.66 & 122.99 & 28.9 \\ 1.7 & 13.83 & 288.59 \end{pmatrix}$$

디스플레이 블랙의 값을 제거하여 디스플레이 블랙 캘리브레이션을 사용한 것과 위의 매트릭스와 비교해보라.

$$\begin{pmatrix} 87.37 & 55.0 & 56.91 \\ 45.95 & 122.27 & 28.19 \\ 0.85 & 12.97 & 287.74 \end{pmatrix}$$

그림 2.11은 PDP 디스플레이의 톤 커브를 보여준다. 위에서 언급된 것처럼 PDP

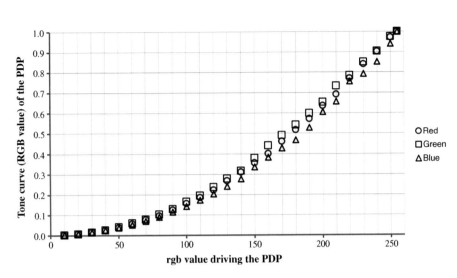

그림 2.11 2.2.2.2절의 PDP 디스플레이의 톤 커브[24]. CGIV 2004 – Second European Conference on Color in Graphics, Imaging, and Vision의 독점권자인 IS&T(The Society for Imaging Science and Technology)에서 허가받아 재생성하였음

에 내장된 하드웨어 변환의 결과로 CRT 톤 커브와 유사하다(그림 2.4와 비교해 보라).

위의 세 가지 PDP 특성화 모델과 sRGB(2.1.2절)의 성능은 PDP 상에서 157개의 다른 예측되는 색 자극과 측정된 것 사이의 CIELAB 색차 계산에 의해 테스트되었다. 157개의 테스트색은 {0, 63, 127, 191, 255} rgb값의 모든 순열과 행렬 T를 결정하기 위한 32개의 IEC 테스트 색을 포함한다. 색차의 평균, 표준편차 (STD)와 최댓값은 표 2.10에 나열되었다.

표 2.10에서 볼 수 있듯이 GOG 모델의 성능은 디스플레이의 블랙 라디에이

표 2.10 세 가지 PDP 컬러 특성화 모델과 sRGB의 성능

	GOG	GOG using matrix T	GOG black	sRGB
mean	3.71	2.84	2.09	32.01
STD	2.90	2.87	1.48	7.76
max	19.48	23.30	14.79	50.22

PDP 상에서의 157개의 서로 다른 측정되고 예측된 색 자극 사이의 CIELAB 색차. 평균 색 차이, 그들의 표준 편차와 최댓값이 보여지고 있다.

션이 고려되었을 때 가장 좋은 성능을 제공한다(표 2.10의 세 번째 열을 보라). CIELAB 색차의 평균은 이 경우 2.09이다. 최대 에러가 거의 15 CIELAB 단위에 해당하지만 STD값(1.48)은 이것이 예외적인 경우라는 것을 나타낸다.

단순 GOG 모델(표 2.10의 첫 번째 열)과 행렬 T를 사용한 GOG 모델(두 번째 열)을 비교하면 평균값은 단순 모델에서 더 크게 나타나고(3.71 대 2.84) 표준편차는 거의 같다. 최대 색차는 전체적인 성능에서는 더 낮지만 행렬 T를 사용하는 모델이 더 크다. 이 PDP의 정확한 특성화를 하는 데는 채널 상호의존성 결함은 결정적인 요소가 아니지만 블랙 캘리브레이션은 필수적인 듯하다.

sRGB 모델은 가장 나쁜 성능을 보여준다. 왜냐하면 sRGB의 $\gamma = 2.4$는 표 2.9의 γ와 다르고 PDP의 상관색온도는 6500K가 아니라 9481K이기 때문이다. 표 2.10의 평균 색차에 대한 더 나은 이해를 위하여 157개의 PDP 컬러의 측정값과 예측값 사이의 개별 색차값의 빈도가 그림 2.12의 히스토그램으로 그려졌다. 그림 2.12에서 볼 수 있듯이 디스플레이의 블랙 라디에이션을 설명하는 세 번째 모델이 비록 평균 색채계(colorimetry) 에러는 2 CIELAB 단위 이하로 감소하지는 않지만 가장 좋은 성능을 보여준다.

sRGB 모델(2.1.2절)이 CRT 모니터를 위해 개발되었기 때문에 다른 디스플레이 기기가 디스플레이의 정확한 색 자극을 위해 CRT의 멱함수 톤 커브를 따르는 것은 치명적이다. 기본적인 PDP 톤 커브(전기-광 변환 함수)의 특성은 멱함수와는 다르다. 사실 PDP 구동 AC 펄스의 수와 그것의 발광 출력 사이의 관계는 선형의 특성을 가진다. 그러나 이 관계는 유사 멱함수를 구현하는 하드웨어에 의해 수정되었다[38]. 컬러 특성화 모델의 더 많은 에러들이 순응 밝기(brightness) 증강장치로 불리는 것 때문에 일어나고 있다. 작은 디스플레이 채움비의 컬러 패치는 심각하게 높은 휘도를 보여준다(예를 들어 $f = 0.04$와 풀 화이트를 비교하면 5배까지 차이가 남).

2.2.2.3 **다양한 LCD 기술과 그들의 시청 방향 균등성**

첫 번째 액티브 매트릭스 액정 디스플레이[34, 39]는 1972년에 생산되었다. 그 이

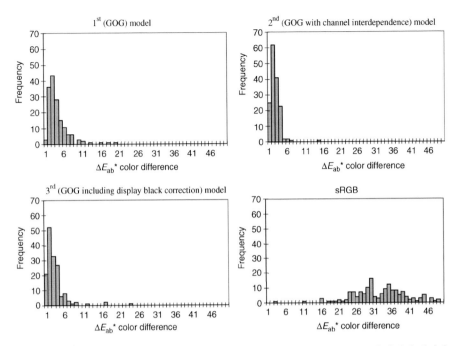

그림 2.12 컬러 특성화 모델에 대한 157개의 서로 다른 측정되고 예측된 PDP 색 사이의 개별적인 색차값의 히스토그램[24]. CGIV 2004-Second European Conference on Color in Graphics, Imaging, and Vision의 독점권자인 IS&T(The Society for Imaging Science and Technology)에서 허가받아 재생성하였음

후로 그들의 컬러 특성화의 네 가지 주요 문제가 밝혀졌다. 첫 번째 결함은 r, g, b 값 상의 RGB 원색 색도의 의존성인 컬러 트래킹이다(CRT 디스플레이에서는 인광 불일치로 불렸다). 인가된 전압으로 액정 셀의 스펙트럼 투과가 변하기 때문에 LCD 원색은 CIE x, y 색도 다이어그램에서 증가된 rgb값으로 이동한다[40].

두 번째 결함은 컬러 채널 상호의존성이다(2.1.3 참조). 이것은 이웃하는 LCD 픽셀의 인가된 전압이 용량 결합(capacitive coupling)으로 인해 서로 간섭하기 때문에 발생한다. 세 번째는 비록 알아차릴 수는 있지만 덜 심각한 픽셀 결함이다. 큰 LC 패널의 높은 생산 비용 때문에 몇몇 기업은 각 화면상에서 5~8픽셀 결함(명점이나 암점)은 허용한다.

네 번째 (가장 심각한) 결함은 시야각 불균등성이다. AM-LCD 모니터의 표면은 Lambertian 방사체가 아니다(2.1.6절 참조). 받아들일 수 있는 컬러 어피어런스와 휘도 대비(예 : 100:1)를 제공하는 시청 각도는 예를 들어 120°(수평 방향), 45°(수직 방향)와 같이 보통 생산자에 의해 명시된다.

LCD의 시각적으로 받아들일 수 있는 시청 각도는 종방향이나 횡방향의 전기장 인가에 따른 특정한 LC 모드에 강하게 의존한다. 만약 액정의 방향이 평면의 바깥으로 기울어져 있다면(예를 들어 twisted nematic, vertical alignment, bend cell LCD가 이런 경우에 해당) 시야각은 좁고 비대칭적이다. 시야각을 넓히기 위하여 광학 위상 보상 필름으로 불리는 것이 경사 있는 각도에서의 광 누설을 보상하기 위해 적용된다[43].

필름 보상 단일 도메인 구조, 멀티 도메인 구조, 필름 보상 멀티 도메인 구조를 포함하는 다양한 광 시야각(wide viewing angle, WAV) LCD 기술이 개발되었다. IPS(in-plane switching), 필름 보상 MVA(multidomain vertical alignment), 필름 보상 PVA(patterned vertical alignment), 필름 보상 ASV(advanced super-view) LC 모드들은 85° 입체각 안에서 100:1의 휘도 대비를 달성한다[43].

이 절에서는 채널당 6비트의 색 해상도를 가진 데스크톱용 AM-LCD 모니터의 컬러 특성화의 예를 보인다[44]. 84개의 작은 컬러 패치의 스펙트럼 방사 분포는 이 LCD 상의 화면 가운데에서 영상화 스펙트럼 측정기를 이용하여 측정되었다. 여러 룩업 테이블과 쌍곡 탄젠트(tanh) 함수 모델을 포함한 다섯 가지의 다른 컬러 특성화 모델이 사용되었다. 측정된 것과 예측된 색 자극 사이의 색차가 비교될 것이다.

첫째, 개별적인 RGB 톤 커브의 스펙트럼 광분포는 다음의 rgb값에 대해서 측정되었다 —$r, g, b = 0, 5, \cdots, 55, 60, 63$ ($=2^6-1$). 이들 측정은 컬러 특성화 모델을 만드는 기초로 구성되었다. 그런 다음 42개의 추가적인 색의 스펙트럼이 모델 예측의 정확도를 통제하기 위해 측정되었다. 이들 통제색은 다음의 rgb값을 가진다 —$(d, 0, 0)$, $(0, d, 0)$, $(0, 0, d)$, $(d, d, 0)$, $(d, 0, d)$, $(0, d, d)$, (d, d, d)이고 $d = 10, 20, 30, 40, 50, 63$이다. 통제색의 측정된 스펙트럼 방사 분포로부터 XYZ값인 X_m, Y_m, Z_m이 계산되었고 그런 다음 CIELAB L_m^*, a_m^*, b_m^*값과 CIE 1976 UCS 다이어그램상의 u_m', v_m'값이 계산되었다(아래첨자 'm'은 통제색과 관련되었다).

위의 양들은 특성화 측정에 기반한 다섯 가지 컬러 특성화 모델의 예측을 위한 계산에도 사용되었다 — X_c, Y_c, Z_c, L_c^*, a_c^*, b_c^*, u_c', v_c'(아래첨자 'c'는 모델 예측과 관련되었다). 그런 다음 차례로 각 5개 모델의 rgb값으로부터 예측한 값과 42개의 통제색 사이의 42개 색도 차 $\Delta u'v'$과 42개의 색차 ΔE_{ab}^*가 계산되었다. 2.1.6절에서 언급했듯이 시각적으로 받아들여질 수 있는 컬러 특성화 정확도 범위는 $\Delta u'v'$ $= 0.02$ 미만이거나 $\Delta E_{ab}^* = 5$ 미만이다.

다음의 모델은 AM-LCD의 특성화를 위해 고려되었다 — (1) 3×3-LUT, (2) 1-LUT, (3) 1-tanh, (4) 3×3-tanh, 그리고 비교를 위하여 (5) sRGB. 이들 모델은 아래에 상세히 설명하였다.

(1) **3×3-LUT 모델** : 개별 컬러 채널(R, G, B)의 X, Y, Z값이 0, 5, ···, 55, 60, 63의 rgb값에 대해 측정되었다 — $X_r(r)$, $X_g(g)$, $X_b(b)$, $Y_r(r)$, $Y_g(g)$, $Y_b(b)$, $Z_r(r)$, $Z_g(g)$, $Z_b(b)$. 다음의 함수를 얻기 위하여 이들 함수로부터 디스플레이 블랙 라디에이션(X_k, Y_k, Z_k)을 뺐다 — $f_{Xr}(r) = X_r(r) - X_k$, $f_{Xg}(g) = X_g(g) - X_k$, $f_{Xb}(b) = X_b(b) - X_k$, $f_{Yr}(r) = Y_r(r) - Y_k$, $f_{Yg}(g) = Y_g(g) - Y_k$, $f_{Yb}(b) = Y_b(b) - Y_k$, $f_{Zr}(r) = Z_r(r) - Z_k$, $f_{Zg}(g) = Z_g(g) - Z_k$, $f_{Zb}(b) = Z_b(b) - Z_k$. 측정된 함수 $f_{Ji}(i)$($J = X, Y, Z$; $i = r$, g, b)는 LUT 점들 사이가 선형적으로 보간될 수 있는 LUT를 나타낸다.

함수 $f_{Ji}(i)$는 (1) 디스플레이 블랙 라디에이션을 빼주었고 (2) 2.1.1절에서 소개된 $R(r)$, $G(g)$, $B(b)$ 세 가지 톤 커브 대신 X, Y, Z가 사용된 다른 톤 커브 때문에 컬러 트래킹 효과가 완전히 설명될 수 있다. 3×3-LUT 모델의 예측되는 XYZ값 $X_c(r, g, b)$, $Y_c(r, g, b)$, $Z_c(r, g, b)$는 아래 수식에 의해 얻어진다.

$$
\begin{aligned}
X_C(r,g,b) &= f_{Xr}(r) + f_{Xg}(g) + f_{Xb}(b) + X_k \\
Y_C(r,g,b) &= f_{Yr}(r) + f_{Yg}(g) + f_{Yb}(b) + Y_k \\
Z_C(r,g,b) &= f_{Zr}(r) + f_{Zg}(g) + f_{Zb}(b) + Z_k
\end{aligned}
\tag{2.24}
$$

식 2.24에서 디스플레이 블랙 라디에이션(X_k, Y_k, Z_k)이 포함되었다. 단일 색 채널의 측정된 XYZ값에서 그것을 세 번 뺀 다음 마지막에 한 번 더하는 것은 디스플레이의 블랙 라디에이션을 다루는 올바른 방법이다[35, 45]. 식 2.24는

표 2.11 식 2.25의 3×3-tanh 모델에서 $f(x)$ 형태 피팅 함수의 추정된 변수

	f_{Xr}	f_{Yr}	f_{Zr}	f_{Xg}	f_{Yg}	f_{Zg}	f_{Xb}	f_{Yb}	f_{Zb}
a	0.5810	0.5895	0.5233	0.5584	0.5544	0.5288	1.0209	1.1585	0.9967
b	0.0602	0.0603	0.0670	0.0627	0.0629	0.0663	0.0398	0.0382	0.0401
c	48.9361	48.8238	40.4169	45.9948	45.5110	41.7009	63.7201	66.8199	63.1251

채널 독립을 가정하고 있고 AM-LCD의 경우 보통은 이를 만족한다.

(2) **1-LUT 모델** : 이 모델에서는 평균 $f_{Ji}(i)(J = X, Y, Z; i = r, g, b)$에 기반한 오직 하나의 LUT만이 사용된다. 최대 rgb값(이 예에서는 63)은 1로 설정된다. 이 모델에서 모든 톤 커브는 하나의 선형 보간된 평균 함수 $f(d)$: $R(r) = f(r)$, $G(g) = f(g)$, $B(b) = f(b)$로 나타내진다. 이 모델의 두 번째 단계로 식 2.23이 사용되었다. 이 절에서 AM-LCD에 대한 식 2.23의 블랙 캘리브레이션된 행렬의 수치적 예는 다음과 같다. 이 행렬은 디스플레이된 색의 휘도를 cd/m² 단위로 재현하고 $x = 0.372$, $y = 0.387$의 피크 화이트 색도를 가지며 상관 색온도는 약 4000K이다.

$$\begin{pmatrix} 107.15 & 81.78 & 19.48 \\ 58.22 & 144.93 & 13.64 \\ 6.03 & 31.48 & 96.79 \end{pmatrix}$$

대안으로 매트릭스 **M**, **χ**, **T** 역시 사용될 수 있다(2.2.2.2절 참조).

3) **1-tanh 모델** : 쌍곡 탄젠트 함수는 최소 제곱 추정법을 사용하여 이전의 모델에서 $f(d)$함수로 적합화된다.

$$f(x) = a\{\tanh[b(x-c)] + 1\} \tag{2.25}$$

식 2.25에서 x는 어떠한 rgb값이고 a, b, c는 1-LUT 방법으로부터 추정되는 변수들이다. 이 절의 AM-LCD에 예에서 변수값은 $a = 0.59545$, $b = 0.053886$, $c = 48.4106$과 같이 얻어진다.

4) **3×3-tanh 모델** : 3×3 tanh 함수는 3×3 다른 a, b, c변수 세트를 가진 3×3-LUT 방법의 정규화된 $f_{Ji}(i)$함수로 최적근사된다. 표 2.11은 이들 변수의 수치

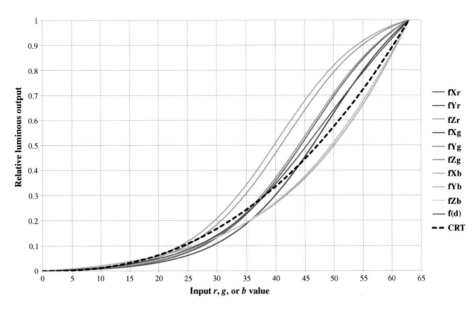

그림 2.13 1-LUT 모델과 일반적인 $\gamma=2.4$인 CRT 톤 커브의 평균 $f(d)$함수와 비교한 표 2.11의 변수들로 정규화된 $f_{Ji}(d)$함수에 대한 3×3 tanh 피팅 함수($J=X, Y, Z; i=r, g, b$)[44].

값을 포함한다.

　그림 2.13은 표 2.11의 변수들로 정규화된 $f_{Ji}(d)$함수로 최적근사된 9개의 tanh 함수를 1-LUT 모델의 평균 $f(d)$함수 및 $\gamma=2.4$인 전통적인 CRT 톤 커브와 비교하여 보여준다. CRT 톤 커브와 비교해보면 LCD 톤 커브는 tanh 함수에 의해 S자 형태를 나타낸다. $f_{Yb}(d)$와 $f_{Zb}(d)$의 기이함은 명백하다. 이런 양상은 블랙 레벨 보정만으로는 설명할 수 없는 특이한 컬러 트래킹 특성을 유발한다. 따라서 3×3 tanh 모델을 블랙 레벨 보정과 결합하는 것은 가치가 있다. 몇몇 LCD에서 자연적인 S 형태의 톤 커브를 감마 톤 커브(즉 CRT같은 톤 커브)로 변화시키는 통합 회로가 있음에 주목하라.

　그림 2.14는 표 2.11의 모델 변수들로 3×3 tanh 모델에 기반하여 AM-LCD에 대한 컬러 트래킹 특성을 예측한 결과와 1-LUT 모델에 대해 검정 보정된 샘플을 보여준다. 이 계산의 예에서 색역 궤적 옆에 있는 기호는 r, g, b =63이고 피크 화이트와 디스플레이 블랙의 색도가 일치할 때에 해당된다. 디스플레이 블랙의 XYZ값은 화이트 포인트의 XYZ값에 k 팩터($0.0<k<1.0$)

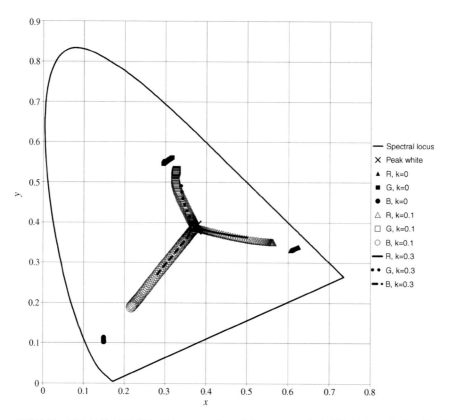

그림 2.14 표 2.11의 모델 변수들로 3×3 tanh 모델과 1-LUT 모델의 샘플 블랙 보정 매트릭스에 기반한 AM-LCD 화질 조정 특성의 예측. 디스플레이 블랙의 XYZ값은 화이트 포인트의 XYZ값에 k를 곱해서 시뮬레이션되었다. $k = 0$: X, Y, Z의 다른 톤 커브 형태 때문에 유발되는 색 보정에 기여, $k = 0.1$: 디스플레이 블랙의 낮은 값, $k = 0.3$: 디스플레이 블랙의 높은 값(피크 프라이머리의 채도 불포화)

를 곱하여 시뮬레이션되었다. $k = 0$인 컬러 트래킹 특성(즉 디스플레이가 검은색일 때 방사가 전혀 없는 상태)은 X, Y, Z 사이의 RGB 톤 커브 형태 차이, 즉 rgb값 변화에 따른 개별 컬러 채널의 상대 스펙트럼 라디에이션 분포의 변화와 일치한다[25].

$k = 0.1$은 디스플레이 블랙의 낮은 레벨에 해당하는 반면 $k = 0.3$은 RGB 피크 프라이머리의 불충분한 채도(saturation)를 유발하는 디스플레이의 높은 블랙 레벨에 해당한다. 디스플레이의 높은 블랙 레벨은 LCD의 '광 누설'로부터 발생하거나 이웃 픽셀로부터 발생하거나 화면에서 반사되는 외광에 의해

표 2.12 다섯 가지 LCD 컬러 특성화 모델의 평균과 표준편차 색도 에러와 색 에러

Model	$\Delta u'v'$		ΔE_{ab}^*	
	mean	STD	mean	STD
1. 3×3-LUT	0.0094	0.0127	3.5	2.6
2. 1-LUT	0.0296	0.0288	11.3	4.4
3. 1-tanh	0.0263	0.0250	10.2	3.8
4. 3×3-tanh	0.0107	0.0142	3.3	2.3
5. sRGB	0.0454	0.0361	21.8	11.7

발생한다는 점을 알아두라. 이러한 기여의 합은 디스플레이 색의 전반적인 색빠짐에 해당하는 컬러 트래킹의 주요한 부분을 유발하며 그 결과로 디스플레이 색역의 축소를 유발한다.

(5) **sRGB 모델** : 이 모델은 CRT 모니터를 위해 디자인된 널리 이용되는 표준을 이용하여 모니터 색의 예측을 하려는 사용자가 있을 경우 비교하기 위한 목적으로 포함되었다.

표 2.12에는 다섯 가지 모델 중 하나를 사용하여 예측된 값과 42개의 측정된 색 사이의 색도 차 $\Delta u'v'$과 색차 ΔE_{ab}^*의 평균과 표준편차가 나열되어 있다.

표 2.12에서 볼 수 있듯이 3×3 LUT와 3×3 tanh 모델의 성능이 가장 좋다. tanh 함수를 피팅시키면 모델의 성능은 약간 더 좋아지기까지 한다. 다른 모델들은 받아들일 만한 색채계 성능을 보이지 못한다. 따라서 측정을 하고 3×3 LUT를 사용하는 것이 유용하다. 즉 컬러 트래킹을 완벽하게 설명하기 위해서는 각각의 컬러 채널을 위해 각각의 XYZ 톤 커브를 분리해야 한다. sRGB는 이 AM-LCD 모니터에는 사용될 수 없는데 왜냐하면 sRGB 톤 커브는 CRT 모니터를 위해 디자인된 것이라서 S자 형태의 LCD 전압 변환 커브에는 맞지 않기 때문이다. 이 절의 AM-LCD의 화이트 포인트 색온도는 sRGB 표준에서 요구되는 6500K 대신 4000K를 사용하였다.

채널 크로스토크를 제거하기 위한 대안적인 방법은 2원색 크로스토크 모델(two-primary crosstalk model)[41]이라 불리는 방법으로 채널 간의 상호의존성 때문

에 두 채널의 크로스토크만을 고려하는 것이다. 마스킹 모델(masking model)[42]로 불리는 방법은 채널 상호의존성과 컬러 트래킹을 모두 고려한 방법이다. 마스킹 모델의 콘셉트는 아래 색 제거(under color removal)로 불리는 것인데 디스플레이의 어떤 주어진 색에 대하여 각 rgb값의 같은 양을 gray로 치환한다. 예를 들어 $b<g<r$인 주어진 색이 있다면 b의 총량에 해당하는 만큼이 회색으로 치환된다.

그러면 red와 green 채널에서는 $(g-b)$에 해당하는 양이 yellow에 의해 치환된다. red 채널에서는 $(r-g)$에 해당하는 양이 red로 남아 있게 된다. 다른 경우에도 이와 부합하는 치환이 수행된다. 예를 들어 $r<g<b$이면 r만큼 회색으로 치환하고 $(g-r)$만큼 cyan으로 치환하는 작업을 수행한다. XYZ값들은 각 톤 커브로부터의 출력값을 더하여 계산되는데 위의 예에서는 gray, yellow, red의 톤 커브를 합하여 계산된다. 그리하여 이 모델을 적용하기 위해서는 cyan, magenta, yellow와 gray의 톤 커브가 $R(r)$, $G(g)$, $B(b)$ 톤 커브에 추가하여 측정이 필요하다.

예를 들어 yellow 톤 커브 $Y(r=g,\ b=0)$는 컬러 패치의 $r=g$이고 값이 0에서 255로 바뀌며 $b=0$인 경우 발생하며 컬러 패치의 상대적인 휘도 출력이 측정된다. 마스킹 모델의 한계는 원색의 조합으로 만들어진 cyan, magenta, yellow, gray에는 컬러 트래킹이 없다고 가정한 것인데 실제의 LCD는 이것을 만족하지 않는다[27].

컬러 트래킹 특성 외에도 LCD에 디스플레이되는 색 자극의 시청 방향 의존성은 다른 색채계 오류의 원천이 되고 그에 따라 IEC 표준[13]은 시청 방향 의존성에 대한 측정도 요구한다. 그림 2.15는 채널당 8비트의 색 해상도를 가지는 AM-LCD의 다른 예를 보여준다. red, green, blue 채널의 톤 커브는 이미지 타입의 색도측정계로 측정되었고 디스플레이에 수직(0°)으로 먼저 정렬하고 이후에 45° 틀어서 주축이 45°에서 아래를 가리키도록 하였다. 그림 2.15 안의 45° 관측 조건에서 동적 명암비와 색역의 손실을 관찰하라. 최근 몇 년 동안에는 광시야각 LCD가 개발되어 시청 방향 의존성이 대폭 줄어들었으나 완전히 제거하지는 못하고 있다[40].

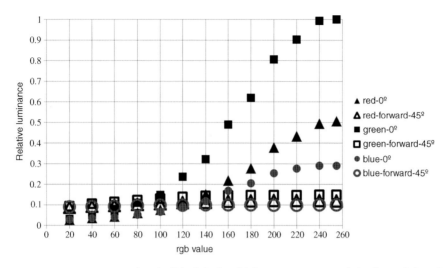

그림 2.15 AM-LCD 톤 커브의 시청 방향 의존성(예). red, green, blue 채널. 디스플레이는 먼저 수직으로 정렬되었다가 (0°) 그 이후에 45°로 각도를 주었다.

2.2.2.4 헤드 마운티드 디스플레이와 헤드 업 디스플레이

교통 안전을 위하여 환경으로부터 운전자나 조종사의 주의를 뺏지 않는 것이 중요하다. 그러나 기기나 정보 디스플레이들은 종종 운전을 위해 시각적 주의가 요구되는 구역으로부터 먼 곳에 위치해 있다. 헤드 업 디스플레이(HUD)는 실제 환경의 움직이는 영상과 디스플레이로부터의 광이 결합되어 앞 방향으로 보는 상태에서 정보를 읽을 수 있는 멋진 방식을 보여준다. 헤드 업 디스플레이는 여러 기술을 사용한 프로젝터로부터 투영된 영상을 반사시켜 (예를 들어 자동차 앞유리와 같은) 컴바이너로 불리는 곳에 HUD의 정보를 겹쳐 보이도록 하기 때문에 증강현실을 표현할 수 있다.

HUD 기기는 관측자의 머리에 붙이도록 변형되었다. 이것은 소위 **시스루**(see-through) 헤드 마운티드 디스플레이(HMD)로 불리는데, 중요한 적용 중 하나는 웨어러블 컴퓨터이다. 또 다른 HMD 형태는 실세계를 직접적으로 보는 것을 허용하지 않고 하나 또는 둘의 마이크로 디스플레이 상에 컴퓨터로 생성된 영상이나 실제 영상의 비디오카메라 이미지를 디스플레이하는 근접 뷰(closed-view) HMD로 불리는 것이다[46]. HUD에서 단색 디스플레이는 어떤 적용에서는 적당할지도 모르지만 근접 뷰 HMD는 보통 풀 컬러를 요구한다.

HUD 프로젝션 기술은 CRT, LED, DMD나 LCD 프로젝터를 포함한다. HMD 마이크로 디스플레이는 CRT, OLED, LCoS, MEMS, AM-LCD 기술을 포함한다. HUD나 HMD의 컬러 특성화를 위해서는 이 기술들의 특별한 모델이 사용될 수 있으며[47] 광학 부품(예를 들어 편광 빔 스플리터)이 스펙트럼을 선별적으로 반사시키거나 투과시키는 특성은 컬러 특성화 모델에 포함되어야만 한다. HMD에서 다른 마이크로 디스플레이들끼리 상호 보정을 하고 그들의 시청 방향 특징을 특성화하는 것은 필수적이다[49, 50].

증강 현실에서 컬러 특성화는 (1) 가상적인 대상물의 색을 보정하여 환경의 색을 대응시키기 위하여, (2) 비디오카메라 영상의 색을 보정하여 가상적인 대상물의 색을 대응시키기 위하여 사용될 수 있다. 예를 들어 시스루 HUD에서 사용자는 다양한 시청 조건(특히 밝기의 변화)에서 다양한 장면과 마주치는데 시각 시스템은 실제 세계에 순응한다. 그래서 특히 영상의 밝기 레벨은 사용자의 시청 조건과 일치해야만 한다[47, 51].

HMD는 종종 2개의 분리된 마이크로 디스플레이를 가지기 때문에 입체 영상을 디스플레이하기에 적합히다. 그러나 인간 눈의 초점 조절 거리와 수렴 거리 사이의 불일치 결과로 시각적인 결함이 발생할 수 있다[52]. 이와 같은 결함은 가상 현실 HMD와 3D 극장에서 일반적이다. 이것을 VRISE(virtual reality-induced symptoms and effects)라 부르고 구역질, 안구운동, 방향 상실 증세를 포함한다 [53].

HMD는 증강 현실이나 가상 현실을 디스플레이하는 단일 사용자 기기이다. 가상 현실 돔이라 불리는 것은 상호적이고 입체적인 경험을 가능하게 하는데 사용자들은 전부 안경을 쓴다. 특별한 기기를 사용하여 3D 돔 안에서 여러 물체들이 주변을 날아다니는 것과 같은 실감나는 상호작용을 할 수 있다. 이 다중 사용자 가상 환경은 주로 큰 곡면 디스플레이 화면 상에 다중으로 영상을 투영하기 때문에 모든 프로젝터들의 상호 보정(화이트 포인트, 톤 커브, 색역)으로 각 프로젝터의 컬러 특성화가 함께 되는 것이 필요하다[50].

2.2.2.5 DMD와 LCD를 포함한 프로젝터

프로젝터의 톤 커브 특성(또한 전기-광 변환 함수)은 기술에 의존한다. 그림 2.16은 예로 LCD 프로젝터에서 블랙이 보정된 red, green, blue 톤 커브를 보여준다. 측정 데이터(화면 상에서 영상 타입의 색도측정기로 측정된)와 식 2.25의 1-tanh 모델이 AM-LCD 모니터와 CRT 모니터의 평균 $f(d)$함수로 비교되어 보여진다 (2.2.2.3절).

그림 2.16에서 볼 수 있듯이 쌍곡 탄젠트 함수로 된 식 2.25는 이 LCD 프로젝터에도 역시 잘 작동한다. blue 채널의 특이한 톤 커브(blue의 톤 커브는 그림 2.13에서처럼 다른 톤 커브와 다르다)와 CRT 톤 커브의 형태와의 눈에 두드러진 차이를 관찰하라. blue에서는 다른 LCD 프로젝터와 비교하여 가장 큰 색도 변화 역시 보인다[25]. 채널 상호의존성을 특성화하는 $Q(f = 1.0)$의 값은 이 LCD 프로젝터에서 0.95였다(식 2.11을 보라). 식 2.22는 채널 상호의존성(때때로 채널 간 의존성으로도 불림)을 정량화하기 위해 사용될 수 있다[54].

프로젝터 캘리브레이션에서 큰 동적 휘도비, 좋은 톤 커브와 큰 색역을 위해 최

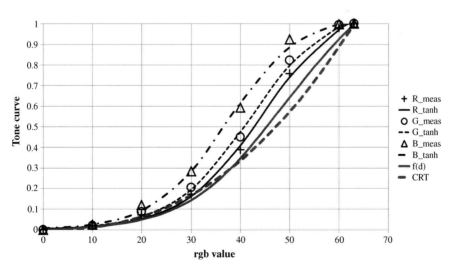

그림 2.16 검정이 보정된 LCD 프로젝터의 red, green, blue 톤 커브. 측정된 데이터는 식 2.25의 1-tanh 모델이다. 비교를 위하여 그림 2.13의 데스크톱 AM-LCD 모니터의 평균 $f(d)$함수와 CRT 톤 커브를 보라.

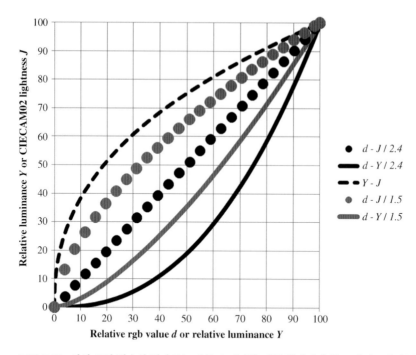

그림 2.17 시청 조건 변수의 뒤따르는 값들로 깜깜한 시청 환경에서 본 그레이스케일(위쪽 점선)에 대한 CIECAM02 $J(Y)$함수의 형태(2.1.9절) : $F = 0.8$, $c = 0.525$, $N_c = 0.8$, $L_A = 40\text{cd/m}^2$. Y : 0-100 스케일로 표현되는 프로젝터의 피크 화이트의 휘도와 관련된 그레이스케일 상대 휘도. 2개의 그레이스케일 톤 커브 $Y(d)$는 $d = r = g = b$(검정과 회색 실선 커브)이고 감마값은 2.4와 1.5이다. rgb값 (d)는 최댓값과 관련된다. 이 값들은 0-100 스케일로 표현된다.

적의 설정을 찾는 것은 특히 중요하다. 좋은 톤 커브에 대한 기준은 각 채널의 휘도(Y값)가 CIECAM02 J나 유사한 정도의 지각적으로 균등한 밝기 척도로 변환된다면 $J(d)(d = r, g, b)$함수는 선형이 되어야 한다. 선형 함수는 rgb값(Δd)이 한 단위 증가하면 d값에 독립하여 지각되는 밝기가 그에 상응하여 증가한다는 것을 의미한다. 다시 말하면 톤 커브는 입력 디지털값이라고도 불리는 rgb값과 관련하여 지각적으로 균등한 밝기 척도를 표현해주어야 한다. 그러면 디스플레이의 전체 동적 밝기 범위는 균등하게 표현될 수 있다.

　그림 2.17은 다음 시청 조건 변수에 따른 암실 조건에서 그레이스케일에 대한 (위쪽 점선 커브) CIECAM02 $J(Y)$함수의 형태를 보여준다(2.1.9절) — $F = 0.8$, $c = 0.525$, $N_c = 0.8$, $L_A = 40\text{cd/m}^2$. 그림 2.17에서 Y는 프로젝터가 나타낼 수 있는

피크 화이트의 휘도와 연관하여 그레이스케일값의 상대 휘도를 0~100까지 척도로 나타낸 것이다. CIECAM02에 의해 프로젝터의 컬러 어피어런스를 예측하기 위해서는 암실 시청 조건 변수들은 평균 밝기일 때와 어두운 밝기일 때의 변수들과 부합하도록 데스크톱 LCD 모니터와 같은 직접적으로 보는 디스플레이와 대비하여 사용되어야만 한다[55].

그림 2.17에서 두 가지 그레이스케일 톤 커브 $Y(d)(d = r = g = b$, 검은색과 회색 실선 커브)는 감마값 2.4와 1.5를 각각 보여준다. rgb값 d는 그것들의 최댓값과 관련하여 0~100의 척도로 표현되었음을 알아두라. 그림 2.17에서 볼 수 있듯이 $J(d)$ 함수는 두 가지 다른 감마값에 대해 다른 형태로 나타난다. 2.4의 값을 사용하면 (2.1.2절, sRGB와 같이) 균등한 밝기 척도를 얻는 반면(검은색 점), 1.5를 사용하면 지각적으로 균등하지 않은 밝기 척도(회색 점)를 얻는다.

프로젝터의 너무 높은 콘트라스트 설정은 클리핑 효과(clipping effect)라고 불리는 톤 커브의 어두운 영역의 손실을 일으킨다[25]. LCD 프로젝터의 동적 명암비 D는 밝기/명암비 설정을 바꾸는 것에 의해 35에서 350까지 드라마틱하게 변했다[25]. 디스플레이 컬러 채널의 색 해상도(bit depth)가 매우 높더라도(즉 채널당 10~12비트), 블랙 휘도가 0이 아닐 때(즉 LCD에서) 첫 번째 rgb값들(0, 1, 2, 3 등)은 디스플레이 구동 회로의 전기적인 노이즈에 묻히는 경향이 있다.

영사 프로젝션에서 연속적이고 점진적인 색 변화와 같은 관찰자의 높은 시각적 기대를 만족시키기 위해서는 채널당 12비트의 색 해상도가 필요하다(즉 rgb값이 0–4096)[56]. 보통의 디스플레이와 TV에서는 색 채널당 8~10비트가 바람직하며 채널당 10비트는 오늘날의 고급 컴퓨터 컨트롤 소비자를 위한 디스플레이에 부합한다.

화면은 프로젝터의 빛을 골고루 반사시켜야 하고(Lambertian 표면) 모든 스펙트럼에 대해 고르게 반사시켜야 한다(이상적인 백색 바사) 스펙트럼이나 색채계 측정을 수행하기 위하여 영상 타입의 스펙트럼 측정기나 컬러 측정기가 위치될 수 있다. 예를 들어 프로젝터와 테스트색의 빛 위에서 화면의 측정이 이루어져야만 한다.

LCD 프로젝터는 특히 플레어(flare, 화면의 다른 부분으로부터 내부 광이 산란되는 것)와 같은 원인으로 변화하는 컬러 패치의 배경이 높은 채도와 높은 밝기를 가질 때 큰 공간적인 상호의존성을 나타낸다[25]. 예열과 시간적 안정성을 고려하면 LCD 모니터가 약 10분 후에는 안정된 상태로 도달하는 데 반해 같은 프로젝터[25]는 4시간 이내에는 안정된 상태로 도달하지 못한다. LCD 프로젝터는 알아차릴 수 있을 정도의 공간적인 불균등성을 나타내는 경향이 있다. 25개의 다른 위치에서 풀 화이트의 색채를 측정하고 기준 백색으로 화면의 가장 밝은 부분을 선택하면 CIELAB 색차는 11.6까지(색도 이동은 6까지) 발견된다[57]. LCD 프로젝터의 특별한 결함은 색 얼룩(color mottle)[58]으로 불리는데 그들이 발광하는 빛의 편광 특성 때문에 발생한다.

LCD 프로젝터의 S 형태 톤 커브에 대하여 대안적인 쌍곡선 톤 커브 모델 함수[25]가 식 2.25 대신 제안되었다.

$$R = A_r(r/r_{\max})^{\alpha r}/[(r/r_{\max})^{\beta r} + C_r] \qquad (2.26)$$

식 2.26에서는 R 채널만 보인다. $(r/r_{\max})$는 정규화된 rgb값을 나타내며 이때 $r_{\max}$는 컬러 채널당 비트, 예를 들어 63이나 255를 나타내는 숫자이다. 비슷한 수식이 G와 B에 대해서도 다른 변수들(A_g, C_g, α_g, β_g, A_b, C_b, α_b, β_b)을 가지고 제안된다. 측정되고 예측되는 테스트 컬러 집합에 대한 평균 CIELAB 색차는 2.7이었다. LCD 프로젝터의 컬러 트래킹 특성화를 설명하기 위하여[25] 식 2.26 안에 있는 쌍곡 함수의 일차 미분을 사용한 추가적인 항이 식 2.26의 오른쪽에 더해졌다. 이 항은 예를 들어 g와 b의 값에 있는 R의 의존성을 표현하며 1.2라는 평균 CIELAB 색차가 얻어졌다[25]. 내장 영상 처리 하드웨어의 결과로서 여러 상용 LCD와 DMD 프로젝터는 감마 톤 커브를 제시함을 알아두라[58].

DMD 프로젝터의 한 칩 안에서 프로젝터 광원의 빔은 회전하는 컬러 필터 휠에 거치된 red, green, blue 필터에 의해 걸러진다. 휠이 회전함에 따라 DMD에 도달하는 광선은 3개의 연속된 시간대에서 red, green, blue가 된다. DMD는 red, green, blue 이미지를 적절히 반사하고 이 반사된 광선은 프로젝터의 출력 렌즈에 의해 화면으로 투사된다. DMD 프로젝터는 때때로 DLP(digital light processing) 프로젝터로도 불리며 DLP는 텍사스 인스트루먼츠(Texas Instruments)가 소유한 트레이드 마크가 되었다.

DMD 프로젝터의 3개의 칩에서 각 컬러 채널(R, G, B)은 각자의 DMD를 가진 다. 이것은 시간 해상도를 증가시키고 한 칩 DMD 프로젝터와 같은 시간에 따라 순차적으로 색을 뿌려주는 디스플레이에서 나타나는 전형적인 모션 결함을 피하게 한다. 이같은 결함은 갑작스러운 헤드의 움직임이나 화면에 투사되는 움직이는 대상물에 의해 발생된다. 이 결함은 무지개 결함(rainbow artifact) 또는 색 분리(color breakup, CBU) 결함으로 불린다[59].

DLP 프로젝터(한 칩 DMD)는 위에서 언급된 연구[57]의 LCD 프로젝터보다 더욱 공간적인 불균등성을 보이는데 시각적인 불균등성이 최대 21.7 CIELAB 단위(색도 이동은 6단위까지)에 달한다[57]. DLP 프로젝터의 풀 화이트 휘도는 스위치를 켠 후 8시간까지도 ±5%의 변동이 있었다[60]. 나중의 연구에서 DLP 프로젝터는 LCD 프로젝터와는 다르게 모든 세 컬러 채널에 대한 톤 커브의 형태가 같았다(위를 보라). 이 DLP 프로젝터의 톤 커브는 sRGB와 유사했다. 이 DLP 프로젝터는 무시할 수 있을 만한 컬러 채널 상호의존성을 보였다. DLP에서 채널 상호작용은 컬러 필터 휠이 회전하는 것과 DMD의 불완전한 동기화 때문에 발생할 수 있다.

위에서 언급되었던 RGB 필터 휠을 가진 LCD 프로젝터와 DMD 프로젝터는 위에서 설명된 3원색(RGB) 디스플레이를 위한 방법에 의해 특성화될 수 있다. 그러나 어떤 DMD 프로젝터에서는 RGB 원색 합의 약 145% 정도로 프로젝터의 최대 휘도를 증가시키기 위하여 필터 휠 내에 컬러 필터가 없는 네 번째 구역이 있으며 RGB 방법은 사용되지 않는다. 백색을 만드는 알고리즘[61-64], 즉 rgb를 합쳐서 백색이 되는 양만큼을 필터 휠의 색 필터가 없는 구역으로 프로젝터 램프의 빛을 통과시키는 알고리즘이 더해진다. 백색이 증가함에 따라 RGB 신호의 적당한 총량은 제거된다. 이것의 특성화를 위하여 보통 3×3 RGB 인광 매트릭스는 네 가지 원색인 red, green, blue, white의 추가적인 혼합을 설명하기 위하여 3×4

RGBW 매트릭스로 확장된다. 그러나 이것의 역모델은 유일하게 정의되지 않는다.

2.2.2.6 OLED

OLED의 주된 장점은 그들의 낮은 소비전력과 얇은 디스플레이 구조이다[65]. OLED의 단점은 상대적으로 짧은 수명이다. 기판 물질에 의존하여 OLED는 반사형이나 투과형 그리고 딱딱하거나 유연성 있게 만들 수 있다. 크기에 따라 OLED 마이크로 디스플레이, 데스크톱 모니터, 여러 OLED 디스플레이 모듈로 이루어진 대형 OLED 디스플레이가 있다. 그러나 오늘날의 대형 OLED 스크린은 여러 시각적 결함을 가지고 있다.

가장 심각한 것은 성가신 색 그림자를 만들고 가독성을 떨어뜨리는 외광의 반사 결함이다. 불행하게도 실제 발광 면적의 작은 화면 채움비(fill factor) 때문에 발광체들 사이의 두꺼운 라인인 픽셀 래스터 모자이크가 종종 시인된다. 이 결함은 심지어 먼 시청거리에서도 볼 수 있다. 단속적인 눈의 움직임은 큰 화면의 주기적인 지터(jitter)와 결합하여 이 래스터 결함을 가속시키는 경향이 있다.

가장 중요한 문제는 어떻게 OLED 제조에서 전체 색역을 달성할 수 있느냐는 것이다.[5] 백색광 OLED는 LCD와 유사하게 컬러 필터 모자이크와 결합될 수 있다. 다른 방법으로는 red, green, blue OLED 서브픽셀 모자이크가 만들어질 수 있으며 특히 배터리의 재충전 기간을 연장하기 위하여 휴대전화와 같은 작은 화면의 제품에 적용할 수 있다. SOLED(stacked organic light emitting device)라고 불리는 디스플레이 기술은 투명 유기 발광 기기(TOLED로 불림)의 적층을 사용한다. 이 기술은 red, green, blue의 서브픽셀을 수직으로 쌓아서 디스플레이의 공간적인 해상도를 향상시킨다[65].

LCD는 전압 구동인 데 반해 OLED 빛의 세기는 전류밀도에 비례하고 톤 커브는 전류를 변화시키는 것에 의해 만들어진다[65]. 픽셀 주소 지정은 수동과 능동 매트릭스 주소 지정을 사용하여 달성할 수 있다. 수동 주소 지정은 픽셀 사이의

---

[5] 오늘날 OLED 색역은 LCD의 색역을 앞설 정도로 확장되었으며 넓은 색역은 OLED의 대표적인 장점 중 하나이다. 2011년에 출시된 OLED가 적용된 모바일 제품의 색 재현 면적비가 이미 NTSC 대비 114.1%에 달했다 — 역주.

크로스토크가 생기고 적은 라인 개수로 이루어져 낮은 해상도의 OLED 디스플레이에 사용한다[65]. 능동 매트릭스 주소 지정은 동적 휘도 비와 전력 효율을 향상시킨다. 한 연구에서 컬러 필터를 사용하는 능동 매트릭스 OLED의 RGB 톤 커브가 측정되었다[65]. 이 톤 커브는 OLED 디스플레이의 게인과 오프셋 세팅에 따라 유사 선형 형태를 나타내었다. 전체 OLED 디스플레이를 가로지르는 공간적인 균질성은 ±5% 이내였다. OLED 디스플레이의 더 큰 장점은 LCD의 그것보다 시청 방향에 따른 균등성이 현저하게 좋다는 점이다.

2.3
디스플레이 광원 기술

이 절에서는 디스플레이의 여러 프로젝터 광원과 백라이트 광원이 그들의 화이트 포인트, 컬러 필터의 사용, 로컬 디밍, HDR 영상과 관련하여 비교된다. 디스플레이의 백색 광원은 서브픽셀의 컬러필터에 의해 걸러지거나 프로젝터의 경우 회전 필터 휠에 의해 걸러진다. 자발광 디스플레이, 화이트 OLED, 백색 무기물 LED, CCFL(cold cathode fluorescent lamp) 또는 다른 형태의 광원들은 필터 모자이크와 백라이트로서 액정 층에 결합되어 있다. 프로젝터(전면 또는 후면 프로젝션 디스플레이 포함), UHP(ultrahigh pressure), 제논 방전 램프나 화이트 LED는 red, green, blue 필터 구역에 더하여 백색을 원색으로 추가하기 위하여 때때로 색 필터가 없는 창으로 구성된 회전 필터 휠로 조명한다(2.2.2.5절 참조).

다른 방법으로 색도 높은 red, green, blue 광원 역시 디스플레이의 광원으로 사용될 수 있다. 직접 보는 CRT 디스플레이(2.2.2.1절)와 매우 큰 RGB LED 모자이크 디스플레이는 무수히 많은 빨강, 초록, 파랑 인광 점이나 RGB LED 발광체들을 그들의 광원으로 고려할 수 있기 때문에 이 분류에 부합한다. CRT 프로젝터 역시 영상을 투사하기 위한 채도 높은 광원으로 세 가지른 분리된 단색 CRT(red, green, blue)를 사용한다. 세 가지 칩의 DMD 프로젝터(2.2.2.5절)는 광원으로 채도 높은 red, green, blue의 매우 밝은 LED를 사용한다. 레이저 프로젝트는 red, green, blue 레이저의 빠르게 움직이는 광선에 의해 영상을 그린다. 백라이트로서

RGB LED의 사용은 매우 채도가 높은 원색과 넓은 색역과 디스플레이의 동적 명암비가 로컬 디밍에 의해 향상될 가능성을 제공한다(2.3.3절 참조).

2.3.1
프로젝터 광원

오늘날 가장 널리 사용되는 프로젝터 광원은 프로젝션 적용에 이상적인 가장 높은 아크 휘도($1Gcd/m^2$)를 달성하는 UHP 램프이다[66]. 다른 광원은 텅스텐 할로겐 램프, 금속 할라이드 램프, 제논 램프, LED를 포함한다[67]. 원칙적으로 UHP 램프의 수명은 10,000시간을 초과할 수 있다. 실제로는 갑작스러운 단선이 없어도 보통 연속적으로 약 2,500~4,000시간 이후에는 빛의 세기가 고려해야 할 수준으로 감소한다. 반면 어떤 프로젝터들은 더 긴 수명을 위해 에코 기능이라 불리는 것을 가지고 있다.

사용할 수 있는 색역에 대하여 프로젝트 램프의 균형 잡힌 스펙트럼 세기 분포가 필요하다. 높은 수은 압력(200bar 이상)에서 더 많은 빛이 스펙트럼 라인 내의 발광과 비교하여 스펙트럼의 연속적인 부분 내에서(특히 중요한 red 영역 내에서) 방출된다[66]. 프로섹터 램프의 균형 잡힌 스펙트럼은 원색을 위한 red, green, blue 컬러 필터의 투과 밴드 내에서 충분한 휘도의 광량을 제공하기 위하여 하나의 영상 렌더링(즉 한 칩 DMD) 프로젝터에서 중요하다(그림 2.18 참조). 이 그림은 5개 조명, 즉 UHP(300W), 제논(300W), RGB LED, 높은 색온도(6800K)와 낮은 색온도(2700K)의 pcLED(phosphor-converted LED)의 스펙트럼 세기 분포를 보여준다. RGB 필터의 스펙트럼 투과 함수는 계단 함수(step function)에 의해 모델화된다.

그림 2.18에서 볼 수 있듯이 red 필터의 스펙트럼 투과 범위는 UHP 수은 램프에 의한 것보다 따뜻한 색온도의 pcLED에 의해 더 잘 맞아떨어진다. 높은 색온도의 pcLED 방출 스펙트럼은 red 필터와 겹쳐지는 부분이 적다. 낮은 압력의 수은 램프에서 투사되는 red, green, blue 원색은 높은 압력의 수은 램프보다 휘도가 낮고 채도가 낮으며 스펙트럼적으로 덜 균형 잡혀 있다[66]. 수은 램프의 압력을

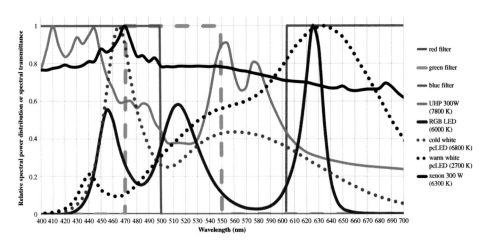

그림 2.18 UHP 프로젝터 램프(7800K, 300W), 제논 램프(6300K, 300W), RGB LED(6000K), 차가운 백색(6800K), 따뜻한 백색(2700K)의 pcLED 광원의 스펙트럼 세기 분포 비교. RGB 필터 세트의 이상적인 투과 커브 역시 보여진다. 제논과 UHP 방출 스펙트럼 : 독일, 뮌헨, Osram GmbH에서 제공함

높이면 대부분의 디스플레이 사용자에 의해 선호되는 7500K와 같은 높은 색온도가 달성되는 것이 가능하다(3.5.3절 참조).

최적의 광원을 만들기 위하여 pcLED는 인광 물질의 다른 형태(YAG나 LuAG)를 사용하거나 추가적인 인광체(red 인광과 같은)를 사용하여 최적화 가능성을 높일 수 있다. UHP 방전 램프, 백색 LED 기반의 프로젝터 광원에 비교하여 pcLED가 더 유연하게 스펙트럼을 최적화할 수 있기 때문에 원색에 대한 색역의 향상과 밝기(brigtness)의 향상을 얻을 수 있다.

LED 프로젝터 광원은 또한 더 크기가 작아지고 더 긴 수명을 가져야 한다. 또 다른 최적화 방법은 red, green, blue 필터 각각의 스펙트럼 투과 범위를 최대한 채울 수 있는 적당한 방출 스펙트럼을 가진 red, green, blue LED의 조합을 사용하는 것이다(그림 2.18의 RGB LED 광원의 스펙트럼을 보라).

단일 백색 LED 광원의 휘도 광속(일반적으로 100 lm)은 UHP 램프(일반적으로 2000 lm)에 비해 현저하게 낮다[68, 69]. 그러나 이것은 회전 필터 휠로 복합 백색 발광 유닛을 만드는 것에 의해 현저하게 향상된다. 단점은 한 칩 DMD 프로젝터에서 회전 필터 휠이 무지개 결함(rainbow artifact)(2.2.2.5절)의 원인이라는 점이다. 왜냐하면 움직이는 대상체의 서브프레임은 그것이 디스플레이를 스캐닝하고 있는 동안 인간 눈의 같은 위치로 입사되지 않아서 움직이는 대상체의 가장자리에서 성가신 색 윤곽 아티팩트가 나타나기 때문이다[59].

전통적으로 디스플레이의 색역은 x, y 색도 다이어그램으로 묘사되고 색역 최적화의 목표는 3원색을 잇는 삼각형이 NTSC의 색역을 앞서는 것이다. 유럽에서 E.B.U. 색도도가 사용되었다는 점에 주목하라. 이것은 NTSC 삼각형 또는 NTSC 색역으로 불리며 x, y 색도좌표는 빨강, 초록, 파랑과 C광원의 화이트 포인트에 대하여 각각 (0.67, 0.33), (0.21, 0.71), (0.14, 0.08)과 (0.310, 0.316)이다(그림 2.19 참조).

RGB LED 광원은 더욱 확장된 색역과 높은 휘도 광속(현재는 2000 lm까지)을 제공한다. 그들은 적당한 열 손실을 가진 높은 전력의 red, green, blue LED의 광 배열을 결합하고 그것을 단일 DMD나 LCoS 패널로 투사한다[70]. red LED 광원의 다른 타입은 낮은 휘도 광속의 작은 포켓 프로젝터로 사용된다. green과 blue LED를 레이저로 치환한 LED-레이저 프로젝터로 불리는 것도 있다.

RGB LED 발광체는 종종 순차 색 모드(color sequential mode)로 불리는 것에 적용된다. LED 발광이 색에 따라서 변하는 반면 이 모드에서 딘일 DMD(또는 비슷한 마이크로 디스플레이)는 영상의 red, green, blue 서브프레임을 스크롤한다. RGB LED는 그것들이 사용되지 않을 때 끌 수 있기 때문에 회전 필터 휠처럼 움직이는 부분이 필요하지 않다. RGB LED 발광체는 다원색 디스플레이(5장 참조)를 제공하기 위하여 cyan과 amber LED에 의해 확장될 수 있다. 만약 DMD나 빠른 LCD나 LCoS와 같은 고속 마이크로 디스플레이가 사용된다면 색을 띤 LED의 사용률은 화이트 포인트를 조절하기 위하여 변화될 수 있다[71]. 이와는 반대로 회전 휠 프로젝터는 필터 구역의 상대적인 크기로 화이트 포인트가 결정된다.

그림 2.19에서 그림 2.18 광원의 색역, 즉 UHP 프로젝터 램프(300W), 제논 램프(300W), RGB LED, 높은 색온도(6800K)와 낮은 색온도(2700K)의 pcLED가 비교되었다. 그들의 방출 스펙트럼은 그림 2.18에서 설명된 계단 함수 RGB 필터 투과 모델에 의해 걸러졌다.

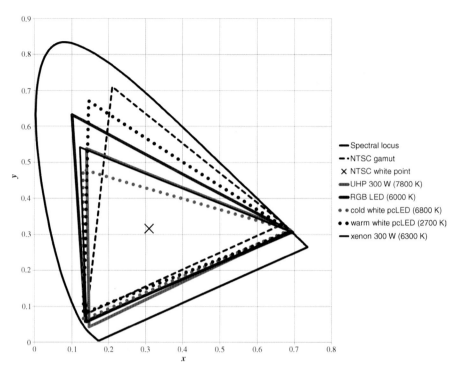

그림 2.19 x, y 색도 다이어그램에서 여러 색역들 간의 비교. UHP 프로젝터 램프(7800K, 300W), 제논 램프(6300K, 300W), RGB LED(6000K), 차가운 백색(6800K), 따뜻한 백색(2700K)의 pcLED 광원. NTSC 색역 역시 표시되었다.

그림 2.19에서 볼 수 있듯이 RGB LED 광원(6000K, x, y 색도 다이어그램에서 NTSC 삼각형 면적의 104%)은 UHP(7800K, NTSC 삼각형의 86%)와 비교하여 18% 색역이 크다. 낮은 색온도의 pcLED(2700K)가 NTSC의 104%인 데 반해(선호되지 않는 화이트 포인트이긴 하지만) 높은 색온도의 pcLED(6800K)는 NTSC 색역의 74%에 불과하다. 제논 램프(6300K, 86%)의 성능은 UHP 램프의 것과 비교할 만하다.

2.3.2
백라이트 광원

백라이트는 광원의 구조와 형태에 따라 구분될 수 있다[72]. 백라이트 기기의 구조는 그것이 사용되는 디스플레이 형태에 의존한다. 예를 들어 에지형 백라이트는 노트북이나 모니터에 사용되고 직하형 백라이트는 LCD TV에 사용된다. 에지형 백라이트에서 도광판이라 불리는 것은 광원으로부터 나오는 옆 방향의 광을 액정 방향으로 보내기 위하여 사용된다. 직하형 백라이트는 에지형 백라이트보다 더 밝은 광속을 제공한다[72].

LCD 백라이트 광원은 CCFL, EEFL(external electrode fluorescent lamp), FFL(flat fluorescent lamp), 백색 인광 변환 LED, RGB LED, HCFL(hot cathode fluorescent lamp), OLED, EL(electroluminescent) 광원을 포함한다. 오늘날 CCFL과 LED 기술이 가장 널리 사용되고 있으며 CCFL은 AM-LCD의 전통적인 광원인 반면 LED와 OLED는 작은 크기와 낮아지고 있는 비용과 증가하고 있는 효율과 넓은 색역으로 인해 지속적으로 추진력을 얻고 있다[72].

CCFL 백라이트와 비교하여 RGB LED 백라이트는 LCD의 화질을 현저히 향상시킬 수 있다[73]. LCD의 가장 심각한 문제 중 하나는 액정의 느린 반응 속도와 함께 홀딩 타입의 구동 기술(hold type driving technique)로 불리는 구동 신호가 LCD 상에서 긴 시간 동안 유지되는 것 때문에 발생하는 모션 블러 현상이다. 이 문제와 무지개 결함을 해결하기 위하여 혼합 색 순차(mixed color sequential, MCS) 알고리즘이 제안되었다. 이것은 LCD RGB LED 백라이트에 내하여 시간 도메인과 공간 도메인 모두에서 동시에 RGB LED 백라이트를 차단하는 방법이다[59].

모션 결함을 줄이는 것과(무지개 결함과 모션 블러[59]) 더 높은 동적 대비를 달성하는 것 외에도 디스플레이어의 색역을 향상시키는 것은 매우 중요하다. 최적화된 색 필터 모자이크와 결합하여 RGB LED 백라이트는 NTSC 색역의 110%를 달성하여 자연스럽고 선호하는 컬러 어피어런스를 가능하게 할 수 있다[59, 73]. 컬러 어피어런스의 모든 지각적 차원(밝기를 포함하여)에 기반한 색역 최적화의 새로운 방법은 5.1절에 설명되었다. 이 방법은 red, green, blue뿐만 아니라 cyan, magenta, yellow와 같은 추가적인 색도 이론적인 색역 최적화에 포함한다.

색 순차 모드에서 구동되는 디스플레이 백라이트 안의 여러 색을 띤 LED의 개별적인 컨트롤에 의해 개별적인 LED 스펙트럼 세기 분포는 그림 2.18과 2.19의 예와는 다르게 디스플레이의 색역과 원색의 색도에 의해 결정되어 대응되는 컬러 필터의 스펙트럼 투과에 의해 곱해진다. 이와 같은 색 순차 디스플레이의 백라이트는 RGB LED의 조합이 될 수 있다. 백라이트는 2개의 다른 GREEN LED(G1과 G2), 하나의 BLUE LED와 하나의 RED LED의 조합이 될 수도 있으며 이를 4원색(four primary) 디스플레이라 부른다[74].

이 디스플레이에서 액정의 앞에 있는 필터 모자이크는 RGB 색 필터와 660nm(R), 502nm(G1), 520nm(G2), 415nm(B)가 피크 파장으로 적용되었다. 집필자에 의해 수행된 샘플 계산에서 RGB LED와 RG1G2B LED의 스펙트럼 세기 분포는 모든 원색에 대하여 받아들일 수 있는 화이트 포인트와 합리적인 휘도값의 조건에서 시뮬레이션된 색 순차 디스플레이에 대한 x, y 색도 다이어그램에서 넓은 색역을 획득하기 위하여 최적화되었다. LED의 스펙트럼 세기 분포는 25nm의 고정된 FWHM(full width at half maximum)을 가진 가우시안 함수에 의해 시뮬레이션되었고 피크 파장은 변화되었다.

RGB LED 백라이트의 예에서 RED LED가 켜졌을 때 시간 순서에서 RED 필터의 서브픽셀만이 투과되고 GREEN과 BLUE 필터의 서브픽셀은 닫혀 있으며 G와 B LED에 대해서도 유사하게 진행된다는 것을 가정하였다.

결과적으로 그림 2.18로부터 (최적화된) 백라이트 스펙트럼 세기 분포는 고정된 RGB 필터의 스펙트럼 투과 커브와 함께 그림 2.20에서 볼 수 있다. 이 샘플 계산에서 액정의 스펙트럼 투과는 무시되었다. 그림 2.21은 NTSC 삼각형과 비교한 색역의 결과를 보여준다. 이 샘플 계산의 목적이 단지 다른 LED 반도체 물질의 효율은 고려되지 않은 상태로 색채계의 관점에서 색역 이슈의 설명을 위한 것임을 알아두라. 모든 최적화 요소의 포괄적인 리스트와 더 향상된 방법은 5.1절에서 소개될 것이다.

그림 2.20과 2.21에서 볼 수 있듯이 피크 파장 487nm의 두 번째 green LED(G2)는 새로운 채도가 큰 cyan 색도를 추가하는 것에 의해 색역이 향상되었다. 4원색 디스플레이의 blue 피크는 3원색의 470nm 대신 460nm로 이동되어 더욱 깊은 푸른색 톤을 추가한다. 그래서 이 이론적인 예에서 4원색 RG1G2B 디스플

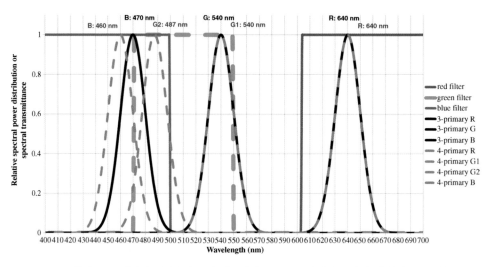

그림 2.20 3원색 RGB 백라이트(검은색 곡선)와 4원색 RG1G2B 백라이트(회색 점선)와 RGB 필터의 이상적인 스펙트럼 투과 함수의 RGB LED의 최적으로 모델링된 스펙트럼 세기 분포. 디스플레이는 일련의 색 신호로 구동된다.

레이는 3원색이 123%를 나타내는 데 반해 NTSC 색역의 148%를 달성한다. 이들 그림으로부터 비록 컬러 필터가 넓은 주파수 범위를 가지고 있다 하더라도 상대적으로 좁은 주피수 대역의 색올 띤 LED 방출 스펙트럼(FWIIM=25nm) 덕분에 원색의 여기 순도와 색역이 차례로 증가하고 있다는 것 역시 볼 수 있다[73].

추가적으로 흥미 있는 접근은 **시공간 혼합 색 합성**이라는 참신한 이미지 렌더링 기술로 yellow와 blue의 두 가지 백라이트를 사용한 것이다. 이 백라이팅은 magenta와 cyan의 컬러 필터와 오직 2개의 원색으로 구성된 체크보드 서브픽셀 모자이크로 묶여 있다. yellow 백라이트는 첫 번째 시간에서 활성화되고 그러면 red와 green 광이 서브픽셀에 의해 방출된다(magenta 필터에서 red, cyan 필터에서 green). 순차적으로 blue 백라이트가 cyan과 magenta 필터 모두에서 방출되고 이것은 blue가 된다. 두 영역의 시간적인 결합은 디스플레이의 풀 컬러를 나타낸다[30].

백라이팅의 중요한 이슈는 화면 전체를 따라 균등한 색도와 휘도를 제공하는 것이다. LED 백라이트에 대해 공간적인 균등성은 LED 어레이의 올바른 위치 배

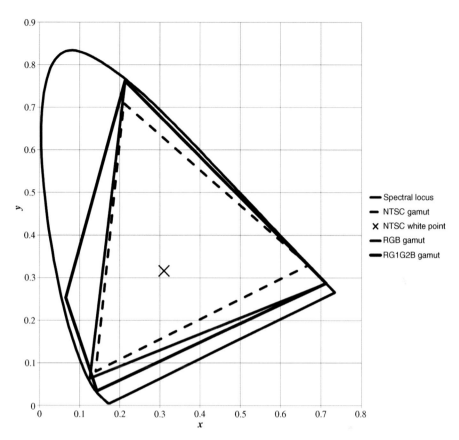

그림 2.21 그림 2.20의 예에서 소개된 최적화된 RGB와 RG1G2B 모델 연색 LED 디스플레이의 색역. 이 예에서 최적화된 3원색 연색 RGB LED 디스플레이가 NTSC 색역의 123%를 달성한 반면 최적화된 4원색 연색 RG1G2B LED 디스플레이는 148%를 달성한다.

정과 최적화된 후면 반사체, 도광체, 광학 부품에 의해 달성될 수 있다[75]. RGB LED 백라이트에 대해 공간적인 균등성은 red, green, blue 사이의 좋은 색 균형으로 결합되는 것이 필요하다. 백색 인광 변환 LED 백라이트에 대비해봤을 때 RGB LED의 장점은 화이트 포인트가 조절 가능하다는 점이다[76]. 화이트 포인트는 때때로 다른 기기들 간의 색의 일관성을 유지하기 위해 센서로부터 피드백되어 컨트롤된다[77, 78]. 대부분의 디스플레이 사용자는 표준 D65 백색점 대신약 9000K의 화이트 포인트를 선호한다.

시청 방향 균등성을 고려하면 광시야각 LCD의 광학적 시뮬레이션 결과는

CCFL 백라이트 대신 RGB LED 백라이트를 사용하는 것에 의해 −80°와 80° 사이의 디스플레이 경사로부터 발생하는 피크 색도 이동을 2~4 정도 감소시킬 수 있다는 것을 보여준다[79]. 초기에 스위치를 켰을 때 특성을 고려하면 에지형 LCD TV의 백색 LED는 CCFL 백라이트(70%)보다 예열 휘도 변화가 덜하다(9%)는 것을 보여준다[80].

2.3.3
컬러 필터, 로컬 디밍, HDR 영상

DMD 프로젝터의 컬러 휠 필터는 공간적으로 다른 투과의 구역으로 구성되었다. 휠이 회전할 때 광선은 조명되는 구역의 색에 따라 DMD에 의해 순차적으로 변조된다[81]. 각 원색의 *XYZ* 삼자극치는 필터의 상대적인 면적에 의해 가중치가 주어지는 필터의 스펙트럼 투과율, 광원의 스펙트럼 세기 분포, 표준 컬러 매칭 함수(CMF)의 곱을 적분하는 것에 의해 계산될 수 있다. 컬러 필터의 상대적인 면적은 균형 잡힌 화이트 포인트를 얻기 위해 선택되어야 한다. 컬러 필터의 스펙트럼 투과율 곡선은 가장 중요한 색들이 나타낼 수 있는 큰 색역을 얻기 위해 주이진 광원의 스펙트럼 세기 분포에 대해 최적회될 수 있다(5.1.1절 참조).

컬러 필터 모자이크를 가진 RGB LED 백라이트에서 컬러 필터와 RGB LED는 함께 최적화되어 컬러 투과의 최댓값이 RGB LED의 방출 피크와 겹쳐질 수 있다[77]. 이론적으로는 공간적으로 균등한 RGB 백라이트는 컬러 필터 모자이크가 없이도 색의 순차적인 조명을 제공할 수 있다. 이것은 컬러 필터에 기인한 광의 손실이 없기 때문에 넓은 색역을 유지하는 것에 의해 디스플레이의 밝기를 증가시킨다. 큰 색역을 얻기 위하여 향상된 인광을 쓴 광색역 CCFL 백라이트 역시 사용될 수 있다. red, green, blue, cyan, yellow 필터로 구성된 컬러 필터 모자이크의 필터 스펙트럼 투과율을 최적화하는 것에 의해 그리고 색이 있는 컬러 서브픽셀의 상대적인 면적을 변화시키는 것에 의해 NTSC 색역의 110%가 이러한 형태의 백라이트를 사용하여 달성되었다[82].

백라이트 디자인의 전통적인 목적은 액정 층의 뒤쪽에 완벽하게 균등한 광 분포를 제공하는 것이다. 그러나 이와 같은 디자인은 LCD 빛샘, 즉 LCD의 블랙 휘도가 0이 아닌 단점을 가지며(2.2.2.3절 참조) 디스플레이의 색역과 동적 명암비를 떨어뜨린다. 빛샘을 줄이기 위하여 영상의 어두운 부분에서 그 부분을 더욱 어둡게 만들기 위하여 부분적으로 백라이트 자체를 어둡게 만든다[75]. 이 로컬 디밍(또는 영역 컨트롤) 절차에서 액정 구조와 컬러 필터 모자이크에 더하여 백라이트 자체가 디스플레이 영상 형성에 기여한다.

로컬 디밍의 순응 밝기 증폭기 방식(adaptive brightness intensifier method)[83] 이라 불리는 방식에서 백라이트의 휘도 세기는 전체 디스플레이에 걸쳐 k에 의해 균등하게 어두워진다. 그러나 만일 k가 너무 크다면 디스플레이의 원래 명암을 유지하기 위해 영상 신호에 의한 보상을 할 수 없어진다. 이 어려움을 극복하기 위하여 백라이트 광원의 여러 그룹을 수직적으로 고립시킬 수 있고 각 그룹의 k값으로 서로 다른 값을 사용할 수 있다[84]. 광학적으로 분리되었기 때문에 2개의 이웃한 그룹의 경계 근처에서 블록화되는 결함을 피하기 위하여 RGB LED 백라이트는 수직적으로 그리고 수평적으로 모두 그룹화될 수 있다. 이 블록들의 세기는 어두운 영상 영역에서 의도적으로 어두워진다. 모든 RGB 채널은 동시에 같은 비율로 어두워진다.

Chen 등[75]은 로컬 디밍의 가능한 시각적 결함에 관해 좋은 개요를 제공한다. 만약 LED 그룹의 휘도 세기가 영상 블록의 최대 그레이 레벨에 의해 계산될 수 있다면 영상은 잡음에 민감해진다. 만약 평균 그레이 레벨이 최대 그레이 레벨 대신 사용된다면 어떤 픽셀들의 밝기는 감소한다. 밝기가 감소된 픽셀은 때때로 클립트 픽셀(clipped pixel)이라 불린다. 여러 개의 클립트 픽셀을 가진 영상은 의사윤곽을 나타낼지도 모른다. 이것은 클리핑 결함(clipping artifact)이라 불린다. 여러 백라이트 휘도 보상(BLC) 알고리즘이 클리핑 결함을 줄이기 위해 제안되어 오고 있다[85, 86]

공간적인 균등성은 백라이트 LED 세기에 저역 통과 필터를 적용하는 것에 의해 향상시킬 수 있다. 로컬 디밍은 비디오 연결 장면에서 너무 잦은 백라이트 세기의 변화를 주는 잘못된 알고리즘 때문에 플리커 결함(flicker artifact) 또한 유발할 수 있다. 위의 어려움을 극복하기 위하여 그리고 같은 비디오 프레임 내에서 10,000:1을 넘는 동적 휘도비를 가지기 위하여 공간적·시간적 비디오 필터를 포함하는 새로운 로컬 디밍 알고리즘이 개발되었다[75].

100,000:1의 명암비는 공간적으로 매우 조밀한 로컬 디밍에 의해 달성될 수 있다. 이 경우 백라이트는 5~25mm의 간격을 가지는 매우 작은 백색 LED로 구성된다. 이것은 LED 백라이트가 낮은 해상도의 주 디스플레이로 사용되고 액정 구조로써 세밀한 영상 변조를 하는 구조와 같다[87]. 이 같은 디스플레이를 HDR(high dynamic range) 디스플레이라 부른다. HDR 영상은 특별히 짧은 시간적 광 변화나 긴 시간에 걸쳐 나타나는 백라이트 LED의 감쇄에 특히 민감하여 광학적인 피드백 센서를 사용하는 것이 필수적이다[77].

HDR과 HDR이 아닌 디스플레이 모두에서 완벽하게 올바른 방법으로 시각적 시스템을 위한 HDR 영상을 표현하기 위하여 특별한 HDR 영상 렌더링 알고리즘이 필수적이다[88]. HDR이 아닌 디스플레이를 위하여 톤 매핑 오퍼레이터(tone mapping operator)로 불리는 HDR 영상의 동적 범위를 압축시키는 것이 필요한데 HDR 현상과 다소 유사하게 만들기 위하여 보통 약 300:1로 변환시킨다. 공간적으로 변화하는 톤 매핑 오퍼레이터는 시청자가 선호하는 콘트라스트 범위로 남겨 놓기 위하여 로컬 콘트라스트에 영향을 주지 않고 영상의 글로벌 콘트라스트를 낮춘다(3.5.4와 3.5.5절 참조). 톤 매핑은 영상 컬러 어피어런스 모델의 중요한 적용으로 나타나기도 한다(iCAM)[19].

톤 매핑 오퍼레이터가 HDR에 대한 환상을 일으킬 수 있지만 이것은 진짜 HDR 디스플레이의 현상을 대체할 수 없다[88]. 극도로 높은 부분적 대비를 주면 영상의 밝은 부분 주변이 안구 내의 빛의 산란에 의해 뿌옇게 나타난다. 같은 효과(빛의 소산이라 불리는)가 글레어(glare)에 의해서도 나타날 수 있다[89]. 그러나 빛의 소산 때문에 나타나는 로컬 콘트라스트의 손실에 대해서는 망막 메커니즘에서 보상하기 때문에 글레어와 지각되는 로컬 콘트라스트 사이의 상호작용은 매우 복잡하다. 이 보상은 가능한 HDR 영상에서 높은 글로벌 동적 명암 범위를 지각하도록 만든다[90].

2.4
큰 시야각 디스플레이의 컬러 어피어런스

이전 절에서 배웠듯이 자발광 디스플레이에서 요구되는 컬러 어피어런스를 얻기 위해서는 컬러 특성화가 필요하며 그 이후의 컬러 어피어런스 모델 적용의 절차가 모든 픽셀에서 스펙트럼 구성과 디스플레이 방사광의 세기를 조절하기 위해 사용된다. CIECAM02 컬러 어피어런스 모델의 입력은 (모든 픽셀 각각에서) 부분적인 스펙트럼 구성과 세기뿐만 아니라 순응 휘도, 기준 백색 색도와 색 순응 정도와 같은 시청 조건 변수들을 포함한다. 다른 공간 주파수에서 색 대비 감도와 같은 공간적인 색각의 측면에서 이미지 컬러 어피어런스 프레임워크라 불리는 것이 고려된다[91, 92].

이전에 언급되었던 요소들에 더하여 오늘날 큰 디스플레이의 컬러 어피어런스에 영향을 주는 매우 중요한 변수, 즉 색 자극의 크기가 있다. 약 20°보다 큰 화각(예 : 50°의 PDP나 가상현실 돔의 220°)의 색 자극을 대하면 지각되는 밝기(lightness, 만약 관찰할 만한 기준 백색이 없다면 brightness)와 채도(chroma 또는 colorfulness)는 CIECAM02 예측보다 더 큰 경향이 있다. 이것은 색 크기 효과로 불리며 이 절의 주제이다. 매우 큰 화각의 몰입형 컬러 디스플레이와 50° 디스플레이에 대해서 정신물리적 실험의 방법과 결과가 두 가지 수학적인 모델과 함께 소개될 것이다.

2.4.1
작고 큰 색 자극 사이의 컬러 어피어런스 차이

색 크기 효과의 생리적인 원인은 인간 망막의 원추세포 밀도와 분포에 기인한다. 시각적 영역의 크기에 따라 작은 영역과 큰 영역의 현상은 구분될 수 있다. '분각' 도메인으로부터 출발하여 색 자극에서 관찰사의 완벽한 몰입에 이르기까지 똑같은 스펙트럼으로 구성된 색 자극은 '표준' 크기(예 : 2°)와는 다른 색 지각을 얻는다[93]. 과거에는 22°와 77°의 자극 크기의 인지되는 색 모두 2°와 시각적으로 매치되었다. 그러나 자극 크기가 바뀌었을 때 신경세포가 활성화되는 흥분의 순도 변화가 발견되었다[94, 95].

최근에는 컴퓨터로 컨트롤되는 컬러 모니터 상에서의 컬러 매칭이나 크기 추정 기술과 같은 새로운 실험 기술의 진보와 CIELAB, CIECAM02, 정확한 색으로 매우 큰 자발광 자극을 제공할 수 있는 잘 캘리브레이션되고 잘 특성화된 컬러 디스플레이와 같은 새로운 영상 기기의 널리 퍼진 사용으로 컬러 과학에서 더 세련되고 강력한 색 크기 효과에 대한 더욱 확장적인 연구를 시작하는 것이 가능하게 되었다.

CIE 1931 표준 색채계 관측자[96]는 2° 매칭 영역의 시야각을 대하는 컬러 매칭 실험으로부터 모은 평균적인 3원색을 판별할 수 있는 관찰자의 색 매칭 함수를 포함한다. 중심와에서의 다른 색소 함량, 즉 황반(macula lutea)의 존재는 CMF(Color Matching Function)의 보충 세트 도입을 필요로 하게 만들었다. 그것은 CIE 1964 표준 비색계 관측자[96]로 알려졌다. 이 절의 실험 결과로부터 CIECAM02는 큰 크기의 자극이 주어졌을 때 컬러 어피어런스를 설명하지 못하는 것이 명백해졌다.

큰 디스플레이, HMD, 가상현실 환경과 같은 실질적인 적용은 진보된 색 디자인을 위하여 시각적으로 정확한 컬러 어피어런스 특싱화를 제공하기 위한 색 크기 효과의 수학적 모델을 필요로 한다. 또한 이 책의 범위에서는 벗어나지만 산업계에서는 (실제 방의 벽과 같은) 실내 표면에 바르는지[97], 큰 크기의 외부 표면에 바르는지[98-100]에 따라 같은 염료의 컬러 어피어런스를 예측할 수 있기를 원한다.

컴퓨터로 컨트롤되는 컬러 어피어런스를 디스플레이에서 시청 상황과 디스플레이 색은 종종 완전히 몰입되어 시간적인 변화를 겪게 한다. 이것은 색 크기 효과를 설명하기 위하여 특별한 정신물리적인 실험 디자인을 필요로 한다. 이 절에서는 두 가지 실험이 소개될 것이다. 첫 번째 실험에서(2.4.1.1절)[93]는 완전히 몰입되는 색 자극을 2°나 10° 크기의 색 자극과 비교하기 위하여 큰 PDP 화면과 거울로 된 챔버를 이용하여 몰입 색 자극을 만들었고 CRT를 이용하여 작은 크기의 색 자극을 만들었다. 두 번째 실험에서(2.4.1.2절)[101], 색 자극은 LCD 모니터에서 8°나 50°로 나타내진다. 8°와 50° 색 자극 모두 CRT 모니터 상의 10° 색 자극과 매치되고 색 크기 효과는 8°와 50° 자극에 부합하는 10° 매칭 컬러 사이를 모델화하였다.

2.4.1.1 PDP 상의 몰입 색 자극의 현색

이 정신물리적 실험에서[93] 54cm 대각 길이의 CRT 모니터와 106cm 대각 길이의 PDP가 2개의 컴퓨터로 컨트롤되었다. 두 기기는 테이블 위에서 나란히 설치되었다.

그림 2.22에서 볼 수 있듯이, PDP는 큰 (몰입되는) 색 자극을 보여주기 위하여 사용되었다. 자극의 시청 영역으로 관찰자를 몰입시키기 위하여, 즉 관찰자의 전체 시각 영역을 꽉 채우기 위하여 시청용 부스를 PDP의 앞에 설치하였다. 부스의 내부 벽은 거울로 덮었다. PDP의 시각 영역 자체는 85°(가로), 55°(세로)였고 거울이 전체적인 몰입을 제공하였다. CRT 상의 표준 크기 자극은 소위 '비대칭' 색 매칭 절차(다른 시청 조건하에서 보여지는 두 자극을 시각적으로 매칭시키므로 비대칭) 안에서 PDP의 큰 자극과 매치되어야 한다. CRT 모니터는 39°×30° 의 무채색 배경을 가진다. 검은색 무광 분리판이 두 디스플레이 사이에 탑재되었다(그림 2.22 참조). 분리판은 CRT 상에서 2°나 10°의 매칭 자극을 볼 때 관찰자

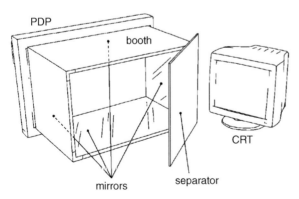

그림 2.22 거울 부스와 PDP를 이용하여 몰입 색 자극의 컬러 어피어런스를 정량화하기 위한 실험 셋업[93]. 관찰자는 CRT 모니터에서 작은(표준 크기의) 색 자극 (2° 또는 10°)으로 몰입적인 컬러 어피어런스를 비교해야 한다. *Color Research and Application*에서 허가받아 재구성함

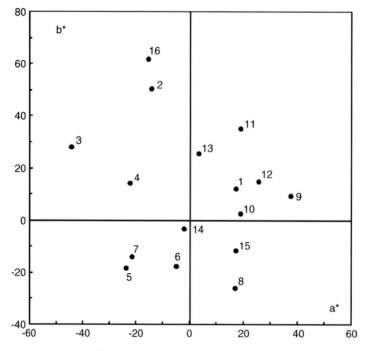

그림 2.23 실험에 사용된 16가지 테스트 색 자극[93]. L^*값은 표 2.13에 나열되었다. *Color Research and Application*에서 허가받아 재구성함

가 시청 기리를 유지하도록 돕는다.

　16개의 큰 테스트 색 자극(PDP)이 미리 설정되고 매칭 자극(CRT)이 조절된다. 테스트 색 자극의 색도도는 색 크기 효과를 위해 허용되는 CRT 모니터의 색역 경계와 가깝지 않았다. 16개 테스트 색의 CIELAB a^*, b^*색 좌표가 그림 2.23에 도식화되었다. L^*값은 표 2.13에 나열되었다. CIELAB값은 CIE1931 표준 관측자에 의한 측정된 스펙트럼 데이터와 CRT 모니터의 최대 무채색 출력(즉 화이트 포인트)의 측정된 삼자극치로부터 결정되었다.

　CRT 배경의 휘도는 PDP 상에서 관측되는 실제 테스트 색 자극의 휘도와 같도록 설정되었다. 관측자는 PDP 상의 큰 자극의 색 지각과 CRT 상의 매칭 색의 색 지각이 일치될 때까지 3개의 슬라이더(lightness, hue, saturation)를 움직여 CRT 모니터의 매칭 자극의 색을 조절하도록 요청받았다. 또한 자연스럽게 양안 시청을 하도록 하였다. 각 매칭 절차는 2초 동안 PDP 상에서 관측자에게 보여지는 큰

표 2.13 16개 색 자극에 대한 CIELAB L^*, a^*, b^*값[93] (그림 2.23 참조)

no	L^*	a^*	b^*	color name
1	73.92	17.59	11.78	Light skin
2	84.77	−14.15	50.14	Pale yellow
3	74.74	−43.99	27.82	Light green
4	39.81	−22.18	14.03	Dark green
5	59.88	−23.70	−18.52	Turquoise
6	41.68	−4.83	−17.90	Dark blue
7	64.88	−21.27	−14.20	Light blue
8	31.29	17.28	−26.15	Dark purple
9	65.84	37.63	9.06	Pink
10	28.25	19.32	2.31	Dark mauve
11	50.19	19.25	34.96	Dark orange
12	46.03	25.98	14.71	Flesh
13	69.02	3.67	25.42	Light drab
14	77.17	−1.76	−3.59	Light gray
15	76.08	17.39	−11.72	Light purple
16	85.25	−15.08	61.46	Yellow

*Color Research and Application*에서 허가받아 재구성함

영역을 관측하는 것으로 시작한다. 그런 다음 PDP 상에 회색 배경이 나타나고 피험자는 그들의 머리를 움직여 처음에 중간 밝기의 회색으로 설정된 CRT 모니터를 보면서 매칭 컬러를 조절한다. 큰 색 자극은 고정된 시간 간격(8초)으로 자동적이고 반복적으로 나타나며 2초 동안만 나타난다.

이 짧은 시청 시간은 같은 방출광의 작고 큰 버전 사이의 지각되는 불일치를 생성하는, 즉각적인 효과를 주는 몰입되는 장면의 실제 큰 화각의 디스플레이와 부합한다. 유채색 순응의 시간 과정을 고려하면[102] 색 자극을 2초 동안 경험한 것은 완벽한 색 순응과 대비하여 오직 20%만 순응이 된 것에 해당한다.

몰입 색 자극과 관련된 또 다른 흥미로운 이슈는 채도의 예측이다. 채도의 정의로부터 컬러풀니스와 관련된 어떠한 무채색 고정점이 없다면 고정된 몰입 색은 의미가 없다는 것이 명백하다. 그러므로 컬러풀니스 자체와 포화도 모두를 다루는 것이 적절할지 모른다. 그러나 위에서 언급되었던 2초의 노출 시간으로 색 자극이 CRT 상의 중간 밝기 회색의 배경에 뒤따를 때 관측자는 고정점을 가지게

표 2.14 16개의 테스트 색에 대해 평균하고 CIELAB E_{ab}^* 색차 단위로 표현된 MCDM[103]과 표준 크기 색 및 큰 색 자극(PDP)과의 시각적인 매칭 사이의 색 차이 측면에서의 관찰자 간 다양성[93]

	matching stimulus size	
	2°	10°
Interobserver variability (MCDM)	5.8	5.6
Color size effect : mean color difference for 16 test colors×3 observers×5 repetitions	13.0	11.3
Range of the color differences	7.8~23.2	5.5~17.3
STD of the mean color difference	4.1	3.5

*Color Research and Application*에서 허가받아 재구성함

된다. 따라서 채도 지각은 관측자 내부에서 몰입 자극으로 발전할지도 모른다.

관측자는 지각하는 색 일치가 발견될 때까지 두 상황 사이를 왔다 갔다 하면서 볼 수 있는 제한되지 않은 상황에 있었다. 정상적인 색각을 가진 3명의 피험자 각자는 모든 매칭 샘플 크기(2° 또는 10°)와 각 16개의 테스트 색에 대하여 5번의 반복을 하였고 매칭 색 자극의 평균 CIELAB L^*, a^*, b^*값이 계산되었다. 관측자들 사이의 변동성을 특성화하기 위하여 개별적인 평균 CIELAB L^*, a^*, b^*값이 각 상태(2°와 10°)에 대해 계산되었고 CIELAB ΔE_{ab}^*값으로 모든 관측자의 전체 평균값과 개인 평균값 사이의 색차가 계산되었다. 16개의 테스트 색에 대해 전체 평균값으로부터 개별적 차이가 평균되었다. 이 평균은 MCDM(mean color difference from the mean)으로 불리는 값으로 나타내었다[103]. MCDM값은 시각적으로 매칭되는 표준 크기 색(CRT, 2° 또는 10°)과 큰 자극(PDP) 사이의 측정된 색차 평균과 함께 표 2.14에 나열되었다.

표 2.14에서 볼 수 있듯이 색 크기 효과에 기인한 평균 색차는 관측자 간 변동성(MCDM)의 값을 현저하게 초과했다. 분산의 분석에서 매칭 자극 크기의 효과는 2°보다 10° 크기의 영역에서 작은 평균 차이를 가졌다는 점에서 의미를 발견할 수 있다. 표 2.14에서 현저한 평균 색차는 색 크기 효과의 중요성을 나타낸다. 16개의 큰 테스트 색 각각의 컬러 어피어런스가 그림 2.24에서 표준 크기의 컬러 어피어런스가 비교되었다.

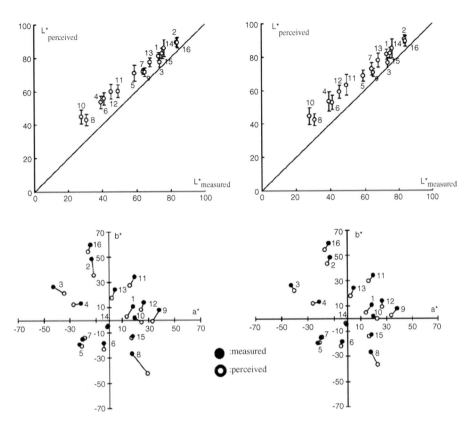

그림 2.24 큰 PDP 색 자극 : (PDP 상에서 관찰되고, CRT 모니터 상에서 관찰자에 의해 맞춰지고, 그 후에 CRT 상에서 측정된) 인지된 색과의 비교[93]. L^* 그래프 : 감각 이상의 큰 자극(세로축, 3명의 관찰자×5번의 반복)에서 인지된 L^*값 대 16가지 테스트 색에 대해 측정된 L^*값(가로축). 에러 바는 표준편차를 나타낸다. a^*-b^* : 검은색 점은 평균적으로 측정된 a^*-b^*값을 나타내며 평균적으로 인지된 값인 흰색 점과 연결되어 있다 왼쪽 : 2° 매칭 색, 오른쪽 : 10° 매칭 색. *Color Research and Application*에서 허가받아 재생성함

그림 2.24에서 볼 수 있듯이 관측자는 큰 자극을 표준 크기(2° 또는 10°)의 같은 색 자극보다 더 밝다고 지각하였다. 큰 테스트 색과 매칭 표준 크기 색(16개 테스트 색의 평균×3명의 관측자×5번의 반복) 사이의 평균 ΔL^* 차이는 2° 조건에서 $\Delta L^* = 9.9(STD = 4.5, max. = 17.6)$이었고 10° 조건에서 $\Delta L^* = 10.1(STD = 4.0, max. = 17.5)$였다. 채도와 색상 변화는 그림 2.24의 a^*-b^* 그래프에서 볼 수 있다. 채도 이동은 대칭이 아니며 때때로 증가하고 때때로 감소한다.

색상 이동 역시 관측되는데, 일반적으로 붉은 톤의 경우(그림 2.24의 1, 9, 12

표 2.15 (2°와 10°에 대한) 16가지 테스트 색의 평균 매칭 색[93](표 2.13)

		1	2	3	4	5	6	7	8	9	10	11	12	13	14	15	16
								Test color									
2°	L^*	82.1	90.6	76.1	54.6	72.1	56.7	72.8	43.9	72.5	45.8	61.4	61.0	78.6	87.3	81.4	90.6
	a^*	12.9	−12.7	−36.6	−27.9	−22.2	−4.9	−19.7	29.1	32.8	24.3	15.4	23.6	1.4	−2.4	17.7	−17.0
	b^*	3.9	36.6	21.2	13.2	−20.0	−22.7	−13.3	−42.7	−0.1	−1.1	27.9	9.2	18.7	−3.8	−15.5	55.7
10°	L^*	82.6	91.9	77.6	54.7	69.8	53.8	73.9	43.4	71.7	45.8	64.6	60.2	79.2	86.5	83.5	90.7
	a^*	13.2	−16.4	−41.6	−27.6	−22.3	−5.7	−20.6	23.0	33.1	22.4	15.2	26.0	1.1	−2.4	15.6	−18.3
	b^*	6.1	44.4	23.5	13.0	−18.5	−21.8	−14.0	−36.8	3.6	0.6	29.3	10.0	18.7	−2.3	−13.1	55.8

*Color Research and Application*에서 허가받아 재구성함

번) 큰 자극의 지각이 더 분홍색 쪽인 듯하다. 또한 이들 자극의 채도는 감소하거나 바뀌지 않는다. 그러나 가장 어두운 붉은 톤은(어두운 담자색, 10번) 무시할 만한 색상 이동과 약간의 채도 증가를 보여준다. 이 테스트 색에서 관측된 가장 큰 색 크기 효과는 그림 2.24의 위쪽 다이어그램에서 보여지는 밝기 증가 항이다. 11번(어두운 오렌지)과 13번(밝은 황토색) 테스트 색은 자극 크기의 증가에 따라 채도는 감소되고 색상 변화는 관찰되지 않았다. 2개의 노란 톤의 테스트 색(2번과 16번)은 채도는 감소되고 색상은 녹색 쪽으로의 미미한 이동이 관측되었다.

테스트 색 3번과 4번(밝은 녹색과 어두운 녹색)에서 어두운 녹색은 더 큰 채도를 나타내었고 밝은 녹색은 더 작은 채도를 나타내었다. 피험자들은 무채색 테스트 색(14번)과 밝은 보라(15번)와 유사하게 푸른 톤의 몰입색의 경우 주목할 만한 채도 차이를 지각하지 못했다. 두드러진 채도 증가는 8번 테스트 색(어두운 보라)에서 발생하였는데 채도 증가의 총량은 2° 매칭색보다 10° 매칭색에서 적었다. 관측된 데이터의 평균(2°와 10°에 대한 큰 영역에 부합하는 색들)은 표 2.15에 나열되었다.

2.4.1.2 Xiao 등에 의해 수행된 LCD에서 자발광 50° 색 자극의 현색 실험

이 실험에서[101]는 LCD 상에 8°나 50°에 해당하는 12가지 자발광 색 자극을 디스플레이한다. 8°와 50° 자극은 CRT 모니터 상의 10° 색 자극과 매치되고 8°나

50°에 부합되는 10° 매칭 색 사이에 모델화된다. Xiao 등이 수행한 실험에서[101] 이 책의 범위는 벗어나지만 2°와 50° 사이의 범위에서 페인트 샘플들의 반사색에 의한 컬러 어피어런스 변화 또한 연구되었다. 매칭 색 자극은 검정 배경으로 CRT 모니터의 중앙에 디스플레이되었다. 실험적 셋업은 거울이나 분리판이 없다는 것을 제외하고는 그림 2.22에서 보는 것과 유사하였다. 정상 시각을 가진 10명의 관측자는 LCD 상의 8°나 50°에 대한 테스트 색과 일치할 때까지 색 자극을 조절 하였다. LCD와 CRT 모두 D93 화이트 포인트로 설정하였다. 결과는 모든 테스 트 색에 대하여 50° 자극의 채도와 밝기가 8° 자극에 비해 증가하였고 색상의 변 화는 발견되지 않았음을 보여준다. 매칭 색은 CIECAM02 J, C, H값으로 표현되 었고 결과는 다음 절에서 설명되는 수학적 모델로 적합화되었다.

밝기 증가 경향은 2.4.1.1절에서 설명된 몰입 조건과 유사하였다. 자극이 더 어 둡고 인지는 더 밝게 되었다. 그러나 몰입 조건에서 일반적인 채도 증가 대신 red -green 축(a^*) 위에서 색은 약간 더 빨간색으로 나타나는 경향이 발견되었다. 또 한 yrllow-blue 축(b^*)을 따라서 파랑의 함량이 증가하였다.

2.4.2
색 크기 효과의 수학적 모델링

모델링의 목적은 표준 크기의 자극(즉 2° 또는 10°)의 컬러 어피어런스와 비교하 여 큰 화각을 가지는 자극을 대했을 때 어떻게 같은 색 자극으로 나타낼 수 있는지 예측하는 것이다. 크기가 큰 자극의 컬러 어피어런스 속성들(CIELAB L^*, a^*, b^*값 이나 CIECAM02 J, C, H값)은 표준 크기의 자극과 비슷한 예측 함수로 표현된다.

PDP(2.4.1.1절) 상의 몰입 색 자극의 컬러 어피어런스를 고려하면 몰입 자극의 매칭 컬러의 CIELAB L^*, a^*, b^*값은 다음과 같은 방법으로 몰입색의 CIELAB L^*, a^*, b^*의 함수로 표현되다

$$\begin{aligned}
L^*_{\text{immersive}} &= 100 + c_L(L^*_{\text{matching}} - 100) \\
a^*_{\text{immersive}} &= c_{1a}a^*_{\text{matching}} + c_{2a} \\
b^*_{\text{immersive}} &= c_{1b}(b^*_{\text{matching}})^2 + c_{2b}b^*_{\text{matching}} + c_{3b}
\end{aligned} \qquad (2.27)$$

표 2.16 색 자극의 크기가 각각 2°와 10°인 2.4.1.1절에서 설명된 자발광 몰입 자극[93]에 대한 색 크기 효과 모델(식 2.27)의 계수

	c_L	c_{1a}	c_{2a}	c_{1b}	c_{2b}	c_{3b}
2°	0.757	0.953	0.191	−0.0019	1.017	−4.600
10°	0.758	0.982	−1.015	−0.0011	0.997	−3.026

*Color Research and Application*에서 허가받아 재구성함

표 2.16은 식 2.27의 계수를 보여준다. 식 2.27의 모델 예측과 2.4.1.1절에서 설명된 실험 데이터에 대한 시각적인 관찰의 결과 사이의 평균 차이는 약 $\Delta E^*_{ab}=5$이다. 이 값은 색 크기 효과가 없는 모델링에서 평균 색차가 약 $\Delta E^*_{ab}=12$인 것과 비교하면(표 2.14 참조) 향상된 모습을 보여준다.

2.4.1.2절에서 설명된 Xiao 등의 실험에서[101] LCD 상의 50° 크기의 자발광 색 자극의 컬러 어피어런스를 고려하여 50° 자극을 10° 색에 매칭된 CIECAM02 J, C, H값으로 나타내고 8° 자극을 10° 색에 매칭된 CIECAM02 J, C, H값으로 나타내면 다음과 같이 표현할 수 있다.

$$\begin{aligned} J_{50°} &= 100 + K_J(J_{8°}-100) \\ C_{50°} &= K_C C_{8°} \\ H_{50°} &= H_{8°} \end{aligned} \tag{2.28}$$

이때 $K_J=0.87$ 이고 $K_C=1.12$이다.

식 2.28에서 볼 수 있듯이 8° 자극과 비교하여 50° 자극에서 밝기 증가와 채도 증가가 예상된다. 식 2.27과 2.28의 두 모델을 비교하면 식 2.28은 $L_A=100 \mathrm{cd/m^2}$, $Y_b=20$, D93 조명과 CIECAM02의 평균 시청 조건 변수를 사용하여 L^*, a^*, b^*값으로 근사하였다. 원래의 컬러 데이터와 근사된 컬러 데이터 사이의 상관계수(r^2)는 0.998~0.999 범위에 있다. 다음의 수식은 식 2.28로부터 얻어졌다.

$$\begin{aligned} L^*_{50°} &= 0.8158 L^*_{8°} + 16.896 \\ a^*_{50°} &= 1.1342 a^*_{8°} + 0.2337 \\ b^*_{50°} &= 0.000(b^*_{8°})2 + 1.1247 b^*_{8°} - 0.122 \end{aligned} \tag{2.29}$$

비교를 위해 자발광 몰입 자극의 색 크기 효과 모델(식 2.27)이 10° 매칭 색의 경

우로 다음과 같이 다시 쓰였다.

$$L^*_{\text{immersive}} = 0.758 L^*_{10°} + 24.200$$
$$a^*_{\text{immersive}} = 0.982 a^*_{10°} - 1.015$$
$$b^*_{\text{immersive}} = -0.0011(b^*_{10°})^2 + 0.997 b^*_{10°} - 3.026$$

(2.30)

식 2.29와 2.30은 CIELAB L^*, a^*, b^*에 대해 그림 2.25~2.27에서 각각 비교된다.

그림 2.25~2.27은 작은 크기의 자극과 비교하여 50° 자발광 자극의 CIELAB 밝기보다 몰입 자발광 자극의 CIELAB 밝기의 값이 더욱 증가함을 보여준다. CIELAB $a^*(b^*)$의 절댓값 증가는 50° 조건 대비 더 높다. $a^*_{small} > 0$ $(b^*_{small} > 0)$인 몰입 자발광 조건에 대하여 감소가 있다. 50° 자발광 조건과는 다르게 몰입 자발광 자극의 경우 어떤 시스템적인 채도 증가도 없다. 몰입 자발광 자극은 색상의 변화가 있는 데 반해 50° 자발광 자극의 색상은 색상의 변화가 없다.

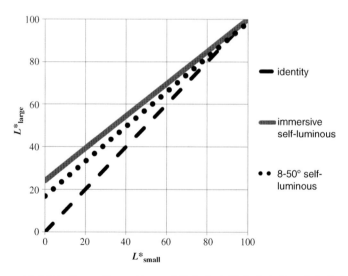

그림 2.25 식 2.29와 2.30의 50° 자발광 색 및 몰입 색의 색 크기 효과 수식의 CIELAB L^* 비교. '8−50° 자발광'(회색 점, 식 2.29), '10°와 비교된 몰입 자발광'(회색 실선, 식 2.30). 항등식(검은색 점선)은 가로축과 세로축의 값이 같아 크기 효과가 없는 것을 뜻한다. Large : 몰입 또는 50°, small : 8° 또는 10°

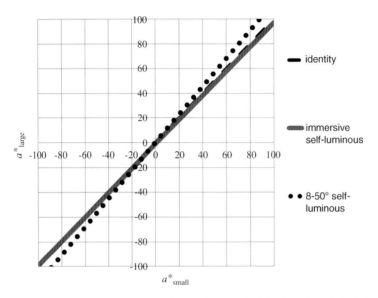

그림 2.26 식 2.29와 2.30의 50° 자발광 색 및 몰입 색의 색 크기 효과 수식의 CIELAB a^* 비교. '8–50° 자발광'(회색 점, 식 2.29), '10°와 비교된 몰입 자발광'(회색 실선, 식 2.30). 항등식(검은 색 점선)은 가로축과 세로축의 값이 같아 크기 효과가 없는 것을 뜻한다. Large : 몰입 또는 50°, small : 8° 또는 10°

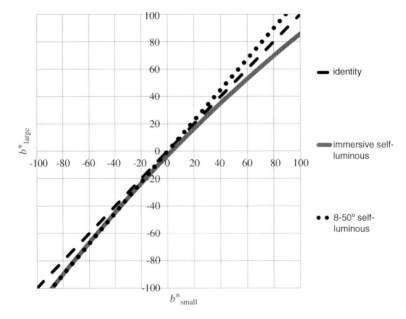

그림 2.27 식 2.29와 2.30의 50° 자발광 색 및 몰입 색의 색 크기 효과 수식의 CIELAB b^* 비교. '8–50° 자발광'(회색 점, 식 2.29), '10°와 비교된 몰입 자발광'(회색 실선, 식 2.30). 항등식(검은 색 점선)은 가로축과 세로축의 값이 같아 크기 효과가 없는 것을 뜻한다. Large : 몰입 또는 50°, small : 8° 또는 10°

참·고·문·헌

1 IEC 61966-2-1:1999 (1999) *Color Measurement and Management in Multimedia Systems and Equipment. Part 2.1. Default RGB Color Space – sRGB*, International Electrotechnical Commission.

2 Bodrogi, P., Sinka, B., Borbély, Á., Geiger, N., and Schanda, J. (2002) On the use of the sRGB color space: the "Gamma" problem. *Displays*, **23** (4), 165–170.

3 Beretta, G. and Moroney, N. (2011) Validating large-scale lexical color resources. Proceedings of AIC 2011 Conference, Interaction of Color & Light in the Arts and Sciences, June 7–10, 2011, Zürich.

4 Bodrogi, P. and Schanda, J. (1994) Farbmetrische kalibrierung von Farbmonitoren (Colorimetric characterization of color monitors). 4th International Symposium on Color and Colorimetry, Bled, Slovenia.

5 Bodrogi, P., Sinka, B., Borbély, Á., Geiger, N., and Schanda, J. (2002) On the use of the sRGB color space: the "Gamma" problem. *Displays*, **23** (4), 165–170.

6 Shin, J.Ch., Yaguchi, H., and Shioiri, S. (2004) Change of color appearance in photopic, mesopic and scotopic vision. *Opt. Rev.*, **11** (4), 265–271.

7 Berns, R.S., Motta, R.J., and Gorzynski, M.E. (1993) CRT colorimetry. Part I. Theory and practice. *Color Res. Appl.*, **18**, 299–314.

8 Berns, R.S., Gorzynski, M.E., and Motta, R.J. (1993) CRT colorimetry. Part II. Metrology. *Color Res. Appl.*, **18**, 315–325.

9 Brainard, D.H. (1989) Calibration of a computer controlled color monitor. *Color Res. Appl.*, **14**, 23–34.

10 CIE 122-1996 (1996) *The Relationship Between Digital and Colorimetric Data for Computer-Controlled CRT Displays*, Commission Internationale de l'Éclairage

11 Motta, R.J. (1991) All analytical model for the colorimetric characterization of color CRTs. M.S. thesis, Rochester Institute of Technology.

12 Bodrogi, P. and Schanda, J. (1995) Testing a calibration method for color CRT monitors. A method to characterize the extent of spatial interdependence and channel interdependence. *Displays*, **16**, 123–133.

13 IEC 61966-4 (2000) *Multimedia Systems and Equipment – Color Measurement and Management. Part 4. Equipment Using Liquid Crystal Display Panels*, International Electrotechnical Commission.

14 ISO 9241-303:2008 (2008) *Ergonomics of Human–System Interaction. Part 303. Requirements for Electronic Visual Displays*, International Organization for Standardization.

15 Bodrogi, P., Sinka, B., and Ondró, T. (2001) Mathematical models for the colorimetric characterization of AM LCD flat panel monitors. Proceedings of Lux junior 2001, Dörnfeld/Ilm, Germany, pp. 223–230.

16 Hunt, R.W.G. and Pointer, M.R. (2011) *Measuring Color* (*Wiley-IS&T Series in Imaging Science and Technology*), 4th edn, John Wiley & Sons, Ltd., p. 504.

17 Moroney, N., Fairchild, M.D., Hunt, R.W.G., Li, Ch. Luo, M.R., and Newman, T. (2002.) The CIECAM02 color appearance model. IS&T/SID 10th Color Imaging Conference.

18 CIE 159-2004 (2004) *A Color Appearance Model for Color Management Systems: CIECAM02*, Commission Internationale de l'Éclairage.

19 Fairchild, M.D. and Johnson, G.M. (2002) Meet iCAM: a next-generation color appearance model. IS&T/SID 10th Color Imaging Conference, Scottsdale, pp. 33–38.

20 Johnson, G.M. and Fairchild, M.D. (2003) Visual psychophysics and color appearance, in *CRC Digital Color Imaging Handbook*, CRC Press, Boca Raton, FL, pp. 115–171.

21 CIE 162-2010 (2010) *Chromatic Adaptation Under Mixed Illumination Condition When Comparing Softcopy and Hardcopy Images*, Commission Internationale de l'Éclairage.

22 CIE 15-2004 (2004) *Colorimetry*, 3rd edn, Commission Internationale de l'Éclairage.

23 Luo, M.R., Cui, G., and Li, Ch. (2006) Uniform color spaces based on CIECAM02 color appearance model. *Color Res. Appl.*, **31**, 320–330.

24 Kutas, G. and Bodrogi, P. (2004) Colorimetric characterisation of a HD-PDP device. Proceedings of CGIV 2004 – Second European Conference on Color in Graphics, Imaging and Vision, Aachen, Germany, pp. 65–69.

25 Kwak, Y. and MacDonald, L. (2000) Characterisation of a desktop LCD projector. *Displays*, **21**, 179–194.

26 Thomas, J.B., Hardeberg, J.Y., Foucherot, I., and Gouton, P. (2008) The PLVC display characterization model revisited. *Color Res. Appl.*, **33** (6), 449–460.

27 Bastani, B., Cressman, B., and Funt, B. (2005) Calibrated color mapping between LCD and CRT displays: a case study. *Color Res. Appl.*, **30**, 438–447.

28 Tominaga, Sh. (1993) Color notation conversion by neural networks. *Color Res. Appl.*, **18** (4), 253–259.

29 Cowan, W.B. (1983) An inexpensive scheme for calibration of colour monitor in terms of CIE standard coordinates. *SIGGRAPH Comput. Graph.*, **17**, 315–321.

30 Silverstein, L.D. (2006) Color display technology: from pixels to perception. *IS&T Rep.*, **21** (1), 1–5.

31 Benzie, P., Watson, J., Surman, P., Rakkolainen, I., Hopf, K., Urey, H.., Sainov, V., and von Kopylow, C. (2007) A survey of 3DTV displays: techniques and technologies. *IEEE Trans. Circuits Syst. Video Technol.*, **17** (11), 1647–1658.

32 Oetjen, S. and Ziefle, M. (2009) A visual ergonomic evaluation of different screen types and screen technologies with respect to discrimination performance. *Appl. Ergon.*, **40** (1), 69–81.

33 Gibson, J.E. and Fairchild, M.D. (2000) Colorimetric characterization of three computer displays (LCD and CRT). Munsell Color Science Laboratory Technical Report.

34 Fedrow, B.T. (ed.) (1999) *Flat Panel Display Handbook – Technology Trends and Fundamentals*, Stanford Resources, Inc., San Jose, CA.

35 Day, E.A., Taplin, L., and Berns, R.S. (2004) Colorimetric characterization of a computer-controlled liquid crystal display. *Color Res. Appl.*, **29**, 365–373.

36 IEC 61966-3 (2000) *Colour Measurement and Management in Multimedia Systems and Equipment. Part 3. Equipment Using Cathode Ray Tubes*, International Electrotechnical Commission.

37 Berns, R.S., Fernandez, S.R., and Taplin, L. (2003) Estimating black-level emissions of computer-controlled displays. *Color Res. Appl.*, **28** (5), 379–383.

38 Choi, S.Y., Luo, M.R., Rhodes, P.A., Heo, E.G., and Choi, I.S. (2007) Colorimetric characterization model for plasma display panel. *J. Imaging Sci. Technol.*, **51** (4), 337–347.

39 Chigrinov, V.G. (1999) *Liquid Crystal Devices: Physics and Applications*, Artech House, Boston, MA/London.

40 Yeh, P. and Gu, C. (2009) *Optics of Liquid Crystal Displays* (*Wiley Series in Pure and Applied Optics*), John Wiley & Sons, Inc.

41 Wen, S. and Wu, R. (2006) Two-primary crosstalk model for characterizing liquid crystal displays. *Color Res. Appl.*, **31**, 102–108.

42 Tamura, N., Tsumura, N., and Miyake, Y. (2003) Masking model for accurate colorimetric characterization of LCD. *J. Soc. Inform. Display*, **11**, 333–339.

43 Lu, R., Zhu, X., Wu, Sh.T., Hong, Q., and Wu, T.X. (2005) Ultrawide-view liquid crystal displays. *IEEE/OSA J. Display Technol.*, **1** (1), 3–14.

44 Bodrogi, P., Sinka, B., and Ondró, T. (2001) Mathematical models for the colorimetric characterisation of AM LCD flat panel monitors. Proceedings of Lux junior 2001, Ilmenau, Germany, pp. 223–230.

45 Jimenez del Barco, L., Daz, J.A., Jimenez, J.R., and Rubino, M. (1995) Considerations on the calibration of color displays assuming constant channel chromaticity. *Color Res. Appl.*, **20**, 377–387.

46 Azuma, R.T. (1997) A survey of augmented reality. *Presence Teleop. Virt.*, **6** (4), 355–385.

47 L'Hostis, D. (2001) Real time computer graphics in augmented reality. Final Report, The University of Hull.

48 Zhang, R. and Hua, H. (2008) Characterizing polarization management in a p-HMPD system. *Appl. Opt.*, **47** (4), 512–522.

49 Moreau, O., Curt, J.N., and Leroux, Th. (2001) *Contrast and Colorimetry Measurements Versus Viewing Angle for Microdisplays*, Eldim Publications.

50 Gadia, D., Bonanomi, C., Rossi, M., Rizzi, A., and Marini, D. (2008) Color management and color perception issues in a virtual reality theater, in *Stereoscopic Displays and Applications XIX* (eds A.J. Woods, N.S. Holliman, and J.O. Merritt), *Proc. SPIE*, **6803**, 68030S-1–68030S-12.

51 Weiland, Ch., Braun, A.K., and Heiden, W. (2009) Colorimetric and photometric compensation for optical see-through displays. Proceedings of UAHCI '09, 5th International Conference on Universal Access in Human–Computer Interaction. Part II. Intelligent and Ubiquitous Interaction Environments, Springer, Berlin, pp. 603–612.

52 Shibata, T. (2002) Head mounted display. *Displays*, **23** (1–2), 57–64.

53 Sharples, S., Cobb, S., Moody, A., and Wilson, J.R. (2008) Virtual reality induced symptoms and effects (VRISE): comparison of head mounted display (HMD), desktop and projection display systems. *Displays*, **29** (2), 58–69.

54 IEC 61966-3 (2006) *Colour Measurement and Management in Multimedia Systems and Equipment. Part 6. Front Projection Displays*, International Electrotechnical Commission.

55 Kwak, Y., MacDonald, L.W., and Luo, M.R. (2001) Colour appearance comparison between LCD projector and LCD monitor colours. Proceedings of AIC Color 2001.

56 Khanh, T.Q. (2004) Physiologische und psychophysische Aspekte in der Photometrie, Colorimetrie und in der Farbbildverarbeitung (Physiological and psychophysical aspects in photometry, colorimetry and in color image processing). Habilitationsschrift (Lecture qualification thesis), Technische Universitaet Ilmenau, Ilmenau, Germany.

57 Thomas, J.B. and Bakke, A.M. (2009) A colorimetric study of spatial uniformity in projection displays, in *Proceedings of CCIW 2009* (*Lecture Notes in Computer Science 5646*) (eds A. Tremeau, R. Schettini, and S. Tominaga), Springer, Berlin, pp. 160–169.

58 Stone, M.C. (2001) Color balancing experimental projection displays. Proceedings of 9th IS&T/SID Color Imaging Conference, pp. 342–347.

59 Chen, Y.F., Chen, C.C., and Chen, K.H. (2007) Mixed color sequential technique for reducing color breakup and motion blur effects. *J. Display Technol.*, **3** (4), 377–385.

60 Bakke, A.M., Thomas, J.B., and Gerhardt, J. (2009) Common assumptions in color characterization of projectors. Proceedings of Gjøvik Color Imaging Symposium 2009, Gjøvik, Norway, no. 4, pp. 45–53.

61 Humphreys, G., Buck, I., Eldridge, M., and Hanrahan, P. (2000) Distributed rendering for scalable displays. Proceedings of 2000 ACM/IEEE Conference on Supercomputing.

62 Kunzman, W. and Pettitt, G. (1998) White enhancement for color sequential DLP. SID'98 Digest.

63 Wallace, G., Chen, H., and Li, K. (2003) Color gamut matching for tiled display walls. Proceedings of 7th International Immersive Projection Technologies Workshop and 9th Eurographics Workshop on Virtual Environments (eds J. Deisinger and A. Kunz).

64 Wyble, D.R. and Rosen, M.R. (2006) Color management of four-primary digital light processing projectors. *J. Imaging Sci. Technol.*, **50** (1), 17–24.

65 Stark, P. and Westling, D. (2002) OLED – evaluation and clarification of the new organic light emitting display technology. Master thesis, University of Linköping, SAAB Avionics, Kista, Sweden.

66 Derra, G., Moench, H., Fischer, E., Giese, H., Hechtfischer, U., Heusler, G., Koerber, A., Niemann, U., Noertemann, F.Ch., Pekarski, P., Pollmann-Retsch, J., Ritz, A., and Weichmann, U. (2005) UHP lamp systems for projection applications. *J. Phys. D*, **38**, 2995–3010.

67 Yu, X.J., Ho, Y.L., Tan, L., Huang, H.C., and Kwok, H.S. (2007) LED-based projection systems. *J. Display Technol.*, **3** (3), 295–303.

68 Murat, H., De Smet, H., and Cuypers, D. (2006) Compact LED projector with tapered light pipes for moderate light output applications. *Displays*, **27** (3), 117–123.

69 Cassarly, W.J. (2008) High-brightness LEDs. *Opt. Photon. News*, 19–23.

70 Keuper, M.H., Harbers, G., and Paolini, S. (2004) RGB LED illuminator for pocket-sized projectors. SID'04 Digest, pp. 943–945.

71 Harbers, G., Keuper, M.H., and Paolini, S. (2004) Performance of high power LED illuminators in color sequential projection displays. White Paper, Lumileds Lighting.

72 Lim, S.K. (2006) LCD backlights and light sources. Proceedings of ASID'06, October 8–12, 2006, New Delhi, pp. 160–163.

73 Anandan, M. (2006) LED backlight: enhancement of picture quality on LCD screen. Proceedings of ASID'06, October 8–12, 2006, New Delhi, pp. 130–134.

74 Hiyama, I. *et al.* (2002) 122% NTSC color gamut TFT LCD using 4 primary color LED backlight and field sequential driving. Proceedings of the International Display Workshop IDW'02, AMD1/FMC2–4, pp. 215–218.

75 Chen, H., Sung, J., Ha, T., Park, Y., and Hong, Ch. (2006) Backlight local dimming algorithm for high contrast LCD-TV. Proceedings of ASID'06, October 8–12, 2006, New Delhi, pp. 168–171.

76 Harbers, G. and Hoelen, Ch. (2001) High performance LCD backlighting using high intensity red, green and blue light emitting diodes. SID'01 Digest.

77 Harbers, G., Bierhuizen, S.J., and Krames, M.R. (2007) Performance of high power light emitting diodes in display illumination applications. *J. Display Technol.*, **3** (2), 98–109.

78 Lee, T.W., Lee, J.H., Kim, C.G., and Kang, S.H. (2009) An optical feedback system for local dimming backlight with RGB LEDs. *IEEE Trans. Consum. Electron.*, **55** (4), 2178–2183.

79 Lu, R., Hong, Q., Ge, Z., and Wu, Sh.T. (2006) Color shift reduction of a multi-domain IPSLCD using RGB-LED backlight. *Opt. Express*, **14** (13), 6243–6252.

80 Ko, J.H., Ryu, J.S., Yu, M.Y., Park, S.M., and Kim, S.J. (2010) Initial photometric and spectroscopic characteristics of 55-inch CCFL and LED backlights for LCD-TV applications. *J. Korean Inst. IIIuminating Electr. Installation Eng.*, **24** (3), 8–13.

81 Zhao, X., Fang, Z.L., and Mu, G.G. (2007) Analysis and design of the color wheel in digital light processing system. *Optik*, **118**, 561–564.

82 Roth, S., Weiss, N., Chorin, M.B., David, I.B., and Chen, C.H. (2007) Multi-primary LCD for TV applications. SID International Symposium – Digest of Technical Papers, vol. 38, no. 1, pp. 34–37.

83 Funamoto, T., Kobayash, T., and Murao, T. (2001) High-picture-quality technique for LCD television: LCD-AI. Proceedings of IDW2000, pp. 1157–1158.

84 Shiga, T., Kuwahara, S., Takeo, N., and Mikoshiba, S. (2005) Adaptive dimming technique with optically isolated lamp groups. SID'05 Digest, pp. 992–995.

85 Hong, J.J., Kim, S.E., and Song, W.J. (2010) Clipping reduction algorithm using backlight luminance compensation for local dimming in liquid crystal displays. Proceedings of the IEEE International Conference on Consumer Electronics (ICCE) – Digest of Technical Papers, pp. 55–56.

86 Cho, H. and Kwon, O.K. (2009) A backlight dimming algorithm for low power and high image quality LCD applications. *IEEE Trans. Consum. Electron.*, **55** (2), 839–844.

87 Seetzen, H. and Whitehead, L. (2003) A high dynamic range display using low and high resolution modulators. SID'03 Digest of Technical Papers, pp. 1450–1453.

88 Seetzen, H., Heidrich, W., Stuerzlinger, W., Ward, G., Whitehead, L., Trentacoste, M., Ghosh, A., and Vorozcovs, A. (2004)

High dynamic range display systems. *ACM Trans. Graph.*, **23** (3), 760–768.

89 Moon, P. and Spencer, D. (1945) The visual effect of nonuniform surrounds. *J. Opt. Soc. Am.*, **35** (3), 233–248.

90 McCann, J.J. and Rizzi, A. (2007) Camera and visual veiling glare in HDR images. *J. SID*, **15** (9), 721–730.

91 Johnson, G.M. and Fairchild, M.D. (2003) A top down description of S-CIELAB and CIEDE2000. *Color Res. Appl.*, **28** (6), 425–435.

92 Fairchild, M.D. and Johnson, G.M. (2010) Meet iCAM: a next-generation color appearance model. Proceedings of IS&T/SID 10th Color Imaging Conference (CIC10), pp. 33–38.

93 Kutas, G. and Bodrogi, P. (2008) Color appearance of a large homogenous visual field. *Color Res. Appl.*, **33** (1), 45–54.

94 Burnham, R.W. (1952) Comparative effects of area and luminance on color. *Am. J. Psychol.*, **65**, 27–38.

95 Burnham, R.W. (1951) The dependence of color upon area. *Am. J. Psychol.*, **64**, 521–533.

96 CIE 2004:15 (2004) *Colorimetry*, 3rd edn, Commission Internationale de l'Éclairage.

97 Xiao, K., Luo, M.R., Li, Ch., and Hong, G. (2010) Color appearance of room colors. *Color Res. Appl.*, **35**, 284–293.

98 Fridell Anter, K. (2000) What color is the red house? Perceived color of painted facades. Dissertation, Department of Architectural Forms, Royal Institute of Technology, Stockholm, 338 pp.

99 Billger, M. (1999) Color in enclosed space. Department of Building Design, Chalmers University of Technology, Gothenburg.

100 Härleman, M. (2007) *Daylight Influence on Color Design. Empirical Study on Perceived Color and Color Experience Indoors*, Axl Books, Stockholm.

101 Xiao, K., Luo, M.R., Li, C., Cui, G., and Park, D.S. (2011) Investigation of color size effect for color appearance assessment. *Color Res. Appl.*, **36**, 201–209.

102 Fairchild, M.D. and Reniff, L. (1995) Time course of chromatic adaptation for color-appearance judgments. *J. Opt. Soc. Am. A*, **12**, 824–833.

103 Berns, R.S. (2000) *Billmeyer and Saltzman's Principles of Color Technology*, 3rd edn, John Wiley & Sons, Inc., New York, pp. 97–99.

03

인간공학, 기억 기반 및 선호도 기반의 컬러 디스플레이 향상

이 장의 목적은 시각의 인간공학적 측면과 심미적 관점에서 컬러 디스플레이의 사용자 인터페이스와 컬러 이미지의 렌더링을 향상시키는 방법과 원리를 설명하기 위한 것이다. 시각적 인간공학(3.1, 3.3절)은 사용 가능하고 편안한 (상호작용의) 영상 디스플레이에 인간 관찰자에 대해 인지하고 이해할 수 있는 정보를 제공하는 기본 요구사항을 설정한다. 심미적 원칙은 편안함과 편리성을 넘어 한 단계 더 나아가 즐거운 모양, 즐거움에 집중하고 시각적으로 사용자를 즐겁게 하는 요소이다. 이런 관점에서 이미지의 컬러 품질은 중요한 요소 중 하나이다.

컬러 품질을 향상시키는 하나의 방법은 소위 말해 인간이 기억하고 있는 장기 기억색으로 이미지 컬러를 이동하는 것이다. 장기 기억색은 종종 보았던 특정 중요한 개체(예 : 피부, 하늘, 잔디, 낙엽, 오렌지, 바나나)와 관련되며, 이것을 디스플레이에 표시한다(3.4절). 상기 측면을 소개하기 위해 3.2절은 정확한 원본이미지의 공간과 색 모양의 재생 또는 심미적인 고려사항에 따라 일부 색상 이미지 변환을 적용하거나, 컬러 화상 재생의 목적을 요약하였다.

컬러 품질을 개선하는 다른 방법은 전체 컬러 및 사용자에 의한 이미지 공간 주파수 히스토그램을 사용자의 컬러 이미지 선호도에 따라 변화시키는 것이다. 이 방법(이미지 대비 선호를 포함)은 3.6절에서 설명한 선호도 기반의 컬러 이미지 향상의 알고리즘 프레임워크와 함께 3.5절에서 언급하였다.

3.1
디스플레이를 위한 인간공학적 가이드라인

디스플레이에 표시되는 시각 정보는 인간의 시각 시스템(HVS)에서 처리하기 쉬워야 한다[1]. 최적의 시력에서 HVS가 작동할 수 있도록 디스플레이의 배경은 충분히 밝아야 한다. 문자(글자와 숫자)가 충분히 커야 한다. 그리고 좋은 가독성을 얻기 위해 높은 대비 특성이 있어야 한다. 그리고 장기적으로 시각적 과부하 또는 눈의 피로를 방지해야 한다. 색상은 컴퓨터 기반 그래픽 사용자 인터페이스, 예를 들어 디스플레이에서 과도한 색 표현(overcoloring)에 의해 발생할 수 있는 수많은 컬러 아티팩트와 시선의 혼란을 방지하기 위해 신중하게 사용되어야 한다. 자체 발광 디스플레이의 컬러 인간공학의 원리는 3.3.1절에서 별도로 검토되었다.

사용자 인터페이스는 디스플레이 및 ㄱ 결과 표시를 제어하는 컴퓨터와 시각적 개체와의 상호작용을 높은 수준의 사용자 쪽으로 많은 양의 정보를 전송하는 디스플레이의 중요한 한 형태를 나타낸다. 사용자 인터페이스에서 작업 효율을 증가시키기 위해, 영상 정보는 인간의 시각 인식의 원리에 따라 구성되어 간결하고 이해 가능한 방식으로 제시한다. 예를 들어 디스플레이에서 정확한 분류[예 : 색상(hue) 카테고리의 사용을 포함하는 단어 또는 심볼을 그룹화하는 다른 방법들]는 검색, 지정 및 편집을 용이하게 한다.

이 절에서, 시각적 디스플레이의 인간공학적 원리는 전자 시각 디스플레이의 요구사항에 대한 ISO 국제 인간공학적 표준에 의거하여 설명하였다[2]. 이러한 인간공학적인 지침을 디스플레이 하드웨어(예 : 적절한 공간 해상도, 대비, 컬러)와 이미지를 생성하는 소프트웨어(예 : 사용자 인터페이스의 구성요소를 컬러로 구성)에 적용하면, 디스플레이 사용자의 업무 성능과 편안함, 만족도는 상당히 증가할 수 있다.

디스플레이 인간공학은 일반적으로 '인간적인' 요소와 '디스플레이적인' 요소를 갖고 있다. 인간적인 요소는 인체, 시각, 인지적, 심리적, 지적, 그리고 규칙과 표준을 포함한 사회적 측면이 있다. 디스플레이 요소는 디스플레이 하드웨어 및 디스플레이 환경의 작업장 조명, 표시 색, 적응 휘도 출력 및 장치의 상호작용과 구동 소프트웨어의 측면, 주사율, 소프트웨어 유용성 방법, 사용자 인터페이스 설계 등을 포함한다[2−7].

디스플레이를 위한 인간공학적 지침은 장기적인 상호작용과 관련하여 발생하는 문제를 피하도록 돕는 것이다. 문제에 대한 대표적인 예로 근육이나 뼈, 시각 피로, 눈의 피로, 또는 업무 의욕을 상실하는 등의 심리적 문제 등이 있다. 인간공학적 설계는 교육 수준, 연령, 성별, 국적, 신체 능력 또는 무능력, 시력, 정상 또는 결핍된 색각에 따라 표시 사용자의 이질성을 고려한다. 인간공학적 설계는 양방향 인터넷과 같은 디스플레이 애플리케이션, 시스템 사용자 인터페이스, 대화식 텔레비전, 휴대전화에서 특히 중요하다. 인간공학적 설계는 일반적으로 신뢰성 및 비용 효율성뿐만 아니라, 인간의 업무 능력 증대와 작업 안전 사이의 트레이드 오프를 의미한다[2−7].

디스플레이를 위한 인간공학적 가이드라인은 시각적 심리 특성과 작업 심리학에서 유례를 찾을 수 있으며, 디스플레이에 관련된 사용자 행동, 작업 완료 시간 및 에러율을 기록 또는 설문지를 작성하거나 관련된 가시성 또는 유용성 문제에 대해 얘기를 표시하여 사용자가 요구하는 특정 인체 공학적 연구를 고려해야 한다. 시각적 인간공학의 전형적인 결과는 선택 반응 시간의 힉-하이먼(Hick-Hyman) 법칙[8, 9]을 포함한다. 이것은 선택에 로그적으로 비례하고, 간단한 상호작용이 가능한 디스플레이는 순차적으로 연속적으로 표현하는 디스플레이보다 더 괜찮다는 것을 의미한다.

더욱이, 움직임 성능에서 피츠의 법칙(Fitts' law)[10, 11]은 크기와 그 위치에 의존하는 개체로 향하는 시간이 필요하다고 주장한다. 후자의 규칙은 포인팅 장치와 그것의 속도 및 감도를 설정하는 것을 개발하는 데 도움이 된다. 상호작용 디스플레이의 사용자는 내부 모델을 구축할 수 있다. 내부 모델은 사용자가 이용하는 인터페이스에 대한 것이다. 일반적인 사용자는 사용자 인터페이스가 실제로 구성된 것보다 더 유연하고, 지적으로 구성된 것으로 이해하는 경향이 있다. 인터페이스를 개발하기 위해, 사용자의 모델(예 : 상호작용의 옵션에 대한 경험)을 연구하고 사용하는 것은 인간공학 설계 개념에서 중요하다. 이러한 상호작용 모델은 조정과 이해를 쉽게 할 수 있는 인터페이스가 가능하게 한다.

종이 기반을 대상으로 비교할 때 자발광 디스플레이의 인간공학적 결점으로는 업무 공간에서 좁은 시각(visual angle), 낮은 밝기와 대비, 그리고 색과 컬러에 의존하는 (LCD를 예를 든다면) 시야각(viewing angle)을 이야기할 수 있다. 하지만 이런 결점들은 현대적인 상호작용 그래픽 유저 인터페이스(graphic user interface, GUI)의 우수한 특성에 의해 상쇄된다. 고해상도 디스플레이에 글자와 그래픽을 적절하게 조합하고, 아이콘으로 심볼을 표시하고, 빠른 메뉴 포인트 이동과 윈도우에 오버랩하는 GUI가 구성된다.

실물의 비디오 시퀀스, 이동하는(회전하는) 기하학적 개체(도표, 분자 모델, 또는 모형), 3차원 그래픽은 일반적으로 종이 기반의 업무나, 가공하지 않은 데이터를 단순하게 나열한 것과 비교할 때 인간에 시각적 득성을 고려한 엄청난 양의 데이터를 쉽게 제공한다. 하지만, 예를 들어 복잡한 다이어그램이나 커다란 표를 해석할 때, 사용자는 업무 경험의 한계와 시력으로 인해 어려움을 경험할 수 있다. 이런 어려움들은 여러 가지 입력 장치와 자발광 디스플레이 간 인간공학의 상호 최적화로 완화할 수 있다. 예를 들어 여러 가지 입력 장치는 키보드, 마우스, 수기 입력, 음성 전달, 터치 화면, 시선 이동, 특정 영역 지정과 컨트롤 장치 같은 것이다.

디스플레이 앞에 앉아서, 사용자의 머리와 눈을 움직이며 디스플레이의 제한된 범위의 시야각에서 내용을 살펴본다. 상호작용 디스플레이나 컴퓨터 사용자 인터페이스의 경우, 사용자의 손은 입력 장치에 항상 붙어 있다. 인체를 제한된 공간에 재배치하기 위해 사용자와 디스플레이 간 밀접한 시스템을 구성한다. 자연 환경에 반하므로 근육의 움직이는 형태는 제한되며, 제약된 몸 자세가 나타날 수 있다.

제약된 자세의 원인으로 적합하지 않은 폰트 크기, 불편한 휘도 대비 또는 시청거리, 부적합한 컴퓨터 책상 또는 의자, 창문의 위치와 관련하거나 방의 조명에 관련하여 잘못된 디스플레이 위치를 꼽을 수 있다. 화면 상단(살짝 내려볼 수 있는)으로 눈의 위치를 두고, 시거리는 정확하게 하며, 적당한 높이의 책상, 팔꿈치는 편안하게 위치하고, 직립 자세(의자는 조정 가능)이며, 바닥에 다리가 놓이고, 키보드는 손목을 살짝 꺾고 팔꿈치보다 아래에 위치할 수 있도록 기울일 수 있는 공간을 갖도록 하면 제약된 자세를 피할 수 있다.

인간공학적 가구를 위해 사이즈 범위를 설계하는 것은, 인체 측정 결과를 토대로 사용자의 일반적인 크기를 얻을 수 있다. 이 크기는 다음의 것을 포함한다ㅡ앉았을 때 눈높이, 어깨 높이, 팔꿈치를 놓는 높이, 허벅지 높이, 앉았을 때 오금높이, 바지 두께, 팔꿈치 간 그리고 엉덩이 폭, 손과 다리 길이. 사용자 몸을 조정한 후, 컴퓨터 의자는 여전히 유연한 범위로 움직인다. 의자는 몸이 움직이면서 (예 : 왼쪽, 오른쪽, 앞, 뒤) 발생하는 근육의 활동을 받쳐준다. 사용자는 자리에서 정기적으로 일어나고, 주변을 거닐고 디스플레이에서 시선을 돌리며 휴식을 취하도록 조언을 받을 수 있다. 다른 거리의 개체에 초점을 맞춰서 눈의 부담을 풀어주기 위한 것이다.

디스플레이의 시각 인간공학을 위해, 인간 시각 시스템의 기본적인 특징을 고려하는 것이 중요하다. 인간의 시각 시스템(1.1절 참조)은 시력, 근시/원시 능력, 눈으로 보는 범위(180°를 넘는 범위에서 중심와와 망각 영역에서 간상세포와 원추세포의 밀도)에서 다른 영역에 있는 색도와 명도 감도, 넓은 휘도 순응 범위(암순응, 박명시, 명실 범위로 $0.001 \sim 10,000 cd/m^2$), 세 가지 형태의 광 순응체(L, M, S, 1.1절 참조)의 도움으로 색 인지를 포함한다.

자발광 디스플레이의 시각 공학을 위해 인간의 시각 시스템의 지식에서 파생한 다음의 원리들이 필요하다. 만약 이런 개체들이 최소 각도 크기, 최소(평균) 휘도, 획과 배경(최소 3:1의 명암비) 간 최소 휘도 명암, 그리고 보여주는 최소 시간을 나타낸다면, 작은(고정된) 개체들(예 : 글자, 숫자, 아이콘의 획)의 시각적

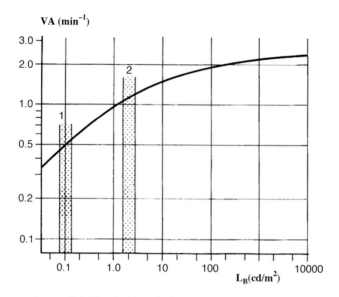

그림 3.1 배경 휘도의 함수로서 아크(arc) 단위의 역수로 표시된 공간시(spatial vision)의 시력. 영역 1 : 약 0.1cd/m²의 배경, 영역 2 : 약 2cd/m²의 배경
출처 : Technische Universität Darmstadt, Lecture on Lighting Engineering

상세함을 볼 수 있다.

　시력(VA, 최소 시야가에서 분리된 2개의 점을 인식하는 능력)은 평균 배경 휘도, 망막 위치(중심 또는 주변), 연령대, 눈 컨디션, 배경과 개체 간 색도에 영향을 받는다. 시력은 아크(arc) 단위(min^{-1})의 역수로 표현된다. 중심와 시력의 최대 제한 범위는 $2min^{-1}$이다. 하지만, 실제로는 시청 조건이나 사람 간 편차에 의한 범위로 본다면 $0.3\ min^{-1}$으로 추정하는 것이 타당하다. 개체가 중심와에서 망막 주변으로 멀어지게 인지되면 시력은 급격하게 떨어진다. 시력은 증가하는 배경 휘도와 함께 증가한다(그림 3.1 참조).

　그림 3.1에서 본 것처럼, 영역 1(예를 들어 배경 휘도가 약 0.1cd/m²)이면, 시력의 공간 시청 능력은 $0.5min^{-1}$이 되는 반면, 영역 2(예를 들어 배경 휘도가 약 2cd/m²)에서는 $1min^{-1}$보다 살짝 높다. 배경 휘도가 100cd/m² 이상으로 증가한다면, 시력 또한 $2min^{-1}$ 정도 될 것이다.

　사용자 인터페이스를 위해 디스플레이에서 활자의 높이는 최소 16min 이상 되어야 한다. 인간공학 디자인을 위해 20~22min을 권장한다. 이것은 일반적인 응용 제품의 디스플레이를 볼 때의 시청 거리이다. 시청 거리는 40cm보다 좁으면 안 된다. 문자 한 획의 폭은 문자 높이의 1/6~1/12이 적당하다. 동일 문자의 크기는 디스플레이에 비례하여 동일해야 한다.

동영상을 위해, 각속도 20°/s까지는 시력이 거의 동일하다. 좀 더 높은 속도에서, 수평으로 움직이는 상황보다 수직으로 움직이는 물체에서 시력은 급속하게 줄어든다. 움직이는 물체(플리커 인식)는 중심와보다는 주변부에서 더 쉽게 확인된다. 왜냐하면 주변부 시각 검출은 알람 표시처럼 시야 범위에 있는 새로운 객체를 신호로 알리기 때문이다. 후자의 영향은 상호작용 디스플레이에서 중요한 응용처를 가진다. 디스플레이의 외곽부에서 나타나는 눈에 띄는 깜빡임 또는 움직이는 신호가 대표적이다.

플리커 검출을 위해, CFF(critical flicker frequency)의 기준은 디스플레이 하드웨어의 플리커 프리 설계를 위해 매우 중요하다. 만약 CFF보다 디스플레이의 재생 주파수가 높다면 플리커는 보이지 않을 것이다[2]. 페리-포터 법칙(Ferry-Potter law)[12]에 의하면, CFF는 전반적으로 휘도는 $3\sim300cd/m^2$ 범위, 주파수는 $20Hz(1cd/m^2)$에서 $70Hz(1,000cd/m^2)$에서 로그적으로 비례한다. 이것은 높은 휘도의 디스플레이는 높은 재생 주파수 비율을 가지는 것을 의미한다.

가장 가까운 시청 거리는 연령이 증가함에 따라 늘어난다. 20세에서 10cm인 시청 거리는 70세에서는 100cm가 된다. 이때 초점 맞추는 데 문제가 있는 경우 교정 안경을 이용하였다. 물체를 인지하기 위한 거리의 범위는 다소 낮은 휘도로 제한된다. 예를 들어 $0.3cd/m^2$에서, 젊은 관찰자(그림 3.2에서 화살표 참조) 0.3~2m 범위에서 초점 맞추는 것이 가능하다.

그림 3.2에서 표시된 것처럼, 전체적인 초점 범위를 활용하는 것은 $10cd/m^2$를 넘는 배경 휘도가 필요하다. 고정된 시청 거리(예 : 50cm)에서 디스플레이의 광범위한 시청은 다시 포커스를 맞추는 시간이 늘어나는 결과로 수용체의 상태를 '정지 상태로 얼린' 것처럼 만드는 경향이 있다. 특히 고령층의 관찰자와 장시간 디스플레이를 시청한 경우에, 다양한 시청 거리가 필요하다면(예 : 자동차 운전)

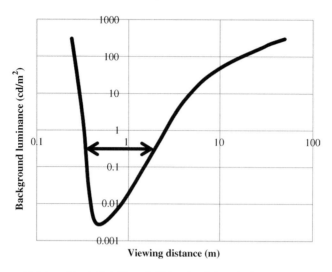

그림 3.2 젊은 층에서 휘도 레벨(세로축) 함수로서 선명하게 보이는 범위(가로축)를 위한 시거리 범위. 예를 들어 0.3cd/m²에서 초점은 0.3~2m 범위에서 가능하다(화살표 참조).
출처 : Technische Universität Darmstadt, Lecture on Lighting Engineering

더욱 그러하다. 일반적으로 고령층(60세)은 초점을 다시 조정할 때 8초가 걸리고, 젊은 층(20세)은 4초 정도 시간이 걸린다. 이것은 다른 환경(예 : 운전)에서 움직이기 전에 일시적인 정지나 예상보다 긴 초점을 맺는 시간의 필요성을 언급하는 것이다.

다양한 휘도 레벨(별이 반짝이는 어두운 환경에서 태양이 내리쬐는 환경)에서 인간의 시각 시스템 순응은 $1:10^{14}$ 휘도 범위를 포함한다. 밝은 곳에서 어두운 곳의 순응은 수 초 정도로 반대의 경우보다 더 천천히 진행된다. 간상세포와 원추세포를 매우 밝은 빛(예를 들어 약 3,500cd/m²[13])으로 순간적으로 멀게 한 후에 어두운 곳에서 순응하는 임계치를 측정하여 정신물리학적으로 절대적인 수치를 결정하도록 하는 과정이다. 원추세포에서 빛을 받아들이도록 한 후 간상세포가 활성화되도록 물체의 휘도는 시간이 경과함에 따라 줄어든다.

이 실험에서 두 가지 종류의 물체가 사용되었다. 하나는 원추세포와 간상세포 모두 고려하기 위해 566nm에 할당된 녹색의 것이며, 다른 하나는 원추세포의 활동을 고려하여 629nm에 할당된 빨간색의 것이다[13].

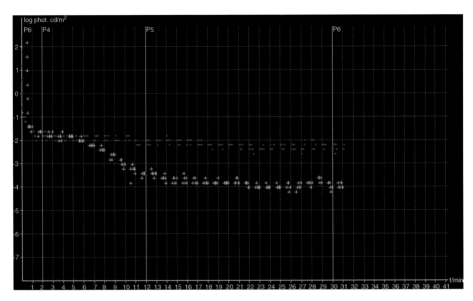

그림 3.3 매우 밝은 빛(약 3,500cd/m²)[13]으로 간상세포와 원추세포를 포화시킨 후, 심리적인 임계값을 암실 순응에서 측정한 시간 추이 두 가지 경우를 적용하였다. 두 종류의 실험을 진행하였는데, 두 종류의 실험은 각각 녹색(녹색은 566nm에 해당되는 것으로, 원추세포와 간상세포 둘 다 실험한 것)과 빨간색(빨간색은 629nm에 해당되는 것으로 원추세포 반응에 맞춘 것)으로 표시하였다. 가로축 : 사람의 눈에 섬광을 보인 후 분 단위의 시간 경과, 세로축 : log cd/m² 단위로 관찰자가 인지하는 임계 휘도. 이 그림은 독일의 튀빙겐 안과대학과 다름슈타트기술대학의 합동 연구에서 한 관찰자의 실험 결과이다.

그림 3.3에서 본 것처럼, 이 특정한 주제를 위해 원추세포 임계값(빨간 물체들)에 측정 기준으로 대략 10분 후에 도달하였으며, 간상세포 임계값(녹색 물체들)은 측정 기준에서 30분 후에 도달하였다.

만약 재빨리 순응하는 게 필요하더라도, 순응의 특성상 2로그 단위 이상 커버할 수 없다. 디스플레이의 다른 영역이나, 주변 환경을 직접 볼 때 재빠른 순응이 필요하다. 그래서 휘도 균형의 컨셉에서 인간공학 원리는 중요하다. 광학적인 시각 퍼포먼스를 위해, 주변 환경과 디스플레이 간 평균적인 휘도가 1:10 이상 차이나면 안 된다. 그리고 디스플레이 내에서는 1.7:1 이상 차이나면 안 된다.

이것은 방에서 너무 밝은 곳이나, 반사되는 곳을 피할 디스플레이의 위치를 정할 때 중요한 결정사항으로 사용되는 것을 의미한다. 디스플레이 표면에서 반사되어 눈부시거나 직접적인 영향으로 눈부시게 되는 것은 피해야 한다. 그럼에도 불구하고, 만약에 디스플레이가 엔터테인먼트(예 : 극장)에서 사용되고 업무 목적이 아니라면, 밝은 디스플레이가 요구된다(2.3.3절 참조).

　시각적인 인간공학에서 다른 중요한 항목은 시력의 영역에 대한 항목이다. 디스플레이에서 시각 정보의 배열은 검색과 글자에 집중하는 것이 가능하도록 조정되어야 한다. 객체의 눈에 띄는 정도(3.3.2와 3.3.3절 참조)는 시야 범위에서 색과 위치에 의존한다. 디스플레이에서 최적의 시야 범위는 수평 방향으로 30° 아래로 본다. 시력은 ±1° 내에서 최대이다. 도약 안구 운동으로 불리는 것에 의해 디스플레이를 스캔하도록 수행한다. 도약 안구 운동은 다음 타깃으로 눈의 위치를 이동하는 데 20~50ms 정도 걸리는 시간이다.

　다음 고정 위치(예 : 눈에 띄는 물체)에서 도약 운동의 시작 전에 볼 수 있는 것이다. 정지 영상에서 대부분 도약 운동의 99%는 15°보다 짧다. 고정 유지 시간 범위는 0.2초에서 수 초 사이다. 디스플레이 전체를 동시에 집중하는 것은 불가능하다. 동시에 관찰되는 영역은 눈을 고정하였을 때 ±15° 범위이며, 눈을 움직일 때 최대 ±50°까지 가능하다. 긴 거리를 연결하기 위해 머리의 움직임이 필요하다. 이러한 요소는 디스플레이의 정보를 배열하여 기억하고자 할 때 필요하다.

　집중하는 범위는 시각석 복삽성에 의존한다. 관찰자는 특이나 배경의 복잡성에 영향을 받는다. 검색 시간은 검색 범위와 검색 물체와 그것의 배경 간 휘도 명암에 비례한다. 눈에 띄는 힌트(예를 들어 빨간 물체나 오직 둥근 물체를 찾는 것)는 검색 시간을 줄인다(3.3.3절 참조)

　시각적 인간공학을 위해, 깔끔하게 구별하는 것은 **검출 능력**과 **인지 능력**으로 만들어낸다. 시각 능력은 물체가 전체적으로 보여지거나, 이것의 상세한 표현을 독립적으로 볼 수 있는 것과 관련된다. 예를 들어 흐릿한 'N'은 볼 수 있지만, 인지할 수 없다. 인지는 관찰자가 상세한 부분을 명확하게 구분하여 볼 수 있는 능력과 관련된다. 인지 능력은 글자를 읽는 것뿐만 아니라, 더욱 보편적으로 본다면, 공간적 구조에서 고유한 특성을 구별하는 능력이다. 이것은 높은 공간 주파수를 시각적으로 구분하는 것으로 사람의 머리카락을 보는 것을 예로 들 수 있다. 읽기 능력은 다른 개념으로, 알고 있는 글자(예 : 고양이)로 쓰여진 것에 관련된 것이다.

시각 능력, 인지 능력, 읽기 능력 사이의 구별은 시각을 구분하는 뇌에서 시각 정보를 처리하는 각기 서로 다른 단계를 기반으로 한다. 시각 능력을 위해, 낮은 공간 주파수의 존재는 시야 범위에서 '새로운 어떤 것'이라는 정보를 시간 처리 뇌 영역에 단지 할당하도록 하는 기준점이다. 인지 능력을 위해, 중심와 신경절 세포는 영상의 높은 공간 주파수를 강조하기 위해 경계부에서 공간적으로 다른 신호를 증폭한다. 경계부의 집합들은 소위 말하는 영상에서 원시 스케치(primal sketch)를 구성한다. 원시 스케치에서, 물체들은 게슈탈트 법칙(Gestalt laws)이라는 적용에 의해 형성된다. 이들이 서로 옆에 있거나, 비슷하거나, 연속성이 있거나, 인접한 형태로 만들었거나, 동일한 구성을 가지는 경우를 고려한다면, 간단한 시각 구성의 집합(점, 경계, 형상, 각도, 기울기, 색)은 동일한 물체에 속하는 것으로 간주된다.

디스플레이에 있는 정보를 나열하기 위해 게슈탈트 법칙, 집중하는 영역, 시각 능력, 인지 능력, 눈에 띄는 정도는 중요한 특성이다. 이것은 그래픽 유저 인터페이스를 구성하고 인간공학적 흐름을 설계하는 데 유용하다. 다이어그램은 시각 처리 과정에서 멀티 태스크를 개발할 때 정보를 저장하는 과정에 도움을 준다.

다이어그램의 구성은 장기 기억에 저장된 다이어그램 형태와 사용자의 업무 기억과 비교된다. 알려진 다이어그램 계획은 인코딩된 다이어그램에서 사용자가 정보를 추출할 수 있도록 한다. 하지만, 업무 기억에서 과부하가 걸리지 않도록 하기 위해서, 다이이그램은 지나치게 복잡하지 않아야 한다. 예를 들어 업무 기억에서 동시에 기억되는 식별 항목 수는 7~11개를 넘으면 안 된다.

최근 태블릿 PC는 전 세계적으로 광범위하게 사용된다. 이러한 모바일 컴퓨터는 일반적으로 터치 스크린 및 디지털 펜으로 운영되는 소형 디스플레이가 있다. 모바일 디스플레이는 대형 정보 내용을 나타낸다. 예를 들어 인치당 132픽셀을 표현하는 1024×768 해상도나 667ppi가 가능한 1600×1200 해상도가 이에 해당된다.

불안정한 환경과 작은 시야 범위, 지속적으로 변하는 조명, 그리고 짧은 시청 거리에서 정보를 볼 수 있다[14]. 기계적인 진동으로 모바일 화면에서 경계부가 흐리게 표시되는 경향도 있다. 짧은 시청 거리와 한 방향으로 시청 방향을 고정하는(예 : 오른쪽 방향) 것은 양안의 조절 능력 감소나 양안으로 들어오는 정보 조합의 이상과 같은 안과적인 문제를 야기할 수 있다[15].

사용자는 일반적으로 복잡한 그래픽 유저 인터페이스에서 그들의 효율적인 상호작용이나 비디오 시청을 위해 고해상도의 영상을 기대한다. 하지만, 소비전력의 한계로 적정한 휘도나 색좌표의 구성이 요구된다. 이런 종류의 디스플레이를 위해 인간공학적 가이드라인을 제공한다.

짧은 시청 거리를 위해, 태블릿 PC는 이동하는 동안 근거리 디스플레이(NEDs)[14]로 사용되는 경우 구역질이나 시각 피로를 유발하는 경향이 있다. 픽셀 밀도가 장치의 높은 정보 콘텐트를 해결하기에 충분하지 않다면, 확장 가능한 사용자 인터페이스가 기본적으로 필요하다. 핀치-아웃(글자 크기를 크게 하기 위해)과 핀치-인(글자 크기를 작게 하기 위해)으로 불리는 확대/축소는 활자의 최적 크기를 맞출 수 있는 기능으로, 화면을 터치하는 작업을 통해 수행된다[16].

태블릿 PC에서 흰색 배경에 검은색 글자를 위한 최적 사이즈는 알파벳의 경우 $35 \pm 20 \text{arcmin}$이며, 일본 글자이 경우 $30 \pm 12 \text{arcmin}$이다. 반면에 인간공학 기준[2]에서는 글자의 최소 높이로 16arcmin을 권장한다[16]. 향후 연구에서 시거리는 관찰자의 나이에 의해 증가하고, 나이 많은 사람을 위해 조금 더 큰 글자 크기가 지적되었다. 연령대가 있는 관찰자는 팔 길이를 가변할 수 있다는 것을 참작한 시거리 조정에 어려움이 있었다[16].

밝은 환경이나 밝은 순응 단계에서 어두운 단계로 갑작스레 변할 때의 빛 반사로 인해, 작은 아이콘이나 글자의 높은 공간 주파수를 고려한 명암 인지 감도는 줄어들었다[14]. 매우 밝은 빛의 반사는 태블릿에서 읽기 어려운 환경을 만드는 빛 산란의 원인이 되었다. 색을 띤 조명의 반사는 태블릿 PC의 색 재현과 색 명암을 왜곡시켰다. 밝은 환경과 색 재현의 조명 순응 정도와 빛 산란의 보상 문제를 극복하기 위한 방법이 제안되었다[17].

3.2
컬러 이미지 재현의 목적

이 절에서는 자발광 디스플레이의 컬러 이미지 재현[18]의 목적을 요약하였다. 사람이 보는 실제 영상은 삼차원이다. 실제로, 관찰자는 머리와 눈을 움직이며 현장, 공간 각도 및 분광 복사 휘도 분포를 검색한다. 객체의 모든 중요한 항목을 다른 시점에서 연속적으로 자세히 본다. 관찰자는 모든 재현되는 인지 항목인 색(색도, 채도, 밝기), 광택, 투명도, 질감을 평가한다[19].

모든 재현은 오직 컬러 어피어런스로만 표현되지 않는다. 빛을 발산하는 표면의 공간 구조와 빛의 발산의 각도에 연관된 객체의 다른 요소는 객체의 전반적인 모양에 기여한다. 자발광 디스플레이의 전반적인 모양의 재현의 도전 방향은 어렵다. 총 천연색의 삼차원 홀로그래픽 디스플레이는 광택과 투명도의 요소를 고려할 필요가 있다.

멀티 스펙트럼 영상 획득의 목적을 의미하는 것으로 다음을 고려할 수 있다. 물체의 분광 반사율 함수는 모든 점에서 포착되고, 이것은 컬러 디스플레이에서 광원하에서 이것의 형태를 시뮬레이션함으로써 재현될 수 있다. 영상에서 하이라이트의 재현(예 : 어두운 성당에서, 태양 빛이 들어오는 컬러 스테인드 글라스 또는 도로에서 자동차 헤드라이트의 산란)은 다음으로 추구하는 목적이다. 이것은 하이 다이나믹 레인지(HDR) 영상의 목표라고 볼 수 있다(2.3.3절).

원본 영상에서 측정된 색 정보를 캡처한 정보 그대로 재현하는 것은 잘못된 결과를 낳는다. 왜냐하면 촬영할 때 시청 환경과 재현할 때 시청 환경이 다르기 때문이다(2.1.8과 2.1.9절 참조). 영상은 일반적인 시청 조건에서 주로 촬영된다. 반면에 프로젝터는 어두운 조건에서 영상을 표현한다. 예시로, 컬러 어피어런스는 인지된 명암에서 꽤 많은 정보의 손실 결과이다.

원본과 재구성한 영상 간 휘색의 변화는 컬러의 재구성에 적용된다면 눈에 띄는 컬러 어피어런스 왜곡의 결과를 야기한다. 레퍼런스 컬러 어피어런스 광원으로 빛을 받은 실제 객체를 원본 영상의 색으로 재현한 것이다. 모든 포인트에서, XYZ값은 측정된 것이고, 물체색의 XYZ값으로 특정지은 것이다. Y값은 휘도 요소로 물체 색의 비율이다. 그런 후 원본 영상은 동일한 *XYZ*값을 사용하여 자발광 디스플레이에서 재현된다. (디스플레이 피크 화이트 휘도는 100%이다.) 만약 디스플레이의 화이트 색도가 광원하의 실제 물체색 색도와 눈에 띄게 다르다면, 컬러 어피어런스는 상당히 다르다고 인지될 것이다[20].

위에서 언급한 차이를 피하기 위해, 컬러 어피어런스 구현의 목적은 다음을 고려해야 한다. 예를 들어 색 관리 워크플로(4.1.1~4.1.3절 참조)에서 CIECAM02 컬러 어피어런스 모델(2.1.9절)을 사용하고, 디지털값으로 변환할 때 컬러 어피어런스 요소를 고려하여 바꾸고, 디바이스의 시청 조건을 바꾸는 것을 고려하며, 디지털 컬러값을 얻은 방법의 역함수에서 컬러 어피어런스 모델을 적용하는 것이다. 영상 컬러 어피어런스(iCAM) 프레임워크는 공간 색상 기능을 고려하고 HDR 재현을 위한 톤 압축을 위해 더욱 향상된 해결 방안으로 구현한다. 이 장 초반에 언급한 것처럼, 자발광 디스플레이의 다른 목적은 자발광 디스플레이의 사용자에게 심미적 즐거움을 주는 이미지를 만드는 것이다. 미학적 요소를 고려한 영상의 재현은 원본 영상의 재현과는 다르다. 앞서 이야기한 것처럼 컬러 영상의 변환은 명확한 미적 고려사항에 따라 적용되어야 한다. 이러한 변환은 원본 컬러를 장기 기억색(기억색 재현의 목적으로, 3.4절 참조)으로 이동시킬 수 있다. 또는 영상의 전반적인 재현은 선호하는 영상(선호색을 갖는 영상을 재현하는 것을 목적으로 하며 3.5, 3.6절 참조) 얻기 위한 것이다.

3.3
컬러 디스플레이의 인간공학적 설계 : 색도 대비의 최적화 방법

이 절에서는 컬러 디스플레이를 위한 인간공학적인 색 설계의 개념을 설명한다. 이와 함께, 색도 대비에 대한 최적의 사용 방법을 도출하기 위해 읽기 편함, 눈에 잘 띄는 특성과 시각 탐색 간 관계를 다루었다. 이 방법은 사용자 인터페이스의 비주얼 검색의 성능을 최적화하는 데 사용할 수 있다. 디스플레이를 사용하는 젊은 연령대와 고령층의 컬러 대비 특성과 휘도 대비 특성에 대한 주요한 인간공학적 사항이 제시된다.

3.3.1

인간공학적 컬러 설계의 윤리

이 절에서는 오로지 컬러 인간공학의 전반적인 실례를 언급하는 데 집중하였다. 왜냐하면 컬러 순응과 컬러 인지는 자발광 디스플레이에 나타나는 사용자 인터페이스에서 색의 사용에 상당한 주의를 요구하는 복잡한 현상이기 때문이다. 컬러 그래프와 컬러 도표를 위해, 크로모스테레오픽스(chromostereopsis)를 피하기 위한 가장 중요한 이슈는 눈 렌즈 굴절력에 의한 스펙트럼 변화에 관련된 것이다. 이것은 파란색 파장은 망막 앞에서 교차하는 반면, 빨간색 파장은 망막 뒤에서 교차하는 경향이 있음을 의미한다. 그 결과, 포화된 배경은 자발광 디스플레이에서는 피해야 한다. 특히, 예를 들면 아주 붉은 영상이 아주 파란 배경 위에 있는 경우(혹은 그 반대)이다. 그렇지 않다면, 컬러에 의해 입체적으로 보이는 현상을 방해하는 상황이 발생한다.

따라서 무채색(흰색이나 밝은 회색) 배경을 사용하는 것이 좋다. 밝은 배경은 추상체라 부르는 광수용체 세포가 최적의 상태에서 동작되도록 돕는다. 또한 넓은 수용 범위를 조성한다(3.1절 참조). 훌륭한 가독성을 위해, 컬러 물체와 배경 간 충분한 휘도 대비를 보장하는 것이 중요하다. 이런 이유로, 그래픽 객체를 위해 낮은 정도부터 중간 정도 밝기의 색이 사용되어야 한다. 포화된 색을 사용하는 것은 눈에 잘 띄는 특성과 범주 식별의 효율성을 모두 향상시킨다. 라인 그래픽 도표에서 컬러 선이 대표적인 예다. 그림 3.4는 그림 5.3에서 인간공학적 설계의 원리를 고려하지 않은 것이다.

그림 3.4에서 보는 것처럼, 컬러의 부적적할 사용으로 인해 도식은 과하게 표현되었고, 크로모스테레오픽스가 발생하였으며, 배경과 곡선 간 휘도 명암은 사라졌다. 명확하지 않은 동시 대비 효과 또한 보인다. 그림 3.4의 배경은 과채도가 되어 멀리 볼 때 색에 대한 잔상이 인지된다. 이것은 사용자 인터페이스에서 장기간 상호작용에서 꽤 불편함을 초래한다. 또한 배경이 낮은 휘도 명암에서 얇은 선은 볼 수 없다. 왜냐하면 인간의 시각계 시스템의 색도 채널에서 명암의 민감성은 휘도 채널에서 명암의 민감성보다 낮기 때문이다.

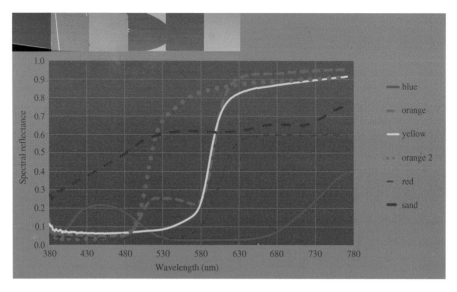

그림 3.4 그림 5.3의 컬러 재배치 버전. 컬러 재배치의 목적은 인간공학적 컬러 설계의 원리를 무시할 때 부정적인 시각적 영향을 지적하고자 하는 것이다.

상기 내용에 더불어, 색상을 사용할 때는 명확한 동기가 있어야 하며, 어떠한 새로운 색을 도표에 추가할 때는 의미가 있어야 함은 아무리 강조해도 지나치지 않다. 반면에 색은 다음 절에서 언급될 내용으로, 검색 능력이 방해로 자동하는 경향이 있다.

3.3.2
가독성, 명료성, 검색

가독성(위에서 언급한)은 인간공학적 디스플레이 설계에 가장 두드러진 요소 중 하나이다. 훌륭한 가독성을 위해 휘도 명암은 충분히 높아야 한다(최소 3:1). 어느 정도의 색도 명암(컬러 명암)을 개체의 명암 대비에 더함으로써 자발광 디스플레이에 시각 성능을 더욱 향상시킬 수 있다(대비는 항상 배경과 연관된다)[21, 22]. 이것은 개체를 강조하고, 그룹으로 모으고, 식별할 때 사용할 수 있다[23]. 화면에 하나의 객체를 강조하는 것은 쉽게 과도한 색 표현(overcoloring)의 원인이 될 수 있다. 인간공학적 방법으로 색 명암을 사용하는 것, 말하자면 등광도

(equiluminance) 가독성(ELL) 규칙은 적용할 수 있다[24].

"주변부와 중심부 간 다른 색을 표시하는 것은 심볼을 더 눈에 띄게 강조하는 것이다. … 색차를 크게 하는 것은 검색 능력을 향상시킨다."라는 것은 널리 알려진 사실이다[25]. 하지만 색의 통제되지 않은 사용으로 디스플레이에 색을 과밀하게 적용하는 것은 관찰자를 혼란스럽게 하고 시각적 편안함을 줄일 수 있다[26]. 컬러 문자로 경험한 것을 바탕으로 정신물리학적인(psychophysical) ELL 규모로 만들어진 예측 식으로, 휘도 대비에 색상 대비를 올바르게 추가하면 제어할 수 있다[24]. ELL 실험의 결과는 Helmholtz-Kohlrausch 효과를 고려한 색도 밝기 인지를 예측하기 위해 구성한 웨어(Ware)와 코완(Cowan) 변환 식(WCCF)[27]과 비교되었다. 이 효과는 동일한 휘도에서 더 색도가 있는 개체는 낮은 색도가 있는 개체 대비 더 밝게 인지된다(6.5.2절 참조).

ELL 실험[24]에서, 'Legible'이라는 단어가 타임 뉴 로만(Times New Roman) 글꼴과 색이 있는 28pt의 크기로 무채색($x = 0.279$, $y = 0.282$) 사각형 배경에 표시되었다. 글자의 높이는 1° 시야각이다. 사각형 배경의 크기는 가로 9°, 세로 3°이다. 글자와 배경은 동일한 휘도이다. 즉 배경과 글자 간 휘도 명암은 없다. 8개에서 12개의 사각형이 동시에 표시되었다.

한 사각형 내에 있는 글자의 색은 동일하게 구성하였지만, 사각형 간 글자는 다르게 하였다. 디스플레이의 나머지 영역은 흰색(기준 휘도와 색도는 $Y = 111.0$ cd/m², $x = 0.278$, $y = 0.281$)으로 하였다. 디스플레이는 암실에 있다. 관찰자와 디스플레이 간 거리는 60cm이다. 관찰자는 사각형을 아래와 같은 기준으로 순위를 정해야 한다. 대부분 읽을 수 있는 글자는 숫자 1로 지정해야 한다. 13명의 관찰자가 정한 순위를 바탕으로, 각 사각형은 ELL값(0~1 범위)으로 지정되었다.

실험 1에서, 글자의 채도(CIELAB C_{ab}^*)는 고정하고 각 사각형마다 색도(hue angle h_{ab})를 0°에서 330°까지 30° 단계로 구분하였다 — C_{ab}^*=9.5, 19, 28.5, 38, 그리고 47.5. 채도가 다음과 같이 정해진 5개의 이미지로 실험하였다. ELL 영상의 예는 그림 3.5와 같다.

실험 2에서, 글자의 색도(h_{ab})는 고정하고, 글자의 채도(C_{ab}^*)를 다르게 하였다.

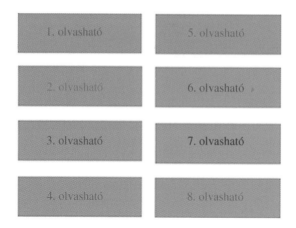

그림 3.5   ELL 크기의 표본 이미지(olvasható는 헝가리어로 '가독성이 있는'이라는 의미이다)

이때 채도는 최소에서 최대가 되도록 동일한 단계로 하였다. 채도의 최솟값, 최댓값, 그리고 단계는 색도값에 의존한다. 8개 영상에 색도를 0°, 45°, 90°, 135°, 180°, 225°, 270°, 315°로 각각 고정하여 적용되었다.

그림 3.6은 실험 1로부터 고정된 채도별 각각의 색도함수로 ELL의 결과를 보여준다. 5개 채도값의 평균값 곡선은 WCCF 곡선[27](0과 1 범위로 재구성)과 함께 보여지고 있으며, 색상이 밝기 인지에 기여함을 예측할 수 있다.

그림 3.6에서 보여지는 것처럼, 색도에서 ELL의 의존성은 다른 고정 크로마

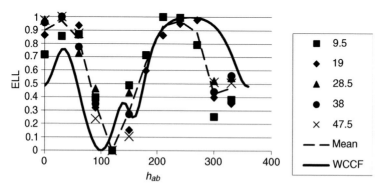

그림 3.6   심볼에 5개의 다른 채도인 글자(그림 3.5 참조)의 색도함수인 ELL에서 13명의 관찰자로부터 얻은 비주얼 크기값(visual scale values), ELL 평균값과 WCCF에서 예측값[24]. 국제조명위원회(CIE)에서 허가받아 재구성함

표 3.1 ELL값과 채도 C_{ab}^* 간의 CIELAB 색도(h_{ab})와 상관계수(r_2) 그리고 ELL과 WCCF[27] 간 상관계수(r_2)

$h_{ab}(°)$	0	45	90	135	180	225	270	315
$r^2(C_{ab}^*-ELL)$	0.88	0.91	0.89	0.94	0.87	0.97	0.92	0.95
$r^2(WCCF-ELL)$	0.83	0.54	0.91	0.94	0.85	0.97	0.92	0.92

값에서도 매우 유사하였다. 또한 평균 ELL 곡선과 WCCF 곡선은 상당한 유사성을 보인다. 결과적으로, WCCF는 채도가 고정되고 색도를 변화시키는 상황에서 ELL을 예측할 수 있는 것으로 보인다. ELL의 채도 의존성은 선형적으로 증가하는 추세임을 밝혔다. 표 3.1은 실험 2의 ELL값과 8개 고정 색도값의 다양한 채도의 상관계수를 보여준다.

표 3.1에서 보여준 것처럼, ELL은 색도의 고정값 C_{ab}^*와 상관성이 높다. 결과적으로, 색도는 고정되고 채도가 변할 때 ELL의 우수한 예측으로서 C_{ab}^* 선형 함수가 고려될 수 있다. 상기 결과는 특히나 컴퓨터 사용자 인터페이스 같은 대화형 컬러 디스플레이인 컬러 디스플레이의 인간공학적인 컬러 디자인에 사용될 수 있다. 컬러 표시 항목(예 : 심볼, 아이콘, 캐릭터)는 디자이너의 의도 또는 강조에 의존한 몇 가지 '명료성 수준'에 의해 정렬된다. 이것은 다음 절에서 보여질 것이다.

3.3.3
광학적 검색 능력을 위한 채도 대비

위에서 언급한 것처럼, 휘도 명암의 개념(언급하자면, 예를 들어 시각적 개체의 휘도와 배경 간 비의 양)은 **가독성**을 설명하기 위해 적용되어야 한다. 여기서 가독성은 시각적 객체의 높은 공간 주파수를 포함한 상세한 공간 세부사항으로 부호화된 디스플레이에서 정보를 추출하는 사용자의 능력이다. 이번에는, 디스플레이에서 시가저 개체를 쉽게 인지할 가능성을 설정한다. 위에서 언급한 것처럼, 국제 인간공학표준[2]에 따라, 가독성을 위해 허용 가능한 최소 휘도의 대비비는 3이다.

디스플레이에서 길고 강한 상호작용에서, 사용자의 만족도는 가독성뿐만 아니라 시각적 편안함이라 불리는, 보다 일반적인 기능에 의존한다[21, 22]. 시각적 편 안함은 전체 화면에서 하나의 특정 정보를 찾는 중요한 태스크를 포함하는 (가독 성뿐만 아니라) 모든 종류의 인지 태스크를 수행하는 사용자의 능력에 의존한다. 훌륭한 시각적 편안함을 위해, 인간공학표준[2]은 명확성, 변별력, 간결함, 일관 성, 검출 감도, 가독성과 이해도 같은 몇 가지 일반적인 요구사항을 요구한다. 가 독성과 시인성(또는 다른 말로 검출하는 능력)은 완전히 인지적 측면에 속한다고 볼 수 있다. 여기서 부분적으로 인간공학 인간의 인지적 특성을 고려함으로써 사 람과 컴퓨터 간 인간공학 구성의 데이터 흐름인 소프트웨어 인간공학을 포함한다.

이 절은 어떻게 사용자의 주의를 향하게 하는지에 대한 궁금증을 조사하는 것 을 목적으로 한다. 이때 디스플레이의 시각적 개체의 휘도 명암에 색도 명암을 추가함으로써 검색 성능을 증가시키는 것을 고려한다[29–31]. 가독성을 위해, 색 도 대비 및 휘도 대비는 낮은 휘도 대조와 포화된 컬러에 관련된 것이다[31]. 비 록 순수한 색도 대비 판독성을 확보할 수 있지만(그림 3.5), 형태는 상당히 희미 하다. 색도 대비는 허용할 수 있는 가독성을 만들어낼 수 없으므로, 색도 대비 외 휘도 대비는 바꿀 수 있는 것은 아니다[31].

읽는 속도(단어/분)에서 색노 대비의 효과는 휘도 대비의 정도에 의존한다는 것이 밝혀졌다[29]. 가독성에서 색도 대비의 효과는 휘도 대비가 낮을 때 특히 작 은(0.2°) 글자에서 효과적이다. 이 경우, 동등한 밝기에서 글자를 읽는 능력은 통 상적인 휘도 대비만큼 높을 때이다. 위의 결과에서 통상적으로 알 수 있는 것은 색도 대비는 디스플레이에서 가독성을 보장하기에 적합하다고 볼 수 없다는 것 이다.

좋은 가독성을 위해, 휘도 대비는 인간공학적 컬러 설계에 첫 번째로 확보되어 야 한다[23, 26]. 그리고, 일반적으로 색도 대비를 추가한다고(예를 들어 검은색, 회색 또는 흰색 심볼 대신에 색이 있는 심볼) 가독성이 더 향상되지 않는다. 그러 나 색도 대비는 디스플레이에서 중요한(강조되는) 시각적 개체의 눈에 띄는 특성 을 향상시킬 수 있다[25]. 그러나 색도 대비의 사용은 디스플레이에서 과한 색이 표현되어 사용자에게 혼란을 야기하는 문제를 피하도록 주의 깊게 사용되어야 한다[25, 26, 32−40].

시각적 검색은 시각적 타깃(예 : 색이 가미된 아이콘)과 이것의 주의를 산만하게 하는 개체들(예 : 색이 가미된 다른 아이콘들)이 서로 단일 지각 차원[예 : 색상(hue)]에서 다를 때 병렬로 한다. **병렬로 검색하는 조건**은 관찰자가 디스플레이 전체를 동시에 고려할 수 있음을 의미한다. 하지만, 대상을 식별하기 위해 여러 가지 지각 기능이 결합된 경우라면, 관찰자는 디스플레이에서 대상을 찾기 위해 순차적으로 조사하게 된다[36].

컬러 자극에 대한 시각적 검색은 반대색과 무채색 간을 결합하는 인간 시각 특성의 고차 메커니즘으로 조정되어 성립하게 된다. 타깃과 방해하는 자극의 색차가 작을 때 방해하는 자극의 숫자에 선형적으로 검색 시간은 증가하고, 색차가 크면 검색 시간은 자극의 숫자와 상관없이 일정하다[39]. 동시 검색이 가능하도록 하는 타깃과 그것을 방해하는 자극 간 최소 색차가 있으며, 이것은 중심와의 약 13~38배 JNCD(just-noticeable color difference) 정도이다[39].

타깃과 방해 자극(검은색 배경) 간 색차는 타깃의 눈에 띄는 정도를 예상하는 중요한 변수가 될 수 있다[35]. 그러나 이 실험[35]에서, 관찰자의 태스크는 여러 컬러로 구성된 사용자 인터페이스에서 사용자의 일반적인 검색 태스크와 유사하지 않다. 시각적 검색은 일반적으로 병렬 검색 환경과 거리가 있다. 다른 시각 검색 실험[28]에서, 총천연색의 사용자 인터페이스 디스플레이의 상황에서 여러 가지 다른 색 내에서 대상과 방해 요소를 포함하는 시뮬레이션이 진행되었다.

후자 실험의 목적[28]은 특정 색 타깃의 출현을 예상하는 평균 검색 시간으로부터 수학적 수식을 얻기 위한 것이다. 첫 번째 실험에서[28], 모든 시각적 타깃은 배경과 분리되는 동일한 휘도 대비의 그레이를 갖는다. 하지만, 서로 다른 색조 대비를 나타낸다. 두 번째(컨트롤) 실험[28]에서, 심볼은 모두 동일한 흰색이다.

이번 실험에서, 모든 자극은 채널 독립과 공간의 균일성을 갖는 컬러 디스플레이에서 표시되었다(2.1절). 관찰자들은, 예를 들어 'Window'와 같은 동일 크기의 동일한 폰트의 글자로 구성된 15개의 다른 의미를 갖는 컴퓨터 명령어 중 하나를 찾거나 검색해야 한다. 실험하는 동안, 특정 명령어 하나는 동일한 색도를 갖는다. 하지만 모든 명령어는 다른 색도를 갖는다. 각 관찰자는 15개의 연속적인 검색 화면에서 15개 다른 검색 명령어를 찾아야 한다.

이것을 하나의 시리즈라고 하고, 모두 10개의 시리즈가 있다. 특정 검색 화면에서, 모든 15개 명령어는 화면의 임의 위치에 표시되어 있다. 그리고 관찰자는 하나의 검색 명령어를 찾아야 한다. 이것은 화면 중앙에 다이얼로그 박스에 블랙과 화이트로 표시된 것이다. 관찰자는 화면 중앙에 있는 검색 명령어의 이름을 기억하고 '스페이스' 바를 누른다. 그때 검색 화면이 표시된다. 관찰자는 '스페이스' 바를 검색 명령어를 찾았을 때 다시 누른다. 컴퓨터 프로그램은 명령어 색도의 함수로 검색 시간(t_C), 이것의 길이 l(명령어 글자 개수), 이것의 위치(화면 중앙에서의 길이 d)를 기록한다.

무작위로 분산된 명령어에서 무작위로 선택된 회색 단어가 있다(그림 3.7 참조).

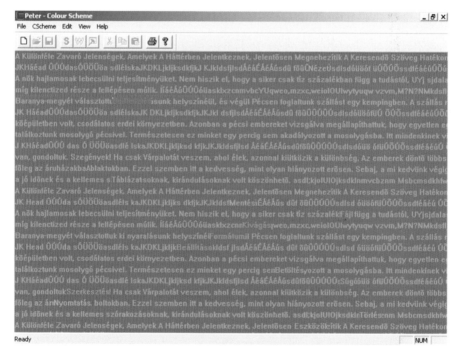

그림 3.7 사용자 인터페이스를 유지하는 디스플레이에서 검색 시 색도 대비의 규칙을 보여주는 실험의 표본 영상. 'color' 실험. 검색 명령어(예 : "Ablak"="Window")와 14개의 함정 단어, 그리고 의미가 없는 무채색 단어. 모든 단어의 채도는 동등하다[28]. *Displays*에서 허가받아 재구성함

그림 3.7에서 실험은 '컬러 실험'으로 불린다. 15개 색을 가진 검색 명령어는 동시에 표시된다. 이것은 여러 색의 사용자 인터페이스에서 사용자의 일반적인 검색 업무에 대응한다. 검색에서 색도의 영향을 분리하기 위해 컨트롤 실험도 수행하였다. 모든 변수는 컬러 실험에서 동일하다. 하지만 검색 명령어의 컬러이다. 15개 검색 명령어는 디스플레이의 최대 화이트를 갖는다. 이 실험은 '흰색 실험'으로 불린다. 10개 시리즈에서, 15개 검색 명령어의 랜덤 위치는 컬러 실험과 동일하다. 이 경우 검색 시간은 t_W로 지정하였으며, 그림 3.8은 예시 화면이다.

일반적인 시각 특성을 가진 11명의 관찰자는 '컬러' 실험, '흰색' 실험을 진행하였다. 관찰자는 검색 명령어를 찾기 위한 검색 실마리를 따랐다. 명령어 이름, 명령어 길이, 컬러 실험에서는 검색 명령어의 색도 두 실험은 다음의 변수, 관찰자 수 $n(n=1, 2, \cdots, 10, 11)$, 시리즈 숫자 $k(k=1, 2, \cdots, 9, 10)$, 검색 명령어 수 $m(m$

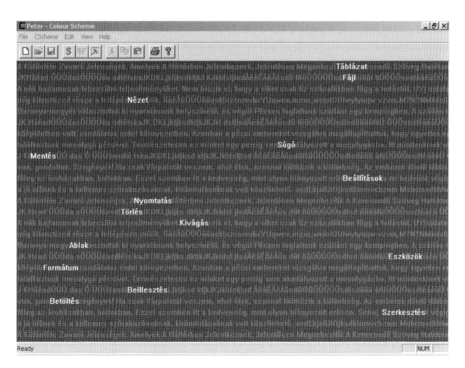

그림 3.8 사용자 인터페이스를 유지하는 디스플레이에서 검색 시 색도 대비의 규칙을 보여주는 실험의 표본 영상. '흰색' 실험. 검색 명령어(예 : "Ablak"="Window")와 14개의 함정단어는 동일한 흰색이다(디스플레이의 피크 화이트)[28]. *Displays*에서 허가받아 재구성함

= 11, 15, 18, 22, 23, 24, 31, 34, 36, 42, 44, 46, 51, 54, 57)으로 설명될 수 있다.

컬러 실험에서, m의 앞자리 수는 검색 명령어의 색상각을 명시하며, m의 뒷자리 수는 검색 명령어의 채도를 명시한다. m의 앞자리 수는 다음을 의미한다. 1 : $h_{ab} = 55°$(오렌지색), 2 : $h_{ab} = 129°$(녹색), 3 : $h_{ab} = 16°$(빨간색), 4 : $h_{ab} = 316°$(파란색−보라색), 5 : $h_{ab} = 330°$(보라색). 각 색도에서, 검색 명령어의 채도는 m의 뒷자리 수에 비례한다. 예를 들어 $m = 36$은 (높은 숫자 3, 낮은 숫자 6) 포화된 빨간 검색 명령어를 의미한다. 15개 검색 명령어의 색이 그림 3.9의 CIELAB $a^* − b^*$에 나타나 있다.

컬러 실험과 흰색 실험 모두, m의 값은 명령어 길이 l은 고유의 값으로 가진다. 10개 시리즈에서 화면상에 15개 검색 명령어의 무작위 위치에 따라, k와 m 고유한 값은 '검색 영역' z로 명칭된 곳에서 결정되었다. 화면의 중앙에서 검색 명령어 간 거리는 d이며, 글자를 $d/100$ 정숫값으로 정의하였다. z의 값은 0, 1, 2, 3, 4로, 즉 5개 검색 영역이 존재한다.

첫 번째로, '흰색 실험'에서 관찰자(n), 시리즈 또는 반복 횟수(k), 검색 영역

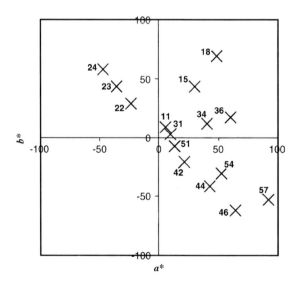

그림 3.9 CIELAB $a^* − b^*$ 다이어그램에서 15개 검색 명령어. 검색 명령어 숫자 m은 크로스 심볼 옆에 굵은 숫자로 명시되었다. '컬러 실험'에서 모든 컬러 명령어는 눈에 띈다[28]. *Displays*에서 허가받아 재구성함

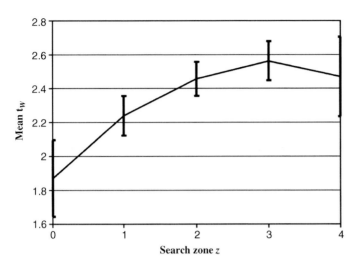

그림 3.10 화면 중심에서 검색 명령어의 거리를 d라고 하며, 정수 $d/100$로 정의된 여러 개의 검색 영역(z)에서 '흰색 실험'의 평균 검색 시간. 95%의 신뢰구간을 보인다[28]. *Displays*에서 허가받아 재구성함

(z), 명령어 길이(l)를 토대로 평균 검색 시간의 의존성을 분석하였다. 그리고 이런 효과는 컬러 실험의 결과에서 확인되었다. 컬러 실험은 시각 검색에서 색도(chromaticity)의 개별 영향을 실험할 수 있다. 흰색 실험에서 전반적인 평균 검색 시간은 2.38초이다. 검색 시간에서 k의 영향은 유의하지 않다.

평균 검색 시간의 '검색 영역' 의존성은 꽤 높았으며, 모든 관찰자에게서 유사한 경향이 있었다. 이것은 중심에서 멀어질수록($z = 0, 1, 2, 3$) 평균 검색 시간은 증가했고, 화면 경계($z = 4$)에서 눈에 띄게 줄어들었다. 이러한 경향은 그림 3.10에서 볼 수 있다. 흰색 명령어 검색에서 검색 영역의 전반적인 영향은 그림 3.10에서 보이는 것처럼 초대 검색 시간 차 $\Delta t_W^{(z)} = 0.7$로 설명할 수 있다.

관찰자는 실험 후 자신의 검색 전략에 대해 언급했다. 이 조사에서, 명령어 길이 l은 관련 변수로 밝혀졌다. 흰색 검색 시간에서 이 영향은 주요 요소이다. 관찰자가 짧은 명령을 검색한 경우 또는 그 반대의 경우에 명령어를 검사하지 않았다. 모든 관찰자에 대한 공통된 의견은 평균 검색 시간의 분석 방법에 의해 잘 설명되었으며, 그림 3.11에 변수를 l로 도식화하였다.

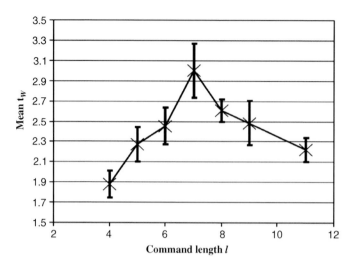

그림 3.11 '흰색 실험'에서 명령어 길이의 영향. 명령어 길이 *l*의 함수로서 평균 검색 시간 95%의 신뢰구간을 가진다[28]. *Displays*에서 허가받아 재구성함

그림 3.11에서 보는 바와 같이, 명령어 길이 곡선 대 평균 탐색 시간의 최댓값은 중간 정도의 명령어 길이다. 후자의 경우에, 관찰자는 검색 명령을 찾기 위해 짧고 긴 명령을 검사한다. 길이 *l*의 전반적인 영향으로 시간은 1.1초이다. 명령어 검색 시간에서 채도 대비의 개별적인 효과를 이해하기 위해 두 가지 가장 관련된 영향, 즉 검색 영역과 검색 길이를 '흰색 실험'과 '컬러 실험'에서 제거했다.

각각 측정된 검색 시간(t_W와 t_C)는 검색 영역을 고려한 흰색 검색 시간의 평균으로 나눴다. 후자의 값은 명령어 길이 *l*을 고려한 흰색 평균 시간으로 나눴다. 결과는 t'_W와 t'_C로 정의되었다. 평균값과 95% 신뢰구간은 *m*에 연계하여 그림 3.12(흰색 실험)와 그림 3.13(컬러 실험)에 명시되었다. 평균값은 *m*에 대한 관찰자의 대답을 바탕으로 계산되었다.

그림 3.12와 3.13에서 보여지는 것처럼, t'_C 평균은 t'_W 평균보다 높다. 전반적으로 컬러 실험에서 평균 검색 시간은 3.0초이고, 흰색 실험에서는 2.4초이다. 이 발견은 14개 색을 띠는 명령어 이름은 현재 검색 명령어보다 방해하는 개체의 역할을 하고 있다는 것을 의미한다. 또한 다른 형태의 채도 대비 검색 명령어로 추가된다면, 검색 시간의 범위는 2배 확장된다.

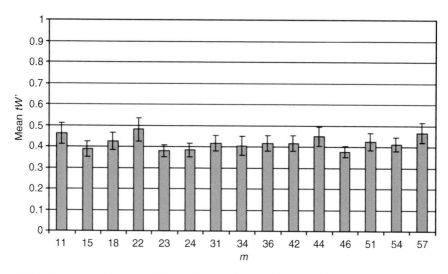

그림 3.12 m의 함수로서 t'_W(본문 참조)의 평균과 95% 신뢰구간. 이것은 검색 영역과 명령어 길이 영향을 제외시켰다[28]. *Displays*에서 허가받아 재구성함

컬러 실험에서 휘도, 폰트, 글자 크기는 모든 검색 명령어에서 동일하게 하였고, 검색 영역과 명령어 길이의 영향을 제외하였다. 따라서 실질적인 검색 시간 차이의 원인은 채도 대비이다. 그림 3.13에서 보여주는 검색 시간의 넓은 범위는

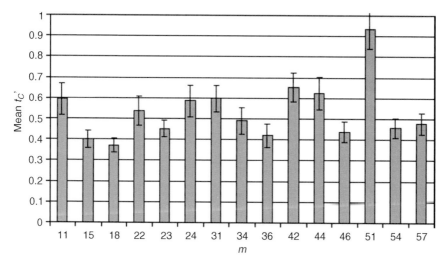

그림 3.13 m의 함수로서 t'_C(본문 참조)의 평균과 95% 신뢰구간. 이것은 검색 영역과 명령어 길이 영향을 제외시켰다[28]. *Displays*에서 허가받아 재구성함

특정 디스플레이 특성의 채도(시각 검색 타깃)는 디스플레이 관련 특성(예 : 인간-컴퓨터 다이얼로그의 사용자 인터페이스)을 반영하여 선택해야 한다.

디자이너는 각 디스플레이의 개체에 눈에 띄는 수준을 할당해야 한다. 이때 채도 대비의 적절한 사용이 필요하며, 관련하여 이번 장에서 상세히 논의할 것이다. 검색 타깃의 눈에 띄는 정도를 개선하는 다른 방법은 휘도, 빈칸, 폰트 타입과 크기 변경을 포함한다. 색이 있는 시각 개체와 몇 가지 이론을 토대로 검색 시간 특성의 모델링에 관련된 것은 개발되었다[37, 38, 40−42]. 이 절에서는 두 가지 접근 방법을 비교하였다. 첫 번째는 심볼과 배경 간 색차를 기반으로 하였으며, 두 번째는 3.3.2절에서 소개한 ELL 컨셉을 기본으로 하였다.

여러 가지 컬러 방해요소 사이에서 색이 있는 타깃(검색 명령어)의 C_m 측정된 눈에 띄는 특성은 '컬러 실험'에서 평균 검색 시간의 역수로 정의된다(식 3.1 참조).

$$C_m = 1/t'_C \qquad\qquad (3.1)$$

그러면, C_m은 검색 명령어의 공간적 특성으로부터 계산되어 C(이론적으로 계산한 눈에 띄는 값)로부터 예측할 수 있다. 이 절에서는 두 가지 수식을 비교하였다. 첫 번째는 CIELAB 색차 식이고, 다른 것은 ELL 수식이다[28]. 검색 시간 평균은 검색 타깃과 방해 요인 간 CIELAB 색차가 증가하면 급격하게 감소되는 것을 알 수 있다[35]. 하지만, 후자 실험[35]에서는 오직 한 가지 형태의 색 방해 요인(distractor)이 사용되었으며, 타깃과 방해 요인 모두 검은색 배경에 표시되었다.

이번 실험의 경우 유사한 방법으로 CIELAB 색차 수식을 적용하기 위해, 검색 명령어와 휘도 배경 간 CIELAB 색차는 색의 검색 명령어의 첫 번째 눈에 띄는 요인 모델로 고려되었다. 이것은 $C = \Delta E^*_{ab}$이다. 그림 3.14는 $C = \Delta E^*_{ab}$와 C_m 간 관계를 보여준다.

그림 3.14에서처럼, 상관관계는 충분하지 않다($r^2 = 0.37$). ELL 수식[28]을 고려하면, 그림 3.13은 채도가 넓어질수록 검색 시간은 줄어들고, 이런 까닭에 C_m이 커진다(그림 3.13에서 m의 낮은 숫자를 고려한다. 예외로 $m = 22, 23, 24$, 즉 색도가 55°로 오렌지).

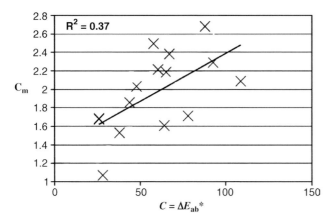

그림 3.14 $C = \Delta E_{ab}^*$의 함수로 측정된 명료성 C_m[28]. *Displays*에서 허가받아 재구성함

ELL 실험(3.3.2절)에서, ELL의 크기는 색이 있는 글자의 CIELAB 채도값과 상관성이 높으며, 글자의 CIELAB 색상각(hue angle)에서 ELL의 종속성은 고정된 채도 값 차이와 꽤 유사하다(그림 3.6 참조). 이런 발견을 근간으로, C_m 은 ELL, C_{ab}^*와 그림 3.6의 $f(h_{ab})$함수 평균의 크기를 예상 가능하도록 모델링할 수 있다. 후속 함수 $f(h_{ab}/360°)$의 수정된 내용은 10차 다항식(polynomial)과 유사하다(그림 3.15 참조).

그림 3.15에서 알 수 있는 바와 같이 $f(h_{ab}/360°)$은 2개의 최대 영역과 최소 영역이 있으며, 이것은 Helmholtz–Kohlrausch 효과의 의존하는 색도값과 유사하다. 최솟값은 $h_{ab} = 120°$(녹색의 노란색)이고, 두 번째 최솟값은 $h_{ab} = 322°$(파란 보라색)이다. 최댓값은 $h_{ab} = 21°$(빨간색)이다. 두 번째 최댓값은 $h_{ab} = 234°$(녹색의 파란색)이다. 함수 $f(h_{ab}/360°)$의 다항식 계수는 표 3.2에 정리되어 있다.

함수 $f(h_{ab}/360°)$를 사용할 때, 다음의 외연(conspicuity) 함수는 적절한 C_m을 산출한다.

$$C = 1.3973 + 0.0046956C_{ab}^* + 0.048907f(h_{ab}/360°) + 0.010548C_{ab}^*f(h_{ab}/360°)$$

$$(3.2)$$

식 3.2로 C_m과 C 간의 상관관계는 개선될 수 있다($r^2 = 0.61$, 그림 3.16 참조). 그

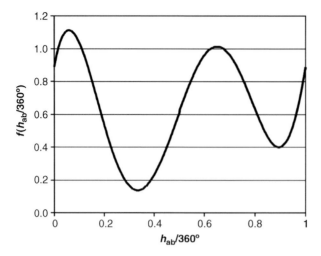

그림 3.15 함수 $f(h_{ab})$는 ELL에 의존적인 것으로 정의되었다. ELL은 색도 h_{ab}값이다[28](그림 3.6 참조). *Displays*에서 허가받아 재구성함

리고 디스플레이에서 인간공학적 색군을 선택함으로써 시각적 검색 능력을 위해 채도 대비를 사용하여 수식화하는 절차가 가능하다.

각 개체의 색은 그것의 중요도에 따라 눈에 띄는 정도를 할당해야 한다. 우선, 컴퓨터로 제어되는 디스플레이의 컬러 특성은 각 *rgb*값으로부터 각 표시 요소를

표 3.2 $f(h_{ab}/360°)$ 추정을 위한 10차 다항식의 계수[28]

Order	Coefficient
0	0.8893
1	8.3508
2	−90.4847
3	227.426
4	−117.674
5	−115.231
6	−62.462
7	277.103
8	−126.334
9	0.6890
10	−1.3837

*Displays*에서 허가받아 재구성함

위한 배경 휘도(L_B)와 심볼 휘도(L_S), 뿐만 아니라 C_{ab}^*와 f_{ab}를 계산할 수 있도록 수행된다(2장 참조). 그러면, 배경 휘도 L_B와 심볼 휘도(또는 심볼 휘도 집합군) L_S는 색이 있는 심볼을 위해 선택된다. L_B와 L_S의 집합군은 $L_S/L_B \geq 3$ 또는 $L_B/L_S \geq 3$ 범위로 디스플레이의 휘도 윤곽을 구성한다.

이것은 개체가 다음 고정점(pixation point)이 되도록 시각적으로 주의를 끄는 개체의 인지된 채도 밝기(6.5.2절 참조)로 알려져 있다. 그래서, 채도 밝기의 개념은 평균 검색 시간의 역수로 정의된 측정한 외연과 관련된다. 배경과 조합한 포화된 동등한 발광(equiluminous)(자발광) 문자의 인지는 '희미한 빛(glimmering)' 같은 것이다.

그래픽 소프트웨어를 사용하여 데스크톱 컴퓨터 모니터에서 이러한 효과를 쉽게 알 수 있다. 이런 사실은 휘도 대비와 채도 대비의 역할을 구별해서 적용하는 것이 중요하다는 것을 강조하고 있다. 채도 대비의 도움에 의해, 눈으로 검색하는 것은 윤곽의 휘도 대비를 변화시키지 않고 제어할 수 있다. 후자(채도 대비)는 디스플레이에서 시각적으로 세세한 요소의 선명한 공간 해상도를 명확하게 인지하게 한다.

색의 인간공학 절차의 마지막 단계는 디스플레이에서 사용된 컬러 집합군의 선택이다. 컬러군은 사전에 정의되었다[43]. 다른 방법으로, 사용자는 그/그녀의 자신의 색 세트[44]를 선택할 수 있다. 어떤 방법을 사용하더라도, 식 3.2의 C(C_{ab}^*, h_{ab})값은 컬러 선택 알고리즘에서 각 색상에 대해 고려되어야 한다. 목표는 선택된 컬러 집합군 내에서 여러 가지 별개의 C 간격(즉 외연 수준)을 설정하는 것이다.

예상되는 가장 낮은 검색 시간이 되도록 높은 우선순위의 명령어나 다른 개체를 찾아라. 이것은 높은 C 간격에 들어갈 색이어야 한다. 그 간격 C는 예를 들어 $C-[2.4; 2.6]$이 될 것이다[그림 3.16의 가로축 참조]. 관찰사의 중간 성도의 우선순위는 $C=[2.0; 2.2]$ 간격으로 배치될 것이다. 관찰자의 낮은 우선 순위는 $C=[1.6; 1.8]$ 간격으로 배치될 것이다. 그림 3.17에서 예시를 볼 수 있다. 그 응용은 그림 3.18에서 샘플 사용자 인터페이스로 입증되었다.

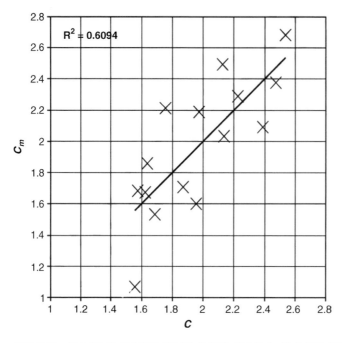

그림 3.16 식 3.2로 정의된 명료성(*C*)과 측정된 명료성 *C*ₘ 간 상호관계[28]. *Displays*에서 허가받아 재구성함

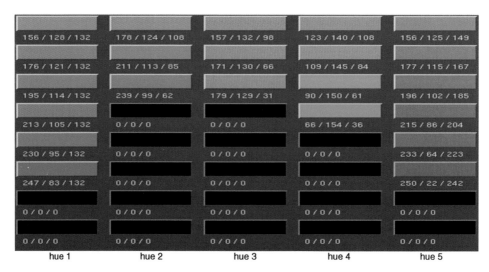

그림 3.17 인간공학적 설계를 위한 서로 다른 명료성 단계의 컬러 도식(scheme)의 예. 명료성 단계는 위에서 아래로 갈수록 증가한다. 왼쪽에서 오른쪽의 방향으로 다른 색상의 사용은 그룹으로 모아서 구분히는 데 사용된다(색도 대비의 인간공하 특성에 중요 함).

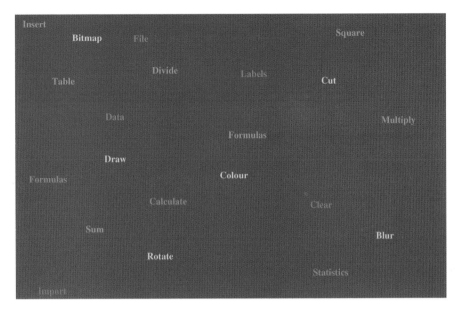

그림 3.18 샘플 사용자 인터페이스를 위한 그림 3.17의 컬러 도식의 응용

(그림 3.17에서 왼쪽에서 오른쪽으로) 다른 색상의 사용은 그룹으로 모으거나 분할하는 데 사용할 수 있다. 이것은 채도 대비를 적용하는 중요한 인간공학적 특징이다.

3.3.4
색도와 휘도 대비 성능

나이가 듦에 따라 사람의 시각 시스템에서 감소하는 요인 중 하나는 공간 대비 감도이다[45, 46]. 이 절의 목적은 휘도 대비와 색도 대비 변화의 특징을 요약하는 것이다. 다른 목적은 컴퓨터로 조정되는 컬러 디스플레이에서 젊은 층과 고령층의 임계 대비와 선호 대비 사이의 차이점을 확인하는 것이다.

공간 대비 감노는 연령에 따라 급격하게 술어늘고 특히 높은 수파수에서 너욱 그러하다[4]. 컬러 디스플레이를 위해, 공간 대비 감도는 주요 역할을 하는 반면, 디스플레이의 재생 주파수는 플리커 주파수보다 높다. 시간 대비 감도는 덜 중요하다. 나이에 따른 대비 감도의 감소 원인은 크리스털 렌즈의 전반적인 흡수가 증가하는 반면, 파란색 영역에서 전반적인 결핍이 뚜렷하게 증가한다. 비록 나이 든 관찰자의 컬러 어피어런스가 그들의 삶에 전반적으로 안정적이라 하더라도[50], 이 영향은 또한 컬러 시력 감소의 원인이 된다[49]. 왜냐하면 장기 색 (chromatic) 재균형의 영향 때문이다.

나이가 듦에 따라 공간감도 감소하는 두 번째 요소로 열화에 따른 자연적인 변화 또한 발생하는 것을 들 수 있다[51]. 저휘도 레벨에서, 이러한 자연적인 변화는 낮은 공간 주파수에서 눈에 띄게 감도가 감소하는 원인이 될 수 있다[52]. 안구 내의 빛 산란과 망막 조도의 감소로 인해 광학적인 요인 또한 대비 감도의 손실에 기여한다.

가독성에 대한 임계값 대비는 문헌[52−57]에 잘 조사되어 있다. 하지만 디스플레이 인간공학을 위해 ─ 디스플레이의 장기간 상호작용을 위해 ─ 선호되는 휘도 대비는 역시 중요하다. 가독성은 선호되는 레벨의 임계값에서 대비를 증가시킴으로써 뚜렷하게 증가하는 것으로 알려져 있다.

3.3.3절에서 본 것처럼, 색도 대비의 인간공학적인 정확한 사용은 검색 시간을 줄이고, 색도 대비의 선호되는 크기와 이것의 공간 주파수 특성을 아는 것은 기본이다. 시각적 인간공학의 관점에서, 무채색 배경에서 색도 대비는 색이 있는 배경에서 심각한 결함의 원인이 되기 때문에 매우 중요하다. 따라서 색도-색도 (예 : 빨간색과 녹색) 공간의 계조는 현재 논의하는 것에서 관심 외로 한다.

선호되는 대비는 초과 임계 대비 인지의 특별한 형태를 재현한다[58]. 젊은 관찰자와 고령층의 관찰자 모두 시각적으로 선호하는 대비를 평가할 수 있다[45]. 인간 시각 시스템의 대비 감도는 컬러 이미지의 희미한 변화에서 검출하는 것을 기반으로 하는 시각적 장면에서 좋은 정보를 구별할 수 있다. 후수용체 시각 프로세싱의 초기 단계에서, 이러한 컬러 변화는 휘도 채널과 추가적인 2개 원추 반대 메커니즘(소위 말해 색도 또는 스펙트럼 반대 채널)에 의해 조정된다[59](1.1절 참조).

채도 대비 인지의 시각 연구[55, 56, 60, 61]에서, 등휘도 색 격자의 테스트 이미지가 일반적으로 사용된다. 그들은 일반적으로 $L+M-S$축(파란색-노란색 반대색 채널 감도로 조사된) 또는 L-M축(빨간색-녹색 반대 채널)을 따라 변조된다. 위에 언급하였듯이, 컬러 인간공학의 개념은 컬러로 인한 입체영상의 인지로 인해 등휘도 반대 컬러 쌍의 사용을 배재한다(예 : 녹색 배경에서 빨간색 글자).

무채색 배경에 동일 색상(hue)의 채도 그레이팅은 인간공학적 관점에 더욱 관련된 것이다. 그래서, 임계값과 선호하는 색 대비 실험을 위해, 다른 공간 주파수로 구성한 동일한 색상의 정현파 그레이팅의 색 실험 패턴이 위쪽으로 대비가 감소하는 것으로 표현된다[45]. 이런 테스트 패턴에서 추가적으로 무채색 실험 이미지 또한 관찰되었다. 그림 3.19는 실험에 사용된 테스트 이미지를 보여준다[45].

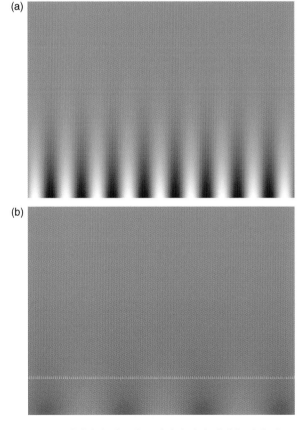

그림 3.19 임계값과 선호되는 대비의 시각 설정을 위한 테스트 이미지[45]. 무채색 테스트 이미지 (a)는 유채색 테스트 이미지(0.4 c/deg)보다 이번 예제에서 공간 주파수가 0.2 c/deg로 크다. 사인파의 공간 주파수는 각 테스트 이미지에서 동일하다. *Displays*에서 허가받아 재구성함

그림 3.19에서 보는 바와 같이, 이런 테스트 이미지의 하단에서 정현파의 크기는 최대이고, 이미지 상부에서는 크기가 없다. 무채색 대비(AC) 실험에서 테스트 이미지는 무채색 그레이다(그림 3.19a 참조). 휘도는 정현파의 각도(수평 위치)와 정현파의 크기(수직 위치)에 의존한다. 그레이팅의 최대 휘도는 $62.0cd/m^2$(피크 화이트)이고 최솟값은 $0.1cd/m^2$(블랙)보다 낮다. 이 최대 화이트 휘도에서 디스플레이의 최대 휘도가 결정되고, 동일한 테스트 이미지 앞에 다른 종류의 그레이 필터를 적용함으로써 3개의 다른 휘도가 나타난다. 필터의 평균 투과값은 13, 26, 49%로 피크 화이트의 최대 휘도는 8, 16, $30cd/m^2$가 된다.

색 대비(CC) 실험에서, 테스트 이미지(그림 3.19b 참조)는 비슷하다 하지만 동일한 휘도값을 가진다. 그림의 CIELAB 채도 C_{ab}^*는 CIELAB 공간에서 동일한 색도의 색에서 무채색과 어두운 색조 범위 내에서 수직방향으로 주기성을 갖는 정현파 형태로 변했다. 크로마는 각 실험 이미지의 정현파 하부에서 최대에 도달했다. 레퍼런스 흰색($x_0 = 0.298$, $y_0 = 0.310$)으로써 CRT 모니터의 흰색과 CIE 1931 색좌표를 이용하여 스펙트럼 수치는 CIELAB로 변환된다. 8개 다른 CIELAB 색도가 관찰되었고, 이것은 45°의 배수이다. 반면에, 실험 이미지의 밝기는 $L^* = 50$으로 $11.0cd/m^2$에 대응한다.

CC 실험에서, 오직 후자의 휘도값만 사용된다. 단독 실험 이미지의 정현파 그레이팅의 공간 주파수는 AC와 CC 실험 모두 항상 동일하다. 10개 공간 주파수가 조사되었다—0.1, 0.2, 0.4, 1, 2, 4, 8, 10, 12, 14 cycles per degree(c/deg). 채널 분리를 훌륭하게 표현하는 컬러 CRT 모니터로 이 디스플레이는 교정을 받았고, 암실에서 표시되었다. 실험 이미지의 주변은 $0.1cd/m^2$ 이하의 휘도를 갖는 검은색이다. CRT 모니터는 85Hz 주파수에서 공간 해상도에서 1600×1200픽셀을 갖는다. 컬러 해상도는 각 채널이 8bits이다. 이 컬러 해상도는 휘도와 색의 단계를 충분히 작게 나누는 데 대응한다. 이 단계들은 공간 주파수에서 대비 임계값을 인지할 수 있는 정도이다.

화면 앞에 앉은 관찰자는 화면을 정면으로 본다. 테스트 이미지는 화면 중앙에 보여준다. 첫 번째 업무는 이미지에서 영역을 표시하는 것이다. 여기서 수지선은

'배경에 페이드된' 것으로 관찰자는 어느 선도 구별하지 못한다. 이것의 대비는 '임계값 대비' 값으로 저장된다. 후에, 관찰자는 임계값을 추가적으로 실험 이미지에 다른 대비 정도를 표시해야 한다. 여기서 임계값은 변조된 선의 대비로 인지된다. 이때 이미지 패턴을 무난하게 인지하는 선호 정도로 정해진다.

환경 설정 작업은 모든 관찰자에 대해 이해하기 쉽고 실시하기 쉽게 구성되었다. 관찰자에 의해 정해진 두 번째 대비는 '선호 대비' 값으로 저장된다. 테스트 이미지에 '선호 마크'가 세팅된 후, 실험 이미지는 자동적으로 사라지고, 12초 동안 중간 그레이가 표시되는 단계 후, 다른 공간 주파수를 갖는 다음 실험 이미지가 보여진다. 관찰자는 실제 디스플레이의 시청 상황에 가까이 와서 양안으로 보도록 한다.

AC와 CC 실험 모두 과정은 동일하다. 다만 휘도 대비(AC) 또는 색 대비 형태가 변한다. 만약 관찰자가 특정 이미지에 대해 어떤 스트라이프를 검출할 수 없다면, 그 또는 그녀는 실험 이미지 가능한 아래쪽에 표시한다. 관찰자는 실험을 시작하기 전에 어두운 방에 있는 모니터에 일련의 과정에서 본 테스트 이미지로 5분간 적응 기간을 가진다.

10명의 건장한 성인이 실험에 참여하였고, 5명은 젊은 층(평균 25.8세, 24~29세)이고, 5명은 고령층(평균 66.6세, 61~70세)이다. 모두 정상 시력을 가진다. 그들의 시력은 FM 100 색상 실험으로 검증받았고, 모두 정상이다. 실험에서 모든 관찰자는 안경이 있다면 착용하였다. 10개의 다른 공간 주파수 실험 이미지는 각기 다섯 번 보여졌다. 휘도마다 50개 실험 이미지가 무작위로 정렬되었고, 2개의 시리즈로 나눠졌다. CC 실험에서, 10개 공간 주파수는 8개의 색상에서 각기 다섯 번씩 나타났다. 실험 이미지의 순서는 무작위로 나열되었고, 테스트 이미지는 관찰자에게 10개의 별도 시리즈로 보여졌다.

테스트 이미지의 *rgb*값이 임계 콘트라스트 레벨에서 모든 관찰자가 선호하는 콘트라스트를 전부 저장하였다. CIE *XYZ* 삼자극치값은 계산되었다. 이것은 색의 경우를 위한 것이고, 값은 CIELAB 채도(*C**)이다. 무채색(AC)의 경우, 대비값 (Michelson 대비)은 식 3.3으로 계산된다.

$$AC = 100\% \times (L_{max} - L_{min})/(L_{max} + L_{min}) \qquad (3.3)$$

식 3.3에서, 정현파 무채색 테스트 이미지에서 $L_{max}(L_{min})$은 최대(최소) 휘도를 나타낸다. 이것은 관찰자에 의해 확인된 선호하는 수준이거나 임계값이다. CC 실험에서, 임계 색 대비와 선호하는 색 대비는 식 3.4로 결정된다.

$$CC = 100\% \times (C^*_{max} - C^*_{min})/(C^*_{max} + C^*_{min}) \qquad (3.4)$$

식 3.4에서, 정현파 색 테스트 이미지에서 $C_{max}(C_{min})$은 최대(최소) CIELAB 채도를 나타낸다. 이것은 관찰자에 의해 표시된 점을 가르는 수평선에 따라서 표시된다. 모든 분석(AC와 CC)는 %값으로 결정되는 대비값으로 수행된다. 이것은 관찰자에 의해 확인된 선호하는 수준이거나 임계값이다. 대응 표본 t 검증은 임계 대비 선호 수준의 대비값 사이의 전반적인 평균 차이의 유의성을 조사하기 위해 수행하였다. 결과는 표 3.3에 정리되었다.

표 3.3에서 보는 것처럼, 휘도를 고려하지 않고 연령대 또는 공간 주파수, 전반적인 무채색 임계 대비(AC_{thr})는 선호하는 대비(AC_{pref}) 수준보다 눈에 띄게 낮다 ($p < 0.001$). t 검증을 다시 수행하면, AC_{thr}와 AC_{pref} 사이는 구분된 연령대를 보면, 젊은 층과 고령층 모두에서 그 차이가 확연하다($p < 0.001$). 하지만 고령층 관찰자에서 차이 평균은 젊은 층보다 크다(36.6 대비 60.9).

AC 실험에서 대비 평균값은 공간 주파수 함수로, 그림 3.20에 표시되었다.

AC_{thr}와 AC_{pref} 데이터는 그림 3.20에 표시되었으며, 실험자(공간 주파수와 테스트 이미지의 휘도 레벨)와 (연령대를 위한) 실험자에 대해 ANOVAs가 수행되

표 3.3 전 연령대, 그리고 각각의 연령대에서 휘도 대비 수준(AC)의 평균 임계값(μ_{thr})과 평균 선호도(μ_{pref}) 간 쌍으로 샘플 비교(preferred-sample comparisons) 가설 $H_0 : \mu_{thr} = \mu_{pref}(H_a : \mu_{thr} 6 \neq \mu_{pref})$ [45]를 실험

	Mean difference (%)	T	df	Significance
Overall	47.6	77.8	2853	< 0.001
Elderly	60.9	62.4	1297	< 0.001
Young	36.6	55.9	1555	< 0.001

*Displays*에서 허가받아 재구성함

었다. 임계 대비 AC_{thr}의 경우, 눈에 띄는 영향은 (1) 나이($p < 0.001$)로, 젊은 층은 휘도 대비에 더 예민하다(그들의 낮은 임계값으로 명시되는). (2) 휘도 레벨($p < 0.001$)로, 관찰자는 낮거나 높은 공간 주파수보다 중간 정도의 공간 주파수에 더욱 민감하다.

모든 상호작용은 눈에 띈다 — 휘도 레벨과 주파수($p < 0.001$), 나이와 휘도($p < 0.001$), 나이와 주파수($p < 0.001$), 나이 빈도와 공간 주파수 횟수와 휘도 레벨($p < 0.001$). 관찰자는 높고 낮은 공간 주파수에서 덜 민감하다. 이때 휘도 레벨은 낮다. 고령층 관찰자는 휘도를 감소시킬 때 낮은 감도를 가진다. 고령층 관찰자는 높은 공간 주파수에서 젊은 층보다 낮은 감도를 가진다. 그들은 휘도 레벨이 낮아짐에 따라(그림 3.20 참조) 높은 공간 주파수뿐만 아니라, 중간 정도의 공간 주파수에서도 낮은 감도를 갖는다.

선호 대비 조건(AC_{pref})을 위해, 나이($p < 0.001$)와 공간 주파수($p < 0.001$)의 주요 영향은 확연하게 눈에 띈다. 하지만 휘도의 영향은 없다($p = 0.206$). 고령층 관찰자는 더 높은 대비에서 선호도를 가지며 관찰자의 선호하는 대비는 공간 주파수의 변화에 따라 바뀐다. 임계 결과와 유사하게, 중간 위치의 공간 주파수는 낮은 대비를 필요로 한다. 그리고 높고 낮은 공간 주파수는 더 높은 선호 대비를 요구한다.

모든 상호작용은 눈에 띈다. 휘도 레벨과 주파수($p < 0.001$), 관찰자가 중간과 낮은 공간 주파수에서 선호하는 대비(휘도 레벨은 낮춤), 나이와 휘도($p < 0.001$)에서 눈에 띄는 상호작용이 있다. 고령층 관찰자는 높은 대비를 선호한다. 이때 실험 이미지의 휘도는 감소한다. 나이와 공간 주파수($p < 0.001$)에서 눈에 띄는 차이가 있는데, 고령층 관찰자는 중간 정도와 낮은 공간 주파수의 높은 선호 대비에서 확연하게 표시된다.

모든 세 가지 요소 간의 상호작용 효과가 유의하였다($p = 0.012$). 고령층 관찰자는 낮은 공간 주파수의 대비에서 매우 높은 값을 선호하였고, 젊은 관찰자는 실험 이미지의 휘도 레벨이 어두운 휘도 레벨 아래로 떨어짐에 따라 낮은 선호 대비를 선택하였다(그림 3.20 참조).

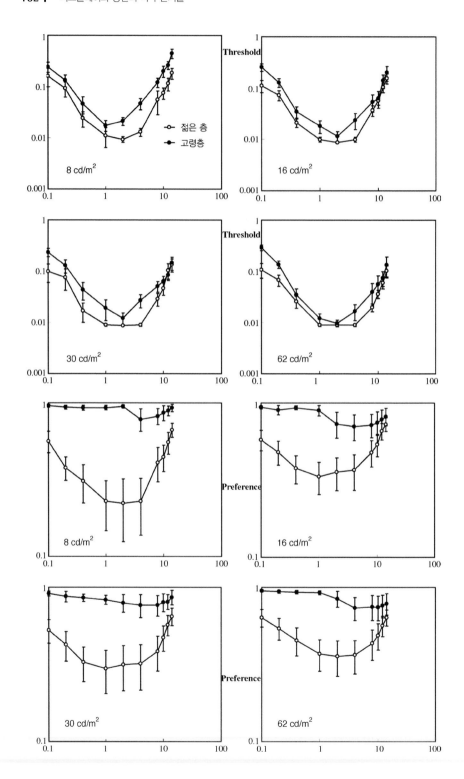

표 3.4 전 연령대, 그리고 각각의 연령대에서 채도 대비 수준(CC)의 평균 임계치(μ_{thr})와 평균 선호도(μ_{pref}) 간 쌍으로 샘플 비교 가설 $H_0 : \mu_{thr} = \mu_{pref}(H_a : \mu_{thr} \neq \mu_{pref})$[45]

	Mean difference (%)	T	df	Significance
Overall	41.9	122.2	2799	< 0.001
Elderly	39.8	100.3	1999	< 0.001
Young	47.1	73.8	799	< 0.001

*Displays*에서 허가받아 재구성함

표 3.4에서는 대응 표본 *t* 검증은 관찰자에 의해 발견된 임계 색 대비와 선호하는 색의 대비(CC_{thr} 및 CC_{pref}) 사이에서 전체 평균 차의 의미를 조사한 것을 나열하였다. 비슷하게 무채색의 결과는, 임계값과 선호값은 평균에서 눈에 띄게 달랐다. 하지만 그 차이는 고령층 관찰자보다 젊은 층에서 더 크게 나타났다(33.04 대비 41.68)(표 3.3과 비교).

평균 임계 색 대비값은 그림 3.21에 그려졌다, 반면에 평균 선호 색 대비값은 그림 3.22에 그려졌다.

그림 3.21과 3.22에 그려진 CC_{thr}과 CC_{pref} 값을 위해, ANOVAs는 공간 주파수와 색 실험 이미지의 색상각(hue angle), 그리고 관찰자의 연령대를 고려하여 실험자 내에서 수행하였다. 임계 색 대비(CC_{thr})의 경우, 중요한 영향은 채도 테스트 패턴($p < 0.001$)의 CIELAB 색도에서 발견된다. 관찰자는 다른 색도보다는 공간 주파수($p = 0.016$)와 몇몇의 색도에서 더욱 민감하다. 관찰자는 낮거나 높은 공간 주파수보다는 중간의 공간 주파수에서 더 민감하다.

복합된 영향을 포함한 다른 영향들은 눈에 띄게 보이진 않았다. 하지만 그림 3.21에서 보여진 평균 결과를 토대로 보면, 고령층 관찰자는 낮은 채도 임계 감도

그림 3.20 공간 주파수(로그-로그 좌표계) 함수에서 무채색 대비 평균 : 임계값(첫 번째 두 행)과 선호도(마지막 두 행)는 다른 휘도 수준에서 젊은 층과 고령층 그룹의 평균 비교이다. 아래에 있는 두 행에서 선호도 다이어그램의 크기는 위에 있는 두 행의 임계값 다이어그램과 다르다. 흰 점은 젊은 층의 결과를 보여주고, 검은 점은 고령층의 결과이다. 세로축의 크기는 식 3.3의 로그값이다. 값 1은 100% 대비에 대응한다. 에러 바(error bar)는 두 연령대 그룹의 5명의 관찰자가 5회 반복한 것에서 계산한 평균의 95% 신뢰구간을 나타낸다[45]. *Displays*에서 허가받아 재구성함

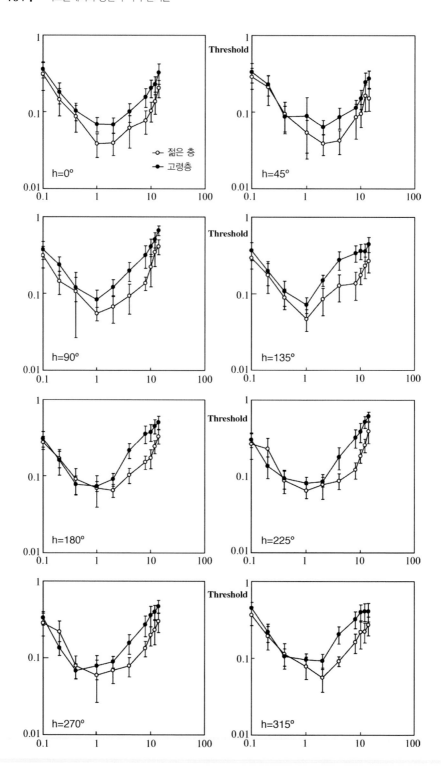

를 갖는 경향이 젊은 층보다 높다. 선호 색 대비 조건(CC_{pref})을 위해, 색상각과 공간 주파수의 주요 영향($p<0.001$)은 눈에 띈다. 하지만 나이의 영향은 미비하다($p=0.218$). 관찰자는 색상 0°와 45°에서 색 대비를 덜 선호한다(예 : 빨간 색과 오렌지 톤). 그리고 다른 색에서는 더 선호한다.

색 임계 결과와 유사하게, 중간 정도의 공간 주파수는 선호하는 것으로 낮은 색 대비를 필요로 한다. 그리고 높고 낮은 공간 주파수는 더 높은 값을 요구한다. 색상각과 공간 주파수($p<0.001$) 사이에 눈에 띄는 상호작용이 있다. 나이 배수와 색상각 배수 공간 주파수($p=0.026$)는 눈에 띄는 복합적인 영향이 있다.

관찰자의 선호 색도 대비는 낮은 공간 주파수에 대한 각 색상각과 유사했다. 하지만, 약 2c/deg 이후부터, 다른 대조는 서로 다른 색상을 선호한다. 파란색-녹색 색상(hue)(180°, 225°, 270°)을 제외하고, 젊은 층과 고령층의 관찰자는 선호도가 일치하였다. 고령층 관찰자는 낮은 공간 주파수에서 젊은 층보다 더 높은 대비를 선호한다. 특정 색상각(0~45°)의 선호하는 색 대비 곡선의 최솟값은 젊은 층과 고령층 관찰자에 대해 서로 다른 공간 주파수에서 나타났다. 이 결과는 세 가지 요인의 상호작용에 의해 뒷받침된다(예 : 나이, 색상각, 공간 주파수).

상기 결과를 정리하면, 이는 노화는 휘도 콘트라스트 임계치 또는 색도 대조 임계값뿐만 아니라, 선호하는 휘도 대비, 선호하는 색 대비에 영향이 있음을 언급한다. 결과는 노인 관찰자 예상 휘도 대비 감도의 감소를 넘어, 노인과 젊은이 각각의 선호하는 대비 사이의 차이는 임계 대비 차보다 더욱 중요하게 여겨진다.

중간 정도의 공간 주파수를 위해 인간 시각 시스템의 피크 무채색 감도(다시 말해 임계 역수)는 변하지 않는다. 다만, 높은 공간 주파수를 위한 감도는 상기 결과에 따라, 나이가 늘어남에 따라 급격하게 떨어진다[53, 57]. 이것은 실제로 나

그림 3.21 공간 주파수(로그-로그 좌표계) 함수에서 재노 대비 평균. 서로 다른 색상각의 테스트 이미지를 젊은 층과 고령층이 실험한 결과를 비교한 임계값[CIELAB h는 각도(degree)]. 흰 점은 젊은 층의 평균을 보여주고, 검은 점은 고령층의 결과를 나타낸다. 세로축의 크기는 식 3.4의 로그 값이다. 값 1은 100% 대비에 대응한다. 에러 바(error bar)는 고령층의 경우 5명이 5회 반복한 결과이고 젊은 층은 5명이 2회 반복한 결과이다[45]. 계산 결과는 95% 신뢰구간을 갖는다. *Displays*에서 허가받아 재구성함

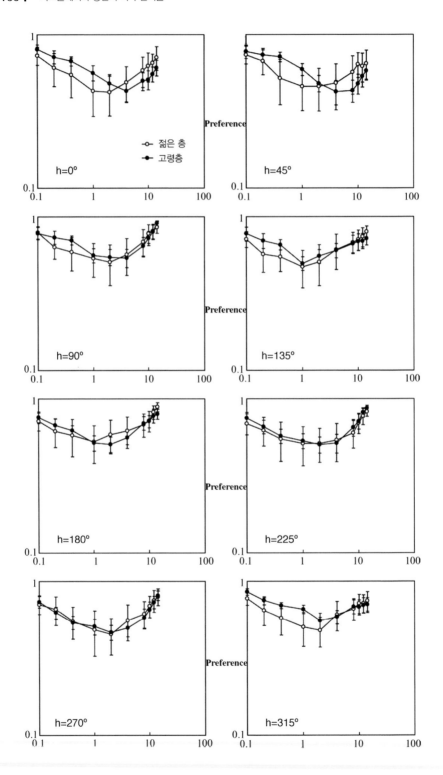

이가 드는 동안 낮은 주파수의 피크 감도는 이동한다. 하지만 피크는 여전히 공간 주파수의 4 cycle/deg 영역에서 존재한다.

선호 휘도 콘트라스트 곡선은 임계 곡선으로서 유사한 공간 주파수 경향을 따른다. 즉 중간 공간 주파수에 대해, 관찰자는 더 낮은 대비에서 편한함을 느낀다. 상대적으로 큰 편차값(그림 3.20에서 오차 막대 참조)은 임계 태스크에 비해, 이 작업의 주관적 특성에 기인한다. 그림 3.20에서 알 수 있는 바와 같이, 나이 든 관찰자의 무채색 선호 대비는 젊은 관찰자보다 상당히 높다.

낮고 높은 공간 주파수(1에서 12c/deg 사이 중간 주파수 영역을 제외하고)에서, 노인 관찰자는 각 휘도 상황에서 사용할 수있는 최댓값을 설정한다. 30cd/m² 조건에서 이웃한 공간 주파수 간의 원활한 전환으로부터, 매우 낮은 대비 선호가 낮거나 높은 공간 주파수와 비교하여 중간 공간 주파수에 있다. 초과 임계 휘도 대비에서 두 연령 그룹 사이 차이의 증가에 대한 가능한 대답은 연령대의 눈 렌즈의 광학 특성에 의존할 수 있다는 것이다.

입력 영상에 대한 인간의 망막 대비의 역수는 시스템 내 참여자의 대비값 역수의 합으로 모델링될 수 있음을 명시하였다[62]. 이것은, 디스플레이 콘트라스트와 눈의 대비이다(식 3.5 참조).

$$(1/C_{\mathrm{ret}}) = (1/C_{\mathrm{disp}}) + (1/C_{\mathrm{eye}}) \qquad (3.5)$$

눈의 콘트라스트 기여는 이미지[63]에서 인간의 눈의 점 확산 함수(나이에 강하게 의존)를 컨벌루션함으로써 근사화될 수 있다. 나이 든(즉 모호한) 수정체는 젊은 렌즈보다 훨씬 더 대비가 저하되고, 이 영향은 효과는 젊은 관찰자보다 나이가 있는 사람에서 훨씬 적은 망막 대조의 영향이 된다.

그림 3.22 공간 주파수(로그-로그 좌표계) 함수에서 재노 대비 평균. 서로 다른 색상각의 테스트 이미지를 젊은 층과 고령층이 실험한 결과를 비교한 임계값[CIELAB *h*는 각도(degree)]. 흰 점은 젊은 층의 평균을 보여주고, 검은 점은 고령층의 결과를 나타낸다. 세로축의 크기는 식 3.4의 로그값이다. 값 1은 100% 대비에 대응한다. 에러 바(error bar)는 고령층의 경우 5명이 5회 반복한 결과이고 젊은 층은 5명이 2회 반복한 결과이다[45]. 계산 결과는 95% 신뢰구간을 나타낸다. *Displays*에서 허가받아 재구성함

동일한 연구[60]에 있어서, 휘도 CMFs는 대역 통과 특성을 가지고 있는 반면, 색도 CMFs는 저대역 통과 형태(연구에 의하면 0.5~4c/deg 영역)에서 나타낸다. 이를 통해 색을 표현하는 경우의 대부분에서, 결과 커브는 1c/deg 감도 결과와 비교할 때 0.5c/deg에서 민감도 손실을 나타내는 경향이 있었다. 결과에서 (4.4절 참조) 색도 대비 감도 함수는 일반적인 대역 통과 경향을 가진다고 제한한다. 이것은 전반적인 공간 주파수 도메인에서 분석된 것이다. 휘도 임계와 비교된 색도 임계가 지적됨에 따라, 더 낮은 공간 주파수 쪽으로 이동하는 경향이 함수의 최솟값에서 있다.

무채색 대비와 비교한 색도 대비에서 연령 그룹 간 작은 선호 차이는 다음의 내용을 제안한다 — 연령이 증가함에 따라, 채도와 무채색 대비의 감도는 감소하는 반면, 초과 임계 인지는 휘도보다 색도에서 조금 더 안정적이다. 그림 3.23에서, 그림 3.22의 데이터는 테스트 이미지의 색상각 함수로 다시 그려졌다.

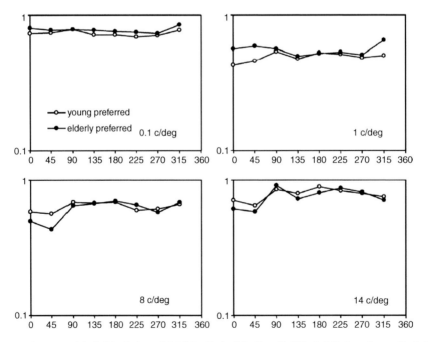

그림 3.23 젊은 층(흰 점)과 고령층(검은 점)의 선호 채도 대비를 나타내며 그림 3.22의 데이터를 CIELAB 색상각 기준으로 재배치하였다. 4개의 그림은 0.1, 1, 8, 14 c/deg를 각각 나타낸다[45]. *Displays*에서 허기받이 제구 성함

그림 3.23의 왼쪽 상단 그래프에서, 젊은 층과 고령층의 결과를 나타내는 두 곡선이 겹쳐져 그려졌다. 상대적으로 작은 공간 주파수(0.1c/deg)에 기인하는 것이다. 그러나 더 높은 공간 주파수에 대해, 선호하는 대비 수준은 색상각보다 발산한다. 가장 뚜렷한 변화는 붉은색과 오렌지색 영역($h = 0°$, $h = 45°$)에 해당한다. 여기에서 젊은 층과 고령층 모두 다른 색상보다 낮은 색 대비를 설정하였다. 흥미롭게도, 높은 주파수에 대해 젊은 관찰자보다 낮게 고령층 관찰자의 선호도가 있었다.

상기 발견은 고령층의 수정체 전송이 빨간색과 오렌지색의 스펙트럼 영역인, 더 높은 파장 영역에서 거의 변화가 없다는 사실과 일치한다. 10~14c/deg 주파수는 60cm의 시청 거리에서 디스플레이에 약 2픽셀 폭의 넓은 라인에 해당한다. 이것은 색 대비의 사용이 시각 정보를 인코딩하는 데 장려되어야 한다는 것을 의미한다. 특히 레드 또는 오렌지 색상을 사용하여, 휘도 대비에 더해진다.

3.4
장기 기억색, 문화 간 차이, 그리고 컬러 이미지 품질의 평가와 개선을 위한 사용방법

이 절에서는 중요하고 익숙한 객체 집합(종종 시각적 환경에서 보여지고, 인간 메모리에 저장된)의 장기 기억색을 색 공간에서 정량화한다. 그들의 문화 간 차이도 표시된다. 정지 화상 및 동영상 이미지의 인지되는 컬러 품질을 높이기 위해 메모리 색상의 적용이 제시된다.

3.4.1
익숙한 물체에 대한 장기 기억색

단기 컬러 메모리는 공공 실험실과 일상생활의 상황 모두에서 이것의 복제와 원본 이미지를 비교하는 데 종종 요구된다. 예를 들어 집에 있는 모자와 매칭하기 위해 장갑을 구매하는 사람, 스튜디오에서 그의 팔레트에 컬러를 섞는 화가, 시청 부스에서 사진을 본 다음에 컬러 모니터에서 사진을 재현하는 사진 작가, 또

표 3.5 C 조도 조건에서 6개의 중요한 장기 기억색의 L^*, a^*, b^*값(CIELAB model)[68]

Memory color	L^*	a^*	b^*	Reference
Caucasian skin	79.5	16.1	10.4	[69]
Blue sky	54.0	−17.0	−28.1	[69]
Green grass	50.0	−33.7	29.8	[64]
Oriental skin	63.9	14.0	16.1	[70]
Deciduous foliage	33.6	−18.5	12.8	[69]
Orange	71.6	26.7	75.72	[71]

*Color Research and Application*에서 허가받아 재구성함

는 다른 위치에서 색상 표준 컬러 샘플을 비교하는 컬러 관리자의 경우로 볼 수 있다. 단기 기억색은 자주 장기 기억색 쪽으로 이동된다. 즉 관찰자는 실제로 본 컬러를 기억하는 대신에, 익숙한 객체의 장기 기억색(프로토타입이라고 함)으로 실제 단기 기억색을 대체하는 경향이 있다[64−67].

시야의 상이한 이미지 단서(cue)의 유무(익숙한 객체의 모양이나 질감, 예를 들면 잔디의 질감 또는 바나나 형상)는 단기 기억색을 기억할 때 장기 기억색이 활성화되는 데 영향을 미친다. 이미지 단서는 유사한 개체에서 과거의 컬러에 노출된 이전 경험을 한 관찰자에게 상기되는 경향이 있다. 6개의 장기 메모리 컬러의 CIELAB L^*, a^*와 b^*는 표 3.5에 정리되었다.

최근, 장기 기억색은 삼상(three-phase) 정신물리학 방법을 사용함으로써 수치화 된다[68]. 실제 실험[68]은 자발광 컬러 CRT 디스플레이의 시청 상황에서 시행되었다. 이것은 메모리 컬러의 매우 중요한 응용이다(3.4.3절 참조). 이 실험을 간단하게 정리한 내용은 아래 나열되었다. 전체적인 내용은 참고문헌[68]에서 확인할 수 있다.

디스플레이가 유일한 광원으로 사용된[68] 암실에서 실험이 진행되었다. 첫째로, 관찰자의 국적은 헝가리였다. 장기 기억색의 문화 간 차이에 대한 힌트를 얻기 위해, 동일한 실험이 한국인 관찰자를 통해 진행되었다(3.4.2절 참조). 색맹이 아닌 11명의 헝가리 사람이 실험에 참여하였다. 모두 젊고, 대학생으로 컴퓨터와 컴퓨터로 모니터를 조작하는 데 익숙했다.

실험은 세 단계로 구성되었다. 첫 번째 단계에서 **컬러 선택**의 방법을 적용하였다. 이 방법에서, 관찰자는 16개의 일정한 색상 자극(컬러 선택)으로부터 장기 기억색을 선택해야 한다. 4개의 일정한 색상 패치는 4줄로(4×4＝16 선택 색상 패치) 중간 회색 배경에 표시하였다. 중간 회색 배경 외부 경계에 순응할 수 있는 흰색의 굵은 선이 있다.

중간 회색 배경의 상단에서 색 이름은 레이블로 표시했다. 모든 색상 패치에서 체크 박스가 있었다. 관찰자들은 상단에 표시된 색상 이름과 가장 연관되게 인지되는 컬러 패치에 해당되는 체크박스를 선택해야 한다. 다음 6개 메모리 색상인 그을리지 않은 피부, 파란 하늘, 녹색 잔디, 낙엽 단풍, 바나나, 오렌지 이름이 표시되었다. .

16개 선택 컬러는 각기 6개 컬러 이름으로 한 화면으로 관찰자에게 보여졌다. 관찰자는 보여진 컬러 이름에 자신의 선택을 명시한다. 각 6개의 컬러 이름을 선택하기 위해 컬러의 임의 배열을 30회 반복 수행한다. 그래서 각 관찰자는 하나의 기억색마다 30개의 집합군을 산출한다.

컬러 선택은 임의로 수행되었다. CIELAB 컬러 공간 상에서 이것들은 구의 안쪽에 포진되어 있으며, 표 3.6에 정리되었다. 이 구들의 반지름 또한 표 3.6에서 볼 수 있다. 컬러 선택은 그림 3.24에 그려져 있다.

실험의 첫 번째 단계는 그림 3.24의 컬러 선택의 결과에서 장기 기억색 평균으

표 3.6 컬러 중앙과 허용값[68]으로 헝가리인을 대상으로 진행한 장기 기억색의 첫 번째 단계에서 무작위로 선택한 색으로 계산(그림 3.24 참조)

Color name	L^*	a^*	b^*	Tolerance radii
Non-tanned skin	79.5	16.1	10.4	10
Blue sky	54	−17	−28.1	15
Green grass	55	−33.7	29.8	15
Deciduous foliage	36	−18.5	12.8	20
Banana	70	0	65	30
Orange	71.6	26.7	69.72	15

*Color Research and Application*에서 허가받아 재구성함

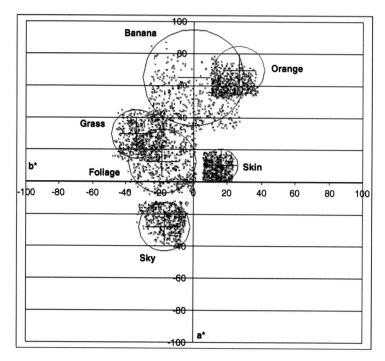

그림 3.24 표 3.6의 컬러 중앙값(크기가 큰 '+' 표시)과 무작위로 선택한 컬러(크기가 작은 '×' 표시)를 보여주며 이것은 CIELAB *a**, *b**값이다[68]. 크기가 큰 원은 표 3.6의 허용 반경을 나타낸다. 여기에서 컬러 선택은 헝가리인의 장기 기억색 실험의 첫 번째 단계에서 사용되었다. *Color Research and Application*에서 허가받아 재구성함

로 추정되는 새로운 컬러 센터의 집합군에서 반복되었다. 새로운 허용값은 평균 장기 기억색의 표준편차의 2배로 추정된다. 새로운 컬러 센터와 허용값은 표 3.7 에 나열되었다. 그림 3.25는 새로운 선택 컬러와 새로운 허용 반경을 보여준다.

표 3.7 선택 컬러의 반복에서 새로운 컬러 중심과 허용 반경(본문 참조)[68]

Color name	L^*	a^*	b^*	Tolerance radii
Skin	81.4	10.7	18.2	8
Sky	66.4	−12.5	−26.5	10
Grass	46.8	−41.1	31.4	9
Foliage	44.8	−40.1	29.2	11
Banana	81.5	−10.8	64.7	11
Orange	68.0	26.1	62.7	8

*Color Research and Application*에서 허가받아 재구성함

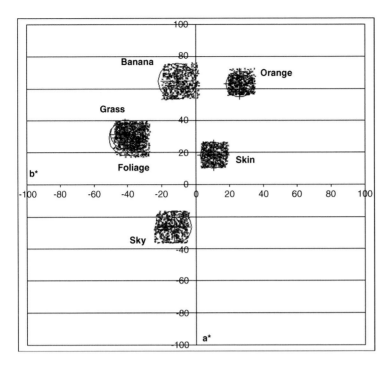

그림 3.25 표 3.7(크기가 큰 '+' 표시)에서 새로운 컬러 중심의 *a**, *b**값(CIELAB model)과 선택 컬러의 반복에서 무작위로 선택한 컬러(크기가 작은 '×' 표시). 크기가 큰 원은 표 3.7에서 허용 반경을 나타낸다[68]. *Color Research and Application*에서 허가받아 재구성함

그림 3.24와 3.25에서 보여주는 것과 같이, 허용 반경은 방법(예 : 선택 컬러의 첫 단계)의 첫 단계의 반복보다 작다. 그래서 관찰자는 반복에서 선택 컬러의 조금 더 제한된 집합에서부터 그들의 장기 기억색을 선택할 수 있다.

장기 기억 메모리를 얻는 방법의 두 번째 단계는 컬러 이름을 재생하는 방법이다. 이 방법에서, 2mm 두께의 어두운 톤의 그레이 프레임 안의 중앙에 컬러를 바꿀 수 있는 컬러 패치가 사각형 형태로 있다. 균일한 배경의 컬러는 중간 그레이이다. 선택 컬러와 동일하게, 화면의 경계부에는 순응할 수 있도록 흰색 굵은 선이 있다.

흰색의 문자로 쓰여진 컬러 이름은 바꿀 수 있는 컬러 패치 위에 있다. 화면의 중앙 오른쪽에는 3개의 '슬라이드'가 있는데, 색상(hue)과 포화도 그리고 밝기를 바꿀 수 있다. 이것의 디스플레이의 hue-saturation-value(HSV) 색 공간을 의미한다. 이 HSV 색 공간은 인지하는 색 공간과는 거리가 멀지만 장기 기억색을 찾는 목적으로 접근하였다.

3개의 슬라이드 아래에는 '준비' 버튼이 있다. 시작할 때, 컬러 바는 상단에 첫 번째 컬러 이름과 함께 어두운 그레이다. 3개 슬라이드의 목적에 따라, 관찰자는 그 또는 그녀의 메모리 컬러를 재구성해야 한다. 이때 컬러 이름에 맞추도록 한다. 그런 후 관찰자는 '준비' 버튼을 누른다. 이 장기 기억색은 저장된다. 각 관찰자의 결과는 각 기억색마다 10개의 컬러를 하나의 집합군으로 하며, 각 6개의 컬러 이름은 섞여 있고, 선택 컬러의 방법에서 사용된 이름과 동일하다.

세 번째 단계의 실험에서, 관찰자는 회색 톤의 사진에 가장 적합한 컬러를 재구성한다. 테스트 이미지와 실험 절차는 '컬러 이름 재구성' 방법과 유사하다. 다만 다음 사항은 다르다―(1) 변경 가능한 컬러의 컬러 패치는 컬러 이름이 명시된 부분에서 일부 다른 회색톤 이미지 안에 존재한다(예 : 랜드스케이프 이미지의 '잔디'), (2) 컬러 이름은 중간 회색 톤 배경 대신 그 이미지의 그레이 톤으로 기술된다.

3개 슬라이드의 운영에 따라, 그레이 이미지 부분 영역에서 관찰자는 '가장 적합한' 색을 재생산해야 한다. 그 영역은 변경 가능한 컬러 패치가 보여진다. 각 관찰자의 결과는 각 기억색에서 10개 집합군이며, 6개 그레이스케일 사진이 재생산된 것이다. 그레이스케일 사진은 그을리지 않은 피부, 파란 하늘, 녹색 잔디, 낙엽 단풍, 바나나, 오렌지를 포함한다.

세 단계의 정신물리학 방법[68]으로부터 얻은 이 장기 기억색 평균은 다음 절에 서술되었으며, 한국인 관찰자를 대상으로 진행한 것이다.

3.4.2
장기 기억색의 문화적 차

한국과 헝가리 실험자 그룹에 동일한 실험 조건을 구성하도록 하였으나, 약간의 차이(표 3.8 참조)는 피할 수 없다.

표 3.8에서 보는 바와 같이, 한국의 시청 조건은 헝가리 조건과 매우 유사하다. 실험은 각각 한국과 헝가리의 별도 실험실에서 수행하였다. 모니터 특성 및 심리 측정 방법의 선택 방법은 색상에 있어서 더 반복이 없었다는 것을 제외하면, 헝

표 3.8 한국과 헝가리의 장기 기억색 실험의 비교[68]

Condition	Hungarian experiment	Korean experiment
Viewing environment	Dark room	Dark room
Monitor white point	About 6500 K($x=0.310$, $y=0.331$)	About 6500 K($x=0.311$, $y=0.318$)
Peak white	116 cd/m^2	117 cd/m^2
Number of observers	11	9
Choice colors	30	10
Long-term memory color names	Non-tanned Caucasian skin, blue sky, green grass, deciduous foliage, banana orange	Oriental skin, blue sky, green grass, deciduous foliage, banana, orange

가리 관찰과 동일하다.

한국의 컬러 중앙 선택과 허용 반경은 표 3.6에서 보는 것과 동일하다. 다만 백인 피부 대신 허용 반경이 10인 동양인 피부가 사용(표 3.5에 규정됨)되었다. 한국의 그레이스케일 사진 실험에서, 백인을 묘사하는 그림 대신 동양인을 묘사하는 그림이 사용되었다. 전반적으로 모든 관찰자의 평균 장기 기억의 색상, 모든 반복과 3단계 실험은 표 3.9과 그림 3.26에서 한국과 헝가리 관찰자 간에 비교되었다. 보다 상세한 분석은 참고문헌에서 찾을 수 있다[68].

표 3.9와 그림 3.26의 데이터는 암실/희미한 시청 환경과 6500K 색온도에 사용될 수 있다. 다른 시청 상황에 대응하는 장기 기억색은 CIECAM02 컬러 어피어런스 모델 (2.1.9절)을 적용함으로써 계산될 수 있다. 표 3.10은 한국과 헝가리의 장기 기억색 간 차이의 의미를 나타낸다.

표 3.9 및 3.10에서뿐만 아니라 그림 3.26에서 알 수 있는 바와 같이, 헝가리의 잔디와 낙엽 장기 기억 색상은 서로 비슷하지만, 한국은 달랐다. 한국 잔디는 조금 더 밝고 한국의 단풍보다 훨씬 더 많이 포화되었다. 한국의 녹색 잔디는 더 밝고 헝가리의 녹색 잔디보다 더 포화되었다. 한국의 낙엽은 헝가리 단풍보다 덜 포화되었다.

동양인 피부와 백인의 피부는 비슷한 채도에 있다. 동양인 피부는 더 노란색을 포함하고 백인 피부는 동양인의 피부보다 훨씬 밝은 것으로 밝혀졌다. 한국의 하

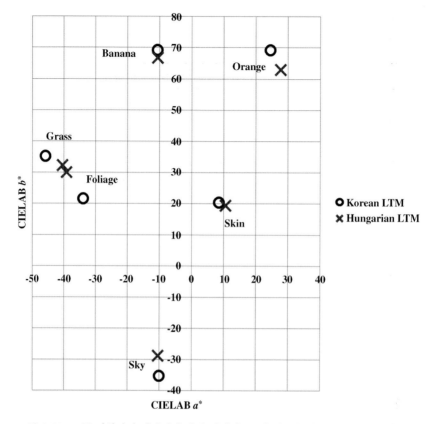

그림 3.26 모든 관찰자의 전반적인 장기 기억색(LT)의 평균을 나타내며, 이때 CIELAB a^*와 b^*의 평균은 반복과 세 번째 경험 단계의 결과이다(본문 참조). 한국(K)과 헝가리(H) 관찰자의 비교 (표 3.9 참조) [68]. *Color Research and Application*에서 허가받아 재구성함

표 3.9 모든 관찰자의 전반적인 장기 기억색(LT)의 평균을 나타내며, 이때 CIELAB의 평균은 모든 반복과 세 번째 경험 단계의 결과이다(본문 참조).

	LT											
	Skin		Sky		Grass		Foliage		Banana		Orange	
	K	H	K	H	K	H	K	H	K	H	K	H
L^*	73.1	81.8	62.6	65.7	55.6	45.5	40.5	43.2	86.6	84.1	72.6	68.2
a^*	8.6	10.5	−10.0	−10.4	−45.7	−40.4	−33.9	−39.1	−10.5	−10.6	24.5	27.7
b^*	20.3	19.3	−35.4	−28.9	35.1	32.2	21.4	30.0	69.1	66.7	69.1	62.9

한국(K)과 헝가리(H) 관찰자의 비교(그림 3.26 참조)[68]

표 3.10 한국과 헝가리 간 장기 기억색에서 눈에 띄는 차이

				p		
	Skin	Sky	Grass	Foliage	Banana	Orange
L^*	**0.000**	0.397	**0.000**	0.306	**0.019**	**0.000**
a^*	**0.037**	0.835	0.060	**0.038**	0.715	0.150
b^*	0.147	0.166	0.240	**0.007**	0.324	**0.000**

t-tests : 굵은 숫자는 $p = 0.05$에서 눈에 띄는 차이를 보인다[68]. *Color Research and Application*에서 허가받아 재구성함

늘은 헝가리의 하늘과 비슷한 밝기를 갖지만, 한국의 하늘은 헝가리의 하늘보다 다소 포화되었다. 한국의 바나나는 헝가리 바나나보다 다소 밝다. 마지막으로, 한국의 오렌지는 헝가리 오렌지보다 밝다. 그리고 한국 오렌지는 헝가리 오렌지보다 더 많은 노란색을 포함한다.

3.4.3
기억색에 의한 컬러 품질 향상

앞서 말한 바와 같이, 익숙한 객체의 장기 기억색 평균은 문헌[66, 67]에서 **프로토타입 색상**이라고 한다. 컬러 이미지의 인지되는 **자연스러움**은 즉시 인식(원본) 색 O와 프로토타입 색 간 비교 결과이다. 프로토타입 색상은 최대 자연스러움[66, 67]이 있다. 프로토타입 색상에서 멀어지는 것은 자연스러움의 감소를 의미한다[66, 67].

관찰자는 프로토타입 색을 M을 향하도록 이동함으로써 그들의 기억에 있는 O의 인지된 자연스러움을 증가시키는 경향이 있다[72]. 중요한 발견은 관찰자가 프로토타입 색 방향에서 원래 색으로 이동하는 경향이 있으며, 프로토타입 색상으로 이것을 바꾸지 않을 것이다. 원본 색 O가 허용 볼륨[66, 67] 내에 있는 경우, 이것은 색 공간에서 프로토타입(또는 장기 기억) 색 주변에서 인지되는 자연스러움의 허용 범위로, 자연스러움은 받아들여질 것이고, 색상, 채도 및 밝기 이동은 눈에 띄지 않을 것이다.

장기 기억색과 그들의 허용 볼륨의 중요한 애플리케이션은 컬러 디스플레이

에 디지털 사진 이미지의 인지 컬러 품질 향상이다. 이러한 색상 등의 단일 색 특성은 별도로 강조될 수 있다. 예를 들어 이미지에서 특별한 영역[예 : 백인 피부를 포함하는 영역에서 '색상 영역(hue gamut)']에서 색상각은 백인 피부(CIELAB h[64]의 경우 [58°, 80°]과 동일하다)는 색상 허용 간격(상기 의미에서)으로 매핑될 수 있다.

첫 번째 단계로, '색상 영역'의 모드에서 색상 허용 간격(69°)을 중간 점으로, 색상 허용 간격(80°)을 '색상 영역'의 상한 최댓값으로, 색상 허용 간격(58°)을 하한의 최솟값으로 한다. 두 번째 단계로, '색상 영역'의 보간하는 색상각은 선형 예측을 사용한다. 채도 영역(chroma gamut)과 밝기 영역도 유사하게 매핑할 수 있다.

이 매핑 절차는 장기 기억색 쪽으로 인간 컬러 메모리의 색상 변환을 모방한다. 매핑은 3차원 색 공간에서 이미지의 특정 영역 컬러 영역을 나타냄으로써 개선될 수 있다. 그런 후 허용 볼륨에 이것을 매핑한다.

선택적으로, 상기 절차는 또한 자발광 디스플레이에 나타나는 디지털 이미지의 인지 자연스러움을 평가하는 데 사용될 수 있다. 자연스러움 인덱스는 디지털 이미지[66, 67]의 인지 자연스러움을 예측하기 위해 권장된다. 이것은 평균과 프로토타입 포화도값의 차의 가우스 함수 평균으로 계산될 수 있다.

계산의 다른 방법도 제안되었다[72]. 컬러 디지털 이미지 화소의 전체 개수에 의해 색상, 채도 또는 밝기 허용 간격을 같은 화소 수로 나눈다. 얻어진 색상, 채도 또는 밝기 자연스러움 인덱스의 결과는 일반적인 자연스러움 인덱스를 제공하기 위해 추가될 수 있다. 계산 방법이 가진 어려움은 픽셀이 속한 이미지 전후 관계의 종류를 결정하는 것이 곤란하다는 것이다.

3.5
화이트 포인트와 로컬 콘트라스트, 글로벌 콘트라스트, 색상, 채도를 위한 컬러 이미지 성능

이 절에서는 장치와 컬러 이미지 기본 데이터 세트를 획득하는 방법을 설명한다[73]. 컬러 이미지 선호두에 영향을 미치는 컬러 이미지 변환을 컬러 이미지 선호도의 결과와 함께 설명한다. 이것은 선호되는 색온도, 국부적인 콘트라스트, 전체적인 콘트라스트, 색상과 채도에 관련되어 있다. 젊은 층과 고령층의 관찰자 간 컬러 이미지 선호도 차이의 질문이 또한 언급되었다.

현대 사회에서, 고령층은 시각적 특성에 최적화된 자발광 디스플레이를 많이 사용한다. 비록 차이의 존재는 인간 시각 시스템에서의 연령에 따른 변화의 일부에 의한 장기 적응을 통한 보상임이 분명하지만, 이것은 젊은 층이 무시하는 고령층의 특별한 시각 특성이다.

시각적 선호도는 높은 수준의 시각적 요인이다. 이것은 컬러 디스플레이를 사용할 때 허용할 수 있는 범위로 매우 중요한 영향을 미친다. 이 절에서는 자발광 디스플레이에 표시되는 컬러 이미지를 이용한 젊은 층과 고령층 관찰자 간 선호도 차이가 논의될 것이다. 컬러 이미지는 글로벌, 또는 지역적인 콘트라스트, 몇 가지 컬러 변환 알고리즘과 색온도, 평균 채도를 반영한다.

젊은 층과 고령층 관찰자 간 컬러 이미지 선호도에서 큰 차이가 보일 것이다. 이러한 차이는 몇몇 신경생리학적 변화를 설명할 수 있다. 반면 다른 변경사항은 문화의 영향에 기인할 수 있다[73]. 관찰자 연령을 고려한 함수로 선호되는 컬러 이미지를 얻는 새로운 이미지 처리 알고리즘은 3.6절에 소개되었다.

젊은 층과 고령층 관찰자 사이의 컬러 이미지 선호도 차이 실험은 중요하다. 왜냐하면 고령층에 컬러 어피어런스를 재구성하는 것은 고령층이 선호하는 컬러 이미지 디스플레이를 설계하는 것도 동일하지 않기 때문이다. 그들이 선호하는 컬러는 정확한 컬러를 인지하도록 재현하는 것과 다를 것이다. 여기서 정확한 컬러는 젊은 층에 대응되는 것이다.

이 절에서 고려하는 것은 일반적인 이미지 향상 방법에 관련된 것이다. 젊은 층 또는 고령층에 더욱 선호되도록 이미지를 강조하는 것을 제외한다. 전통적으로, 인지된 컬러 화상의 품질은 기준 화상을 대상으로 모델링하였다. 모델링은 예를 들어 S-CIELAB, iCAM 등(4.4.3.2절 참조)을 적용하였다[74-77]. 이런 이미지 품질 메트릭은 다양한 디코릴레이팅(decorrelating) 변환 방법이 사용한 이미지 공간에서 민코스키 메트릭(Minkowski metric)을 기반으로 하거나, 인간 시각 시스템의 모델을 적용하거나 구조적 유사성 기반의 접근 방식(계산으로 이미지 왜곡 방향을 얻는 방법)을 사용한다[78].

다른 이미지 품질 모델링 방법[79−81]은 표준 이미지로서 영상의 인식을 재현하는 사용자 선호도를 통하여 표준이 아닌 이미지 품질의 할당 가능성을 고려한다. 이 절에서는 이미지 향상 알고리즘을 포함하는 최근 개념을 사용한다. 이미지 향상 알고리즘은 사용자의 나이에 대응하는 어떠한 레퍼런스 이미지 없이 이미지를 강화한다. 몇 가지 흥미로운 질문을 다른 곳에서 서술하였다. 질문은 예를 들어 이미지 선호도의 성별 차, 문화 차[80] 또는 선호도에 영향을 주는 이미지 형태의 공간 분포와 같다[82].

3.5.1
컬러 이미지 선호 데이터 군을 획득하기 위한 기구와 방법

인지 실험용으로 컬러를 생생하게 보이게 하기 위한 CRT 디스플레이가 테스트 이미지[73]를 표시하기 위해 사용되었다. 평균 특성화 모델은 $\Delta E_{ab}^* = 0.95$와 같게 예측되었다. 디스플레이 i번째 행의 표시 및 j번째 열의 어떤 픽셀을 위해, CIECAM02 J, C, 및 h값은 rgb값으로부터 결정되었다. 이들 값은 아래첨자(J_{ij}, C_{ij}, H_{ij})로 표시된다. 통상적인 색상 구성을 갖는 고령층(평균 연령 : 69.1세) 8명과 5명의 젊은 층(평균 연령 : 25.8세)의 일반 관찰자(남성과 여성)가 실험에 참여했다.

2개의 이미지를 비교하는 방법을 사용하였다[83]. 얻어진 컬러 영상의 선호 점수(z)를 향후 분석을 위해 저장하였다. 비교는 오리지널 버전과 이것을 변환한 이미지들을 세트로 구성한 것에서 선택하도록 제공하고 이미지 선택을 수행하였다[73]. 하나의 이미지만이 화면에 나타나고, 관찰자가 버튼을 누름으로써 한 쌍의 두 이미지를 전환할 수 있다. 시간 제한이 없이 관측할 수 있으며, 관찰자는 두 이미지 전환에 제한을 받지 않는다.

3.5.2

컬러 이미지 선호의 이미지 변환

여러 가지 컬러 영상 변환 방법 중 관찰자 선호도[73]에 대해 시험하였다. 네 가지 변환 방법이 기본 설정에 대해 높은 관련성을 나타내는 것으로 밝혀졌다. 후자의 네 가지 변환을 여기에 설명하였다. 다른 변환 방법은 다른 곳에서 정리되었다[73]. 영상 처리 방법은 그 효과가 증폭되거나 '강조'되도록 단일 스칼라값으로 명확하게 하기 위해 설계되었다. 변환 방법은 CIECAM02 색 공간, J, C 및 h의 인지 상관성을 바꾼다. 화이트 포인트를 바꾸는 변환 방법이다.

두 변환 방법은 밝기(J)에 영향을 준다. 변환 첫 번째는 (LE로 명시) 로컬에 적용되는 것, 컨벌루션 기반의 밝기 대비 향상이다. 변환 두 번째는 (TC로 톤 커브 조정) 영상의 전체적인 밝기의 대비 특성을 향상하고자 하는 것이다. 또 다른 변환은 채도에 영향을 주는 것이다. 이것은 이른바 색상에 의존하는 채도 강화(CH)로, 색상각에서 다른 채도값(예 : 하늘이나 피부톤, 빨강 또는 오렌지 등)에서 관련된 각 색상 범위에서 균일 CIECAM02 C의 값을 높이는 방법이다.

색상 변환(hue transform)은 의미 있는 결과를 산출하지 않는다. 마지막으로, 네 번째 관련된 변환(WP)은 이미지의 화이트 포인트를 바꾼다. 이러한 변환들 간에 연관성이 있는지 상관관계를 시험했다. 변환에서 테스트 영상에 적용되는 순서의 중요성도 명시하였다[73].

변환 TC 및 CH는 디스플레이의 색역 경계를 고려하여, 디스플레이의 영역 밖으로 화소의 색이 표현되지 않는 색상 h에서의 최대 J 및 C값을 감안하여 설계되었다. 그러나 이러한 제약은 LE와 WP의 경우에 가능하지 않았다. 따라서 영역 경계에서 클리핑이 필요했다. LE는 밝기 영향만 받기 때문에, 이것은 특정 C와 h값에서 디스플레이의 최대 J값을 고려하였다. WP에 대해서는, C의 값은 동일한 방법으로 제한하였다.

상기 내용을 고려했음에도 불구하고, 몇몇 적은 화소 수는 반올림으로 변색되었다. 이러한 픽셀은 검은색(black) 또는 원래의 값으로 설정하였다. 그러나 이러한 방법은 소비자용의 디스플레이에는 적합하지 않다. 단지 실험의 목적으로 사용되었다.

위의 네 가지 변형 및 상응하는 컬러 화상 선호 결과 각각 3.5.3~3.5.6절에 설명되어 있다. 일반적인 연구 결과는 고령층이 젊은 층보다 낮은 이미지 선호도 점수를 나타내었다. 그들은 젊은 관찰자[73]보다 선호 판단에 막연하고 일관성이 없었다. 젊은 층의 평균 기본 점수는 고령층보다 거의 2배(1.40로 0.79보다 크다)이었다.

3.5.3
선호되는 화이트 포인트

(D65 광원 조건에서 캡처하고 시청하는 것으로 하고) 입력 영상의 흰색 색온도는 CIECAM02 컬러 순응 모델을 이용하여 의도하는 관련 색온도(CCT)로 변환된다. 입력 파라미터는 화이트 포인트가 켈빈 단위로 지정 변환에 의해 수행될 수 있었다. 이 화이트 포인트로부터, 변환하고자 하는 영상의 CIE *XYZ* 삼자극치를 산출하였다. 다양한 색역 압축 방식은 CRT 디스플레이 색역의 색이 탁해지는 것을 방지하였다. 진행 과정[73]은 그림 3.27에 명시되었다.

다른 장면(풍경, 인공 및 자연 환경, 얼굴, 실내 사진)의 12개 이미지의 화이트 포인트는 대략 3000~46000K(심각한 이미지 아티팩트 없이 실험 디스플레이의 최소 및 최대 CCTs) 사이에 변형되었다. 이러한 이미지를 관찰자에게 보여주었다. 이미지의 선호 점수는 관찰자의 평균 점수이다. 따라서 각각의 이미지에 대해 평균 관찰자 선호 곡선은 이미지의 다른 변형의 구성을 만들게 되었다. 샘플 이미지가 그림 3.28에 표현되었다.

그림 3.28에서 보듯이 젊은 층은 약 7800K를 선호하는 반면, 고령층은 이미지의 5200K 정도를 더 선호한다. 최적의 환경 파라미터(p_{opt})는 다음과 같은 방법으로 정의하였다. 이것은 해당 선호 점수{z_i} 합에 전체 파라미터 범위를 샘플링 파라미터값{p_i} 가중하여 (변환 파라미터의 함수로서 선호 점수) 선호도 함수로 산출하였다(식 3.6 참조). p_{opt}의 값은 최적의 **선호도**를 나타낸다. 이때 식 3.6의 계산식은 단순히 기본 함수의 최댓값 대신에 전체 선호 함수를 갖는다.

$$\begin{bmatrix} R \\ G \\ B \end{bmatrix} \xrightarrow[\;]{CRT\ \text{model}} \begin{bmatrix} X \\ Y \\ Z \end{bmatrix} \xrightarrow[CIECAM\,02]{D\,65} \begin{bmatrix} J \\ C \\ h \end{bmatrix} \xrightarrow[(CIECAM\,02)^{-1}]{W} \begin{bmatrix} X \\ Y \\ Z \end{bmatrix} \xrightarrow[\;]{CRT\ \text{model}} \begin{bmatrix} R \\ G \\ B \end{bmatrix}$$

그림 3.27 WP 변환의 워크플로. 변환에 의해 획득되는 화이트 포인트는 W로 명시된다[73]. *Color Research and Application*에서 허가받아 재구성함

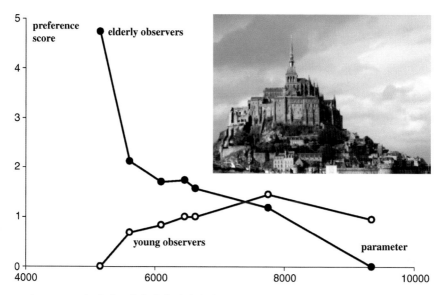

그림 3.28 구름 낀 하늘에서 비가 내린 후의 몽생미셸 수도원의 모습을 나타내는 예시로 사용하는 테스트 이미지(오른쪽)의 화이트 포인트 선호(WP). 검은 점은 고령층 관찰자, 흰 점은 젊은 층 관찰자이다. WP 변환의 파라미터는 켈빈(Kelvin) 단위에서 화이트 포인트이다[73]. *Color Research and Application*에서 다이어그램 사용을 허가받음. 사진은 작가를 통해 받았다.

$$p_{\text{opt}} = \frac{\sum_i z_i p_i}{\sum_i z_i} \tag{3.6}$$

u', v' 색도계에서 선호하는 최적의 흰색 색온도를 표현하기 위해 p_i(이차원 '벡터')를 i번째 흰색 색온도의 (u', v')값으로 두고, z_i를 식 3.6에서 얻은 선호 점수에 대응하는 것으로 하였다. 얻어진 최적의 환경 파라미터(p_{opt})는 이제 식 3.6에 의해 계산된 최적 u', v' 벡터값이다. 12개 테스트 이미지에 대한 후자의 결과는 그

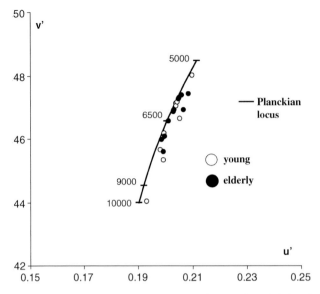

그림 3.29 식 3.6(본문 참조)에 의해 계산된 u', v' 색도 다이어그램에서 화이트 포인트 선호(WP) 실험의 최적 선호 파라미터 결과(p_{opt})(본문 참조). 검은 점은 12개 이미지 중 하나에 대한 고령층의 화이트 포인트 퍼포먼스이고, 흰 점은 젊은 층에 대한 동일한 결과이다[73].

림 3.29에 표시되었다.

그림 3.29에서 보는 바와 같이, 선호되는 흰색 색온도 범위는 약 5800~7000K 사이로 평균 6500K 주변이다. 이미지 콘텐츠는 젊은 층, 고령층 모든 관찰자[73]에 대하여 영향을 주었다. 고령층의 낮은 CCT 선호 특성도 확인되었다. 고령층은 그들에게 컬러로 표현된 이미지에서 색온도가 높은 경우보다 낮은 경우 더 선호하는 것을 확인하였다. 그 이유는 눈 렌즈의 노화로 짧은 파장보다 긴 파장에서 더 많은 양의 빛이 전달되기 때문이다.

3.5.4
선호되는 로컬 콘트라스트

무채색 로컬 콘트라스트 대비 향상 알고리즘(LE라고도 함)은 전체 이미지에 월리스 필터(Wallis filter)를 사용했다. 아래의 방정식은 ij번째 화소에 사용된 것이다.

$$J'_{i,j} = \left(J_{i,j} - m_{i,j}\right) \cdot p + m_{i,j} \tag{3.7}$$

여기서

$$m_{i,j} = \frac{1}{(2 \cdot w + 1)^2} \cdot \sum_{k=i-w}^{i+w} \sum_{l=j-w}^{j+w} J_{k,l} \qquad (3.8)$$

이다. ij번째 픽셀의 새로운 CIECAM02(J'_{ij}, C_{ij}, h_{ij})값은 디스플레이 원래의 rgb값으로 다시 변환된다. 여기서 오직 J의 값만 변경된다는 것에 주의한다. 매개변수 p(양수)는 변환의 입력 매개변수였다. $1 > p$에서는 흐려지는 영상을 얻고, $1 < p$에서는 로컬 콘트라스트가 강조된다. $p = 1$은 원본 이미지와 동일하다. 파라미터 w는 컨벌루션하여 평균을 계산하는 창의 반경으로 나타낸다. 실험에 의한 분석후, 이 값은 19픽셀[73]로 설정했다.

이 실험의 12개 테스트 영상은 3.5.3절에서 동일하게 사용되었다. 컬러 이미지 파라미터값 변환(식 3.7)을 적절한 파라미터 범위로 제한하였다. LE 변환을 위해, 선호 함수의 결과는 테스트 이미지 사이의 **평균**으로 얻었다(그림 3.30 참조).

그림 3.30에서 젊은 층은 1.33 이상 매개변수값의 로컬 밝기 대비 향상을 싫어하는 것을 알 수 있다. 식 3.7에서 1.0 이하의 매개변수값에서 원본 이미지가 흐

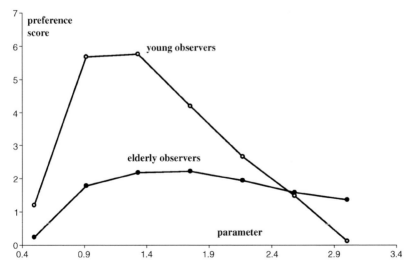

그림 3.30 컬러 이미지 선호 실험을 위한 로컬 콘트라스트(LE)의 결과. 원본 이미지에 대응하는 이미지 변환 파라미터값은 1이다. 검은 점은 고령층 관찰자를 나타내며, 흰 점은 젊은 층 관찰자이다[73].

려지는 것을 의미한다. 이 결과는 이미지 콘텐츠에 영향을 받지 않는다. 또한 고령층의 관찰자는 영상 콘텐츠[73]에 따라 약간의 로컬 콘트라스트 개선에서 선호한다는 것을 그림 3.30에서 알 수 있다.

원본 이미지가 높은 공간 주파수를 갖는 세부적인 표현을 많이 표함한다면, 고령층은 높은 로컬 밝기 콘트라스트 강조 파라미터값을 선호하는 경향을 가진다. 얼굴, 피부, 영상 손실의 경우 대비 강조의 선호에 좋지 않은 영향을 주는 것처럼 보인다. 일반적인 피부 이미지에서, 어느 연령 그룹에서도 열악한 지역 명암 대비 향상을 선호하지 않는다[73].

3.5.5
선호되는 글로벌 콘트라스트

글로벌 콘트라스트 개선 알고리즘(톤 커브 약어로 TC)는 S자 함수(sigmoid function) f_{TC}에 따른 이미지 모든 픽셀의 CIECAM02 J값을 수정한다. 여기서 $J'_{ij} = f_{TC}(J_{ij})$이다. 이 함수는 그림 3.31에 명시되어 있다.

그림 3.31의 함수 f_{TC}는 4개의 제어 점[73]과 연속 Bézier 스플라인이다. 이 함수는 입력 영상의 전역 대비를 밝은 밝기(lightness)(중반 톤에 비해)는 더 밝게, 어두운색은 더 어두운 밝기를 갖도록 한다. 알고리즘의 입력 파라미터는 그림 3.31[73]로 변화하는 입력 파라미터값으로 표시된 두 변화 제어점의 위치에 의해 결정한다.

이 실험의 12개의 테스트 영상은 3.5.3절 및 3.5.4절과 동일한 이미지로 사용하였다. 컬러 화상 파라미터값 변환(식 3.7)은 전체 매개변수 범위를 포함한다. TC 변환을 위해, 선호 함수의 결과는 테스트 이미지 사이에서 **평균**으로 구할 수 있다 (그림 3.32 참조).

그림 3.32에서 보는 바와 같이, 고령층은 높은 양의 값을 선호하는 반면, 젊은 층은 약간 높게 설정한 글로벌 콘트라스트 개선 매개변수의 값을 선호한다. TC 변환의 어두운 곳은 더 어둡고, 밝은 곳은 더 밝게 되는 S자 왜곡(sigmoid distortion)(그림 3.31 참조)으로 인해 지역의 동적 범위가 감소된다. 이것은 이미

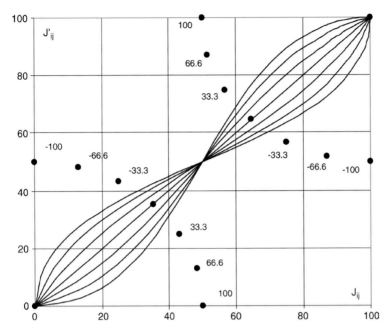

그림 3.31 글로벌 콘트라스트 강조 알고리즘. 변환 함수(f_{TC}). 조정하는 점(검은 점)의 숫자는 변환 p값의 파라미터를 의미한다[73]. *Color Research and Application*에서 허가받아 재구성함

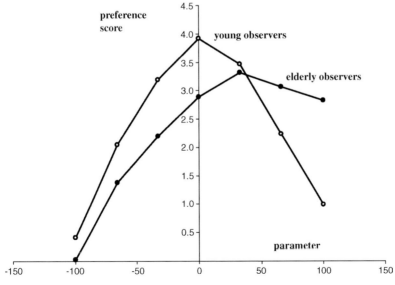

그림 3.32 컬러 이미지 선호 실험에서 글로벌 콘트라스트 강조(TC)의 결과. 원본 이미지에 대응하는 파라미터는 0이다. 검은 점은 고령층을 나타내고, 흰 점은 젊은 층을 나타낸다[73]. *Color Research and Application*에서 허가받아 재구성함

지의 어둡고 밝은 영역에서 세밀한 정보를 잃는 것을 의미한다. 젊은 층은 변화를 주지 않거나 약간의 변화를 선호하며 모든 톤에서 이미지의 정보를 얻는 것을 중요하게 여기는 것으로 생각된다[73].

고령층은 그들의 시각 시스템의 노화로 이미지의 세부사항을 세세하게 확인하는 것을 크게 고려하지 않는다. 따라서 그들은 더 많은 글로벌 대비 강조를 선호한다. 높은 공간 주파수의 테스트 이미지에서 고령층은 글로벌 대비[73]의 완만한 증가를 선호하며, 젊은 층은 좋은 이미지의 세부사항을 잃게 하지 않도록 변경되지 않은 버전을 선호했다.

3.5.6
선호되는 색상과 채도

색상(hue)에 의존하는 채도(chroma)를 강조하기 위한 변환(CH)에서, 픽셀의 채도값(C_{ij})은 ΔC^{rel}($C_{ij}^{\text{rel}'} = C_{ij}^{\text{rel}} + \Delta C_{ij}^{\text{rel}}$)에 의해 증가할 수도, 감소할 수도 있다. 만약 픽셀의 색상이 주어진 색상 간격이라면, 후자 값은 Bézier 스플라인 함수 $f_{\Delta C} : C_{ij}^{\text{rel}} = f_{\Delta C} C_{ij}^{\text{rel}}$로 계산된다. $f_{\Delta C}$는 C_{ij}의 값에 의존한다. 이것은 디스플레이 J_{ij}와 h_{ij}에서 최대 채도($C_{\text{max}, j}$)에 대응하는 것이다.

무채색 변환을 갖기 위해 점 P_3에서 곡선의 기울기가 45°와 동등하거나 작게 되도록 Bézier 스플라인(그림 3.33 참조)의 4개 제어 포인트(P_0, P_1, P_2, P_3)가 제한되었다. P_0 및 P_1은 0으로 설정하였다. CH 알고리즘의 입력 파라미터 p가 제어 포인트 P_2의 높이 ΔC의 전체 크기에 의해 고려되며, 이것은 P_2의 높이가 된다.

$f_{\Delta C}$에서 아이디어는 원래 채도에서 거의 무채색(즉 채도 변경 없음)이며, 더 높은 C_{ij}값을 갖는 픽셀은 증폭된다. 앞서 언급했지만 채도 향상으로 색영역을 벗어나지 않도록 조심스럽게 수행하였다. CH 변환으로, 각 색상 간격[73]에 있어서 색상환의 각각 세그먼트, 즉 색상 강화의 다른 양을 적용할 수 있었다.

색상 간격은 다음과 같다―빨강, 오렌지, 노랑, 녹색, 청록색, 파란색, 보라색, 뿐만 아니라 몇 가지 중요한 장기 기억색의 색상 간격(3.4절), 피부, 하늘, 잔디, 단풍. 이러한 색조 간격은 대표적인 색상값(즉 특정 색상 카테고리에 가장 대

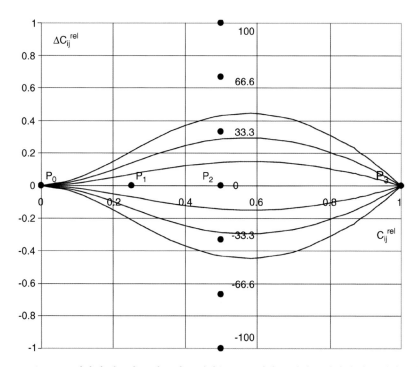

그림 3.33 색상에 의존하는 채도 강조 변환(CH). 조정하는 위치 P_2에서 숫자는 색차 C의 전반적인 크기를 표현하는 파라미터 p를 나타낸다. 색차 C는 조정 위치 P_2의 높이이다[73]. *Color Research and Application*에서 허가받아 재구성함

표 예를 나타내는 색 자극)[84] 및 장기 기억색(표 3.9의 H열)으로 사용함으로써 CIECAM02의 색상 범위에 의해 정의된다. 오직 다음의 색상 범위는 컬러 이미지 선호에 더욱 눈에 띄는 것으로 밝혀졌다—살색과 하늘색뿐만 아니라 빨간색, 노란색, 녹색(잔디와 단풍), 파란색[73].

색상에 의존하는 채도 강화 실험에서, 상기 여섯 색상 범위는 각각 해당 색상 범위 안에서 많은 픽셀을 포함하는 일곱 테스트 이미지로 표시하였다[73].

그림 3.34는 상기 6개 색상 범위의 컬러 이미지 선호 결과를 나타낸다. 그림 3.34에서 알 수 있는 바와 같이, 젊은 층의 컬러 이미지 선호도 접수는 고령층보다 높았다. 두 관찰자의 주요 경향으로 특정 채도를 선호하였다. 높은 레벨의 채도에서, 채도 선호도는 감소하기 시작한다[73, 85].

그림 3.34에서 알 수 있는 바와 같이, 컬러 이미지의 추이는 기본 특성(빨강, 노

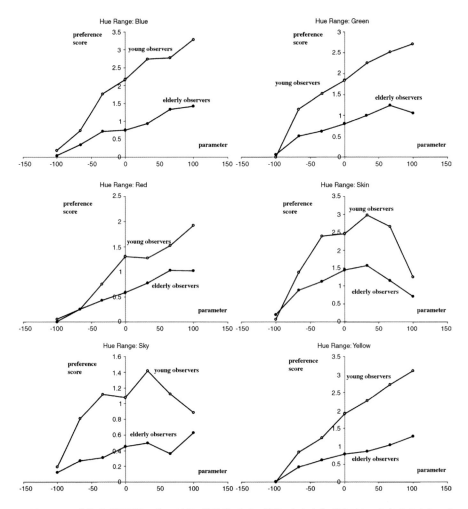

그림 3.34 색상에 의존하는 채도 선호 실험의 결과. 원본 이미지에 대응하는 파라미터값은 0이다. 검은 점은 고령 층을 나타내고, 흰 점은 젊은 층을 나타낸다[73]. *Color Research and Application*에서 허가받아 재구성함

랑, 녹색, 파랑, 피부, 하늘)에서 유추되는 주요 색상 범위와 관찰자의 나이에 의존한다. 하늘, 피부 색, 녹색(잔디와 단풍)의 경우에, 두 연령층 모두 컬러 화상 선호도가 감소하기 시작하거나 일정하게 유지되는 채도를 강화하는 정해진 크기를 선호한다.

다른 세 색상 범위(적색, 황색, 청색)에서, 선호 함수는 관찰자 실험 디스플레이[73]의 색역 내부에 가능한 한 높은 채도값을 선호한다. 하늘과 다른 파란색 물체를 포함하는 이미지를 비교할 때, 설명은 이미지가 관찰자의 장기 기억에서 푸른 하늘의 원래 색(3.4.1절 참조)을 기억하여 그 하늘색으로 다시 표시하였으며, 이것의 프로토타입은 특정 채도에 있었다. 높은 채도의 이미지는 선호하지 않았다.

3.6
컬러 이미지 디스크립터에 대한 선호 기반의 컬러 이미지 강조에서 나이에 의존하는 방법

이 절에서 설명된 이미지 디스크립터(또는 간단히 디스크립터)는 3.5절의 결과인 나이에 의존하는 컬러 이미지 선호 결과를 기반으로 컬러 화상의 품질을 향상시키는 것으로 정의된다[73]. 개선의 방법을 설명한다. 이 방법은 관찰자의 나이에 의존하여 선호되는 컬러 이미지를 기술하는 것이다. 이 방법은 자체적으로 변환하는 이미지 처리 방법이다[73]. 이 변환 방법은 고령 또는 젊은 관찰자에 의해 원본을 더 선호하기까지 이미지를 수정하는 것으로 예상된다.

대부분의 경우에, 선호되는 컬러 이미지를 만들기 위해 필요한 컬러 이미지 강조의 크기는 그림의 특성과 원본 이미지의 측정 가능한 확실한 사양에 의존한다. 이 장에서 제시된 방정식은 이미지 처리의 선호하는 파라미터를 기반으로 선호하는 출력 버전을 얻기 위해 임의의 입력 화상에 대한 변환을 예측한다.

화이트 포인트(WP) 변환(3.5절 참조)을 위해, 원본 이미지에 CIECAM02 컬러 어피어런스 모델 변환(그림 3.27 참조)을 적용하여 두 연령 그룹의 가장 선호하는 화이트 포인트로 변환되었다. 다른 세 변환(LE, TC, CH)의 경우 보다 복잡한 연산 방식을 적용한다[73]. 이미지 디스크립터(ζ)는 입력 이미지를 위해 정의되었다. ζ값은 입력 이미지 변환을 적용할 때 변한다. 디스크립터 변화는 이미지 변환의 영향을 특징짓는다.

둘째, 이미지 디스크립터(ζ^{out})의 출력값은 이미지 변환 파라미터 p값에 의존한다. 이 의존성은 디스크립터의 입력값(ζ^{inp})에 의해 파라미터화된다. 이미지 디스크립터 ζ^{out}의 출력값 간 수학적 관계는 변환(p)의 파라미터와 디스크립터의 입력값(ζ^{inp}) 함수로서 모델링된다. 이것은 소위 디스크립터 입출력 함수[73]이다.

셋째, 3.5절의 선호 함수에서, 디스크립터 ζ^{opt}의 이상값은 각 테스트 이미지로 계산된다. 이것은 식 3.6의 가중치를 사용함으로써 가능하다. 마지막으로 디스크립터 ζ^{opt}의 이상값은 디스크립터 입력값의 함수로 근사화된다. 이것은 소위 이상적인 디스크립터 함수이다.

위의 계산 방식(scheme)은 다음과 같이 출력 이미지를 달성하기 위해 사용될 수 있다. 상기 디스크립터의 이상적인 값으로 디스크립터값을 변환하는 특정 파라미터값은 디스크립터의 입력값으로부터 계산된다. 글로벌 밝기 변환(TC)을 위해 디스크립터값 ζ_{TC}는 이미지의 J-히스토그램 $H(J)$의 합을 가중한다. 가중치는 4개 각도로 만들어진 다항식 $J_p(J)$에 의해 결정되었다. 이 다항식(그림 3.35 참조) 0~10 스케일 구분에서 4차 항으로 상승부, 하강부로 만들어지는 J 스케일의 양 끝단은 양수이다. 중간 부분에서는 음수이다. 입력 이미지가 양 끝단(밝은 부, 어두운 부)에 정보가 많다면 디스크립터는 양수를 가지지만, 중간 통에 할당되었다면 이것은 음수가 될 것이다.

이미지 디스크립터 ζ_{TC}의 계산 공식은 식 3.9로 주어진다.

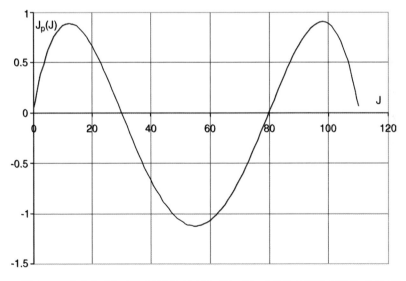

그림 3.35 이미지 디스크립터 TC의 히스토그램 가중 다항식 $J_p(J)$로 변환을 위한 것[73]. *Color Research and Application*에서 허가받아 재구성함

$$\zeta_{TC} = \sum_{0}^{J_{max}} \bar{H}(J) J_p(J) \tag{3.9}$$

식 3.9에서, $\bar{H}(J)$는 식 3.10에 의해 정의된다.

$$\bar{H}(J) = \frac{H(J)}{\sum_{0}^{J_{max}} H(J)} \tag{3.10}$$

디스크립터 입출력 함수(파라미터 p를 이용한 변환 후의 출력 영상 디스크립터의 값을 예상하는)는 이차식 3.11로 근사한다[73].

$$\zeta_{TC}^{out} = \zeta_{TC}^{out}(p, \zeta_{TC}^{inp}) = a\left(\frac{p}{100}\right)^2 + b\left(\frac{p}{100}\right) + c$$
$$a = -0.2115\zeta_{TC}^{inp} - 0.0743$$
$$b = 0.2618 \tag{3.11}$$
$$c = \zeta_{TC}^{inp}$$

이상적인 디스크립터 함수는 식 3.12에 나타내었다.

$$\zeta_{TC}^{opt}(\zeta_{TC}^{inp}) \cong \begin{cases} 0.9267\zeta_{TC}^{inp} + 0.044 & \text{고령층에서} \\ 0.909\zeta_{TC}^{inp} + 0.0027 & \text{젊은 층에서} \end{cases} \tag{3.12}$$

LE 알고리즘을 위해, 디스크립터값(ζ_{LE})은 이미지에 할당된 공간 주파수이다. 이 것은 이미지가 식 3.13에 의해 정의되는 이차원 고속 푸리에 변환(FFT를 2D)을 사용하여 임의의 소정의 공간 주파수에 포함된 에너지를 갖는 입력 이미지의 공간 주파수에 의해 가중치를 계산하였다. '에너지'라는 용어는 주어진 작은 주파수 범위[73]의 이미지에 존재하는 신호 에너지를 의미하는 것이다[73].

$$f(r) = \oint_{f_x^2 + f_y^2 = r^2} |\Phi(f_x, f_Y)| ds$$
$$\zeta_{LE} = \int_{0}^{\infty} rf(r) dr \tag{3.13}$$

디스크립터 입출력 함수는 식 3.14의 로그 함수에 근사한다.

$$\zeta_{LE}^{out}(p) \cong a\ln(p) + b, \qquad a = a(\zeta_{LE}^{inp}), \quad b = b(\zeta_{LE}^{inp}) \qquad (3.14)$$

식 3.14의 a, b 크기는 식 3.15에 정의되었다.

$$\begin{aligned} a &\cong -0.0621(\zeta_{LE}^{inp})^2 + 0.885\zeta_{LE}^{inp} - 1.9868 \\ b &\cong 0.9643\zeta_{LE}^{inp} + 0.197 \end{aligned} \qquad (3.15)$$

이상적인 디스크립터는 식 3.16과 같이 선형 함수이다.

$$\zeta_{LE}^{opt}(\zeta_{LE}^{inp}) \cong \begin{cases} 1.0260\zeta_{LE}^{inp} + 0.2393 & \text{고령층에서} \\ 0.9793\zeta_{LE}^{inp} + 0.4255 & \text{젊은 층에서} \end{cases} \qquad (3.16)$$

채도 강화 함수(CH)를 위해, 디스크립터(ζ_{CH})는 이미지의 특정 색상 영역 채도의 평균이다. 디스크립터 입출력 함수는 식 3.17의 직선 식으로 근사하였다.

$$\zeta_{CH,i} = a_i(p_i - 100) + b_i \qquad (3.17)$$

식 3.17의 a_i와 b_i는 식 3.18에 정의되었다.

$$\begin{aligned} a_i &= 0.0011\zeta_{CH,i}^{F} + 0.0415 \\ b_i &= 0.8751\zeta_{CH,i}^{inp} - 3.1302 \end{aligned} \qquad (3.18)$$

이상적인 디스크립터 함수는 식 3.19와 같이 선형 함수이다.

$$\zeta_{CH,i}^{opt}(\zeta_{CH,i}^{inp}) \cong \begin{cases} \alpha_i^{aged}\zeta_{CH,i}^{inp} + \beta_i^{aged} & \text{고령층에서} \\ \alpha_i^{young}\zeta_{CH,i}^{inp} + \alpha_i^{young} & \text{젊은 층에서} \end{cases} \qquad (3.19)$$

식 3.19의 계수 α_i와 β_i는 관찰자의 나이와 색상(hue) 범위에 따라 달라진다(표 3.11 참조).

일반적으로, 이미지 강조 알고리즘의 파라미터값은 2단계 나이(고령층이나 젊은 층) 다이얼의 설정에 따라 변환을 계산한다[73]. 그리고, 변환은 입력 이미지에 적용된다. 이는 강화된 이미지가 적용된 입력 이미지[73]와 관찰자의 선호도가 맞는지 실험으로 검증하였다. 변환의 적용 순서의 영향(예 : 첫 번째는 WP,

표 3.11 CH 변환의 경우 이미지 디스크립터의 이상적인 값을 계산하기 위한 계수[73]

	Hue range(i)					
	Blue	Green	Red	Skin	Sky	Yellow
α_i(young)	1.05	0.90	1.18	0.68	0.83	0.97
β_i(young)	1.73	5.68	−6.87	6.81	6.47	3.90
α_i(aged)	1.12	0.94	1.02	0.84	0.87	0.95
β_i(aged)	0.62	4.51	3.36	4.00	3.87	4.04

*Color Research and Application*에서 허가받아 재구성함

두 번째는 LE, 세 번째는 TC, 마지막으로 CH 등)도 조사했다. 검증 실험에서, 4개의 시험 이미지, 4명의 고령층, 4명의 젊은 층 실험자와 4개의 변환 함수의 조합을 연구하였다. (관찰자와 이미지에서) 평균 이미지 선호도 결과는 그림 3.36에 표시되었다.

그림 3.36은 원본 이미지를 통해 강조된 이미지에서 두 연령 그룹의 선호하는 것을 보여준다. 연령이 있는 관찰자의 변환은 다음의 WP, TC, LE, CH 순서로 수행된 것을 선호한다. 젊은 층은 TC, LE, CH에 대해 선호하며 화이트 포인트 변환은 선호하지 않는다.

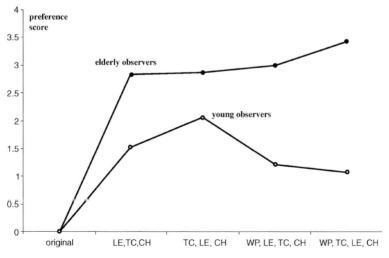

그림 3.36 검증하는 실험에서 이미지 선호 결과. 검은 점은 고령층을 나타내고, 흰 점은 젊은 층의 결과를 나타낸다[73]. *Color Research and Application*에서 허가받아 재구성함

참·고·문·헌

1 Oetjen, S. and Ziefle, M. (2009) A visual ergonomic evaluation of different screen types and screen technologies with respect to discrimination performance. *Appl. Ergon.*, **40**, 69–81.

2 ISO 9241-303:2008 (2008) *Ergonomics of Human–System Interaction. Part 303. Requirements for Electronic Visual Displays*, International Organization for Standardization.

3 Kraiss, K. and Moraal, J. (eds) (1976) *Introduction to Human Engineering*, Verlag TÜV Rheinland GmbH, Köln.

4 Shneiderman, B. (1998) *Designing the User Interface*, 3rd edn, Addison-Wesley.

5 Helander, M., Landauer, T., and Prabhu, P. (eds) (1997) *Handbook of Human–Computer Interaction*, 2nd edn, Elsevier.

6 Dix, A.J., Finlay, J.E., Abowd, G.D., and Beale, R. (1998) *Human–Computer Interaction*, 2nd edn, Prentice Hall Europe.

7 Nielsen, J. and Mack, R.L. (eds) (1994) *Usability Inspection Methods*, John Wiley & Sons, Inc.

8 Hick, W.E. (1952) On the rate of gain of information. *Q. J. Exp. Psychol.*, **4**, 11–26.

9 Hyman, R. (1953) Stimulus information as a determinant of reaction time. *J. Exp. Psychol.*, **45**, 188–196.

10 Fitts, P.M. (1954) The information capacity of the human motor system in controlling the amplitude of movement. *J. Exp. Psychol.*, **47**, 381–391.

11 Fitts, P.M. and Peterson, J.R. (1964) Information capacity of discrete motor responses. *J. Exp. Psychol.*, **67**, 103–113.

12 Rovamo, J. and Raninen, A. (1988) Critical flicker frequency as a function of stimulus area and luminance at various eccentricities in the human cone vision: a revision of Granit–Harper and Ferry–Potter laws. *Vis. Res.*, **28** (7), 785–790.

13 Kurtenbach, A., Mayser, H.M., Jägle, H., Fritsche, A., and Zrenner, E. (2006) Hyperoxia, hyperglycemia, and photoreceptor sensitivity in normal and diabetic subjects. *Vis. Neurosci.*, **23**, 651–661.

14 Bergquist, J. (2003) Visual ergonomics challenges in information-intensive mobile displays, Nokia Research Center. 10th International Display Workshops, December 3–5, Fukuoka, Japan.

15 Marumoto, T., Jonai, H., Villanueva, M.B.G., Sotoyama, M., and Saito, S. (2003) A case report of ophthalmologic problems associated with the use of information technology among young students in Japan. Proceedings of the XVth Triennial Congress of the International Ergonomics Association, August 24–29, Ergonomics Society of Korea, Seoul, Korea.

16 Hasegawa, S., Omori, M., Watanabe, T., Matsunuma, Sh., and Miyao, M. (2009) Legible character size on mobile terminal screens: estimation using pinch-in/out on the iPod touch panel, in *Human Interface. Part II. HCII 2009* (*Lecture Notes in Computer Science 5618*) (eds M.J. Smith and G. Salvendy), Springer, Berlin, pp. 395–402.

17 Lee, M.Y., Son, C.H., Kim, J.M., Lee, C.H., and Ha, Y.H. (2007) Illumination-level adaptive color reproduction method with lightness adaptation and flare compensation for mobile display. *J. Imaging Sci. Technol.*, **51** (1), 44–52.

18 Hunt, R.W.G. (2004) *The Reproduction of Color* (*Wiley-IS&T Series in Imaging Science and Technology*), 6th edn, John Wiley & Sons, Ltd.

19 CIE 175:2006 (2006) *A Framework for the Measurement of Visual Appearance*, Commission Internationale de l'Éclairage.

20 CIE 195:2011 (2011) *Specification of Color Appearance for Reflective Media and Self-Luminous Display Comparisons*, Commission Internationale de l'Éclairage.

21 Roufs, J.A.J. and Boschman, M.C. (1997) Text quality metrics for visual display units. I. methodological aspects. *Displays*, **18**, 37–43.

22 Boschman, M.C. and Roufs, J.A.J. (1997) Text quality metrics for visual display units. II. An experimental survey. *Displays*, **18**, 45–64.

23 Jackson, R., MacDonald, L., and Freeman, K. (1994) *Computer Generated Color*, John Wiley & Sons, Inc., New York.

24 Bodrogi, P. (1999) On the use of the Ware and Cowan conversions factor formula in visual ergonomics, in *Proceedings of the CIE Symposium'99: 75 Years of CIE Photometry*, Akademiai Kiado, Budapest.

25 Carter, R.C. and Carter, E.C. (1988) Color coding for rapid location of small symbols. *Color Res. Appl.*, **13** (4), 226–234.

26 Travis, D. (1991) *Effective Color Displays*, Academic Press, New York.

27 Ware, C. and Cowan, W.B. (1983) Specification of heterochromatic brightness matches – a conversion factor for calculating luminances of stimuli which are equal in brightness. NRC Publ. No. 26055.

28 Bodrogi, P. (2003) Chromaticity contrast in visual search on the multi-color user interface. *Displays*, **24** (1), 39–48.

29 Knoblauch, K., Arditi, A., and Szlyk, J. (1991) Effect of chromatic and luminance contrast on reading. *J. Opt. Soc. Am. A*, **8** (2), 428–439.

30 Legge, G.E., Parish, D.H., Luebker, A., and Wurm, L.H. (1990) Psychophysics of reading. XI. Comparing color contrast and luminance contrast. *J. Opt. Soc. Am. A*, **7** (10), 2002–2010.

31 Spenkelink, G.P.J. and Besuijen, J. (1996) Chromaticity contrast, luminance contrast, and legibility of text. *J. SID*, **4** (3), 135–144.

32 Durrett, H.J. (ed.) (1987) *Color and the Computer*, Academic Press, New York.

33 Bauer, B. and McFadden, Sh. (1997) Linear separability and redundant color coding in visual search displays. *Displays*, **18**, 21–28.

34 Carter, R.C. (1982) Visual search with color. *J. Exp. Psychol. Hum. Percept. Perform.*, **8**, 21–28.

35 Carter, E.C. and Carter, R.C. (1981) Color and conspicuousness. *J. Opt. Soc. Am.*, **71**, 723–729.

36 Healey, C.G. (1999) Preattentive processing. Visualization using the low-level human visual system. SIGGRAPH'99, 26th International Conference on Computer Graphics and Interactive Techniques.

37 Monnier, P. and Nagy, A.L. (2001) Uncertainty, attentional capacity and chromatic mechanisms in visual search. *Vis. Res.*, **41** 313–328.

38 Nagy, A.L. (1999) Interactions between achromatic and chromatic mechanisms in visual search. *Vis. Res.*, **39**, 3253–3266.

39 Nagy, A.L. and Sanchez, R.R. (1990) Critical color differences determined with a visual search task. *J. Opt. Soc. Am. A*, **7**, 1209–1217.

40 Nagy, A.L. and Winterbottom, M. (2000) The achromatic mechanism and mechanisms tuned to chromaticity and luminance in visual search. *J. Opt. Soc. Am. A*, **17**, 369–379.

41 Bauer, B., Jolicoeur, P., and Cowan, W.B. (1996) Visual search for color targets that are or are not linearly separable from distractors. *Vis. Res.*, **36**, 1439–1465.

42 D'Zmura, M. (1991) Color in visual search. *Vis. Res.*, **31**, 951–966.

43 Carter, R.C. and Carter, E.C. (1982) High-contrast sets of colors. *Appl. Opt.*, **21**, 2936–2939.

44 Smallman, H.S. and Boynton, R.M. (1993) On the usefulness of basic color coding in an information display. *Displays*, **14** (3), 158–165.

45 Kutas, G., Kwak, Y., Bodrogi, P., Park, D.S., Lee, S.D., Choh, H.K., and Kim, C.Y. (2008) Luminance contrast and chromaticity contrast preference on the color display for young and elderly users. *Displays*, **29** (3), 297–307.

46 Sekuler, R. and Sekuler, A.B. (2000) Visual perception and cognition, in *Oxford Textbook of Geriatric Medicine*, 2nd edn (eds J.G. Evans, T.F. Williams, B.L. Beattie, J.P. Michel, and G.K. Wilcock), Oxford University Press, Oxford, pp. 874–880.

47 Derefeldt, G., Lennerstrand, G., and Lundh, B. (1979) Age variations in normal human contrast sensitivity. *Acta Ophthalmol. (Copenh.)*, **57** (4), 679–690.

48 Weale, R.A. (1988) Age and transmittance of the human crystalline lens. *J. Physiol.*, **395** (1), 577–587.

49 Shinomori, K., Scheferin, B.E., and Werner, J.S. (2001) Age-related changes in wavelength discrimination. *J. Opt. Soc. Am. A*, **18**, 310–318.

50 Sheferin, B.E. and Werner, J.S. (1990) Loci

of spectral unique hues throughout the life span. *J. Opt. Soc. Am. A*, **7**, 305–311.

51 Owsley, C. and Sloane, M.E. (1990) Vision and aging, in *Handbook of Neuropsychology* (eds F. Boller and J. Grafman), Elsevier Science Publishers, Amsterdam, pp. 229–249.

52 Sloane, M.E., Owsley, C., and Jackson, C.A. (1988) Aging and luminance adaptation effect on spatial contrast sensitivity. *J. Opt. Soc. Am. A*, **5** (12), 2181–2190.

53 Higgins, K.E., Jaffe, M.J., Caruso, R.C., and de Monasterio, F.M. (1988) Spatial contrast sensitivity: effects of age, test–retest, and psycho-physical method. *J. Opt. Soc. Am. A*, **5** (12), 2173–2180.

54 Kelly, D.H. (1974) Spatio-temporal frequency characteristics of color-vision mechanisms. *J. Opt. Soc. Am.*, **64**, 983–990.

55 Kelly, D.H. (1983) Spatiotemporal variation of chromatic and achromatic contrast thresholds. *J. Opt. Soc. Am.*, **73**, 742–750.

56 Mullen, K.T. (1985) The contrast sensitivity of human color vision to red–green and blue–yellow chromatic gratings. *J. Physiol.*, **359**, 381–400.

57 Owsley, C., Sekuler, R., and Siemsen, D. (1983) Contrast sensitivity throughout adulthood. *Vis. Res.*, **23** (7), 689–699.

58 Peli, E. (1995) Suprathreshold contrast perception across differences in mean luminance: effects of stimulus size, dichoptic presentation, and length of adaptation. *J. Opt. Soc. Am. A*, **12**, 817–823.

59 Valberg, A. (2005) *Light Vision Color*, John Wiley & Sons, Ltd., Chichester, UK.

60 Delahunt, P.B., Hardy, J.L., Okijama, K., and Werner, J.S. (2005) Senescence of spatial chromatic contrast sensitivity. II. Matching under natural viewing conditions. *J. Opt. Soc. Am. A*, **22**, 60–67.

61 Hardy, J.L., Delahunt, P.B., Okijama, K., and Werner, J.S. (2005) Senescence of spatial chromatic contrast sensitivity. I. Detection under conditions controlled for optical factors. *J. Opt. Soc. Am. A*, **22**, 49–59.

62 de Wit, G.C. (2005) Contrast of displays on the retina. *J. SID*, **13** (2), 177–178.

63 CIE 135-1999 (1999) *CIE Collection 1999: Vision and Color, Physical Measurement of Light and Radiation. 135/1: Disability Glare*, Commission Internationale de l'Éclairage.

64 Bodrogi, P. and Tarczali, T. (2001) Color memory for various sky, skin, and plant colors: effect of the image context. *Color Res. Appl.*, **26** (4), 278–289.

65 Bodrogi, P. and Tarczali, T. (2002) Chapter 2: Investigation of color memory, in *Color Image Science: Exploiting Digital Media* (eds L.W. MacDonald and M.R. Luo), John Wiley & Sons, Ltd., Chichester, UK, pp. 23–47.

66 Yendrikhovskij, S.N., Blommaert, F.J.J., and de Ridder, H. (1999) Color reproduction and the naturalness constraint. *Color Res. Appl.*, **24**, 52–67.

67 Yendrikhovskij, S.N., Blommaert, F.J.J., and de Ridder, H. (1999) Representation of memory prototype for an object color. *Color Res. Appl.*, **24**, 393–410.

68 Tarczali, T., Park, D.S., Bodrogi, P., and Kim, C.Y. (2006) Long-term memory colors of Korean and Hungarian observers. *Color Res. Appl.*, **31** (3), 176–183.

69 Bartleson, C.J. (1960) Memory colors of familiar objects. *J. Opt. Soc. Am.*, **50**, 73–77.

70 Commission Internationale de l'Éclairage (CIE) (1996) Color Rendering. Specifying Color Rendering Properties of Light Sources. Report of CIE TC 1-33.

71 Siple, P. and Springer, R.M. (1983) Memory and preference for the colors of objects. *Percept. Psychophys.*, **34**, 363–370.

72 Bodrogi, P. (1998) Shifts of short-term color memory. Ph.D. thesis, University of Veszprém, Veszprém, Hungary.

73 Beke, L., Kutas, G., Kwak, Y., Sung, G.Y., Bodrogi, P., Park, D.S., Lee, S.D., Choh, H.K., and Kim, Ch.Y. (2008) Color preference of aged observers compared to young observers. *Color Res. Appl.*, **33** (5), 381–394.

74 Zhang, X. and Wandell, B.A. (1996) A spatial extension of CIELAB for digital color reproduction. SID'96 Digest, pp. 731–735.

75 Fairchild, M.D. and Johnson, G.M. (2002) Meet iCAM: a next-generation color

appearance model. IS&T/SID 10th Color Imaging Conference, Scottsdale, pp. 33–38.

76 Sheikh, H.R. and Bovik, A.C. (2006) Image information and visual quality. *IEEE Trans. Image Process.*, **15** (2), 430–444.

77 Taylory, Ch.C., Pizloz, Z., Allebach, J.P., and Boumany, Ch.A. (1997) Image quality assessment with a Gabor pyramid model of the human visual system. Proceedings of the 1997 IS&T/SPIE International Symposium on Electronic Imaging Science and Technology, San Jose, CA, pp. 58–69.

78 Wang, Zh., Bovik, A.C., and Simoncelli, E.P. (2005) Structural approaches to image quality assessment, in *Handbook of Image and Video Processing* (ed. A. Bovik), Academic Press, New York, pp. 1–33.

79 Bringier, B., Richard, N., and Fernandez-Maloigne, C. (2006) Local contrast for no-reference color quality assessment. Proceedings, 75 Years of the CIE Standard Colorimetric Observer, Ottawa (ed. A. Carter).

80 Fernandez, S.R., Fairchild, M.D., and Braun, K. (2005) Analysis of observer and cultural variability while generating 'preferred' color reproductions of pictorial images. *J. Imaging Sci. Technol.*, **49**, 96–104.

81 Yoshida, A., Mantiuk, R., Myszkowski, K., and Seidel, H.P. (2006) Analysis of reproducing real-world appearance on displays of varying dynamic range. Proceedings of Eurographics, Vienna (eds E. Gröller and L. Szirmay-Kalos).

82 Babcock, J.S., Pelz, J.B., and Fairchild, M.D. (2003) Eye tracking observers during rank order, paired comparison, and graphical rating tasks. IS&T PICS Conference, Rochester, NY, pp. 10–15.

83 Guilford, J.P. (1954) *Psychometric Methods*, McGraw-Hill, New York.

84 Boynton, R.M. and Olson, C.X. (1987) Locating basic colors in the OSA space. *Color Res. Appl.*, **12** (2), 94–105.

85 Fedorovskaya, E.A., de Ridder, H., and Blommaert, F.J.J. (1998) Chroma variations and perceived quality of color images of natural scenes. *Color Res. Appl.*, **22** (2), 96–110.

04

영화 필름과 TV 영상을 위한 컬러 관리와 이미지 품질 향상

이 장에서는 시스템 구성요소를 포함하는 영화 필름 및 TV 생산 워크플로를 설명한다. 또한 고급 컬러 관리에 대한 필요 사항이 언급되었다. 이러한 필름 또는 디지털 시네마 카메라, 필름 스캐너, 레이저 필름 레코더 같은 것을 업무 구성요소로 취급한다. 디지털카메라, 포스트 프로덕션 및 색 영역 매핑 등 관련 문제와 모니~~~는 디지털 시네마 프로젝터에 대한 색상 관리의 ~~~ 프로그램이 분석~~~.

디지털 영화 콘텐츠가 전 세계 ~~~에 배포되기 전에, 영화는 압축되고 또한 영화 ~~~ 저작권을 보호하기 위해 워터마킹되어야 한다. 인간의 이미지 인식을 근간으로 여러 가지 이미지 압축 방법과 워터마킹 방법이 개발되었고 평가 방법 또한 정리되었다. 이들 방법은 이 장에서 언급될 것이다. 그리고 인간 시각 특성 시스템의 시공간적 특성을 반영하기 위한 디지털 시네마 카메라의 촬상 광~~~이 광학 성능을 최적화하는 방법 또한 언급될 것이다. 마지막으로, 컬러 연~~~을 위한 TV 및 영화 제작에 사용되는 광원 부분과 영화 필름의 감정적 측면이 설명될 것이다.

4.1
현대 영화 필름과 TV 영상의 워크플로 — 부품과 시스템

4.1.1
워크플로

오늘날 디지털 영화와 TV 콘텐츠를 제작할 수 있는 방법[1]을 묘사하였다(그림 4.1 참조).

　종래의 형태에서는 대상 장면을 아날로그 필름 카메라로 촬영하고, 화학 재료를 통해 네거티브 필름이 현상된다. 네거티브 필름의 개발 이후, 뒤이어 오는 이미지 처리를 위한 두 가지 방법이 있다.

(1) 네거티브 필름(마스터 네거티브 필름)은 고품질의 광학 및 그 장치에 세 가지 색상 채널을 중간(intermediate; intermed라고 함) 포지티브(positive)(IP) 필름에 복사된다. IP 필름의 색 농도는 각 컬러 채널에 광 강도의 변동에 의해 영향을 받는다. 이 빛의 강도 조정, 표준은 아날로그 필름 실험실의 가장 중요한 작업이다. 주요 IP 필름에서, 다른 IN(intermed negative) 필름은 다른 나라 필름 업체에 복사 배포된다. 각 나라에서, IN 필름은 특정 국가의 영화관

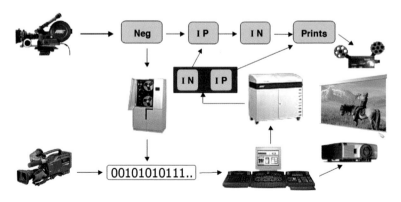

그림 4.1 오늘날 TV와 극장 사업에서 제작 체인[1]

에 대한 많은 포지티브 필름(인쇄 필름)으로 복사된다.

(2) 대안적으로, 마스터 네거티브 필름은 디지털 스캐너로 극장용 애플리케이션을 목적으로 채널당 14비트의 고퀄리티 데이터로 스캔되거나 TV용 애플리케이션을 목적으로 채널당 10 또는 8비트의 텔레시네 스캐너(telecine scanner)로 스캔된다. 네거티브 필름의 밀도값은 디지털 플랫폼 포스트 프로덕션에서 CCD 또는 CMOS 센서로 스캔하여 디지털 신호로 변환된다.

최근, 원래 실제 장면은 영화에서 채널당 12비트의 디지털 시네마 카메라로 디지털화되거나 HDTV 응용 프로그램에 대한 채널당 8 또는 10비트로 디지털 촬영할 수 있다. 디지털 이미지는 또한 포스트 프로덕션에 보정될 수 있다. 세 가지 매우 다른 색 생성 프로세스에서 세 가지 기술 시스템이 존재한다.

(1) 네거티브 필름 층의 분광 감도와 필름 카메라의 컬러에 있어서 필름 스캐너, 네거티브 필름을 비추는 광원(제논 램프 또는 LED 방사선), 스캐너 센서의 분광 감도.

(2) 센서 픽셀의 스펙트럼 감도, 기능이 있는 디지털카메라의 컬러 프로세싱과 컬러 픽셀을 처리하는 컬러 알고리즘.

(3) 모니터 또는 디지털에서 프로젝터 컬러 이미지를 생성하는 컬러 프로세싱. 하이엔드 영화 애플리케이션의 경우, 상업적 목적의 CRT 모니터와 DLP 프로젝션 기술은 높은 품질의 이미지 표시에 적합하다.

다른 기술 시스템의 신호 전달 방법은 동일하지 않다. 최선의 경우, 디지털카메라, 디지털 프로젝터, 모니터는 입력과 출력 신호들 사이의 선형 동작이 있다. 그러나 네거티브 필름은 매우 비선형이다.

디지털 이미지의 보정 후 최종 콘텐츠는 디지털 프로젝터로 디지털 시네마 극장에서 표시된다. 하지만 많은 곳에서 완벽한 디지털 영화 보급은 어렵다. 왜냐하면 운영 시 설치에 필요한 초기 비용과 디지털 영화 전송 방법(위성 또는 광통신) 등의 제한으로 많은 도시에 디지털 영화관이 없기 때문이다. 따라서 디지털 시네마의 광범위한 모습은 미래에 예상될 수 있다. 2012년 현재 인기 있는 솔루션은 여전히 디지털 이미지를 인텀드(intermed) 네거티브 필름으로 변환하여 전 세계적으로 아날로그 영화관에 IP 또는 인쇄 필름으로 기록하는 것이다.

상기 하이브리드 구조의 영화 및 TV 산업의 현대 생산 구조를 분석하여, 여러 기술 시스템들이 색상 신호 생성 및 전환의 다른 방법으로 사용된다는 결론을 내릴 수 있다. 따라서 TV 및 영화 기술은 다른 디바이스의 컬러 공간과 컬러 투과의 중요한 기준인 원리에 직면하고 있다. 후자의 기준은 다음의 방식으로 정형화될 수 있다.

컬러 이미지 처리의 모든 단계에서, 이미지는 아날로그 필름이든 디지털 시네마 카메라든 실제 원래 장면에서의 컬러 개체와 동일한 컬러 재현을 수행해야 한다. 따라서 색 재현성의 기준은 실제 물체 신(scene)의 색채 재현이다. 워크플로의 각 단계에서의 색 재현을 제어하기 위해, 컬러 화상 처리 공정(하드웨어 및 소프트웨어)은 각각 기술 시스템 사이의 컬러 신호를 변환하기 위해 필요하다.

따라서 최적의 컬러 이미지 처리 프로세스는 다음과 같은 특징을 포함한다.

(1) 디바이스에 독립적인 컬러 시스템(컬러 공간)의 도입. 이것은 인지되는 컬러 특성(밝기, 색상 및 포화도. 1.1.3절 참조)을 관찰 조건하에서 예상한다. 시청 환경의 조건은 상기 스펙트럼 전력 분포[또는 색도(chromaticity) 좌표], 장면의 순응 휘도(밝기), 색을 띠는 물체의 휘도(밝기), 관찰자 위치에서 시야각을 포함한다. 시야각을 포함한다. 제1장에 따르면, 사람의 색 인지는 망막의 광수용체(photoreceptors) 능력, 순응 상태, 수용체에서 뇌까지 신호를 변환하고 압축, 시각 뇌에서 워크플로의 마지막 단계에서 컬러 이미지 처리의 수행임을 상기하자.

(2) 시스템—독립적인 색 공간에서 시스템—의존적인 장비(디바이스 색상 특성들)를 변환하여 전송하는 알고리즘. 이미지 처리 속도는 중요한 요소이다. 왜냐하면 TV나 시네마 콘텐츠는 동영상으로 초당 최소한 24프레임(f/s)을 가지며, 고해상도에서 각 컬러 채널당 최소 8비트를 보여준다. 고해상도의 예로

HDTV 해상도는 1920×1080픽셀의 이미지이다.

매우 다양한 컬러 어피어런스 방법으로 인해, 컬러 모니터 이미지와 IN 네거티브 필름에 기록된 후의 이미지, 시네마 스크린에 투사 후 이미지는 서로 다른 컬러 특성을 가지게 되는 것은 당연하다. 실제 컬러 장면은 모니터 이미지와 다르다. 따라서 시스템에 의존하는 색 특성을 시스템에 독립적인 색 공간으로 변환하는 것이 필요하다. 1993년, 국제컬러컨소시엄(ICC)은 컬러 어피어런스 기술에 중요한 기술을 갖는 회사를 토대로 관련된 멤버십을 확립하였다. ICC의 목적은 운영체제에 대해 독립적으로 컬러 데이터의 교환을 위한 개방 및 제조 독립적 기준을 개발하고 유지하는 것이다.

4.1.2
오늘날의 극장과 TV 기술에서 컬러 관리 구조

ICC는 프로파일에 의해 시스템에 의존하는 색 공간을 기술한다. 이것은 시스템이 시간에 따라 변경될 수 있기 때문에 시간을 체크하고 수시로 갱신하는 이른바 자신의 프로파일(ICC 프로파일)을 갖는다는 것을 의미한다. ICC 프로파일에는 세 가지 유형이 있다(그림 4.2 참조)[2-4].

(1) **입력 프로파일**(디지털카메라 또는 스캐너) : 입력 신호는 입력 이미지의 컬러 값이며, 출력 신호는 센서로부터 전자 시스템의 신호이다.
(2) **디스플레이 프로파일** : 특정 입력 신호(아날로그 또는 디지털)는 조정된 모니터 또는 디지털 프로젝터에서 컬러 디지털 이미지의 재생에 사용된다.
(3) **출력 프로파일** : 입력 디지털 신호에 따라 잘 정의된 출력 매체로, 예를 들면 컬러 네거티브 필름이 있다.

상기 기술한 바와 같이, 프로파일에 의해 기술된 시스템이 변화되지 않는 경우, 프로파일은 해당 경우에 일정하게 유지된다. 이 특징은 스캐너 램프의 변화에 대해 설명할 수 있다. 예를 들어 일정하게 시스템을 유지하기 위해 정기적으

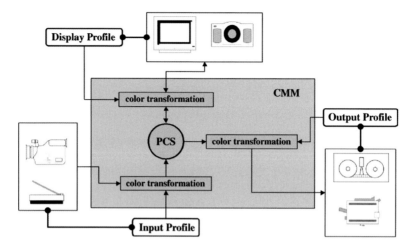

그림 4.2 ICC의 원리에 따른 컬러 관리 구성. PCS : 프로파일 연결 공간(profile connecting space), CMM : 컬러 관리 모듈(color management module)[1]

로 또는 제어 피드백 메커니즘에 대한 시스템 교정을 필요로 한다. 따라서 환경 작동 조건은 시스템의 동작 및 프로파일에 영향을 미칠 수 있다. 촬영 조건을 일 정하게 유지하기 위해 영화 산업에서 몇 가지 중요한 지침이 있다.

- 모든 모니터는 매주 컬러를 맞추는 교정 작업을 해야 한다.
- 모니터 휘도 계측기는 연간 교정되어야 한다.
- 필름 제조사의 화학 공정은 24시간 내에 2, 3회 확인되어야 한다.
- 필름 화질의 최종 기준을 확인하는 레퍼런스 시청실 영사기 램프의 열화와 시 네마 스크린의 변색을 확인하기 위해 매월 측정한다.
- 필름 스캐너와 레이저 필름 레코더는 기준에서 온도차가 최대 0.5°C 차가 유 지되는 방에서 설정되어야 한다.

ICC 프로파일을 기반으로 한 수치 계산은 일반적으로 어렵게 운영되지 않는 다. 사전에 정의된 컬러 샘플 세트는 스펙트럼 또는 색도계로 측정되고, 컬러 속 성의 수치적 상관관계는 시스템 출력 데이터와 비교된다. 실제 컬러 관리, 프로 파일 소프트웨어는 시스템에 의존하는 프로파일을 계산하기 위해 사용될 수 있 다. 생성된 프로파일에서 변환에 대한 정보가 포함되어 있다. 이것은 3차원 테이블(3D-LUT) 또는 3×3 매트릭스로 구성된다.

프로파일 연결 공간(PCS)은 시스템 독립적인 색 공간을 나타내는 것으로, CIELAB 좌표 또는 CIE *XYZ* 자극치로 표시된다. 이 값과 함께, 시스템에 의존하는 컬러 데이터는 시스템에서 시스템으로 변환될 수 있다. 계산 및 변환을 위해, 계산 모듈은 소위 컬러 관리 모듈(CMM)(그림 4.2 참조)이 필요하다. 시장에는 다른 CMM 소프트웨어 패키지가 있다. 이것들은 다른 결과를 발생시킨다. 최상의 CMM 소프트웨어는 컬러 이미지 전문가의 시각적 인식에 대응하는 컬러 데이터를 제공 한 것이다.

4.1.3
컬러 관리 해결 방안

컬러 공간 변환은 시스템 의존적인 색 공간의 데이터에서 시스템 독립적인 색 공간의 데이터로 변환한다. ICC는 시스템에 독립적인 색 공간으로 색 공간 CIE *XYZ*와 CIELAB을 정의했다. 실제로, CIELAB는 대부분 (*XYZ*와 달리) 인간의 색 각의 지각 특성에 대응하므로 그 때문에 선호한다(1.1.3절 참조). 또한 색역 매핑 문제는 CIELAB 색 공간의 측면에서 더욱 직관적으로 이해될 수 있다. 일반적으로, 색상 변환[2]에 대한 세 가지 가능성이 있다.

- 색 변환이 3×3 매트릭스로 수행된다. 시스템이 선형인 경우, 소스 및 목표 색 공간의 크기가 동일하게 있는 경우에만 사용될 수 있다. 3×3 매트릭스는 연색성 품질의 달성 가능한 품질이 중간 정도인 모니터 데이터에 TV 카메라 신호를 변환하기 위해 오랫동안 사용되어 왔다.
- 비선형 매개변수를 사용하여 매트릭스 변환. 변환 색 공간에서 각 컬러값의 형식은 다음 입력 공간의 RGB 컬러값을 적용한 다항식 함수이다.

$$R_{target} = aR + bRG + cRB + dGB + eR^2 + f \qquad (4.1)$$

식 4.1에서, R_{target}은 대상 공간에서 *R*(빨간색) 컬러값을 나타낸다. 유사 관계는 *G* 및 *B*값에 연계된다. 식 4.1의 과정은 정지 및 동영상 촬영을 위한 고급 전문 디지털카메라에 적용된다. 식 4.1은 카메라 센서와 모니터에서 비선형 및 더할 수 없는(nonadditivity) 측면을 취한다. 디지털 센서를 위해, 식 4.1에 관련된 추가적인 효과는 주변에 인접하는 화소에서 특정 화소의 일부 신호를 전송하는 것이다.

- 3D-LUT를 이용한 변환은 시간 소모가 크다. 그러나 3D-LUT는 모든 색 공간에 사용될 수 있다. 비선형 구성 또한 가능하다. LUT를 대상 공간의 색상값으로 변환하는 것을 목적으로 입력 공간의 색상값을 인코딩한다. 정확한 변환을 위해 수많은 LUT 그리드값을 유지하고, 데이터플로에서 많은 양을 필요로 한다. 그러므로 실시간 계산은 막대한 계산 노력을 요구한다. 예를 들어 모니터 색공간에서 레이저 레코더의 3D-LUT 경로와 필름 프로젝터 공간에서 모니터 색 공간으로 변환을 할 때 $33 \times 33 \times 33$ 그리드값이 사용될 수 있다. 그리드값의 색상값은 선형 보간에 의해 계산될 수 있다. 이 그리드 크기는 고성능의 하드웨어를 사용한다면 색 보정 세션에서 실시간으로 후처리하는 게 가능하다. 컬러 채널 해상도별 초당 25프레임의 프레임 레이트를 갖는 10비트의 하이엔드 디지털 동영상 카메라에서, $17 \times 17 \times 17$ 격자 크기는 3D-LUT 처리 시간 연색성 품질 간의 최상의 절충안으로 볼 수 있다.

4.2
극장 영상 제작 체인의 구성

4.2.1
카메라 기술의 전반적인 구성

카메라 기술은 20세기 초에 시작하여 지난 15년 동안 매우 역동적이고 집중적으로 개발되었다. 카메라로 촬영한 영상의 품질에 영향을 미치는 주요 요소는 다음과 같다.

첫 번째 중요한 특징은 네거티브 필름면 위에 개체를 이미지화하는 광학 시스템이다. 광학계의 가장 중요한 요구사항은 가능한 높은 변조 전달 함수(MTF) 및 비전수차, 애곡과 색수차와 낮은 광학 수차이다. 물체면에 대한 각 거리에서 최

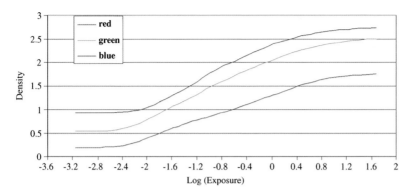

그림 4.3 노출 정도의 로그 함수를 나타내는 필름 밀도

적의 이미지 품질을 위해, 고정된 초점 길이의 다양한 고급 광학 시스템이 개발
및 생산되고 있다.

두 번째 특징은 필름 재료의 콘트라스트 전달 함수에 관한 것이다. 네거티브
필름은 빨간색, 초록색 및 파란색 채널들에 대한 3개의 층을 갖고, 층의 콘트라스
트 전달 함수가 최적화되어야 한다. 또한 상기 세 층의 분광 감도 함수 캡처 장면
에서 컬러 개체의 색상 충실도를 최적화한다.

세 번째, 박막 재료의 노광 감도가 중요하다. 필름의 동적 범위(즉 장면 하이라
이트의 최대 휘도와 같은 막에 의해 렌더링된 어두운 객체의 최소 휘도의 비율)는
TV 필름을 위한 최고의 전문가용 HDTV 카메라로 600:1 내지 1,000:1 범위에 있
다. 동영상을 촬영하는 필름 산업에서 필름 재료는 15,000:1 이상의 동적 범위를
만족한다. 그림 4.3은 일반적인 필름 재료의 경우를 고려하였을 때 2.6과 1.6 노
출 범위 로그 함수의 필름 밀도를 나타낸다.

그림 4.3과 같은 특성이 명시된 것은 가까운 미래에 차세대 디지털 동화상 카
메라를 목적으로 한다. HDR(High Dynamic Range)은 필름 제작자의 언어에서
의미하기를, 영상의 하이라이트와 어두운 부분에서 어두운 개체들을 필름에 잘
담고 세밀한 표현과 섬세한 색 표현(그림 4.4 참조)을 영화 캔버스에 표현하는 것
이다. 이 기능은 인지 화질을 강화하는 데 매우 중요하다.

그림 4.4에서 교회 내부를 매우 높은 동적 범위를 갖는 장면의 예로 사용하였

그림 4.4 높은 HDR의 영상에서 교회 내부 예시

다. 왼쪽과 오른쪽에 있는 창은 높은 휘도를 가지고 있지만, 영화 카메라의 높은 동적 범위를 갖는 능력으로 이 윈도우 휘도의 변조 및 구조는 명확하게 렌더링되어 이미지로 저장될 수 있다. 동시에, 제단의 어두운 색깔의 개체는 모두 인지 가능한 색상과 공간 정보를 유지한다.

그림 4.5에서, 네거티브 필름 재료(텅스텐 조명에서 200ASA의 감도를 갖는 200T형)와 일반적인 고급 필름 카메라의 광학 시스템의 콘트라스트 감도 함수가 표시되어 있다. 80cycles/mm의 공간 주파수에서 콘트라스트 전송값은 파란색 및

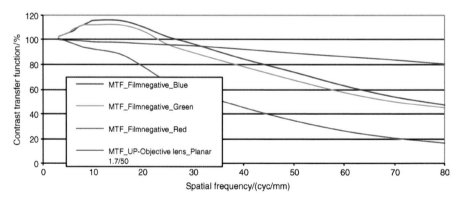

그림 4.5 네거티브 필름 재료(텅스텐 조명에서 200ASA의 감도를 갖는 200T 타입)의 콘트라스트 변화 함수와 이상적이 하이에드 필름 카메라의 광학 시스템

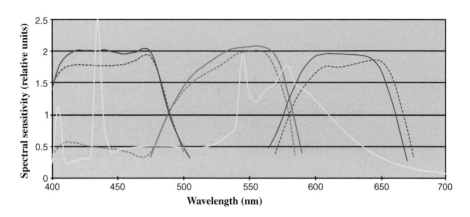

그림 4.6 형광등 스펙트럼(노란색 선) 및 상업적인 네거티브 필름(점선, 250D 타입)과 비교되는 새로운 네거티브 필름(연결된 선, 500D 타입)의 분광 감도

초록색 필름 층에 대한 40% 이상으로 의미 있는 수치이다. 극장 상영관에서 화면에 영사되는 필름의 폭이 24.89mm이므로, 화면폭에 24.89mm×80cycles/mm = 1991cycles 또는 3982화소를 가져야 한다. 이 해상도는 최근에 자주 언급되는 고화질 TV(HDTV)의 해상도 1920×1080 또는 1080×720픽셀의 해상도보다 훨씬 낮다.

그림 4.6에서, 새로운 네거티브 필름의 스펙트럼 감도(500D형, 일광 노출에 대한 500ASA의 감도)와 다른 (기존의) 네거티브 필름(250D형)이 도시되어 있다.

그림 4.6에서, 새로운 필름형의 초록색 및 빨간색 층에 대한 곡선은 종래의 필름에 비해 서로 더 가깝게 이동한다. 새로운 필름으로 피부톤의 컬러 충실도 개선을 위해 두 감도 곡선의 교차점은 580nm이다. 이들은 아마도 가장 중요한 장기 기억색(3.4.1절 참조)을 나타내므로 영화 촬영에서 피부 색조는 매우 중요하다. 아시아 피부톤이든 유럽 피부톤이든지 독립적인 580nm에서 눈에 띄게 차이나는 전형적인 분광 반사율 함수를 갖는다. 이는 그림 6.13의 두 피부 색으로 확인할 수 있다.

서로 다른 나라의 여러 사람 피부의 분광 반사율 함수를 측정하고, 그림 4.7에 표현하였다. 이때 모든 사람에서 580nm의 경계 특성은 잘 확인된다.

2000년 이후 영화 산업은 영화 촬영 애플리케이션을 위한 디지털카메라의 생

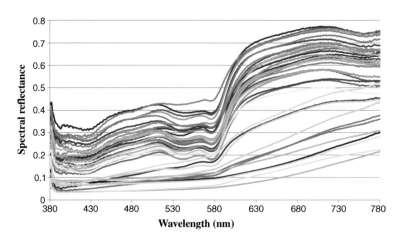

그림 4.7 독일 다름슈타트기술대학에서 측정한 다른 피부톤의 분광 반사율

성을 개발하기 위해 노력하고 있다. 조사 단계에서, TV 프로그램을 위해 설계된 많은 HDTV 카메라를 영화 촬영에도 적용할 수 있는지 여부를 테스트하였다. 특히 시네마 디지털카메라는 다음과 같은 요구사항을 충족해야 한다.

(1) 자신의 최적화된 광학 품질과 현재의 아날로그 필름 카메라의 광학을 가능한 사용해야 한다.
(2) 센서는 현재 필름의 심도 포커스를 유지하기 위해서 네거티브 필름 영역(약 24.89mm×18.76mm)과 동일한 포맷을 가져야 한다. 센서는 필름과 동일한 위치에 위치해야 한다.
(3) 15,000:1 이상의 높은 동적 범위를 유지하지만, 적어도 4,000:1은 되어야 한다.
(4) 컬러 연색성 능력은 네거티브 필름 중 하나보다 더 좋아야 한다. 센서 픽셀의 스펙트럼 감도는 이러한 목적을 최적화 달성하는 것으로 가능하다.
(5) 아날로그 필름 카메라의 프레임 레이트가 고품질 디지털 시네마 카메라는 적어도 96f/s에 최적화되어 설계되어야 하며, 가능하면 150f/s(150)가 되어야 한다. 높은 프레임 속도는 차량이나 축구나 야구 등의 스포츠 이벤트와 같이 물체의 빠른 움직임을 촬영할 때 필요하다.

첫 번째로 전 세계의 HDTV 카메라를 실험 연구한 결과, 실험에 참여한 카메라는 상기 영화의 조건(1~5)을 만족하지 않는 것으로 지적받았다. 따라서 새로운 형태의 영화 카메라가 개발되어야 했다. 이미지 품질의 관점에서, 다음의 최적화가 요구되었다.

(1) 96f/s의 프레임 속도를 갖기 위해 CMOS 기술은 노광 후 화소로부터 신호의 빠른 판독이 가능하므로 센서 기술은 CCD 센서 기술에서 CMOS (complementary metal-oxide semiconductor) 기술로 변경되었다. 또한 CMOS 센서는 센서 픽셀 노출 과다 때 발생하는 이미지 아티팩트를 피한다. 센서 면적이 24mm×18mm로 종래의 네거티브 필름과 같은 크기이다. 필름 카메라의 광학계가 유지되어야 하기 때문에, 하나의 센서는 세 가지 색상 채널(RGB)을 사용해야 한다. 따라서 빨간색, 초록색 및 파란색 화소 정보는 동일한 센서에 주기적으로 위치한다.

(2) 전체 광 체인의 분광 감도는 적외선 및 자외선을 차단하는 필터를 가지며, 센서의 구조적 앨리어싱(alias)을 피하는 저역 통과 필터, RGB 픽셀의 컬러 도료의 분광 투과율 및 마지막으로, 일반적으로 반도체 실리콘 센서인 모노톤 CMOS 센서의 분광 감도를 갖는다.

그림 4.8은 세 가지 색상 채널(RGB)에 대한 최근 개발된 디지털 시네마 카메라의 전체 체인의 분광 감도 곡선을 나타낸다.

그림 4.8로부터 알 수 있는 바와 같이, 녹색 채널의 분광 감도는 550nm의 피크 파장을 갖는 포토픽 비전(photopic vision)의 인간 발광 효율 함수 $V(\lambda)$와 유사하다. 파란색 채널은 더 높은 감도와 넓은 스펙트럼 대역폭을 가진다. 이는 TV 및 영화 제작에 특수 블루 효과를 위해 매우 중요하다. 빨간색 및 초록색 채널의 곡선은 580nm의 파장 영역을 중심으로 중첩하기 때문에 매우 우수한 피부톤 재생을 허용한다. 560~650nm 사이의 빨간색 채널 분광 감도는 빨간색 직물, 빨간색 식품, 붉은 꽃과 같은 중요한 빨간색 물체의 양호한 연색성을 보장하기에 적합하다. 690nm보다 높은 파장의 경우, 컬러 채널의 분광 감도는 매우 낮다. 왜냐하면

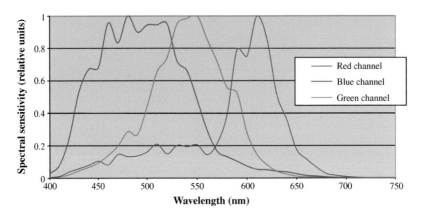

그림 4.8 디지털 시네마 카메라의 전반적인 광학 체인의 분광 감도

690nm와 적외선 범위에서 인공물과 자연물은 높은 반사율을 갖기 때문이다. 그리고 카메라의 컬러 연색성은 변조된다. 그림 4.9는 피부톤 컬러 테스트 차트 및 카메라의 공간 분해능을 테스트하기 위해 공간 패턴을 포함하는 카메라의 테스트 이미지를 나타낸다.

그림 4.10은 전체 카메라 시스템의 블록도를 나타낸다. 그림 4.10에서 알 수 있는 바와 같이, 시간 슬롯에서 회전 거울은 광을 통과시켜, 카메라 센서 평면에 이

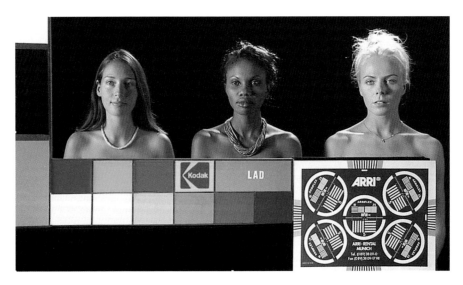

그림 4.0 피부톤, 컬러로 구성된 테스트 차트와 공간 주파수 패턴이 배치된 카메라 테스트 이미지

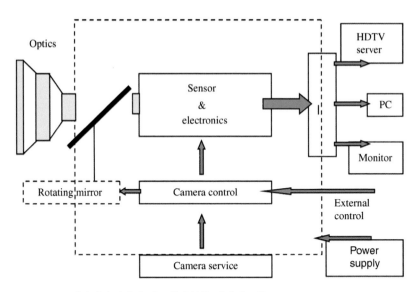

그림 4.10 전반적인 카메라 시스템의 블록 다이어그램

미지 물체면의 광학이 맺히도록 한다. 촬영 감독은 필름 촬영 시퀀스 동안 물체 면을 관찰할 수 있도록, 다른 시간 슬롯에서, 거울 블록에 반사되는 빛이 광학 뷰 파인더로 입사되도록 반영한다. 광자는 각 화소 내부의 트랜지스터에 의해 광전 압(photovoltage)으로 변환되고, 광전류 발생 센서 픽셀에 흡수된다. 전압은 색상 채널당 12비트 컬러 해상도에서의 A/D 변환기에 의해 디지털화된다.

디지털 화소 신호는 서로 다른 응용 분야에 따라 두 가지 방식으로 처리될 수 있다 .

(1) **라이브 모드** : 영상이 HDTV 애플리케이션을 위해 사용되는 경우, 이 모드 는 예를 들어 인가되는 라이브 HDTV 스포츠 이벤트 또는 저비용의 예산과 HDTV 기능 필름에 사용된다. 이 모드의 경우, 이미지는 HDTV 해상도인 1920×1080픽셀이며, 컬러 채널당 8비트로 다운 샘플링된다. 데드 픽셀 보정 보간법, 색상 관리(아래 참조) 및 신호 선형화와 검은색 보정 등의 화상 처리 단계가 실시간으로 24, 25, 또는 30f/s의 프레임 레이트로 수행되며, 이를 위 해 적정한 데이터 프로세싱 알고리즘이 요구된다.

(2) **raw 모드** : 모든 촬영 감독은 훌륭하게 렌더링된 화려한 색상과 높은 품질의 영화 필름을 만들기를 원한다. 이를 위해 투자되는 작업 시간은 중요한 요인이 아니다. 따라서, 후처리되지 않은 디지털 신호는 가능한 가장 높은 비트 심도(채널당 거의 12비트)에서 처리가 가능하도록 하며, 포스트 프로덕션에 전송될 수 있다. 후반 제작 동안, 시간 소모가 많은 고화질의 영상 처리 알고리즘은 높은 비트 심도 및 공간 이미지 해상도로 실행된다. 특수 컬러 전문가들(컬러리스트라고 함)은 영화 제작자의 의도에 맞춰 모든 소소한 이미지 시퀀스까지 교정하거나 프로세서를 맞출 가능성이 있다.

그림 4.11에서, 실제 디지털 시네마 카메라(a)의 공간 해상도와 HDTV 애플리케이션에 대한 하이엔드 디지털카메라(b)의 해상도를 비교한다.

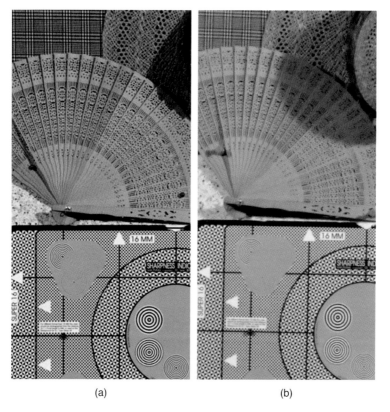

(a)   (b)

그림 4.11 디지털 시네마용 카메라(a)와 HDTV 카메라(b)의 공간 해상도 비교

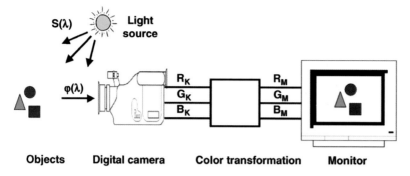

그림 4.12 컬러 프로세싱 : 촬영하는 위치에서 물체의 실제 색과 모니터에서 보이는 물체색의 컬러 어피어런스를 조정한다.

그림 4.11에서 알 수 있는 바와 같이, 디지털 영화 카메라의 공간 해상도는 HDTV 애플리케이션을 위한 고성능 디지털카메라의 해상도보다 더 높다. 디지털 시네마 카메라도 섬세한 공간 정보를 확인할 수 있는지 그림 4.11에서 확인한다.

애플리케이션(라이브 모드 또는 raw 모드)에 관계없이 컬러 처리의 목적은 컬러 프로세싱은 실제 물체의 컬러를 모니터에서 그대로 표현하도록 조절하는 것이다. 이는 그림 4.12에 도시되어 있다.

같은 색 값을 얻기 위해, 그림 4.12에서 알 수 있는 바와 같이, 색 변환 단계에서 카메라(R_K, G_K, B_K)의 RGB값을 모니터(R_M, G_M, B_M)의 RGB값으로 변환한다.

4.2.2
포스트프로덕션 시스템

최고 화질의 영화 필름 제작에 아날로그 필름 카메라는 높은 동적 범위 및 높은 (4k) 해상도로 촬영이 가능하므로 많이 사용되었다. 장면을 촬영한 후, 네거티브 필름이 화학적 반응을 적용하기 위해 필름 실험실에서 만들어질 수 있고, 고품질의 디지털 이미지를 스캔하기 위해 이러한 이미지는 보정된 디지털 플랫폼에서 처리될 수 있다.

영화 필름의 필름 스캐너는 파란색, 초록색 및 빨간색 채널에 대한 세 가지 LED 시스템(그림 4.13 참조)과 함께 LED 조명 장치로 구성되어 있다.

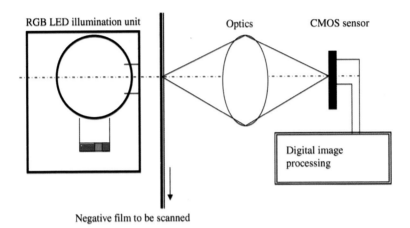

그림 4.13 시네마 필름 스캐너의 블록 도식

그림 4.13에서 알 수 있는 바와 같이 파란색, 초록색 및 빨간색 LED는 적분 구 내부에서 첫 번째 개구부를 통해 투영된다. 확산 판은 두 번째 개구부를 따라 필름에 균일한 조명이 맺히도록 사용된다. 각각의 스캔에서, 필름은 CMOS 반도체 센서의 활성 표면 상에 최적화된 광학 구조계를 이용하여 파란색, 초록색 또는 빨간색의 빛이 이미지 형태로 조명된다.

이 단색 센서는 실리콘 재료의 일반적인 분광 감도를 갖는다. 이 센서의 해상도는 3112×2048픽셀이다. 이 해상도는 마이크로 스캐닝(microscanning) 알고리즘으로 이미지당 6048×4000픽셀로 확장할 수 있다. 네거티브 필름의 파란색, 초록색 및 빨간색 이미지에서 검은색 값(즉 현재의 암부 전류)을 맞추기 위해 데드 픽셀을 보간하고, 신호를 선형화 ICC 컬러 관리로 수행하여 보정하기 위해 처리된다. 이미지는, 위에 설명한 바와 같이, 후반 공정에서 색 보정 및 이미지를 개선하기 위해 저장되며 전송된다.

그림 4.14는 시네마 영화 필름용 필름 스캐너의 RGB LED 조명 장치의 상대 분광 분포를 나타낸다.

R, G, B의 방사 특성은 최적화되어야 한다(그림 4.14에서 Red 1, Green 1, Blue 1과 비교할 때 최적화된 Red 2, Green 2, Blue 2 곡선 참조). 최적화는 LED 및 대역 통과와 차단 필터로 수행될 수 있다. 이때 생성된 RGB 이미지의 채도는 분광

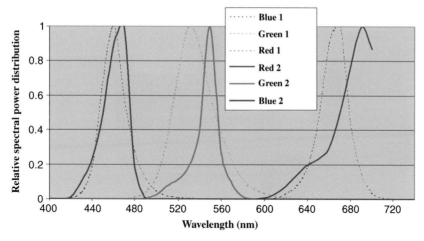

그림 4.14 시네마 필름에서 필름 스캐너의 RGB LED 광원 단위에서 상대적인 스펙트럼 출력 밀도. R, G, B LED 방사는 최적화되어야 한다(Red 1, Green 1, Blue 1과 비교하여 Red 2, Green 2, Blue 2 참조). 이것은 RGB 이미지에서 컬러가 겹치지 않도록 하기 위해 파장별로 대역폭을 나눈 것이다.

분포에서 겹치지 않도록 수행되어야 한다.

　마지막으로, 개선 및 색 보정된 디지털 이미지는 영화 콘텐츠의 세계적인 배포를 준비해야 한다. 첫 번째는 하이엔드 디지털 시네마 프로젝터에서 보여지는 이미지이다. 오늘날(2012년) 이러한 옵션은 (앞서 언급한 바와 같이, 범위와 디지털의 침투 속도에 대한 다른 의견인) 전 세계적으로 일부 레퍼런스 시청실에서 가능하다. 그것은 여전히 디지털 콘텐츠를 배포하기 때문에 디지털 프로젝터의 높은 가격과 디지털 콘텐츠의 제약된 활용으로 여전히 대중적이지 못하다. 오늘날 여전히 널리 보급되는 것으로 아날로그 필름 프로젝터를 사용하는 것이다. 아날로그 프로젝터는 장기적으로 저렴하고 안정적이다. 이 옵션은 다시 필름 매체에서 레이저 필름 기록기에 의해 수행될 수 있도록 최종 디지털 이미지의 전환을 요구한다.

　디지털 시네마 영상의 해상도는 3112×2048픽셀 또는 HDTV 시네마 애플리케이션에서는 1920×1080픽셀이다. 각 픽셀은 하이엔드 시네마의 목적을 위해 색상 채널당 14비트 또는 HDTV에 대한 컬러 채널당 10비트의 컬러 해상도를

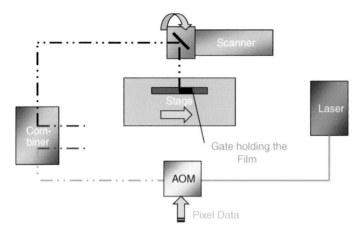

그림 4.15 초록색 채널에서 필름 기록 장치의 광학 부품 블록 도식

가지고 있다. 레이저 레코더는 높은 장기 안정성의 세 레이저 장치를 포함한다 (650nm의 초록색, 532nm의 파란색, 450nm의 빨간색). 레이저의 장점은 단색으로 고품질의 빛을 방출한다는 것이다(그림 4.15 참조).

AOM 장치는 RGB 이미지 데이터를 수신하고, 출력 레이저 방사선을(어두운 화소) 0%(최대 RGB 픽셀값)과 100% 사이의 범위에서 변조 정도를 갖도록 일정하게 들어오는 레이저 방사선을 변조한다. 따라서 변조된 레이저 방사선 이미지 정보를 전달한다. 레이저 빔은 고가의 광학계에 의해 굴절되고 영상이 맺힌다.

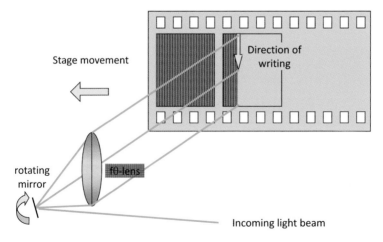

그림 4.16 레이저 빛으로 필름 표면에 정보를 저장하는 구성

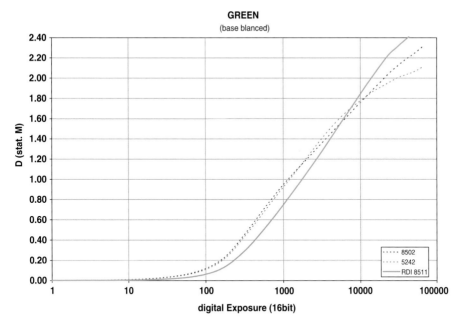

그림 4.17 디지털 이미지를 필름으로 변환하는 함수. 8502 : 상업적인 필름 재료, 5242 : 다른 상업 필름 재료, RDI 8511 : 레이저 기술을 위해 특별히 개발된 새로운 상업 필름 재료

마지막으로, 상기 디지털 이미지의 픽셀 위치는 원래 필름에 대응하는 위치에서 집중된다(그림 4.16 참조).

　레이저의 변조된 크기는—노광 후—필름 레이어의 빨간색, 초록색, 파란색에 관한 광학 밀도 변화의 원인이 된다. 필름은 기록 처리 후 필름 실험실에서 개발되고, 필름은 IP 필름 또는 인쇄 필름으로 복사될 수 있다. 따라서 영화관에서 영화 투사가 가능하게 된다. 그림 4.17에서, 디지털 이미지값에서 필름의 밀도로 바꾸는 변환 함수를 설명한다.

4.2.3
TV와 영화의 시청 환경에서 CIELAB와 CIEDE 2000 색차 수식

필름 제조 체인(chain)은 디지털 또는 아날로그 필름 카메라로 필름 획득, 실제 장면의 컬러 오브젝트와 비교 및 교정된 이미지를 위한 필름 후처리, 그리고 필름의 투영이 이뤄지는 영화관에서 컬러 이미지와 이전 포스트프로덕션에 사용되는 모니터 이미지 간 비교를 포함한다. 이 비교 단계에서, 컬러리스트가 다른 디지털 촬상 시스템 및 매체의 컬러 이미지를 비교하고 시각적 ICC 컬러 관리의 결과를 평가한다. 이때 컬러 비전 경험과 노하우를 바탕으로 대부분 진행한다[5 − 10].

이미지 기술자 및 시스템 개발자에게는 다른 기술적 미디어에 컬러 이미지의 차이로 표현될 수 있고, 이러한 CIELUV, CIELAB 또는 CIECAM02 같은 다른 컬러 공간에 따라 다른 색차 식 분석으로 진행될 수 있다(1.1.3절 및 1.1.4절 참조). ICC 컬러 관리 및 시각적 경험에 따라 최적의 색차 식을 선택하는 경험을 적용하는 과정에서 몇 가지 중요한 질문에 대답할 수 있다. 영화나 TV 산업뿐만 아니라 인쇄, 칠기, 섬유 산업 및 최근에는 LED 산업에서 이러한 질문에 흥미를 가진다. 다음과 같이 이러한 질문을 정형화할 수 있다.

(1) 어떤 색 공간과 어떤 색차 수식이 인간의 시각 시스템에서 색차 인지를 예상하는 데 사용될 수 있는가?

(2) 어떻게 우리는 색차값을 구분지을 수 있는가? (예 : '단지 볼 수 있다', '매우 좋다', '좋다', '허용 가능하다', '나쁘다')

(3) 예를 들어 그들의 작업의 일부로서 색상의 제품 품질을 매일 평가하는 숙련된 전문가와 일반 소비자 간에 색차를 인지하는 차이가 존재하는가? (예 : 프린트 그림, 새로운 패션 제품 또는 새로운 건물의 벽에 칠해진 페인트 색 등

이 절은 상기 질문에 적어도 일부에 응답할 수 있는 TV 및 영화 제작의 전형적인 시청 조건하에서 시각에 대한 일련의 실험을 설명한다. 이러한 맥락에서, CIELAB와 CIEDE2000 색차 공식이 이 장의 주요 주제이다. 이 공식에 대한 자세한 내용은 1.1.4절 및 참고문헌을 참조하라[5, 7, 8].

4.2.3.1 인지 실험의 구성과 절차

실험 장치는 광학 실험실에 설치되었고, 영화 포스트프로덕션에서 일반적인 모니터 기반의 색 보정 사무실의 디자인을 고려하였다(그림 4.18 참조).

그림 4.18에서 알 수 있는 바와 같이, 피험자는 실험에 사용된 CRT 모니터에

서 55cm의 거리에 앉았다. 피험자는 오른쪽 테스트 컬러 샘플과 모니터의 왼쪽 기준 컬러 샘플 사이에서 인지하는 색 차이를 평가하였다. 2개의 동일한 색 패치 사이는 2cm로 모니터 화면의 중앙에 위치하도록 하였다. 모니터 주변부는 평균 $10cd/m^2$의 휘도를 갖는다. 2개의 컬러 패치 시야각(2α)은 수평 방향으로 약 $19°$ 이다. 색 보정에 불충분한 화질을 보이는 상업용 LCD 모니터는 이러한 전문 응용에 적합하지 않으므로, 전문적인 영화 필름 색상 보정이 가능한 CRT 모니터를 사용하였다. 그림 4.19에서 2개의 컬러 패치의 크기 및 배열을 도시한다.

모니터의 화이트 포인트의 휘도는 $96cd/m^2$이고 검은 부분에 대해 $0.4cd/m^2$이 다. 이 값은 대부분의 포스트프로덕션 회사의 일반적인 시청 조건이다. 모니터

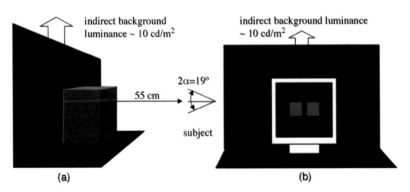

그림 4.18 색차 실험의 실험 셋업. (a) 셋업의 전반적인 구성 (b) CRT모니터에서 테스트 이미지 표현 예

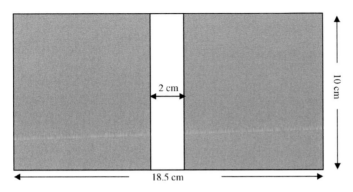

그림 4.19 색차 실험에서 2개의 컬러 패치 크기 및 배치

색도계 교정 상용 소프트웨어를 사용하여 광원 D65의 흰색 점에 맞추는 작업을 수행하였다. 모니터는 실험 1시간 전에 투입하였다. 테스트 컬러 패치는 어도비 포토샵에서 디지털 이미지로 생성되었다. 테스트 컬러 샘플의 수를 제한하기 위해, 오직 8개의 컬러가 고려되었다. L^*, a^*, b^*가 최대인 빨간색, 초록색, 파란색과 청록색, 자주색, 노란색, 그리고 피부톤과 그레이 톤이 선정되었다. 색차는 색 공간에서 이 8개의 컬러와 비교될 것이다. 청록색, 자주색, 노란색, 피부톤은 맥베스(Macbeth) 컬러차트에 대응하는 색에서 유도하였다.

상기 8개의 컬러 중심에서 L^*, a^*, b^*는 테스트 색상들의 세트를 획득하기 위해 각각의 컬러 중심이 변화되었다(표 4.1 참조).

회색 테스트 컬러 샘플들을 획득하기 위해 a^*, b^*는 그레이 컬러를 중심으로 변화하였다. 변화를 위해서 1, 0, −1에서 Δa^*와 Δb^*의 모든 조합을 사용하였다. 예를 들어 $\Delta a^* = 1$이고, $\Delta b^* = -1$, $\Delta a^* = 0$이고 $\Delta b^* = -1$ 등이다.

L^*, a^*, b^* 컬러 중심 테스트 색상값을 RGB값으로 변환하는 것으로 포토샵을 이용하였다. 모든 컬러 샘플 색차의 예측을 위한 모니터의 스펙트럼을 측정하였다. 따라서 CIELAB에서 RGB로 변환할 때 발생하는 오류는 무관하다. 스펙트럼 측정에 사용한 것은 380~730nm 사이의 가시 파장 범위에서 측정 가능한 것으로 측정폭은 3.5nm였고, 대역폭은 약 10nm였다. 측정된 스펙트럼 출력 분포에서, 2개의 컬러 샘플(컬러 중심 시험 색)의 XYZ값은 그들 사이의 색 차이를 계산하였다.

색에 대한 인지가 정상인 일반인으로 구성된 관찰자를 선택하고 전문가 그룹(여성 5명과 남성 7명)과 비전문가 그룹(여성 5명과 남자 10명)으로 나뉘었다. 전문가 그룹은 컬러리스트와 포스트프로덕션 및 화상 처리 부서에서 색 보정 및 색 품질의 이미지를 처리하는 기술자를 포함했다. 비전문가 그룹은 카메라 엔지니어, 전자 엔지니어 및 기술자로 그들의 전문적인 방향으로 이 실험을 수행할 동기는 있으나 컬러 이미지를 전문으로 다루는 분야에는 속하지 않는다. 실험자의 연령은 20~60세(평균 36세)였다.

각 테스트 컬러-컬러 조합 실험의 경우, 관찰자는 답변지에 자신의 결과를 정

표 4.1 색차 실험을 위해 파란색, 빨간색, 초록색의 최대치와 피부색, 청록색, 자주색, 노란색 컬러의 중앙(CC)을 위한 테스트 컬러의 군집(무채색은 제외)

CC	−5	−4	−3	−2	−1	CC	A	1	2	3	4	5
Blue	Void	Void	Void	28	29	30	L^*	31	32	34	38	Void
	43	52	60	64	66	68	a^*	70	71	72	Void	Void
	Void	−128	−120	−116	−114	−112	b^*	−111	−110	109	−108	Void
Red	Void	Void	51	52	53	54	L^*	55	56	57	58	Void
	Void	Void	73	77	79	81	a^*	83	85	89	97	106
	45	54	62	66	68	70	b^*	72	74	78	Void	Void
Green	Void	84	85	86	87	88	L^*	89	90	92	96	100
	Void	Void	Void	−81	−80	−79	a^*	−78	−77	−75	−71	Void
	Void	Void	73	77	79	81	b^*	83	85	89	97	106
Skin	Void	Void	Void	64	65	66	L^*	67	68	Void	Void	Void
	Void	Void	23	24	25	26	a^*	27	Void	Void	Void	Void
	Void	Void	Void	20	21	22	b^*	23	24	25	Void	Void
Cyan	Void	70	71	72	73	74	L^*	75	76	77	Void	Void
	−40	−39	−38	−37	−36	−35	a^*	−34	−33	−32	−31	−30
	Void	Void	−2	−1	0	1	b^*	2	3	Void	Void	Void
Magenta	Void	Void	Void	51	52	53	L^*	54	55	Void	Void	Void
	63	64	66	65	66	67	a^*	68	69	70	71	75
	Void	Void	−18	−17	−16	−15	b^*	−14	−13	−12	−11	Void
Yellow	Void	Void	83	84	85	86	L^*	87	88	Void	Void	Void
	Void	−4	−3	−2	−1	0	a^*	1	2	3	4	Void
	77	81	82	83	84	85	b^*	86	87	88	89	Void

첫 번째 행 : 테스트 컬러를 수치화함
CC열 : 컬러 중심
A열 : (L^*, a^*, b^*)가 변하는 형태
기타 열(테스트 컬러를 명시하는 배경. 예를 들면 빨간색 배경에 빨간색 최대치 등) : 테스트 컬러들 L^* 또는 a^* 또는 b^*는 컬러 중심과 비교하여 변하는 반면, 다른 두 축은 중심 열과 동일하다.
Void : 이번 실험에서 포함되지 않은 것

리했다. 관찰자에게 우선 색차의 인지 여부를 물었다. 그들은 '예', '아니요', 혹은 '결정할 수 없음'(확실하지 않은 경우)으로 대답할 수 있다. 실험은 약 2시간 동안 진행되었으며, 관찰자는 5~6분의 휴식을 가질 수 있었다. 시작학 때, 처음 10분 동안 실험 환경에 순응하였으며 그동안 이들은 실험의 목적과 방법에 대해 설명을 들었다. 실험은 처음에 무채색 샘플로 시작하였고, 그 후 파란색, 초록색, 빨간색, 청록색, 자주색, 노란색, 피부색이 표시되었다.

4.2.3.2 실험 결과

색차값은 모든 L^*, a^*, b^* 변화를 고려하여, CIELAB와 CIEDE2000으로 계산되었다. '예', '아니요', '결정할 수 없음'을 답변한 관찰자의 비율은 그림 4.20 (CIELAB 색차 함수에 의한)과 그림 4.21(CIEDE2000 색차 함수에 의한)에서 볼 수 있다.

실험에서, 테스트 시퀀스는 높은 색차에서 시작하였으며 이것은 최소 색차로 줄어들었다. 그런 후 이 색차는 다시 최대 색차가 될 때까지 증가하였다(표 4.1에서 열 −5에서 −1 그리고 1~5 참조). 그림 4.20과 4.21에서, 밝은 파란색 열은 더 높은 색차에서 더 많은 관찰자가 '색차 인식이 가능합니다'라고 답변한 것을 볼 수 있다.

그림 4.20 및 4.21에서, 50%의 임계값에 대응하는 색 차이를 평가하였다. 이 임계값은 색차 지각 피험자의 50%를 기준으로 정의하였다. 이 임계값은 표 4.2에 나열되어 있다.

표 4.2에서 볼 수 있는 바와 같이 빨간색, 초록색 및 파란색의 CIELAB 색 차이와 CIEDE2000 색상 차이는 매우 다르다. CIEDE2000 색차는 CIELAB 색차보

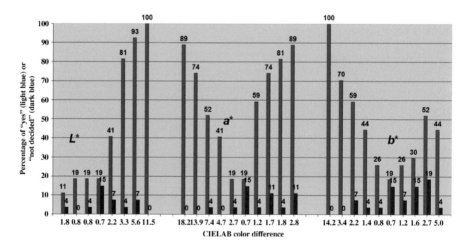

그림 4.20 가로축 : 표 4.1의 파란색 컬러 중심 위치와 파란색 실험 샘플 간의 CIELAB 색차값. 이때 테스트 컬러의 L^*, a^*, b^* 값은 별도로 변경되었다. 세로축 : "예. 색차가 보입니다."(밝은 파란색 열)라고 대답한 실험자의 비율과 색차가 인지되는지 확신하지 못하는(어두운 파란색 열) 실험자 비율

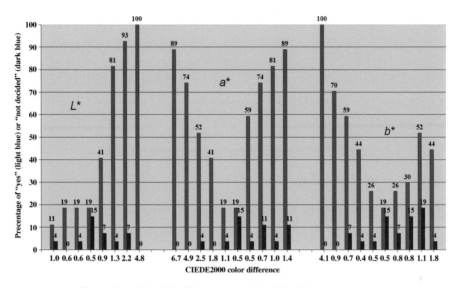

그림 4.21 그림 4.20과 동일하지만, 색차는 CIEDE2000 기반이다.

표 4.2 CIELAB와 CIEDE2000 색차 수식의 경우 색차 임계는 50% 정도이다. 이것은 표 4.1의 컬러-컬러 쌍 조건으로 (표 4.1의 첫 번째 행에서 D는 −5에서 −1) 감소 또는 (표 4.1의 첫 번째 행에서 I는 1에서 5) 증가. 색차를 나타내는 색 공간은 L^*, a^*, b^*이다.

Color center	Variation	CIELAB			CIEDE2000		
		L^*	a^*	b^*	L^*	a^*	b^*
Blue	D	Void	>5.0	1.8~2.0	Void	2.5	0.7
	I	2.6~2.8	1.2	2.0	1.1	0.5	1.1
Green	D	>3.4	3.0~3.2	3.6	>1.1	1.1	1.0
	I	3.5	Void	3.0	0.8	Void	Void
Red	D	3.0	3.0	1.4	2.1	1.1	1.2
	I	1.5	1.5	1.2	0.6	1.1	1.2
Cyan	D	2.0	2.0	2.0	1.5	1.3	1.2
	I	2.5	1.8	2.0	1.6	0.6	1.3
Magenta	D	1.0	1.0	2.0	0.5	0.3	0.5
	I	1.0	1.3	1.2	0.9	0.3	0.5
Yellow	D	2.0	1.7	1.7	1.0	0.7	0.6
	I	1.2	1.7	1.5	0.7	0.7	0.8
Skin tone	D	1.5	1.5	1.0	0.9	0.9	0.7
	I	1.0	1.5	1.0	0.7	0.8	0.9
Gray	D	0.9	1.0	1.0	0.9	0.9	1.0
	I	0.5	0.7	0.9	0.8	1.5	1.0

다 인지하는 색 차이에 더 가깝다. 파란색 및 빨간색의 중앙을 제외한 시각의 임계값 1.0을 CIEDE2000 색차로 할당하는 데 더 많거나 적을 수 있을 것으로 보인다(표 4.2에서 굵은 값을 참조). 일반적으로, 기본색(빨간색, 초록색, 파란색)의 CIELAB 색차값은 다른(혼합) 색상값보다 더 퍼져 있다. 예를 들어 약 3.5의 초록색은 임계값이지만 유사한 경향이 빨간색 및 초록색에서 관찰된다.

관찰자가 피부톤의 변화에 매우 민감한 것은 흥미로운 현상이다. 2개의 피부톤 간의 색차 인식은 쉬웠다. 그리고 다른 색으로 인식되지 않도록 모니터의 피부톤 컬러 샘플을 설계하기가 매우 어려웠다. 또 관찰 임계 색차의 크기는 색차 보정 테스트 시퀀스 동안 증가 또는 감소되었는지 여부에 의존했다. 색차 인지는 전에 관찰한 색차에 의해 영향을 받았다. 이것은 처음에 색차가 잘 보였다면, 작은 색차는 잘 보이지 않는다는 것을 의미한다. 그러나 매우 작은 인지 색차를 처음에 제시하였다면, 다음의 높은 색차는 인지 가능하다. 이것은 색차 지각 가능한 학습 효과가 장기 트레이닝에 의해 개선될 수 있다는 것이다.

이 시각 색차 실험에서 CIELAB 색차 공식은 인지 가능한 색의 기준으로 일정한 값을 제공하지 못한다. 그리고 연관된 색차값을 인지 가능한 색차의 인지에 연계할 수 없다. CIEDE2000 색차 식은 다른 컬러 요소와 컬러 중심 간의 간격보다 안정한 것으로 밝혀졌다. 인지 가능한 색차를 1.0의 최적 상수값으로 산출한다. CIELAB 색 공간을 사용하는 현재 ICC 컬러 관리 시스템에, CIEDE2000을 적용한 위의 내용으로 정리하였다. CIELAB 대신에 앞으로 CIECAM02-UCS로 보다 균일한 색 공간을 적용하는 것이 바람직할 것이다(6.2절 참조).

높은 퀄리티를 갖춘 포스트프로덕션 회사의 새로운 하이엔드 영화 필름의 색 보정을 위해, '단지 눈에 띄는'이라는 기준이 선호된다. 이 기준 대신에, 색차가 더 인지되는 경우를 허용하기 위해 '허용 가능한' 기준 또한 전 세계 필름 배급에서 사용될 것이다.

실험의 또 다른 목적은 컬러 전문가 그룹이 비전문가의 그룹이 보다 더 나은 색상 차이를 인식할 수 있는지 여부를 확인하는 것이다. 전문가와 비전문가 사이의 "예, 나는 색상 차이를 볼 수 있습니다"의 비율은 그림 4.20과 그림 4.21에 표

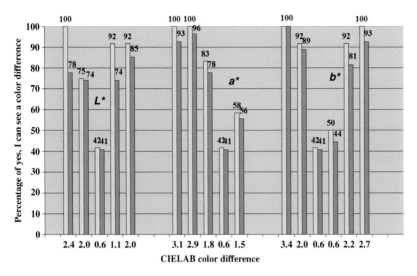

그림 4.22 색차 인지 실험에서 모든 관찰자의 답과 컬러 전문가의 대답을 비교한 결과. "예 색차가 보입니다."라고 응답하는 컬러 전문가(오렌지색 열)와 모든 관찰자(빨간색 열). 데이터를 표현하는 방법은 그림 4.20, 4.21과 유사하다.

시되었으며 비슷한 내용으로 피부톤에 대해 그림 4.22에 비교되었다.

그림 4.22에서 알 수 있는 바와 같이, 전문가 피험자와 비전문가 그룹 사이에서 차이는 무시할 만하다. 전문가라고 비전문가에 비해 우수한 색차 지각 능력이 없을 것이다. 그럼에도 불구하고, 그들이 비전문가보다 인지된 색상 차이를 설명할 수 있는 능력이 있다.

4.2.4
동화상을 위한 디지털 이미지 프로세싱 시스템에서 CIECAM02 색 재현 모델의 응용

TV 및 영화 필름에서, 다른 색 공간과 서로 다른 시야 조건과 여러 다른 기술 시스템이 적용된다. 이미지 생성 단계에서, 디지털 영화 카메라와 필름 카메라는 디지털 센서 아날로그 필름 층의 차이로 전혀 다른 스펙트럼 감도를 갖는다. 필름 제작 위치에서, 시청 조건은 야외 환경(최대 100,000 lx 수준)에서 흐릿하거나 어두운 방(3~10 lx 정도의 매우 낮은 수준) 같은 실내 환경으로 변하는 경향이 있다.

데이라이트로 설정된 조명과 텅스텐 조명 사이에서 사용하는 조명기구는 2500~6500K의 색온도를 갖는다. Raw필름은 디지털 프로젝터에서는 최대 휘도를 48cd/m²로 하고 소위 레퍼런스 모니터라는 CRT 모니터에서는 최대 휘도를 80~100cd/m²에 맞게 변환한다. 이때 시야 범위는 40°이고 색온도는 6500K로 한다. 최종 극장용 필름은 레퍼런스 영화관에서 화면의 최대 휘도를 55cd/m²로 하고 평가된다.

위에서 명시한 디바이스 컬러 공간과 시청 환경에 따라(2.1.8절 참조), 밝기, 색상, 포화도, 그리고 인지한 휘도 범위의 시각적 특성은 필름의 컬러 이미지 재현을 변화시킨다. 컬러 어피어런스 변화는 적절한 시스템의 사용에 의해 감소될 수 있다. 이런 시스템은 프린트와 디스플레이 산업계에서 테스트되고 입증되었다. 또한 2002년 이후로 동화상 산업 쪽에도 적용되었다. 아래에 열거된 바와 같이 현재 ICC 컬러 관리 시스템은 많은 장점이 있지만, 일부 본질적인 문제점을 가지고 있다.

⑴ 색 공간을 연결하는 프로파일은 CIELAB 컬러이고 이것은 주변 휘도 레벨과 같은 주변 상황을 고려하지 않는다.

⑵ CIELAB의 채도 순응 수식은 사용할 수 없다. 왜냐하면 채도 순응의 레퍼런스 흰색은 XYZ값이기 때문이다. 이것은 순응을 고려한 화이트의 망막 원추세포 수용체 신호(LMS)가 아니다.

⑶ CIELAB, 특히 파란색 색상(hue) 범위에서 지각이 부정확한 것으로 밝혀졌다.

따라서, 전문 촬영 계정(cinematography)에 서로 다른 시야 조건을 가지고 디지털 컬러 값 변환을 위한 더 나은 컬러 시스템을 적용하기 위해 오랫동안 노력하고 있다. 하나의 가능성은 CIECAM02 컬러 어피어런스 모델의 시각적 실험에서 시험되었다(1.1.3절 및 2.1.9절 참조). 이 장에서 이에 대해 상세히 설명할 것이다. CIECAM02 컬러 어피어런스 모델은 이전 컬러 어피어런스 모델에 비해 몇 가지 장점을 포함하고, 몇 가지 추가 개선사항을 포함하고 있다. 그것은 시각적으로 관련 색 적용 식을 구현하고 시청 조건(또한 배경 및 시라운드 휘도 레벨에 따라)에 따라 컬러 특성을 계산한다. CIECAM02는 가장 중요한 개선사항으로 배경 및 서라운드의 영향을 고려하는 색 자극을 고려하는 것이다(2.1.8절, 그림 4.23 참조).

이 객체의 컬러 어피어런스가 인식되도록 CIECAM02 모델을 이용하여 컬러 속성(예 : 밝기, 색상 및 채도)의 수치 상관관계 계산을 역으로 계산하여 사용자에게 특정 개체의 XYZ값을 얻을 수 있도록 하며 이것을 계산할 때 인간 시각 시스템을 반영하므로 다른 광원과 시야 조건과 동일하게 반영한다. 인쇄 업계에서 가져온 다음의 예는 이 중요한 응용 프로그램을 명확히 할 수 있다.

- **상황 1** : 조명이 있는 사무실에서 자체 발광 모니터 화면에 디지털 사진의 색상 인식. 모니터는 6500K(D65)의 흰색 점과 컬러 특성을 특징으로 한다.
- **상황 2** : 같은 디지털 사진 컬러 관리 전문 프린터로 인쇄하고 3200K의 색 온도 텅스텐 할로겐 램프에 의해 조명이 어두운 거실에서 볼 수 있다.

문제는 사무실의 모니터에 있는 그림이 거실의 그림과 동일한 컬러 어피어런스가 되도록 해야 하는 것이다. 프린트된 그림의 상대적 XYZ값은 각 이미지에 포함되어 있다.

그림 4.24에서, 삼자극 X_1, Y_1 및 Z_1은 모니터 상에 물체의 컬러 자극을 모든 픽셀에서 표현한다. 이 XYZ값은 현장에서 측정이나 모니터의 색채 특성 모델을 사용하여 계산될 수 있다(2장 참조). 모니터의 화이트 포인트는 삼자극치 X_{W1}, Y_{W1}, Z_{W1}이다. CIECAM02 모델에 매트릭스 변환을 적용함으로써 자극은 X_1, Y_1값 및 Z_1값은 망막 원추세포 신호 L_1, M_1 및 S_1으로 변환된다. 후자의 데이터로부터, CIECAM02 모델의 흐름은 인간 시각 시스템의 색 순응 신호 압축을 고려하여 색상 지각 특성의 상관관계의 수치값을 계산한다(2.1.8절 참조).

마지막으로, CIELAB L^*, a^*, b^*와 마찬가지로 색 공간은 직교 3축 J(밝기), a_c(빨간색-초록색 축) 및 b_c(노란색-파란색 축) 색 공간으로 정의된다, 위에서 서술한 색상 특성의 이러한 상관관계 수치가 모니터에 표시되는 물체의 색 특성을 설명한다. 이러한 색의 속성들은 텅스텐 할로겐 램프가 조명된 어두운 방에서 볼 때

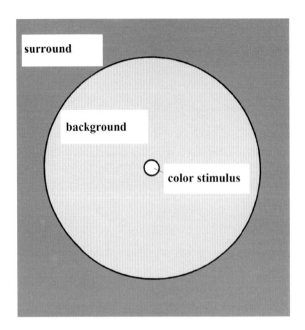

그림 4.23 CIECAM02 색 재현 모델에서 시청 범위(field of view) : 컬러 자극 또는 컬러 인지(약 2도), 배경(10도 범위), 주변부(배경 외 영역)(2.1.8절 참조)

인쇄 영상의 경우에 대해 일정하게 유지되어야 한다. 따라서 이들 색 특성의 상관관계는 수치 CIECAM02의 역으로 환원하는 모델에 대한 입력 데이터를 구성한다(그림 4.24 참조). 새로운 원추세포 신호(L_2, M_2, S_2)가 새로운 광원의 색도를 특성화하는 시각 파라미터를 대입함으로써 계산될 수 있다. 새로운 원추세포 신호값으로부터 새로운 자극값(소위 대응색인 X_2, Y_2, Z_2)이 인쇄 화상에 대해 계산될 수 있다.

앞에서 말한 바와 같이, 시각적 실험 CIECAM02의 성능을 테스트하고 영화 제작 체인(chain)의 각 단계에서 이미지의 컬러 어피어런스를 개선하기 위해 수행하였다. 실험의 자극은 그림 4.25에 도시된다.

그림 4.25a로부터 알 수 있는 바와 같이, 책상 위의 배치는 맥베스 컬러 차트와 색 직물 및 색깔이 있는 종이와 책, 양초와 조화로 구성된 제품이다. 이 책상의 배열에는 3200K의 상관색 온도 텅스텐 할로겐 램프를 균일하게 조사하였다. 책상 위를 모니터에 화상을 표시하기 위해 6메가픽셀의 동화상 카메라에 의해 촬영하

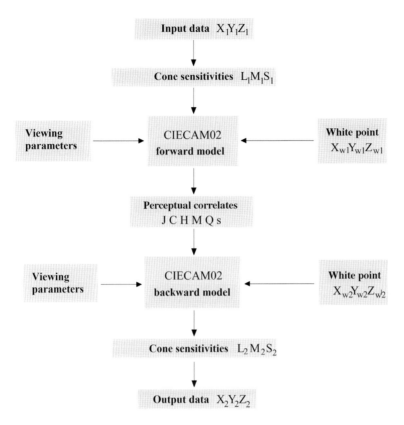

그림 4.24 다른 시청 환경에 대응하는 *XYZ*값을 계산하기 위한 CIECAM02 컬러 어피어런스 모델의 응용. 첨자 1 : 첫 번째 시청 환경, 첨자 2 : 두 번째 시청 환경

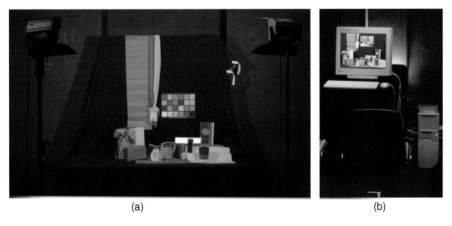

그림 4.25 CIECAM02 퍼포먼스 시청 실험의 구성. (a) 실제 컬러 물체로 구성한 테이블 구성, (b) 테이블 물체를 모니터에서 보여주는 화면

였다(그림 4.25b 참조).

이러한 디지털 사진 데이터는 이미지당 1920×1080 픽셀로 HDTV 형식으로 변환하였다. 각 이미지 픽셀은 CIECAM02 모델에 대한 입력 데이터를 설정하기 위해 XYZ값으로 변환되었다. 책상 위 배치와 모니터의 CIECAM02의 시청 환경 파라미터(2.1.9절 참조)는 다음과 같이 비교하였다.

테이블 위 측면(그림 4.25a)
- 관련 배경 휘도 : $Y_b = 22$
- 화이트 포인트 휘도 : $L_W = 1150$ cd/m^2
- 주변 : 평균, 파라미터 : $c = 0.69$; $F = 1.0$; $N_C = 1.0$
- 순응 휘도 : $L_A = 230$ cd/m^2
- 광원의 화이트 포인트 : $X_{W1} = 105.1$; $Y_{W1} = 100.0$; $Z_{W1} = 46.6$

모니터 측면(그림 4.25b)
- 관련 배경 휘도 : $Y_b = 20$
- 화이트 포인트 휘도 : $L_W = 80$ cd/m^2
- 주변 : 어두운, 파라미터 : $c = 0.525$; $F = 0.8$; $N_C = 0.8$
- 순응 휘도 : $L_A = 16$ cd/m^2
- 모니터의 화이트 포인트(D65로 연산된 것과 프로파일) : $X_{W2} = 95.3$; $Y_{W2} = 100.0$; $Z_{W2} = 109.2$

시각적 실험의 목적으로, 모니터 이미지의 세 가지 버전이 계산되었다. 두 이미지는 CIECAM02 모델을 이용하여 계산되었다(dark 조건 : 모니터 측의 실제 관찰 조건, dim 조건 : 시청 조건을 dim으로 변경). 상기 모니터 화상은 원래 ICC 컬러 관리 알고리즘을 사용하여 계산하였다. 탁상의 사진을 캡처하는 데 디지털 동영상 카메라가 사용된다.

14명의 관찰자가 실험에 참여하였다. 그들 모두는 화상 엔지니어 또는 영화 필름 컬러리스트와 같은 컬러 화상 분석 전문가이다. 실험의 목적은 세 가지 버전의 이미지를 보여주며 원래 책상 물체와 주관적으로 비교하였다. 메모리 매칭의 방법을 적용하여 관찰자가 조명에 완전히 순응하도록 하였다. 그 이유는 텅스텐 할로겐 광(T_C=3200K)과 모니터(T_C=650K) 간 색온도가 실제 나란히 비교하는 목적에서 너무 차이가 많기 때문이다. 인간 시각 시스템의 색 순응 메커니즘에서 동시 비교 시험 조건에서 이러한 (그러나 실제적으로 중요한 포인트) 색도의 차이를 해소할 수 없다.

먼저, 책상의 물체를 5분 동안 관찰하였다. 관찰자는 개별적인 물체를 보고 각 색깔을 평가하고, 또한 전체 장면을 기억 및 평가하도록 지시받았다. 그런 다음 대상은 2분 동안 흰색으로 구성한 전체 화면을 표시한 모니터를 바라보았다. 그 후 관찰자는 모니터에 표시된 책상 위의 이미지를 보고 자신의 기억 속에 있는 책상 위의 물체 컬러 어피어런스를 불러 둘을 비교하였다. 그러면서 다른 스케일로 구성한 설문지에 답변하였다.

첫 번째 설문내용으로, 관찰자는 개별적으로 모든 객체의 색상 외관의 유사성을 판단하고, 숫자를 매긴다. 그들은 또한 책상 전체가 아닌 개별적인 물체 간 다른 색 사이의 관계를 고려하였다. 두 번째 설문내용으로, 관찰자는 동시에 모든 개체 색의 휘도 분포 및 컬러 외관에 주목하여 책상 전체의 이미지 특성을 비교하여 수치를 입력하였다. 그림 4.26은 설문지의 두 스케일을 보여준다.

상기 실험은 모니터 화상의 세 가지 버전 각각에 대해 반복(CIECAM02-dim, ICC 및 CIECAM02-dark, 상기 실험 조건 참조)하였다. 각각의 모니터 화상과의 비교의 시작 부분에서, 피험자는 기억에서의 효과를 향상시키기 위해 책상 물체를 반복하여 관찰하였다. 그림 4.27은 두 번째 스케일의 평균 결과를 그린 것으로, 전체 책상 위에 있는 물체의 전체적인 유사성을 3개의 이미지 버전에 따라 판정한 결과를 나타낸다.

그림 4.27에서 알 수 있는 바와 같이, 모니터 이미지에서 CIECAM02-dark로 만든 이미지가 가장 유사한 것으로 판단되었고, CIECAM02 dim의 이미지가 가장 낮게 평가되었다. 여기서 두 이미지는 CIECAM02 기반으로 계산된 것이다. 이것은 CIECAM02(2.1.9절과 비교)의 시청 조건 매개변수를 올바르게 선택하는

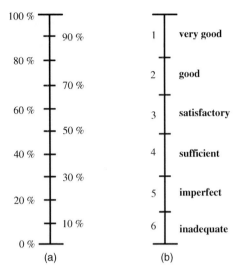

그림 4.26 실제 컬러와 모니터 컬러에서 컬러 이미지 재현의 비교에 사용된 설문지(그림 4.25 참조). (a) 첫 번째 스케일은 모든 각각의 객체에 대한 컬러 어피어런스를 평가하기 위한 것, (b) 두 번째 스케일은 전반적인 컬러 이미지 재현을 판단하기 위한 것

경우에만 유용하다는 것을 의미한다. 유사한 결과는 그림 4.28에서 첫 번째 실험의 평균 결과로 설명하고 있다. 다시 말해 개별적인 물체의 컬러 어피어런스도 유사성이 있음을 알 수 있다.

그림 4.28에서 알 수 있는 바와 같이, 모니터 이미지의 CIECAM02-dark 버전이 최선의 판단임을 다시 한 번 확인하였다.

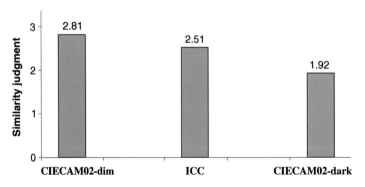

그림 4.27 그림 4.26의 두 번째 스케일의 평균 : 테이블의 실제 컬러와 이미지 변환한 세 가지 요소 중 하나는 컬러 어피어런스에서 전반적으로 유사하다고 판단함

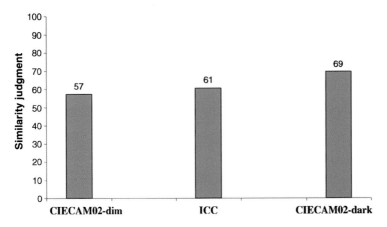

그림 4.28 그림 4.26의 첫 번째 스케일의 평균 : 테이블의 실제 컬러와 각각의 객체 컬러가 유사하다고 판단함

위의 실험과 TV 및 영화 산업의 또 다른 실험에서 CIECAM02 컬러 외관 모델은 개선된 것으로 나타났다. 그러나 이 모델은 완벽하지 않다－그것은 이미지 색상의 재현을 예측하는 궁극적인 방법이 아니다(2.1.8절의 이미지 색상의 외관 프레임 워크에 대한 힌트 참조). CIECAM02가 비전의 박명(황혼) 범위에서 사용할 수 있는 것인지 테스트할 필요가 있다. 또한 새로운 알고리즘은 실제 시청 상황에 정확하게 관찰 조건 파라미터를 선택하기 위해 개발되어야 한다. 이러한 구성은 미래에 연구해야 할 관심 대상일 수 있다.

4.3
색 영역의 차

색 정보가 다른 하나의 색 공간으로부터 전송될 때 화상 입력 장치의 색 영역과 대상 장치의 색 영역이 동일하지 않기 때문에 색 영역 차이의 문제가 발생한다. 색 영역 연구에서[3, 4], 시네마 영화의 디지털카메라 및 HDTV의 CRT 모니터는 색 표현 능력에 특성화되어 있다. 이것은 카메라의 색 영역이 모니터의 밝기와 색도의 영역을 완전히 둘러싸고 있음을 의미한다(그림 4.29 참조).

그림 4.29에서 알 수 있는 바와 같이, 디지털카메라로 촬영한 특정 색의 물체가 카메라의 색 영역인 흰색 그물망 내부와 모니터의 색 범위인 표면이 컬러로 표시

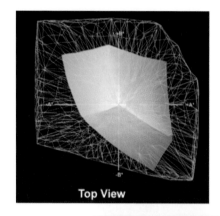
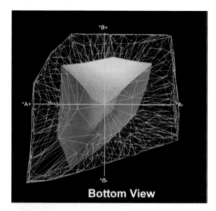
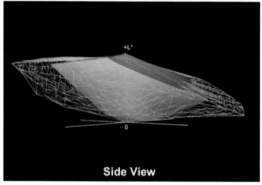

그림 4.29 시네마 영화 디지털카메라의 색 영역(흰색의 그물망)과 HDTV CRT 모니터(안쪽에 위치한 컬러 형태)

된 영상 사이에서 발생할 수 있다. 이와 같은 색으로 구성된 객체는 CRT 모니터에서 표시될 수 없다.

만약 모니터에서 필름으로 색을 변환하거나 그 반대의 경우로 진행할 경우 문제가 더 어려워진다. 현재 널리 사용되는 하이브리드 생산 체인에서, 필름은 아날로그 필름 카메라와 실제 장면을 촬영하거나 영화 장면을 상영하는 매체이고, 모니터는 포스트프로덕션에서 영상의 색 보정을 진행할 때 사용하는 매체이다. 그림 4.30은 CRT 모니터의 색 영역과 함께 제논 램프 필름 프로젝터의 범위를 표시하였다.

그림 4.30에서 알 수 있는 바와 같이, 필름 영사기 영역 및 CRT 색 영역의 중첩 부분이 존재하며 그 외 부분은 색 영역을 벗어나는 영역으로 두 장치에 모두 존

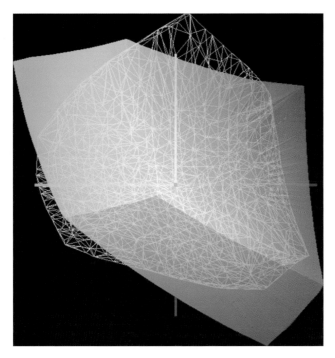

그림 4.30 필름 프로젝터의 색 영역(흰색 그물망)과 CRT 모니터(컬러 형태)(CIELAB 색 공간)

재한다.

또한 색 영역 문제는 이미지 보정과 영화 프레젠테이션을 위한 디지털 프로젝터의 사용 시 포스트프로덕션에서 모니터에 필름 프레젠테이션의 플랫폼으로 디지털 시네마를 사용하는 것과 관련이 있다. 즉 디지털 플랫폼 모니터의 색 영역이 디지털 프로젝터의 색 영역(그림 4.31 참조)과 동일하지 않다.

그림 4.31에서 알 수 있는 바와 같이, 두 삼차원 색의 중첩 영역은 밝기 및 채도, 색도에 의존한다. 위 결과는 컬러 변환의 정확도를 개선하는 것 외에, 색 영역을 벗어나는 것을 컨트롤하는 것이 컬러 관리에 매우 중요한 영역인 것을 의미한다. 최근의 연구[3]에서, 이 두 솔루션은 색 영역을 벗어나는 영역(out-of-gamut)을 치리하기 위해 영화 산업에서 검토되었다.

(1) **'하드 클립' 방법** : 더 넓은 색 영역을 갖는 매체에서 작은 색상의 경계 표면으로 클리핑된다. 이 방법의 장점은 작은 컬러 본체 내의 모든 색의 높은 충실도

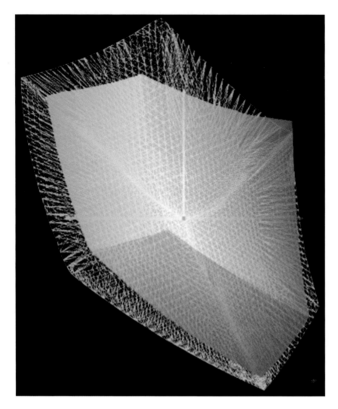

그림 4.31 DLP 프로젝터의 색 영역(흰색 그물망)과 CRT 모니터(컬러 형태)(CIELAB 색 공간)

이다. 단점은 밖으로의 영역 색상의 볼륨 색상 정보의 손실이다.

(2) **'소프트 클립' 방법** : 솔리드 큰 컬러의 색 손실 없이 또는 작은 (대상) 색 공간
으로 변환하는데, 최소한의 손실로 밖으로의 영역 색을 작은 컬러 볼륨 영역
으로 압축한다. 단점은 포화색(채도, 즉 손실)에 대한 색상 충실도의 손실이
다. 필름에서 모니터로 색 변환하는 경우, 컬러리스트가 영화 콘텐츠에 있어
서 소프트 클리핑 알고리즘의 다른 장점을 선택할 수 있다(4.6절 참조).

실제로, 이전의 정보(즉 이미 더 큰 색 영역)에서 그 색상은 의심할 여지없이
작은 컬러 밖에 있는 컬러가 되며, 이 정보로 컬러리스트는 작업을 쉽게 할 것이
다. 예를 들어 더 작은 영역의 필름 영역으로 디지털 모니터 화상을 기록하고자
할 때, 기록 장치의 컬러 매니지먼트 소프트웨어는 소위 밖으로의 색 영역 경고

또는 색 영역을 벗어나는 영역을 표시하는 이미지(그림 4.32의 예 참조)를 표시하도록 프로그램을 구성할 수 있다.

그림 4.32(두 번째 이미지)로부터 알 수 있는 바와 같이, 필름 영역 내의 색은 회색 색조로 마스크되었고, 색역을 벗어나는 영역만 착색되었다. 포스트프로덕션에서 작업하는 컬러리스트는 원본 HDTV 이미지를 처리해야 하고 이것을 조금 더 작은 색 영역인 필름에 저장해야 한다. 예를 들어 오렌지-빨간색 색상(hue)

그림 4.32 색 영역 밖을 이미지에 표시하는 방법. 첫 번째 : 원본 HDTV 이미지, 두 번째 : 색 영역 밖을 나타내는 이미지, 세 번째 : 보정된 이미지

범위(그림 4.30 참조)이다. 잃어버린 오렌지-빨간색 영역은 그림 4.32의 두 번째 이미지(색 영역을 벗어난 영역에 대한 표식)에서 볼 수 있다. 컬러리스트는 색 영역을 벗어나는 영역을 상세히 조사하고 필름 콘텐츠와 이미지 처리하는 것에 연계하여 압축해야 한다.

4.4
디지털 TV, 시네마와 카메라 개발의 공간적 · 시간적 특성의 이용

극장 또는 TV에 표현되는 일상적인 객체나 이미지는 컬러와 밝기 정보를 포함할 뿐만 아니라 시공간의 정보도 포함한다. 관찰자가 인식하기가 매우 어렵거나 쉽게 할 수 있는, 상세하거나 듬성듬성한 공간 구조가 있다. 시간의 관점에서, 빠르고 느린 움직임 모두를 포함하는 프로세스와 이벤트가 있다. 그래서 눈과 시각을 처리하는 뇌에서 정보를 처리하는 단계를 포함하는 인간의 시각 시스템의 시간적 · 공간적 검출 능력을 연구하는 것이 필요하다. 이 연구의 결과를 이용하여 광전자 엔지니어는 인쇄 산업, 디지털 사진, TV 및 영화 이미지에 대한 높은 품질의 제품을 개발한다.

4.4.1
디지털 TV와 영화 제작에서 공간적 · 시간적 특성

일반적으로, 최근까지 시력은 공간의 두 객체를 찾거나 매우 작은 물체의 미세 공간 구조를 식별하는 인간의 눈의 능력을 평가하기 위해 사용된 공간적 시각의 가장 중요한 요인으로 간주되어 왔다. 광 생리학에서 시력은 높은 휘도 대비와 다양한 크기의 테스트 패턴으로 실험할 수 있다. 관찰자가 인지할 수 있는 가장 작은 실험 패턴 크기는 관찰자의 시력을 측정하는 것으로 간주한다. 이와 같은 테스트 패턴은 소위 스넬런(Snellen) 글자 또는 다른 크기의 란돌트(Landolt) 링으로 불린다.

　과거 20~30년 동안, 광 생리와 조명 과학은 콘트라스트 검출의 개념을 처리하고, 인간의 눈의 스펙트럼 대비 감도를 분석하였다. 이 연구의 동기는 인간의 시각 시스템의 공간 구조 처리부는 많은 독립 병렬 채널로 구성되어 있다는 것을 아는 것이다. 각 채널은 특정 크기의 테스트 패턴에 민감하다. 따라서 검색 프로세스는 콘트라스트와 객체 크기 임의의 임계값이 필요한 공간적 통합 프로세스이다.

대비 감도 측정을 위해, 잘 정의된 공간 주파수 범위와 다양한 대비가 적용된 정현파 테스트 패턴(그림 3.19 참조)을 사용한다. 정현 패턴의 콘트라스트는 식 4.2에 의해 정의될 수 있다.

$$C = (L_1 - L_2)/(L_1 + L_2) \qquad (4.2)$$

L_1 및 L_2는 테스트 공간 주파수에서 테스트 패턴의 최대 및 최소 휘도이다. 관찰자가 대비 또는 최소한의 휘도 변화를 느낄 때까지 정의된 단계에서 주어진 주파수의 대비를 줄인다면, 최소 인지 대비값(C_{th})을 획득한다. 임계 콘트라스트의 역수값은 이른바 콘트라스트 감도(CS)이다(식 4.3 참조).

$$CS = 1/C_{th} \qquad (4.3)$$

상기 시험이 공간 주파수의 넓은 범위로 반복되는 경우, 콘트라스트 감도 함수가 계산될 수 있다. 콘트라스트 감도 함수는 주어진 공간 주파수에서 얼마나 많은 콘트라스트 감도(또는 임계 콘트라스트)가 있는지 알려준다. 콘트라스트 감도는 예를 들어 수직, 수평 또는 대각선으로 패턴 사인주기 개수, 배경 휘도 및 패턴의 방향에 의해 영향을 받는다. 이러한 요소는 외적 요인이 된다. 또한 대비 감도는 이른바 내부 요인[11]의 개수에 영향을 받는다. 내부 요인은 사람의 몸과 눈의 광학과 시각 뇌의 신호 처리계를 포함하는 인간의 시각 시스템에 영향을 받는다. 내부 요인은 그림 4.33에 도시되었다.

그림 4.33에서 알 수 있는 바와 같이, 영상 필름의 노이즈나 TV 영상에서 노이즈와 같이 현재 물체가 보여지는 상황에서 노이즈(소위 외부 노이즈)의 특정량이 있다. 이 목적은 최적의 광학적 이미징 시스템이 아닌 어떤 광학 수치를 발생시키는 눈 렌즈에 의해 발생하여 인간의 망막 상에 맺힌 이미지이다. 따라서, 눈의 광 변조 전송 기능이 저하된다. 공간적 샘플링 주기는 대부분의 경우에 충분히

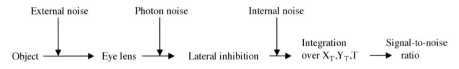

그림 4.33 인간의 콘트라스트 감도에 영향을 주는 내부적인 요소[11]. 최종 단계에서, 통합하는 시간인 T기간 동안 X_T, Y_T 크기의 테스트 샘플 영역에 걸쳐 통합이 수행된다.

미세하지 않으며, 또한 망막면 상의 감광체 분포는 이산 모자이크를 만든다.

망막에 방사되는 플럭스(flux)는 특정 시간에 따른 변동을 나타낸다. 단위 시간당 광자 수는 소위 포톤 노이즈가 발생하도록 시간이 지남에 따라 일정하지 않다. 수용체에서의 광자 흡수 후에 광화학 신호, 이른바 측면 억제가 일어나는 시각 뇌의 중앙 처리 영역에 신경절 세포를 통해 전달된다. 신호 전달 과정에서 신호의 통계적 변동은 내부 잡음의 원인이 된다. 최종 단계에서, 통합은 전체 시험 샘플 영역과 제한된 통합 시간에 걸쳐 수행된다(그림 4.33 참조).

시각 신호가 뇌의 중앙 처리 단계에 도착하는 경우 절대 신호 강도는 내부 잡음 대비 약 3배이고(즉 신호 대 잡음 비율인 3과 동일하다), 콘트라스트 임계치가 감지될 수 있고, 다른 말로 콘트라스트 검출 처리가 가능해진다. 대비 감도 기능은 두 가지 중요한 요소에 따라 달라진다.

(1) **눈 렌즈 광학계** : 이것은 완벽하지 않고, 눈동자 지름에 매우 의존하는 변조 전달 함수(5.3.2.2절 참조)로 비점수차(astigmatism), 구면 수차 등의 특정 광학 수차의 원인이 된다. 더 큰 동공 지름은 구면 수차를 증가시키며, 따라서 MTF값을 감소시킨다. 참고문헌[12]에 따라, 사람의 눈 광학계의 MTF가 식 4.4 및 4.5에 의해 계산될 수 있다.

$$\text{MTF}_{\text{opt}}(u) = \exp(-2\pi^2\delta^2 u^2) \tag{4.4}$$

$$\delta = [(0.5\ \text{arcmin})^2 + (0.08\ \text{arcmin} \cdot d)^2]^{0.5} \tag{4.5}$$

식 4.4 및 4.5에서, 심볼 u는 각도당 한 쌍의 라인(Lp/deg) 단위 또는 다른 말로 각도당 한 사이클(cdp) 단위(1.1.2절 참조)를 표현한다. 반면에 기호 d는 mm 단위로 사람 눈의 동공 직경을 나타낸다.

(2) **측면 억제** : 측면 억제의 메커니즘은 반대의 수용 필드의 존재에 의해 설명 될 수 있다. 이미 1.1.2절에서 배운 바와 같이, 망막에 수용체가 있다. 빛에 의 해 자극받고 중심부와 빛에 의해 저지받는(소위 on-center 수용체) 주변부, 복 합적인 수용체(소위 off-center 수용체)로 구분할 수 있다. 인간의 망막 상에 펼쳐진 프로파일은 낮은 공간 주파수[13]에서 더 낮은 MTF값의 좁은 대역 통 과 필터의 형태를 갖는다. 낮은 공간 주파수에서의 MTF 감소[12]는 식 4.6으 로 수식화할 수 있다.

$$\mathrm{MTF}_{\mathrm{lat}}(u) = [1-\exp(-(u/7)^2]^{0.5} \qquad (4.6)$$

그림 4.34는 서로 다른 동공 직경에 대한 측면 억제 및 대비 감도의 MTF 곡선 을 보여준다.

그림 4.34에서 알 수 있는 바와 같이, 측면 억제의 MTF값은 16Lp/deg 주변의 공간 주파수가 될 때까지 증가한다. 또한 렌즈의 광학과 측면 억제를 포함하는 전반적인 인간 시각 시스템의 MTF 함수는 사람 눈의 광학에 의해 더 높은 공간 주파수에서는 한계가 있다. 따라서 인간의 눈 해상도는 사람의 눈 렌즈에 의해 정의된다. 측면 억제와 눈 렌즈의 MTF 교차점은 전체 인간 시각 시스템의 MTF 에서 최대의 위치에 있어야 한다.

전체 인간 시각 시스템의 대비 감도에 기여하는 모든 구성요소로부터, MTF 기 능의 생리학적 모델 파라미터로서 망막 조도[12]를 설정할 수 있다. 이것은 다음 과 같은 3개의 망막 조도 레벨인 E_1 =2200Td(Troland) : 조도 구성이 좋은 업무 용 사무실, E_2 =600Td : 컬러 이미지 보정의 시청 환경, E_3 =314Td : 일반적인 극 장 영화 시청 환경이다. 이 고려사항은 휘도 채널에서의 대비 감도에서 유효하 다. 따라서 무채색 구조의 해상도를 위한 것이다. 만약 빨간색-초록색 또는 파란 색-노란색의 사인 패턴이 무채색 패턴 대신 사용되었다면, 유채색 세소 패턴(상 대 스펙트럼)의 대비 감도를 결정할 수 있다[11]. 이것은 휘도 채널의 대비 감도 와 함께 그림 1.8에 도시된다.

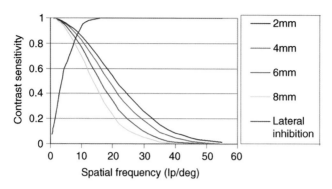

그림 4.34 다양한 동공 크기에 따른 콘트라스트 감도와 측면 억제 MTF 곡선. Lp/deg : 단위 각 도당 한 쌍의 라인 개수(cpd 단위와 동일함)

인간의 광 신호 처리 시스템의 시간적 거동 정신물리학 연구는 De Lange[14]과 Kelly[15−17]가 수행하였다. 이러한 연구는 휘도 채널의 시간 변조에 초점을 맞추었다. 마지막으로, 일부 생리학적 측정은 시각 자극[18, 19]을 시간적 색 변조에 대해 응답하는 것을 이용하여 신경 신호를 탐색하는 것을 신경절 세포의 단계에서 직접 수행하였다. 신경절 세포에서 생리학 면의 측정과 정신물리학의 대비 감도의 결과로부터, 몇몇 관계는 유채색과 무채색 변화를 모두 고려한 두뇌 처리 단계의 시간적 필터링 행동을 설정할 수 있다.

주기적인 정현파로 구성한 시간 주파수가 작은 단계로 서서히 증가하면, 관찰자는 3개의 다른 단계의 자극(예를 들어 들어오는 방사량)을 인지한다. 이것은 시간적으로 일정한 지각과 섞이지 않은 플리커 변조 위에 러프한 플리커이다. 1.1.2절에서 소개된 바와 같이, 관찰자가 일정하게 인식하는 주파수는 CFF(Critical flicker frequency) 또는 FFF(flicker fusion frequency)라 한다. 다음 매개변수는 CFF의 값에 영향을 준다.

(1) **휘도** : 개체의 높은 휘도가 높은 CFF를 만든다(3.1절 참조).

(2) **크기** : 작은 텍스트 필드 크기에서, CFF는 텍스트 필드의 크기에 따라 증가한다.

(3) **시청 위치** : 최대 FFF는 중심과 객체 위치에 대한 상대적으로 높은 개체 휘도

로 50Hz이다. 포비아 외곽에 있는(extrafoveal) 대상물 위치에서(예 : 코 부분 30°, 관자놀이 부분 50°), CFF의 값은 최대 70Hz로 증가된다. 포비아 외곽에서 관측 플리커 지각을 피하기 위해 – 이것은 SMPTE 표준[20]에서, 영화관 화면 네 모서리의 최대 휘도를 화면 중앙의 휘도 80~90%로 제한하는 이유이다.

그림 1.9는 무채색(휘도) 및 색도 채널의 시간 대비 감도 함수를 나타낸다. 전 세계적으로 대부분의 상업적인 영화관에서 필름을 영사하는 프레임 레이트는 초당 48프레임 레이트를 적용한다. 이것은 필름 투영 시스템에 관련하여 플리커 인지를 최소로 하기 위한 것이다. 하지만, 대부분 전 세계에 걸쳐 상업적인 영화관은 초당 24프레임으로 제한한다.

4.4.2
디지털 동화상 카메라의 해상도 최적화

디지털 영화 카메라의 최적화는 광학 렌즈(렌즈 시스템, 필터)와 디지털 반도체 센서, 전자기기의 개선(비트 깊이, 신호 대 잡음비)을 포함하는 촬영 시스템의 최적화를 포함한다. 그리고 디지털 형태로 저장하고 데이터를 전송하기 위해 포맷이 구성된다. 최종 단계에서, TV나 영화 필름 제품(영화)은 홈 시네마 스크린 또는 공용 영화관, TV 모니터 상에서 디스플레이될 수 있다. 디지털 영화 카메라의 품질에 주로 의존하도록 전문 고급 애플리케이션으로 구성된 화질은 동작 이미지 데이터를 압축하지 않고 컬러 채널당 12비트로 구성된 디지털 포맷으로 최고의 디지털 프로젝터에서 상영된다.

홈 시네마 및 TV 애플리케이션의 경우, 데이터 형식이 높은 화상 압축 요소를 갖는 8비트를 가져야 한다. 화상 생성, 수정, 포맷, 전송 및 디스플레이의 체인의 끝에, 관찰자 인식 및 시각적 광 및 심리학적 기능을 활용해 이미지 품질을 평가한 수 있다. 이를 고려하여, 이 부분은 영상 카메라 시스템의 해상도 최적화를 다루는 인간의 대비 감도 및 일반적인 영화관에 있는 관찰자의 공간 해상도 능력의 효과를 조사한다.

영화의 필름 영사기의 필름 재료 없이 적용하였을 때 55cd/m²를 최대 휘도로 SMPTE 표준[20]에서 정의한다. 보통 영화는 밝은 장면과 어두운 장면을 가져야 하기 때문에, 필름 전체의 평균 휘도는 약 30cd/m²가 되어야 한다. 관람자는 영화 관람 중에 환경에 적응한다고 추정할 수 있다. 광생리학에서, 적응 휘도(L_a)의 함수로서 동공 지름을 예측할 수 있는 잘 알려진 수식이 있다(식 4.7 참조).

$$D = 5 - 3 \tanh(0.4 \log L_a) \tag{4.7}$$

식 4.7에 따르면, 관찰자의 동공 직경은 3.4mm가 되고 이때 9.1mm² 면적에 30cd/m²의 빛이 들어온다. 이 동공 영역과 30cd/m²의 순응 휘도를 위해, 망막의 조도는 274Td와 동일하다. 그래서 대비 감도 함수가 계산될 수 있다(4.4.1절 참조). 이 함수는 그림 4.35에서 도시된다.

그림 4.35에서 알 수 있는 바와 같이, 최대 대비 감도의 공간 주파수는 약 3Lp/deg와 동일하다. 높은 지각 공간 주파수는 약 32Lp/deg인 반면, 0.5(50%)의 대비 감도에 대한 공간 주파수는 약 10Lp/deg이다.

추가 계산 및 최적화를 위해, 하나는 관측자가 영화 화면에서 세 가지 다른 거리에서 자리를 차지할 것으로 가정할 수 있다. 화면 높이와 동일한 거리, 스크린 높이와 3배 그리고 5배 거리 영화 스크린(캔버스) 3(높이) : 4(폭)의 포맷 비율을 갖는다. 관찰자가 앉아 있는 위치는 그림 4.36에 나타나 있다.

위에서 언급한 세 가지 앉는 위치에서, 대응하는 3개의 시야 범위(2α)는 최대,

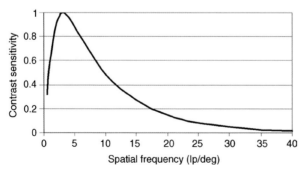

그림 4.35 레티나 조도 274Td에서 일반적인 영화에서 시청자 평균을 나타내는 콘트라스트 감도 함수

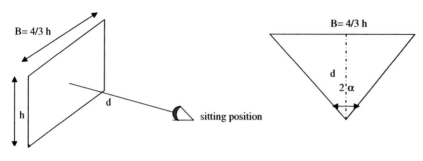

그림 4.36 극장에서 앉는 위치의 도식

표 4.3 위치에 따른 극장 스크린의 시청 각도(그림 4.36 참조)

SP	VA	NP for max. C	NP for 50% C	NP for min. C
$d=h$	74.86	223.8	748.6	2395
$d=3h$	27.8	83.4	278	890
$d=5h$	16.87	50.6	168.7	540

최대, 최소 그리고 50% 콘트라스트 감도를 위한 전반적인 시청 각도에서 주기의 개수는 3개의 열에서 보여진다. SP : 착석 위치(sitting position), VA : 시청 각도(viewing angle), NP : 주기의 개수[number of periods (line pairs, Lp)], C : 콘트라스트

최소, 그리고 50% 정도의 대비 감도에서 전체 시야 범위 안에 몇 개의 주기(한 쌍의 산)가 있는지 계산될 수 있다. 이 계산의 결과는 표 4.3에서 볼 수 있다.

영화 화면이 완전히 필름 프로젝터의 광학 최적화된 투사 렌즈에 의해 조명된다. 24mm 폭의 포지티브 필름은 동영상 투영 프로젝터에 삽입된다. 영화 스크린 위(예 : 화상 면)에 주기 개수(즉 라인 쌍의 수)는 물체 평면에서 포지티브 필름의 주시 개수와 동일해야 하므로, 하나의 밀리미터당 주기 개수를 계산할 수 있다. 24mm에 의해 표 4.3의 데이터로 나눔으로써 최대, 최소, 그리고 50%의 대비 감도를 적용하였다. 이 계산은 표 4.4에 나타나 있다.

표 4.4는 영화 산업에서 근무하는 광학 엔지니어에게 몇 가지 중요한 요구사항을 의미한다.

(1) 인간의 콘트라스트 감도는 2~10Lp/mm 사이에서 매우 민감하기 때문에 변조 전달 함수는 이 주파수 범위에서 최대 이미지 광학되도록 최적화하는 것

표 4.4 필름에서 mm당 주기의 개수(표 4.3 참조)

SP	VA	NP for max. C	NP for 50% C	NP for min. C
$d=h$	74.86	9.3	32.1	99.8
$d=3h$	27.8	3.47	11.6	37.0
$d=5h$	16.87	2.1	7.0	22.5

여기서 NP는 mm당 주기의 개수이다.

이 매우 중요하다.

(2) 인간 시각 시스템의 대비 감도에 대한 전체 공간 주파수 범위가 중요하기 때문에, 31Lp/mm 공간 주파수까지 광학을 이미징(필름 카메라, 디지털카메라, 영화 필름 스캐너, 레코더)하는 변조 전달 함수를 최적화하는 것이 필요하다.

(3) 전형적인 경우로―좋은 영화관―관찰자는 37Lp/mm까지의 세세한 공간 정보를 스캔한다. 그러나 새로운 필름의 품질을 제어하는 데 사용되는 레퍼런스 영화관에서 엔지니어와 기술자들은 영화 스크린에 매우 가깝게 이동한다. 공간의 세부사항을 섬세하게 확인하기 위해서다. 프리미엄 애플리케이션과 레퍼런스 필름을 위해서 광학 엔지니어들은 렌즈 시스템을 최적화하기 위해, 80Lp/mm까지의 공간 주파수를 고려한다.

위의 지식은 새로운 것이 아니다―그것은 전 세계 광학 산업의 과거 수많은 실험에서 발견되었다. 위의 세 가지 요건은 광학 이미징 시스템의 성공적인 개발을 위해 이러한 기술을 요약했다. 1%의 MTF의 손실을 5~10Lp/mm 사이의 공간 주파수에서 이미 볼 수 있다는 것은 영화 산업의 광학 실험실 환경에서 경험되었고, 요구된다. 그래서 촬상 렌즈의 최소 MTF값이 계산될 수 있다. 이것은 표 4.5에 표시되었다.

그림 4.37은 550nm의 파장에 대한 이론적으로 해상도를 제한한 렌즈의 전형적인 동화상 필름 카메라를 실제 카메라의 렌즈와 비교하여 $k=2.3$의 개구의 MTF 함수를 나타낸다. 이들 2개의 렌즈의 MTF값은 최대 32Lp/mm의 공간 주파수 범위에서 실질적으로 동일하다는 것을 발견할 수 있고, 차이는 60Lp/mm까지 매우 작다.

표 4.5 다양한 공간 주파수와 파란색, 빨간색, 초록색 채널에서 시네마 카메라 렌즈의 최소 MTF값

Spatial frequency(Lp/mm)	Blue channel (450nm)	Red channel (650nm)	Green channel(550nm)
10	0.88	0.9	0.9
20	0.85	0.85	0.85
40	0.5	0.60	0.60

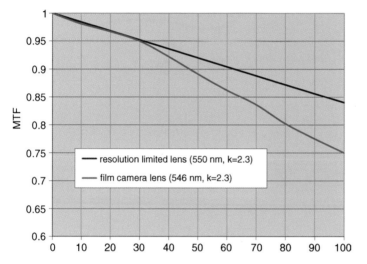

그림 4.37 550nm에서 렌즈 한계에 의한 이론적인 해상도의 MTF 함수와 실제 필름 카메라 렌즈 간 비교

또한 픽셀은 이미지를 촬영할 때 원래 장면을 샘플링하는 센서에 주기적으로 배치되어 있기 때문에 앨리어싱 아티팩트(2.1.7절 참조) 디지털카메라의 해상도를 제한하는 것으로 알려져 있다. 이 샘플링 문제에 관해 디지털 영화 카메라의 개발자는 다음과 같은 측면을 고려해야 한다.

(1) 우수한 촬영 렌즈는 60~120Lp/mm보다 큰 공간 주파수에서 비교적 높은 MTF값을 갖는다. 따라서 앨리어싱 효과의 전위노의 광학 관점에서 높나.

(2) (4~6μm 정도의) 작은 센서 화소에서 샘플링 레이트가 높고, 이것은 매우 높은 MTF가 가능하다. 그러나 광을 흡수하는 효과에서 센서의 면적이 부족하고,

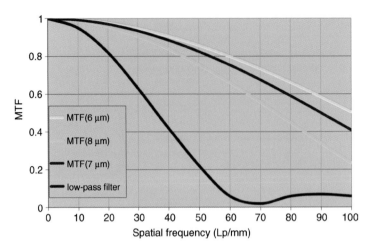

그림 4.38 세 가지 픽셀 크기에 따른 MTF 함수

생성된 신호 대 잡음비가 좋지 않으며, 낮은 이미지 품질을 초래할 수 있다.

(3) 저역 통과 필터의 보수적인 설계의 도움으로 하나의 작은 앨리어싱 아티팩트를 유지할 수있다. 그러나 이 경우에도 MTF는 최대 40Lp/mm의 범위로 비교적 낮다. 따라서 화상이 매우 선명하지 않다.

그림 4.38에서, MTF 곡선은 3개의 픽셀 크기 6, 7, 8μm만큼 나타낸다. 이 크기는 오늘날 CMOS 기술로 0.35 또는 0.5μm 웨이퍼 공정을 이용하여 함께 가능하다. 그림 4.38에서 생성된 저역 통과 필터를 볼 수 있다.

상기 그림 4.38에서 논의하는 것으로, 8μm의 화소 크기는 해상도 및 선명도를 고려한 훌륭한 절충안으로 선택될 수 있다. 그리고 다른 면으로는 이미지의 신호 대 잡음비와 훌륭한 이미지 품질을 뽑을 수 있다. 8μm의 화소 크기에 대해서는 앨리어싱 패턴이 처음으로 관측할 수 있는 나이퀴스트 주파수는 62.5Lp/mm이다. 저역 통과 필터(그림 4.38 참조)의 MTF는 40Lp/mm에서의 0.4(40%)가 되는 상대적으로 높은 MTF를 허용한다. 60에서 100, 120Lp/mm까지, 저역 통과 필터의 MTF값은 임의의 고차 앨리어스 구조를 줄이기 위해 매우 낮다.

전송 용량의 척도로서 변조 전송 기능에 대조적으로, 우수한 이미징 광학기기는 최소 배율 색수차의 원인이 된다. 관찰자가 물체의 에지를 면밀히 보기 위해

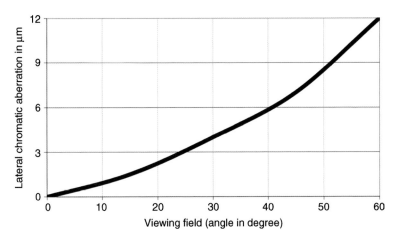

그림 4.39 하이엔드 동화상 카메라의 광학 색수차 분포

화면에 접근하면, 색수차가 일반적으로 인식되었다(예 : 흑색 문자 또는 화면에 있는 집 지붕의 가장자리). 그리고 예상하지 못한 컬러 윤곽을 볼 수 있다. 시력이 1arcmin, 즉 0.00029rad이 달성된다면, 전문 촬영기사는 색수차를 허용할 수 있다. 이것은 1m의 거리에서 11μm 폭의 색수차가 보인다는 것을 의미한다. 그림 4.39는 전반적인 뷰잉 필드에서 하이엔드 동화상 카메라 광학계의 색수차 수차

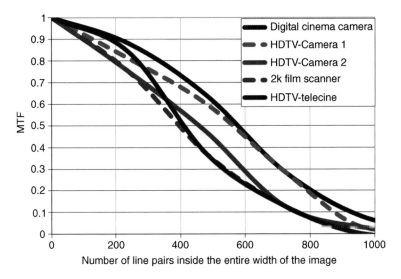

그림 4.40 시네마 필름 제작에서 하이엔드 동화상 카메라의 MTF 곡선

분포를 도시한다.

시스템에서 이미징 렌즈 시스템, 디지털 센서 픽셀, 그리고 저역 통과 필터가 최적화될 경우, 다른 하이엔드 HDTV보다 더 나은 MTF값을 갖는 시네마 필름을 위한 하이엔드 디지털 동영상 촬영 카메라를 개발하는 것이 가능하다. 그림 4.40에서 이것을 설명한다.

4.4.3
압축된 동화상의 인지와 이미지 품질 이점

4.4.3.1 동화상 압축의 필요성
오늘날의 포스트프로덕션에서 TV 및 영화 산업은 고화질의 HDTV 카메라 또는 디지털 필름 스캐너에서 하나의 디지털 영화를 수신한다. 현대 전문가용 HDTV 카메라에서는, RGB 컬러 채널들의 각각에 대해 초당 24프레임의 프레임 레이트와 12비트 양자화 레벨을 위한 데이터 흐름을 위해 1.8Gbit/s의 대역폭을 가져야 한다. 초당 60프레임의 프레임 레이트에서의 대역폭은 약 4.5Gbit/s여야 한다.

현대 디지털 중간 과정(DI) 프로세스를 위해, 영화의 엔지니어들과 기술자들은 필름 프레임당 4096×3112 또는 6048×4096픽셀과 컬러 채널당 14비트 디지털화를 기준으로 하는, 4K 또는 6K 필름 해상도의 고품질 필름 스캐너를 개발하고 있다. 따라서 평균 100분의 영화 필름을 제조할 때 9.7테라바이트의 데이터 용량을 가져야 한다. 데이터 저장 기술에서 뛰어난 발전이 있다 하더라도, 전반적으로 필름이 데이터 양을 감소해야 하는 TV 및 영화 산업에서는 데이터 양이 너무 많다. 이를 위해 여러 동영상 압축 방법 및 인프라(하드웨어 및 소프트웨어)가 구성되었고, 꾸준히 개발되고 있다.

특히 데이터 수집(예 : 영화 제작 공정이라는 전제하에)을 위해 그리고 높은 품질의 후반작업(예 : 색상, 콘트라스트 보정, 편집과 애니메이션)을 위해 데이터의 감소는 높은 우선순위가 아니다. 이러한 애플리케이션에서, 디지털 마스터 필름으로 화질이 우수한 영화관에서 위에서 언급한 시각적 정보의 손실 없이 디지털 아카이브에서 이미지 저장은 매우 중요하다.

　　지난 10년간 여러 동화상 압축 방법을 개발하고 확인하였다. 과거 많은 테스트, 즉 웨이블릿 기반의 방법은 MJPEG2000에 적용되었고, 다른 압축 방법과 비교할 때 가장 적합한 방법으로 알려져 있다. 이것은 압축 요소, 스케일 가능성, 무손실 압축과 높은 이미지 품질을 유지할 수 있기 때문이다.

　　이 장에서는 MJPEG2000 방법에 대한 실험 결과를 설명한다. 그러나 이 방법 자체는 다른 곳[21]에서 설명한다. 이 절에서는 디지털 이미지, 테스트 시퀀스의 선택, 시험 준비의 객관적이고 주관적인 평가 도구를 설명한다. 이어서 실험의 결과를 제시한다. 이 실험의 목적은 허용 한계와 이미지 차이를 인지하는 임계치를 명시하는 것이다. 그리고, 전 세계에 배포할 수 있도록 필름을 매우 좋은 이미지로 보존하기 위해 필요한 압축 요소를 지적하였다.

4.4.3.2 이미지 품질 평가 방법

화상 품질에 대한 서로 다른 관찰자의 기준이 매우 다르기 때문에, 다른 이미지 압축 툴의 성능을 평가하고 그 순위를 증명하기 위한 신뢰성 있는 기준과 방법이 수행되어야 한다. 이 목적을 위해 객관적이고 주관적인 방법이 존재한다.

　　주관적인 방법에서, 시각적 검사는 TV 및 영화관 같은 전형적인 시청 상태에서 잘 정의된 동영상 시퀀스의 영상 품질을 추정하는 관찰자로 수행된다. 주관적 데이터의 수집은 시간이 많이 걸리는 일이며, 논리적인 해석과 데이터 수집이 필요하다. 그러나 과학적 방법과 주관적인 테스트의 의도는 용도에 따라 유연하게 계획될 수 있는 이점이 있다. 이미지 품질과 다양한 기술 및 과학적 질문의 전체 문맥의 복잡성에 대한 답변이 될 수 있기 때문에, 상기 수집된 데이터 세트를 중요한 용도로 사용할 수 있다.

　　객관적인 방법은 대부분 시각적 인식의 복잡성을 간주할 수 없다. 하지만 기술적인 측면과 관련된 특정 질문에 응답할 수 있다. 그들은 인간의 관찰자 특징에 대해 독립적으로 수행할 수 있다. 그들은 시간과 장소에 관해 더 유연하다. 평가와 화질의 평가 및 화상 처리 시스템에서 특정 이미지 속성의 손실은 어떤 수학적으로 충분히 연구된 물리적 또는 심리학적 모델에 기초하여 수행될 수 있다.

주로 사용되는 두 가지 객관적인 방법이 있다. 그 두 가지는 MSE(평균 제곱오차) 방법 및 PSNR(피크 신호 대 잡음비) 방법이다. MSE 방법은, 원 이미지의 $x(m, n)$과 테스트할 이미지 $y(m, n)$의 차이를 측정한다. 이 방법은 종종 계산의 단순성으로 적용된다(식 4.8 참조).

$$\text{MSE} = \frac{1}{MN} \sum_{m=0}^{M-1} \sum_{n=0}^{N-1} [y(m, n) - x(m, n)]^2 \qquad (4.8)$$

식 4.8에서 $y(m, n)$은 크기가 (가로×높이)가 (M×N)이 되는 테스트 이미지이고, $x(m, n)$은 원본 영상이다. 이것의 크기 또한 (M×N)이 된다. PSNR 방법은 MSE 방법에서 유추되었다(식 4.9 참조).

$$\text{PSNR} = 20 \log_{10} \left(\frac{b}{\sqrt{\text{MSE}}} \right) \qquad (4.9)$$

식 4.9에서, 예를 들어 255 또는 1023 범위에서 기호 b는 이미지에서 최대로 많이 있는 수의 픽셀 코드값을 나타낸다. PSNR 데이터는 dB 단위로 주어지면 통상 20~50dB 사이의 범위이다. 다른 주관적 화질의 다른 이미지가 동일한 PSNR값을 가질 수 있기 때문에, 절대 PSNR값은 대부분의 경우에 중요하지 않다. 그러나 동일한 시험 조건에서 객관적으로 측정 계산된 PSNR값의 비교에는 적합하다 — 그것은 이미지 품질에 대한 정보를 산출한다. 화상 압축 기술에 PSNR 방법이 종종 적용된다. 동화상 전문가 그룹(MPEG)은 두 이미지 사이의 단지 눈에 띄는 차이의 척도로서 PSNR 0.5dB의 경험값을 사용한다. 다양한 압축 방법이 가장 높은 PSNR값을 목표로 그 출력 데이터를 최적화한다.

Double-stimulus continuous quality-scale(DSCQS) 방법에 있어서, 테스트 이미지 품질의 주관적인 방법에 관하여[21] 피험자는 원본 이미지 품질을 감소된 이미지(시험 이미지)와 동시에 관찰한다. 평가를 수행하려면, 대상은 선형 간격 규모에 그들의 인식 이미지 품질을 표시해야 한다. 원본 이미지와 시험 이미지의 화질 차이를 산출할 수 있다.

Double-stimulus impairment scale(DSIS) 방법에서, 관찰자는 원본 이미지에 대한 테스트 이미지 시퀀스를 평가한다. 원본 (오류 없이) 시퀀스는 제1시퀀스로 표시되고, 다음 단계에서 압축된 이미지 시퀀스가 제공된다. DSIS 방법의 목적은 시험 이미지의 이미지 압축에 의한 이미지 오류나 이미지 손상에 대해 전체적인 이미지 특성을 바탕으로 예측하여 평가하지 않는 것이다.

일반적으로 테스트 절차는 네 단계를 갖는다. 훈련 단계에서, 참가자들은 구두 및 서면 형태의 명령을 찾을 수 있다. 그들에게 어떻게 화질 평가에 집중해야 하는지에 대해 설명한다. 시범 단계에서, 일련의 이미지가 표시되고, 그 이미지의 일부 특별한 중요사항에 대한 정보를 참가자들에 의해 평가했다. 이 단계의 결과는 고려하지 않는다. 연습 시험 단계에서, 전체 시험 절차를 시작하지만 도시된 이미지는 일정한 단계에서 시험하는 것으로 메인 실험과 동일한 이미지는 아니다. 넷째 (레귤러) 단계에서, 상기 테스트는 의도된 테스트 이미지 시퀀스로 수행된다. 화질 평가를 위해, 모든 참가자는 화질의 정도를 판단하는 기준을 바탕으로 설문지를 채운다.

SDS(simultaneous double-stimulus) 방법은 DSIS의 방법과 유사하게 이미지 품질을 평가한다. 차이점은 SDS 방법에서의 테스트 이미지 시퀀스 및 원본 이미지 시퀀스가 동시에 표시되어 있다는 것이다. 따라서 주관적 평가가 더 중요하게 된다. 이 방법은 종종 프리미엄 TV 및 영화 필름 제작 회사에서 전문적인 이미지 엔지니어에 의해 사용된다. 설문에서, 참가자들은 2개의 제시된 이미지 시퀀스 사이에서 얼마나 차이가 있는지에 대한 질문에 대답한다.

4.4.3.3 이미지 품질 실험

실험은 영화 회사의 연구소에서 수행한다. 시험 배치는 ITU BT.500 및 BT.710의 권고에 따라 지어졌다. 50Hz에서 1920×1080픽셀 해상도(종종 영화 산업에서 참조 모니터로 사용)의 하이엔드 모니터가 적용되었다 모니터의 최대 휘도는 70cd/m^{2}였다. 확산 광의 강도, 6500K의 상관 색온도 및 높은 연색과 관형 형광 램프가 모니터 뒤에 조명 장치로서 사용되었다. 관찰자의 위치에서 배경 휘도가

7.0cd/m²(모니터 최대 휘도의 10%)였다.

시청 범위는 60°(세로 방향), 90°(가로 방향)에 대응한다. 관찰자와 모니터 사이의 거리(모니터상 이미지 높이의 2배)는 54cm였다. 모든 테스트 사이클에서 하나, 둘 또는 세 명의 관찰자가 동시에 평가를 수행할 수 있다. 디스크 레코더 기기를 영상 재생에 사용하였다. 데이터 시퀀스 색상 채널당 1920×1080픽셀의 화상 해상도와 8비트 RGB 포맷으로 저장되었다. 주관적인 테스트를 들면, 플레이리스트는 미리 시험 조건을 정확하게 재현할 수 있도록, 시간 지속 기간으로 정의되는 이미지 시퀀스를 소정 시간 순서로 표시될 수 있는 프로그램으로 되어 있다.

압축 방법의 평가에 대한 테스트 시퀀스의 선택은 주관적 및 객관적 테스트의 관련성에 매우 중요하다. 다른 시험의 비교를 보장하기 위해, 국제적으로 합의된 표준의 테스트 시퀀스가 실시에 유용하다. 비디오 품질 전문가 그룹(VQEG)는 유사한 압축 평가에 대한 몇 가지 테스트 시퀀스를 정의했다. 어떠한 시험 상황에서 HDTV 해상도에서 사용할 수 없는 시퀀스가 있기 때문에, 실험자는 어떤 아날로그 필름 물질과 디지털 시네마 카메라를 이용하여 디지털 이미지 시퀀스의 세트를 생성하였다.

디지털 시네마 카메라로 만든 2개의 디지털 시퀀스가 있다. '테이블탑'(그림

그림 4.41 HDTV 테스트 영상 '테이블탑'

그림 4.42 HDTV 테스트 영상 '지붕'

4.41 참조) 시퀀스는 테이블 및 뷰잉 필드 배경으로 검은 천으로 된 테이블을 나타낸다. 테이블에 서로 다른 대비 수준을 포함하는 여러 가지 다른 색깔의 개체가 있다. 해당 영화 시퀀스는 테이블의 오른쪽에서 왼쪽의 가로 방향으로 느린 카메라의 움직임을 포함하고 있다.

테스트 시퀀스 '지붕'에서, 많은 물체는 괜찮은 해상도로 보여진다. 콘텐츠에는 사람의 머리카락과 피부가 포함되어 있고, 나뭇잎과 가옥 지붕의 경계 구조, 사람의 표정과 유사한 포즈를 포함하고 있다(그림 4.42 참조).

그림 4.43~4.45는 4K 해상도(즉 필름 이미지당 4096×3112픽셀)를 적용한 35mm 시네마용 아날로그 필름을 캡처한 이미지의 실험 시퀀스이다. 이것은 컬러 채널당 14비트로 스캔하였다. 입방 화소 보간(cubic pixel interpolation) 및 전환을 사용하여 새로운 디지털 데이터 필름은 HDTV 해상도(1920×1080픽셀)를 생성하였다. 이러한 스캔 테스트 시퀀스에서, 영화 이미지(상이한 공간 주파수)의 특징적인 결정 구조는 명확하게 볼 수 있다.

테스트 시퀀스 '바다'에서(그림 4.43), 관찰자에게 느린 수직 카메라의 움직임을 보여줬다. 언덕 지역에서 바다의 전체 파노라마를 보였다. 카메라의 움직임에

그림 4.43 테스트 영상 '바다'

서 전체 이미지 콘텐츠가 이동되었다. 바다 표면의 물결에 대한 미세 구조와 하늘에 구름 구조 및 언덕의 어두운 면과 하늘에서의 미세한 명암 전이를 이러한 시퀀스의 내용으로 구성한다.

시퀀스 '교회'에서, 지붕과 흰 벽은 지붕의 가장자리를 포함하는 많은 미세한

그림 4.44 데스트 영상 '교회'

그림 4.45 테스트 영상 '얼굴'

다른 공간 주파수의 세부사항을 표시하고, 어두운 지붕과 훨씬 더 밝고 균일한 푸른 하늘을 형성하고 있다(그림 4.44 참조).

시퀀스 '얼굴'은 사람을 확대한 이미지다. 피부톤, 사람의 머리와 얼굴의 미세한 세부사항 및 직물이 선택에 대한 이유이다.

실험의 첫 번째 문제는 웨이블릿 기반 압축 방법의 효율성을 우려한 것으로, 압축 효율에 대한 다양한 압축 방법 사이에서 여러 비교를 수행하였다. 평가 기준은 피크 신호 대 잡음비다. 이 기준의 선택에 대한 이유는 단순한 방법과 비교적 적은 시간과 구성의 노력이다.

웨이블릿 기반 압축 방식의 압축 효율 분석을 위해, 일부 이미지는 서로 다른 성질의 MJPEG2000 방식으로 압축(또는 압축 요소)을 적용하였다. 다음의 시험 이미지를 사용하였다. 동화상 시퀀스 '테이블탑'은 SFR(순차적 수파수 응답) 테스트 차트[22], 레나 사진(잘 알려진 세로 방향 여자 사진)과 도시 지도 이미지이나. 이러한 성시 와상 PSNR값의 비교는 이미지 콘텐츠 및 이미지 사이즈(그림 4.46 참조)의 압축 효율 의존성을 확인하였다.

그림 4.46에서 보는 바와 같이 '테이블탑'이나 '레나'와 같은 이미지는 다양한 구조와 컬러 정보를 포함하고 있지만, 이러한 이미지는 제한된 공간 주파수만 가

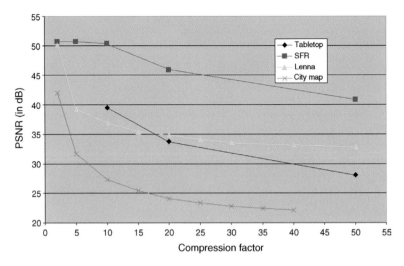

그림 4.46 4개의 테스트 이미지에서 압축 정도를 확인하는 함수인 PSNR

진 '시티맵'보다 동일한 압축 요소에서 더 높은 PSNR을 가진다. 일반적으로, 하나의 자연물 이미지에서는 많은 개체와 구조가 서로 다른 공간 주파수로 구성되어 있으므로 자연 이미지는 인공 이미지보다 더 효율적으로 압축될 수 있음을 말할 수 있다.

실험의 다음 질문은 이미지 품질이 수긍되고 허용되도록 판단되기 위해 MJPEG2000으로 압축된 이미지 시퀀스를 관찰자가 허용할 압축 정도를 결정하는 것이다. 이 콘텍스트에서 수긍할 만하고 허용 범위에 있는 것의 의미는 비록 관찰자의 기준이 실험 이미지 시퀀스에서 이미지 압축을 인지하는 것일지라도 이미지의 품질이 허용 가능하거나 이미지의 가치가 떨어진 것으로 생각하지 않는다는 것이다.

이 질문에 대답하기 위해 DSIS 시험 방법(위 참조)을 적용하였다. 전체적으로 34명의 피험자는 세 가지 다른 시퀀스 평가를 요청받았다. 이 시퀀스는 3개의 동영상 이미지 시퀀스인 '교회', '지붕', '얼굴'(그림 4.42~4.45 참조)의 원본 이미지를 갖는 7개의 다른 압축 요소로 구성되었다. 이러한 시퀀스 테스트 조건은 모든 관찰자에 대해 동일하도록 소정 시간 순서로 미리 프로그램되었다. 그림 4.47은 화질 평가의 결과를 나타낸다. 즉 압축 인자의 함수로서 허용 가능한 것으로 응

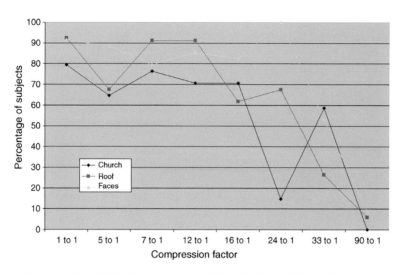

그림 4.47 이미지 품질 평가의 결과 : '수긍할 만하다'라고 대답한 관찰자의 비율

답한 관찰자의 비율을 나타낸다.

그림 4.47에서 보여주는 것처럼 16:1의 압축에서 모든 관찰자의 60%가 넘는 범위에서 '허용 가능한 것으로' 이미지 품질이 평가되었다. 관찰자 판단에 의한 평가는 테스트 이미지와 원본 이미지 간의 차이를 인지하는 것은 이미지 콘텐츠 각각에 압축 요소가 더 높을수록 증가하는 것을 보여준다. MJPEG 2000 웨이블릿 기반 압축 방법에서 원본 이미지와 압축된 이미지 간의 차이를 인지하는 정도는 16 : 1 수준까지의 압축 비율이 적용될 정도로 매우 작다.

극장 필름의 화질이 필름의 성공에 매우 중요하기 때문에, 다양한 관객에게 가기 전에 화질의 품질이 적합한지 여부를 판단하는 관찰자는 최종 고객(극장 방문객)이 아니다. 의사결정자는 영화 제작자의 촬영 감독 및 이미지 평가에 많은 경험을 가지고 있는 이미지 엔지니어이다. 따라서, 실험의 다음 단계에서 SDS 방법이 적용되었다. 위에서 말한 바와 같이, 이 방법에서는 관찰자가 원본 이미지와 테스트 이미지를 동시에 평가할 수 있다.

Full HDTV 해상도를 구성하기 위해 모든 이미지의 절반은 레퍼런스 이미지로, 반대쪽은 동일한 콘텐츠의 테스트 이미지로 구성하였다. 모니터 이미지는 수직으로 분할하고, 두 반쪽이 나란히 나타났다(그림 4.48 참조).

그림 4.48 SDS 방법을 적용한 예시 이미지. 이것은 소위 나비 모드(butterfly mode)이다. 영상의 절반은 원본이 보이도록 하는 반면 반대편은 테스트 이미지가 중앙을 중심으로 거울에 반사되는 형태로 배치하였다.

연구의 이 단계에 대한 이미지 데이터베이스는 MJPEG2000 방법으로 압축한 '교회', '지붕'에 대한 시퀀스를 유지한다(그림 4.42 및 4.44 참조). 17명의 컬러 이미지 전문가 패널이 테스트에 참여하도록 초대되었다. 그들은 상세히 실험의 목적을 인식하고 정확하게 테스트의 목적 및 타임 스케줄에 대해 지시를 받았다. 테스트 시퀀스는 시작에서는 이미지 품질의 손실이 있는 높은 압축 요소가 반영되었으며, 마지막에는 최고의 품질 레벨을 적용하는 순서로 구성하였다. 시퀀스를 반복하거나 조절 재생 속도로 디스플레이될 수 있도록 시험 절차를 변경했다. 따라서 원본과 압축된 이미지 간 이미지 차이 식별은 관찰자에게 쉽게 되었다. 실험 단계의 결과는 그림 4.49에서 볼 수 있다.

그림 4.49에서 알 수 있는 바와 같이, '교회'는 오직 47%의 관찰자만 7:1의 압축에서 차이를 인식하였다. '지붕'은 동일한 비율(47%)에서 12:1의 압축 비율을 가진다. 반대로 생각한다면, 관찰자 중 1명의 이야기에서 전문가의 약 50%는 7:1의 압축 인자에서는 원본 이미지와 테스트 시퀀스 간 차이를 볼 수 없다고 한 것이다.

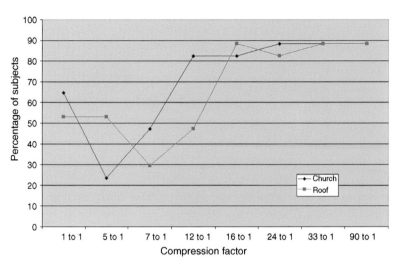

그림 4.49 이미지 품질 평가의 결과 : '수긍할 만하다'라고 대답한 관찰자의 비율

그림 4.50에 계산된 PSNR값(객관화)과 주관적 SDS 데이터 사이의 관계가 도시되어 있다.

그림 4.50에서 더 높은 PSNR값과 낮은 SDS 데이터는 더 나은 이미지 품질을 나타낸다. 따라서 상관계수(r)는 음수이다. '교회' 시퀀스에서 상관계수는 -0.931이고 '지붕' 시퀀스에서는 상관계수가 -0.886이다. 43dB의 PSNR값으로,

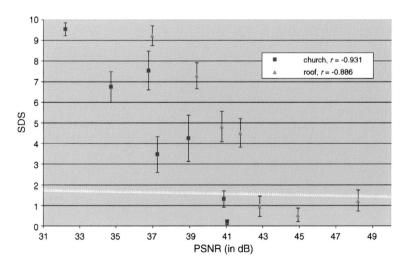

그림 4.50 계산된 PSNR과 주관적 평가인 SDS 간의 비교

화질이 1.0 또는 1.5의 SDS값이 매우 좋은 것으로 평가되었다.

요약하면, 이 장에서 설명한 실험 결과는 이미지의 색상 보정 및 디지털 마스터링 손실 없는 압축 MJPEG2000을 사용하는 것을 제안한다. 프리미엄 극장에 배포하는 것을 위해, 압축 비율은 7:1 또는 12:1로 선택하고, 일반적인 높은 품질의 배포를 위해서는 16:1이면 적당하다.

4.4.4
디지털 동영상의 보호를 위한 워터마킹 알고리즘의 인지에 최적화된 개발

4.4.4.1 **워터마킹 개발의 동기와 목적**

수년간 촬영에 디지털 기술을 사용하였다. 전통적인 아날로그 영화 데이터 전송 체인은 치환 또는 영화 필름 생성 포스트 생산, 유통 등의 새로운 디지털 시스템들에 의해 팽창되었다. 상기 디지털 처리는 최소한의 처리 시간 등 여러 가지 장점을 적용하여 영화 콘텐츠 개선을 위한 더 많은 가능성, 예를 들면 화상 품질의 일관성 및 재현성 작성, 화상 콘트라스트 향상 및 색 변환을 갖는다.

디지털 데이터 형태는 새로운 필름의 불법적인 생산과 분배가 아날로그 방식보다 훨씬 쉽다. 왜냐하면 디지털 데이터 형태는 완벽한 복사가 가능하기 때문이다. 이것은 매우 낮은 기술적 노력으로도 가능하다. 미국 영화 산업은 영화의 권리와 비디오 필름 캐리어의 불법 복제로 인한 판매 손실을 연간 약 30억 달러로 추정한다. 필름의 불법 복제에 의한 손실의 대부분은 일반적으로 발행 후 첫 주에 발생한다. 이 짧은 시간 안에 몇 명은 바로 완전한 고품질 필름에 접근이 가능하다. 따라서 전 세계 TV와 영화 필름 업계의 목적은 이후 필름 포스트프로덕션의 선두로부터 불법 복사본의 생성을 피하기 위해 강력하게 보호하고 안정적인 소스 식별을 하는 기술이나 공구를 개발하는 것이다.

디지털 미디어 저작권 용어인 '워터마킹'은 중요한 역할을 하고 있다. 워터마크에 대한 정보로 적용되는 것은 정규 이미지에 추가되는 명백한 임의의 화상 신호이다. 데이터 포맷 구성의 일부가 아니기 때문에, 이 정보를 제거하는 것은 용이하지 않다, 예를 들면 이미지 파일의 끝에 영숫자 태그로서 부가되지 않는다.

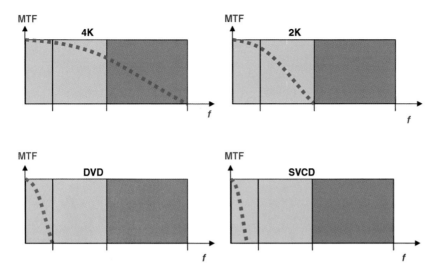

그림 4.51 4개의 다른 비디오 해상도의 MTF 표현 도식 : 4K, 2K 해상도, DVD, SVCD. F : 공간 주파수

오히려 이미지 정보의 통합 부분이다. 과거에는 여러 워터마킹 시스템이 추가적인 정보를 전송하기 위해 사용되어 왔다. 그러나 모든 워터마킹 시스템은 일관되고 신뢰할 수 있다. 때로는 정보를 워터마킹하면 쉽게 찾을 수 있으며 제거 또한 간단하다.

대부분의 워터마킹 알고리즘은 인터넷 표준 TV 또는 DVD 해상도에서 그와 같은 낮은 해상도의 이미지 워터마킹에 대해서만 적합하다. 이러한 알고리즘은 이미지만 의사 랜덤 노이즈 패턴에 추가할 수 있다. 그들은 같은 이미지당 4096 ×3112픽셀의 4K 해상도로 실시간 HDTV 이상의 해상도에서 비디오 시퀀스에 사용할 수 없다. 위에서 이야기한 랜덤 잡음 패턴은 상기 개별 화상 콘텐츠와 독립적이기 때문에, 이 패턴은 잘못된 구조로 인식된다.

그림 4.51에서, 4개의 다른 비디오 해상도의 MTF의 개략적인 표현은 SVCD 해상도까지 2K, DVD를 통해 4K 해상도에서 도시되어 있다.

그림 4.51에서 알 수 있는 바와 같이, 전송 가능한 주파수 범위는 DVD 및 VCD 해상도의 경우에는 급속히 감소된다. 현재 워터마킹 시스템에서, 상기 알고리즘은 워터마크 신호를 구현하기 위한 전체 사용 가능한 주파수 대역을 이용

한다. 원래의 워터마크된 화상 4K 또는 HDTV 해상도를 가지고 있으며, 필름을 불법 복제한 것이 SVCD 해상도로 시중에 나온다면 원본 워터마크의 주요 정보는 사라질 것이라는 것은 쉽게 이해할 수 있을 것이다. 해상도가 다운 샘플링되면, 워터마크는 자동으로 제거하는 별도의 도구를 사용하지 않고 폐기된다. 따라서 신뢰성 있는 새로운 워터마킹 방법 개발의 한 가지 목적은 DVD 또는 표준 TV의 고해상도 영화 필름에서 해상도 다운 샘플링 프로세스 이후에 워터마크를 유지하는 것이다.

4.4.4.2 워터마킹 기술의 요구사항

다음 요구사항은 새로운 워터마킹 기술 개발을 공식화했다.

- **일정한 화질** : 데이터 흐름의 양, 화질, 강력한 워터마킹은 시스템의 특징에 모순된다. 일정한 화질의 기준은 워터마크의 적용에도 화질의 변화가 보이지 않기 때문이다.
- **강력한 워터마크** : 예를 들면 이미지 오브젝트로서 워터마크는 모든 이미지 변경 작업에 대해 견고한 노이즈 다운 스케일링 또는 이미지 왜곡을 추가한다. 이 요구사항은 원래 워터마크 저작권 침해의 경우 기소 사용될 수 있음을 확인한다.
- **보통 데이터 유량** : 더 많은 데이터가 전송될 필요가 있다면, 더 많은 변경이 이미지에서 수행될 수 있다. 이러한 변화는 이미지 품질 및 데이터 보안을 감소시키는 경향이 있다. 따라서 전송되는 데이터 플로는 가능한 작아야 한다.

새로운 워터마킹 알고리즘의 개발 과정에서 여러 개념은 상기 요건을 충족하도록 잘되었다고 볼 수 있다. 파란색 채널의 변화 및 변형이 빨간색 또는 초록색 채널에 비해 쉽게 볼 수 없기 때문에 균등한 화질, 워터마킹 프로세스는 이미지의 파란색 채널에 수행될 수 있다. (적어도 특정 강도 이하) 파란색 채널에 워터마크를 구현하면 인식 화질을 감소시키지 않는다.

그러나 이것은 워터마크 플랫폼[23]에서 파란색 채널은 사용하는 유일한 이유

그림 4.52 다양한 워터마크가 있는 그림 (a)와 워터마크의 구조 (b). (a)의 경계부에 마스크로 포함된 워터마크가 있다. 그림 (b)는 원본 이미지와 워터마크가 적용된 이미지 간의 차이를 표현한다.

는 아니다. 파란색 채널에 대한 인간 시각 시스템의 낮은 콘트라스트 감도(그림 1.8의 파란색 곡선 참조)를 고려하여 추가적인 개선을 하고자 한다. 이러한 기술은 현대의 이미지 압축 및 워터마킹 알고리즘의 개발에 필수적이다. 원래의 고해상도 이미지를 다운 샘플링한 후, 워터마크의 손실을 방지하기 위해 워터마크가 이미 저해상도의 파란색 채널로 설계된다. 이 저해상도 워터마크를 통합함으로써 파란색 채널에서 이미지의 품질이 저하되나 이러한 감소는 인간의 눈에 의해 인식될 수 없다. 또한 새로운 방법은 정적 마스크(그림 4.52 참조)뿐만 아니라 영상 콘텐츠에 따라 변경될 수 있는 동적 워터마크를 디자인할 수 있다.

그림 4.52a로부터 알 수 있는 바와 같이, 이미지 가장자리에 워터마크를 마스크로 추가하였다. 따라서 이미지 종속적 또는 '동적'이고, 그림 4.52에서, 예를 들면 모발 형태를 관찰한다. 마킹의 강력한 요구를 들어 소위 '블라인드 워터마킹 알고리즘'이 유용하다. 이것은 불법적인 공격들이 워터마크를 검색할 때, 워터마크 표시가 없는 원래의 이미지가 검색을 수행하는 데 필요한 것을 의미한다. 불법적인 공격이 원본 이미지에 없기 때문에, 이는 워터마크 제거 성공 여부를 확인하기 어렵고, 이 특성은 워터마킹 방법의 강건성을 개선할 수 있다.

4.4.4.3 워터마크 개선을 테스트하는 실험

워터마크의 구현은 항상 이미지 에러 또는 이미지 변화를 초래한다. 이 오류는 오류의 유형 및 강도에 따라 보이거나 방해될 수 있다. 평가 및 다른 워터마크 방법과 비교하기 위하여, 객관적이고 기준이 잘 정립된 방법이 사용될 수 있다. 시각적 평가뿐만 아니라 내구성도 평가에서 고려되어야 한다. 워터마킹 시스템의 시각적이고 수치적인 평가를 위해, 4.4.3.3절(압축 평가에서 사용된)의 동일한 실험 시퀀스를 사용함으로써 실험을 수행하였다. 4.4.3.3은 '교회', '얼굴', '바다', '지붕', '테이블탑'과 같은 HDTV 해상도 평가 영상(그림 4.41~4.45 참조)을 언급하고 있다.

이미지 품질 평가와 압축의 다른 알고리즘 비교를 위해, 4.4.3.2절에서 기술한 객관적인 평가법을 동일하게 사용하였다. 이것은 PSNR 및 MSE이다. 더 높은 PSNR값이 이미지의 작은 변화를 의미한다. PSNR값 이외에, 컬러 비디오를 위해 소위 사노프(Sarnoff) JND(Just noticeable difference)[24, 25] 메트릭이 또한 고려되었다. JND값은 이미지 모델로부터 계산된다. 이는 유사한 화상의 관찰 시에 인간 시각 시스템의 화상 차이에 대한 인지를 예측하기 위한 것이다. 위의 의미에서, 다음 JND 규모가 소개되었다 .

- **JND 1** : 일반인이거나 훈련된 실험자에게, 두 이미지 사이의 차이는 없거나 보이지 않는다. JND 1은 이미지 차이의 인식에 대한 75%의 확률을 의미한다. 이미지 간 JND가 1보다 작으면 관찰자는 이미지 차가 없다고 판단할 수 있다.
- **JND 3** : 상세하고 주의 깊게 보면 차이를 볼 수 있다. 두 이미지 사이에 3 미만의 JND값을 가지고 있다면, 그들은 분명히 차이가 있다. 관찰자는 이미 변화의 위치를 알고 있으며, 그 차이를 인지할 것이다.
- **JND 5** : 두 이미지 간의 차이를 명확하게 볼 수 있다. 관찰자는 원본 이미지와 시험 이미지의 차이를 쉽게 볼 수 있다.

알고리즘 개발 단계에서, 알고리즘은 다른 이미지 조작을 적용한 후 자신의 정체성을 유지할 수 있는 워터마크를 생성할 수 있는지 다양한 공격에 저항하는 워터마킹 방법을 설계하기 위해 점검이 필요하다. 다음과 같은 구체적인 절차를 설명할 수 있다. 모든 워터마킹 방법에 있어서, 이미지 또는 이미지의 시퀀스를 워터마크로 또는 다양한 워터마크를 설정한다.

변형, 왜곡, 다운 스케일링, 각종 노이즈 구조와 같은 것을 알고리즘으로 구현하여 여러 번 이미지 시퀀스에 적용되어야 한다. 각각의 시험 알고리즘의 경우, 다수의 이미지를 얻을 것이고, 하나는 이러한 이미지에 워터마크를 검색한다. 결과는 워터마크 인식 안전의 전반적인 개요로, 알고리즘과 수행된 작업에 따라 달라진다.

인식 안전성(recognition safety)은 수학적 구성이 없다. 이것은 신뢰할 만한 워터마크를 어떻게 식별할 수 있는지에 대답하기 위해 안내된 정략적 수치이다. 인식 보안 상태를 언급하기 위해 초과되어야 하는 임계값이 있다. 1의 값은 구현된 워터마크와 추출된 워터마크가 동일하다는 것을 의미한다.

주관적인 테스트를 고려할 때 직결 평가 기준 PSNR, JND, 견고성은 다른 워터마킹 알고리즘을 직접 비교하기에 적합하다. 이미지 손상을 어떻게 인식하고 판단하는지에 대한 대답을 위해, 시각적인 실험을 진행하는 것이 중요하고 필요하다. 이러한 시각적 검사는 ITU 권고[26]에 따라 실시하였다. 동일한 테스트 조건으로 모니터에 관한 4.4.3.3절의 배경 휘도 및 관측 거리를 적용하였다.

시험 방법에 의해 워터마크된 화상 중에서 변화가 매우 작기 때문에, SDS 시험 방법(4.4.3.2절 참조)을 적용하였다. 풀 HDTV 해상도를 사용하기 위해, 각 시험 이미지는 기준 이미지와 동일한 내용으로 테스트 이미지에서 다른 진영의 두 부분 중 하나를 획득하였다. 모니터 이미지는 수직으로 분할하고, 기준 및 시험 이미지의 반쪽(그림 4.48 참조)이 나란히 나타났다.

관찰자는 원본 이미지가 배치된 모니터의 어느 쪽인지 알지 못한다. 테스트 시퀀스는 '교회', '바다'와 '지붕'으로 하였다(그림 4.42~4.44 참조). 각 시퀀스 테스트로 오리지널 시퀀스에 대해 6개 조합을 제시하였다. 첫 번째 시퀀스는 원래의 화상이 모니터의 양측에 디스플레이된 순서이고, 이 조합은 관찰자에게 알리지 않고 나중에 시험을 반복했다. 실험 관찰자는 이미지 차이를 평가한다. 이것은 연속하는 동일한 간격의 규모 평가에서 동일하면 0에 해당하는 왼쪽, 다르면 10에 해당하는 오른쪽을 표시한다.

실험자를 위해 앵커(anchor) 자극을 제공하기 위해, 이미지 조합으로 '원본-원본' 구성이 첫 번째 데모로 제시되었다. 이것은 레퍼런스 포인트로 '동일'을 갖고자 함이다. '다른'에 대한 레퍼런스 포인트를 위해, 원본 이미지와 워터마킹이 그려진 이미지 간의 조합에서는 완전히 다르게 보이는 이미지를 제공하였다. 다음 훈련 단계에서, 검사 전에 피사체 경구 인식 차이를 설명하도록 요청하였다. 총 10명의 실험자로 영화 포스트프로덕션의 영상 전문가를 구성하였다. 실험자에게 구두 및 서면 형태로 실험 내용 및 가능한 화상 차분의 유형을 설명한다.

테스트 중인 워터마킹 방법의 경우로, 2개의 서로 다른 알고리즘은 (낮은 공간 해상도의) 파란색 채널 워터마킹과 휘도 채널 워터마킹으로 개발되었다. 휘도 채널 워터마킹 알고리즘은 다음 단계(그림 4.53 참조)를 수행하였다.

(1) YCbCr 색 공간을 RGB 색 공간에서 데이터 변환
(2) 휘도 채널에 워터마크 구현
(3) 다시 RGB 색 공간으로 YCbCr 색 공간에서 데이터 변환

파란색 채널 워터마킹 알고리즘은 다음 단계(그림 4.54 참조)를 수행하였다.

(1) RGB 컬러 화상으로부터 파란색 채널의 추출
(2) 낮은 해상도로 다운 스케일링한 파란색 이미지의 입방 보간(cubic interpolation)

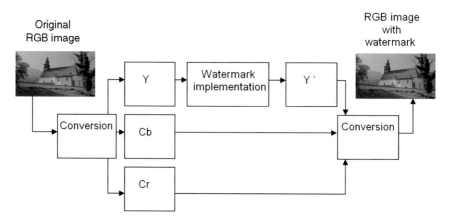

그림 4.53 휘도 채널에서 워터마킹 알고리즘을 적용하는 블록 도식

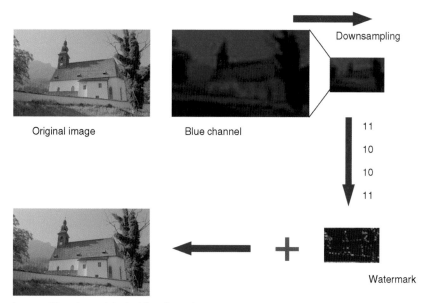

Original image   Blue channel

Downsampling

11
10
10
11

Watermark

Image with watermark in the blue channel

그림 4.54 파란색 채널에서 워터마킹 알고리즘을 적용하는 블록 도식

(3) 이 새로운 파란색 이미지에 워터마크를 구현

(4) 원본 이미지에 낮은 해상도의 파란색 이미지 중첩

앞에서 언급한 다섯 테스트 시퀀스는 모두 650개의 동영상 이미지를 포함한다. 이 테스트 시퀀스 사이의 경계선은 영상 프레임 수의 함수로서 계산된 PSNR값들을 보여주는 그림 4.55에서 붉은색으로 표시된다.

그림 4.55에서 보는 것처럼, 테스트(휘도와 파란색 채널)에서 2개의 알고리즘은 다른 방법보다 PSNR이 높은, PSNR 15~20dB을 전달한다. 휘도 및 파란색 채널 알고리즘의 결과 차이는 서로 다른 두 채널에 적용되는 이미지 처리 차이에 의해서도 설명될 수 있다. 이 차이의 또 다른 이유는 파란색 채널 영상의 낮은 공간 해상도이다. 시퀀스 '교회'의 첫 100개 이미지에서, PSNR은 휘도 채널 알고리즘으로 파란색 채널 PSNR값보다 더 높다. 왜냐하면 이 시퀀스에서, 경계부 구조는 낮은 공간 주파수인 파란색 채널보다 집중적으로 높은 공간 주파수를 갖는다. 하지만 다른 시퀀스에서 낮은 공간 주파수를 가지는 상황에서는, 파란색 채널의

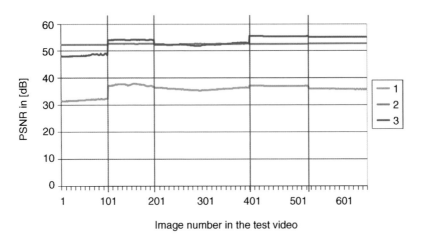

그림 4.55 세 가지 워터마킹 알고리즘 테스트에서 PSNR 계산 결과 : (1) 최근 방법, (2) 휘도 채널에서 적용된 알고리즘, (3) 파란색 채널에서 적용된 알고리즘. 빨간색 선 : 2개의 연속적인 테스트 시퀀스 간의 굵은 선

PSNR은 더 높다.

그림 4.56은 JND 메트릭[24]에 따른 연산 화상 평가의 결과를 나타낸다. JND 값이 3 미만인 경우에는, 앞에서 말한 바와 같이 다음의 차이는 시험 이미지와 원래의 이미지 사이에서 발견되지 않았다.

그림 4.56에서 알 수 있는 바와 같이, 모든 테스트 시퀀스 동안 JND 파란색 채

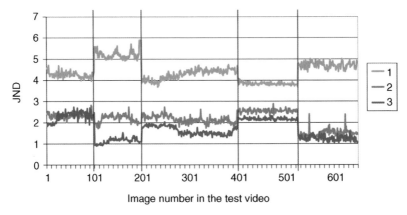

그림 4.56 세 가지 워터마킹 알고리즘의 테스트에서 JND 계산 결과[24] : (1) 최근 방법, (2) 휘도 채널에서 적용된 알고리즘, (3) 파란색 채널에서 적용된 알고리즘. 빨간색 선 : 2개의 연속적인 테스트 시퀀스 간의 굵은 선

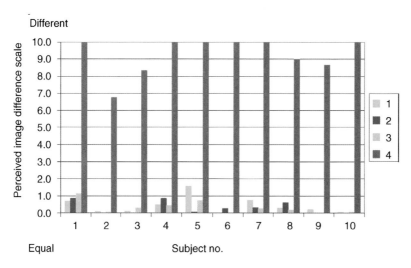

그림 4.57 '동등'(0)과 '다름'(10) 내의 범위에서 인지되는 이미지의 주관적 테스트의 결과. 가로 축 : 관찰자 숫자. (1) 원본 이미지, (2) 파란색 채널 알고리즘, (3) 휘도 채널 알고리즘, (4) 다른(최신) 방법

널 방식은 파란색 채널에서 공간 이미지 변화는 사람의 눈에 띄기 때문에 높은 것으로 판명된다. 휘도 알고리즘 및 파란색 채널 알고리즘 모두의 JND값은 3 이하이다. 실험 시퀀스 '얼굴'(그림 4.45 참조, 그림 4.56에서 이미지 번호 101부터 201)에서, 다른 방법의 JND값은 5보다 높다. 왜냐하면 이 시퀀스의 이미지는 고주파 공간 주파수 도메인에서 많은 공간 주파수 구조를 가지지 않고, 흐릿한 영상 정보를 많이 갖고 있기 때문이다. 하지만 다른 방법에서 전반적인 범위로 구성된 공간 주파수는 흐릿한 영상의 워터마킹에서 세부적인 내용을 포함하고 있다. 이것은 이미지 차이를 인지하고 이것을 알리기 위한 것이다.

2개의 앵커 포인트(왼쪽이 '동등', 오른쪽이 '다름')에서 인지되는 이미지 차의 주관적 실험 결과를 고려하여, 다른 방법은 명확하게 '다름'으로 명시된다(그림 4.57 참조).

그림 4.57에서 알 수 있는 바와 같이, 테스트 중인 두 가지 방법의 결과, 즉 휘도 및 파란색 채널 알고리즘은 1 이하의 값을 갖는 경우로 대부분 판정되었고 또는 원본 이미지와 실험 이미지 간 약간의 차이를 확인할 수 없었다. 관찰자 5번은 1.5의 판정 점수를 주었다. 양쪽에 원본 이미지를 나타내는 상황이었다(그림 4.57

에서 관찰자 5번의 노란색 항목). 이러한 결과는 또한 두 시험 방법의 결과가 이미지 차이 인지의 임계치 이하라는 것을 의미한다. 그림 4.53~4.54를 요약하면 워터마킹도 고해상도 이미지에서 가능하다는 것을 나타낸다. 파란색 채널에서 (그림 4.54) 이 방법은 비주얼 이미지 품질을 유지하며 안정성을 향상시켰다.

4.5
영화 분야에서 광원에 대한 최적의 분광 분포와 그 컬러 연색성 속성

TV와 영화 필름의 제조 시에, 다른 광원은 필름의 위치 및 스토리에 따라 사용될 수 있다. 2700~3200K 사이의 상관 색온도와 스튜디오와 홀, 텅스텐 램프와 광원의 실내 제작에 일반적으로 적용된다. 야외에서 사용되는 필름의 경우, 5400~5900K 범위의 상관 색온도를 가진 광원이 자연 채광 햇빛에 추가적인 광원으로 사용될 수 있다.

두 가지 형태의 위치에서 확산 조명과 스포트라이트를 사용한다. 50~500W(투광)의 순서에 광원과 확산 조명 예술가의 얼굴에, 예를 들어 개체에 그림자가 없는 조명을 만들어야 한다. 스포트라이트(반사경, 프레넬 렌즈)는 특정 방향으로 광량을 집중한다. 후자의 경우, 250W 내지 약 18Kw 사이 정도의 광원이 사용된다.

대부분의 경우, TV와 영화 제작의 이미지 품질이 올바르게 영화의 이야기를 전달하고, TV 및 영화 시장에서 기회를 가질 수 있도록 좋아야 한다. TV 필름 또는 영화 필름은 동영상 형태로 영화 감독의 사상을 표현한다. 그러므로, 컬러 품질 파라미터(6장 참조)가 기록되어야 한다. 이것은 장면의 조명에 대한 것이다. 컬러 파라미터는 컬러 연색성, 색 영역, 컬러 선호도, 컬러 조화, 유채색 밝기이며 매우 중요하다. 이러한 이유로 높은 연색성을 갖는 광원이 적용될 수 있다.

최근까지 영화 산업에서는 2700~3200K 사이의 상관 색온도를 갖는 플러드라이트로 형광 램프를, 스포트라이트로 텅스텐 광을 사용하고 있다. 텅스텐 램프의 발광 효율은 겨우 20~25lm/W이고, 수명은 대략 1,000~2,000시간이기 때문에 색온도가 3100K이고 높은 연색지수[27]를 갖는 세라믹 방전 램프의 개발을 목적으로 연구를 장려하였다. 표 4.6에서는 영화 장면을 비추는 데 사용하는 광원의

표 4.6 실내 TV와 영화 상영에서 사용되는 광원의 휘도 효율과 상관 색온도[27]

Lamp type	CCT(K)	Luminous efficacy (lm/W)
Halogen tungsten lamps	2700~3200	20~25
Tubular fluorescent lamps	3200	60~90
Ceramic discharge lamps	3200	About 90

발광 효능을 나열하였다.

그림 4.58이 램프 형태의 상대 분광 분포를 나타낸다. 그림 4.58에서 알 수 있는 바와 같이, 세라믹 램프(그림 4.58에서 3번)는 연속적인 스펙트럼, 620~780 nm의 사이에서 적색 파장 영역에서의 방사선을 포함한다. 관형 램프 1번과 4번은 435.8과 546.1 그리고 610nm에서 강력한 발광 특성을 가지며, 440~530nm(파란색, 청록색, 초록색) 또한 630nm보다 긴 주파수 범위에서 낮은 분광 분포를 가진다.

종래의 조명 기술에서, 컬러 연색성은 CIE 13.3[28] 문서에 따라 평가되었다 (6.1절 참조). 그림 6.9의 위쪽 2개 행에 표시된 14개 테스트 컬러(TCS01-TSC14) 의 평균값이다. 이들 분광 반사율 함수는 그림 4.59(낮은 포화도 샘플)와 그림 4.60(높은 포화도 샘플)에서 볼 수 있다. 조명 엔지니어와 촬영 감독, 특히 테스트

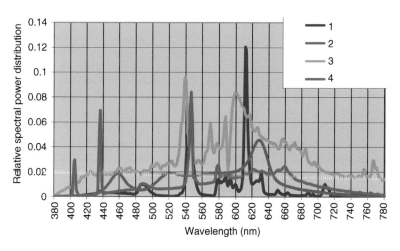

그림 4.58 실내 TV와 영화 상영에서 사용되는 네 가지 형태 광원의 분광 분포

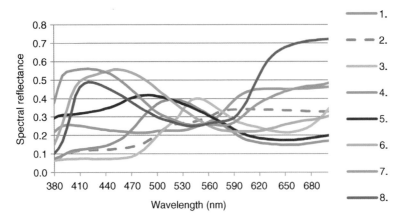

그림 4.59 광원의 컬러 연색성 속성을 특징짓는 데 사용되는 포화되지 않은 8개의 분광 반사 함수[28]. 그림 6.9의 위쪽 행과 비교해보라.

컬러 샘플로 9(빨간색), 12(파란색), 13(피부톤), 14(녹색잎)이 중요하다.

표 4.7은 특수 컬러 연색성 인덱스(6.1절 참조)를 보여준다 — 실내 TV 및 영화 제작에 사용되는 네 가지 일반적인 광원용 — 그림 4.59과 4.60의 14개 테스트 컬러 샘플에 따라 차이를 보여준다.

표 4.7에서 볼 수 있는 바와 같이, 자기 방전 램프의 단점은 포화된 빨간색(R9), 보라색(R8)에 대한 열악한 연색성이다. 관형 형광 램프 1번의 약점은 노란색-녹

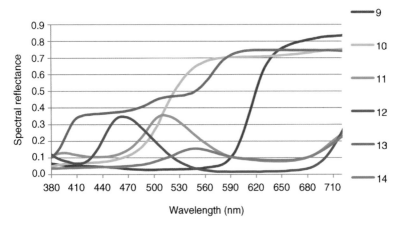

그림 4.60 광원의 컬러 연색성 속성을 특징짓는 데 사용되는 6개의 포화된 컬러 샘플의 분광 반사 함수[28]. 그림 6 9의 중간 행과 비교해보라.

표 4.7 색온도 3200K와 실내에서 TV와 영화 제작에 사용되는 4개의 광원을 위해 그림 4.59와 4.60의 14개 테스트 컬러에 따른 컬러 연색성 인덱스(6.1절 참조)

Test color sample	Spec. CRI	Tungsten halogen lamp	Ceramic discharge lamp	Tubular lamp(no. 1 in Figure 4.58)	Tubular lamp(no. 4 in Figure 4.58)
TCS1 : old rose	R1	99.7	97.6	96.5	90.8
TCS2 : Earth	R2	99.7	97.7	96.1	90.8
TCS3 : yellow-green	R3	99.3	90.1	**52.3**	82.7
TCS4 : green	R4	99.7	96.1	87.8	89.8
TCS5 : cyan	R5	99.7	95.8	90.6	90.2
TCS6 : light blue	R6	99.6	97.1	84.5	85.3
TCS7 : light purple	R7	99.9	91.6	87.8	90.3
TCS8 : purple	R8	99.5	**77.6**	**70.7**	90.7
TCS9 : red	R9	98.1	**42.1**	**78.6**	**78.4**
TCS10 : yellow	R10	99	87.3	**54.9**	**71.8**
TCS11 : green	R11	99.7	96.0	**79.1**	86.8
TCS12 : blue	R12	98.8	89.6	**55.8**	81.9
TCS13 : skin tone	R13	99.7	98.7	92.6	90.8
TCS14 : leaf green	R14	99.6	93.0	**66.8**	89.4
General CRI	R_a	99.6	92.2	83.3	88.8

색(R3), 보라색(R8), 빨간색(R9), 노란색(R10), 파란색(R12)과 잎의 녹색(R14) 컬러 연색성 인덱스(표에서 굵은 번호 4.7)에서 볼 수 있다. 이러한 색상은 일상생활 컬러 애플리케이션에서 매우 중요하다. 그래서 더 나은 컬러 연색성을 위해 1번 타입에서 4번 타입으로 관형 형광 램프 교체를 고려하는 것이다(그림 4.58 참조).

앞서 말한 바와 같이, 실외 영화 제작을 위해 상관 색온도 5400~5900K의 광원 들은 금속 할로겐 방전 램프(예 : HMI 또는 MSR/HR)을 포함한 스포트라이트로 사용된다. 플러드라이트 일루미네이션에는 두 종류의 관형 형광 램프가 적용되 어 왔다. 그림 4.61이 두 종류 램프의 분광 분포를 나타낸다.

그림 4.61에서 알 수 있는 바와 같이, 이러한 2개의 관형 형광 램프의 분광 분 포 곡선이 480~530, 550~570, 630nm 이상에서 약하다는 것을 알 수 있다. 표 4.8 은 HMI 방전 램프와 비교하여 이들 두 광원의 인덱스 렌더링의 특별한 색상을 나타낸다.

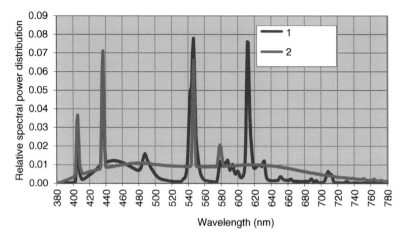

그림 4.61 실외에서 TV와 영화 제작에 사용되는 플러드라이트 조명에서 두 가지 형태 광원의 상대적인 분광 분포

표 4.8 색온도 5600K와 실외에서 TV와 영화 제작에 사용되는 3개 광원의 컬러 연색성 인덱스 (표 4.7 참조)

Test color	Spec. CRI	HMI discharge lamp	Tubular lamp (no. 1 in Figure 4.61)	Tubular lamp (no. 2 in Figure 4.61)
TCS1 : old rose	R1	88.8	90.1	90.8
TCS2 : Earth	R2	94.1	95.1	90.8
TCS3 : yellow-green	R3	96.2	**49.1**	82.7
TCS4 : green	R4	89.8	86.9	89.8
TCS5 : cyan	R5	90.7	97.0	90.2
TCS6 : light blue	R6	92.0	82.7	85.3
TCS7 : light purple	R7	93.0	86.4	90.2
TCS8 : purple	R8	85.0	89.3	90.7
TCS9 : red	R9	**57.9**	**64.3**	**78.3**
TCS10 : yellow	R10	85.2	**56.6**	71.9
TCS11 : green	R11	87.3	**82.5**	86.8
TCS12 : blue	R12	90.6	**69.8**	81.8
TCS13 : skin tone	R13	90.2	89.5	90.8
TCS14 : leaf green	R14	97.8	**65.5**	89.4
General CRI	R_a	91.2	**84.6**	88.8

표 4.8에서 알 수 있는 바와 같이, 5600K의 관형 형광 램프는 3200K(표 4.7 참조) 램프와 유사한 약점이 있다. 이것은 나뭇잎 녹색, 빨간색, 노란색과 파란색에 대한 것으로 특히나 그림 4.61의 1번에서 두드러진다(표 4.8의 굵은 번호 참조). HMI와 MSR/HR 방전 램프는 포화된 붉은색(TCS9)으로 컬러 연색성 문제를 보인다.

2006년부터 LED 기술은 매우 집중적인 개발의 대상이 되어 왔다. 현재 LED는 고화질 TV 프로그램과 영화에 대한 잠재적인 광원 기술을 나타낸다. 이 책 (2011~2012년)을 집필하는 동시에, 약 5700~6500K의 상관 색온도와 일광 백색 LED는 350m와 실제 작동 조건에서 60°C 납땜 온도에서 약 135 lm/W의 발광 효율을 보인다.

105 lm/W의 발광 효율을 갖는 3200K 색온도의 따뜻한 백색 LED가 있다. 이러한 효능값은 방전 램프 관형 형광 램프, 텅스텐 할로겐 램프의 발광 효율보다 훨씬 더 낫다.

고출력 LED의 다른 이점은 다음과 같다.

- 열 관리 작업이 최적으로 해결되고, 최대 전류가 350mA 이상이 아닌 경우 10,000~50,000시간의 긴 수명을 실현한다.
- 수명의 감소 없이 0~100%(전체 강도) 사이에 디밍
- 밀리초에 마이크로 범위의 빠른 응답 시간
- 조명된 물체(인간의 피부, 꽃, 또는 직물)에 대한 자외선 함량이 없기 때문에 약간의 손상도 없다.
- 어떤 적외선 내용이나 방열은 없다. 따라서 단지 작은 열 부하 조명 개체를 위한 에너지는 조명 영역 또는 방을 냉각할 필요가 없다.

고출력 LED 기술의 초기(2000·2008년 사이)에 엔지니어는 흰색의 LED를 만들기 위해 노력하였고, 그를 위해 색을 띠는 LED(초록색, 노란색, 빨간색 LED)로 낮은 연색지수를 갖는 흰색 형광체 변환 LCD의 컬러를 혼합하여 평균 색을 사용하였다. 상기 결과 연색지수는 매우 양호하였다(표 4.9 참조). 그러나 노란색/빨

간색 LED와 백색 LED의 조합은 예를 들어 시간에 따른 상이한 환경 조건에서 결합 된 광 상수의 색좌표 유지에 관한 매우 복잡한 온도 변화에 대한 처리가 필요하였다(7.1.2절 참조).

2009~2012년 사이에, 효율적이고 안정적으로 파란색 LED 칩(예를 들면 YAG 형광체, LuAG 형광체 및 Bose 형광체와 같은)을 다른 새로운 형광체 시스템의 혼합 원리에 기초하여 백색 LED 기술이 개발되고 테스트되었다. 노란색 또는 초록색 형광체 및 빨간색 형광체와 파란색 LED 칩을 혼합함으로써, 2700~3500K 및 매우 좋은 연색 5000K까지 중립 일광 백색 LED의 범위에서 따뜻한 백색 LED를 가질 수 있다(7.1.3절 참조).

1 또는 2W의 높은 출력에서 100 lm/W의 휘도 효율로 최대 1000W의 전력에서 빛을 비출 수 있는 촬영에 사용 가능한 조명이 개발되었다. 표 4.9에서 고출력 백색 LED 광원에 대한 세 가지 예시를 보여준다. 혼합된 백색 LED(3150K, 흰색과 컬러 LED의 혼합), LED 따뜻한 흰색 형광체(3300K)와 LED 중간 백색 형광체

표 4.9 고출력의 백색 LED 광원에 대한 3개의 예시(표 4.7 참조)

Test color	Spec. CRI	Mixed white LED (3150 K)	Warm white phosphor LED (3300 K)	Neutral white phosphor LED (4823 K)
TCS1 : old rose	R1	90.6	99.1	91.1
TCS2 : Earth	R2	97.0	96.5	91.2
TCS3 : yellow-green	R3	94.0	91.3	**88.7**
TCS4 : green	R4	89.7	92.4	90.9
TCS5 : cyan	R5	92.6	97.7	89.8
TCS6 : light blue	R6	91.7	93.7	85.8
TCS7 : light purple	R7	99.2	93.3	93.6
TCS8 : purple	R8	95.6	95.1	89.2
TCS9 : red	R9	93.0	93.5	**68.4**
TCS10 : yellow	R10	97.1	90.2	**77.0**
TCS11 : green	R11	83.5	92.1	89.5
TCS12 : blue	R12	83.4	85.0	**66.3**
TCS13 : skin tone	R13	91.9	98.1	90.8
TCS14 : leaf green	R14	94.4	94.1	93.4
General CRI	R_a	93.8	94.9	90.0

(4823K)로 모두 그들만의 특수 연색지수를 가진다.

표 4.9에서 볼 수 있는 바와 같이, 일반적으로 3300K에서 따뜻한 흰색 형광체 변환 LED 광원의 인덱스 연색성 색은 3150K의 혼합된 LED 광원과 비교할 수 있다. 이 두 광원(표 4.9의 마지막 열에서 굵은 숫자값을 참조)은 중간 백색 LED와 달리 자신의 연색성의 관점에서 전혀 또는 단지 약간의 약점을 보인다. 혼합과 따뜻한 백색 LED는 실내 제작 또는 스포트라이트에 대한 조명 애플리케이션을 위한 관형 형광 램프를 대체할 수 있다. 그러나 현재(2012년)는 5400K 색 온도 이 상의 좋은 컬러 연색성 인덱스를 갖는 백색 LED가 없다. 그러나 이러한 일광 흰 색 LED 시장에서 사용하는 것은 단지 시간 문제이다.

4.6
컬러 동영상에서 시각 유발 감정

이 절은 동영상 이미지의 시각적 유발 감정을 다루고 있다. 목표는 디지털 비디 오 시퀀스[29]의 기술 파라미터들의 세트로부터 시작하여 감정 강도를 모델링한 다. 디스크립터와 세트에 기초하여 자동 감정 카테고리로 동영상 시퀀스를 분류 할 수 있음을 도시하며 입력 컬러 동영상의 감정 강도를 높일 수 있다. 이 절에서 는 시각적으로 유발 감정에 영향을 미치는 비디오 시퀀스의 관련 기술 매개 변수 는 이러한 감정과 감정의 수치 상관관계에 대한 책임과 관련된 심리적 요인의 세 트가 기술적인 매개변수의 함수로 수학적으로 모델링된 것과 함께 식별된다.

4.6.1
기술적 요소, 심리요소 그리고 시각 유발 감정

주로, 이것은 이야기, 소리 그리고 배우의 연극으로, 컬러 동영상 시퀀스의 감정을 전달하는 것이다. 그러나 감정 효과들은 종종 개선하거나 시각 효과[30]로 완료된 다. 예를 들면 영화에서 컬러[31], 대비, 선명도, 시끄러움, 또는 다른 유사한 파라 미터들(이 절에서는 '기술적인' 파라미터로 TPs로 명시한다)이다. 이것의 목적은 감정에 대한 '시각적 유발'과 '심리적' 요인에 대해 TPs를 식별하는 것이다.

정신물리학 실험에서, 관찰자가 268개 테스트 비디오 시퀀스를 검토하고 평가하였다. (매우 다른 장면과 다양한 이벤트를 포함하는) 테스트 비디오 클립 세트에 대한 각각의 디지털 비디오 파일에서, 캐릭터를 수식적으로 설명하는 수량인 D는 다음 12개 기술적 요소로 계산되었다 — 평균 휘도, 평균 포화도, 색 밸런스, 전역 대비, 전역 포화도 대비, 노이즈, 선명도, 선명도 블록, 피부톤, 색 영역의 대비, 카메라 움직임 속도, 어둡게 되거나 밝게 되는 속도, 포화도 변화 속도.

그런 후 z점수가 각 디스크립터 D와 각 클립을 위해 계산되었다. 이때 268개의 모든 클립에서 D의 평균값은 D에서 제외하였고 D의 표준편차로 나누어졌다. 5

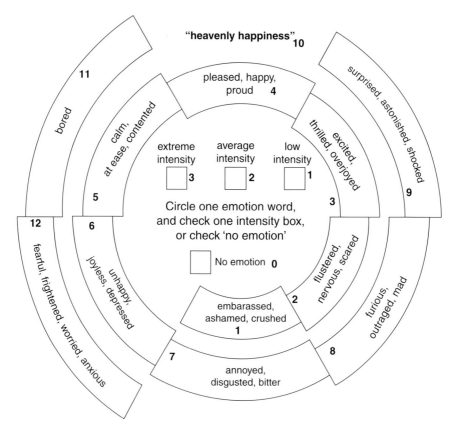

그림 4.62 '감정 나선'[29]을 살짝 조정한 버전으로 하이스(Heise)와 칼헨(Calhen)이 제안하였다 [33]. 시각적 유발 감정을 수치화하는 정신물리학 실험에서 피실험자의 답을 모으는 데 사용된다. 스칸디나비아컬러협회의 허가를 받아 참고문헌 [29]를 재구성하였다

그림 4.63 비디오 클립을 시청하고 감정 나선과 정신적인 요소에 대한 설문지 내용을 기입하는 관찰자. 스칸디나비아컬러협회의 허가를 받아 참고문헌 [29]를 재구성하였다.

명의 관찰자(20~30대 연령)은 268개의 비디오 클립을 암실에서 큰 프로젝터 화면으로 시청하였다. 시청 후 그들은 두 가지 설문에 대해 답변하였다. 하나는 심리적 요인을 고려한 설문 내용이다. 각 클립에 대해, 관찰자는 그들의 의견을 현실성, 3차원처럼 보이는가, 인지 정도, 몰입도, 흥미로운 정도, 상호작용에 대해 수치(−5~5 사이)를 이야기해야 한다. 각 클립에 대한 관찰자 답변의 평균은 6차원 '벡터'(Ψ)로 구성한다. 다른 질문은 감정에 대한 것이다. 관찰자는 하이스(Heise)와 칼헨(Calhan)에 의해 제안된 '감정 나선'[33]의 약간 수정된 버전을 완료한다. 수정된 버전의 그림은 4.62에서 볼 수 있다.

테스트 비디오 시퀀스를 보는 관찰자와 실험 구성은 그림 4.63에서 볼 수 있다.

각 클립에 대한 다섯 관찰자 답변의 평균은 12차원 '벡터'(e)로 구성한다. 각 감정 카테고리는 이 벡터의 한 축이다. 나선에서 값(0~3 사이)의 평균은 e-벡터의 해당 요소이다.

4.6.2

감정적 클러스터 : 감정 강도의 모델링

268개의 테스트 클립은 6개의 감정 클러스터로 분류할 수 있다(1 : 행복한, 2 : 지루한, 3 : 놀란, 4 : 슬픈, 5 : 노한, 6 : 역거운). 이것은 268개의 e-벡터에서 클러스터 분석을 기초로 하였다. 각 감정 클러스터의 디스크립터 평균 z값 $\{z_i\}$의 세트는 6개의 감정 클러스터 중 하나는 식별 가능한 특징을 가졌다는 것을 보인다(그림 4.64 참조).

그림 4.64에서, 각 감정 클러스터에 대해 다음과 같은 서로 다른 색상의 12열의 의미가 있다 : 1(옅은 보랏빛 파란색) 평균 휘도, 2(갈색 라일락) 평균 포화도, 3(단조로운) 컬러 밸런스, 4(녹색 청록색) 전역 대비, 5(진한 라일락색) 채도 전역 대비, 6(노란 장미) 노이즈, 7(파란색) 선명도, 8(푸른 빛이 도는 회색) 선명도 블록, 9 피부색을 포함하는 지역(짙은 파란색) 대비, 10(자주색) 카메라의 움직임 속도, 11(노란색) 어둡게 하거나 밝게 하는 속도, 12 상기 비디오 시퀀스의 채도 변화의 속도.

실제로 임의의 비디오 클립을 할당할 수 있다(즉 이 절의 268개 테스트 클립 세트 이상). 특정 감정 클러스터[29] ― 하나의 클립에서 유사성에 대한 자동 결정에

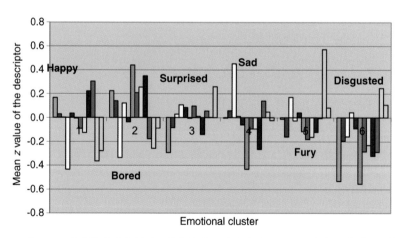

그림 4.64 각각의 감정적 클러스터에서 다른 컬러의 항목으로 그려진 12개 평균 z값. 스칸디나비아 비주얼리협회의 허가를 받아 참고문헌 [29]를 재구성하였다.

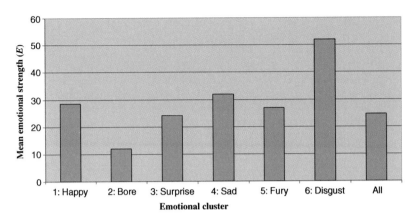

그림 4.65 6개의 감정 클러스터에서 감정 강도 E의 평균값과 모든 클립의 평균값. 스칸디나비아 컬러협회의 허가를 받아 참고문헌 [29]를 재구성하였다.

따른 세트 — 는 그림 4.64에 도시된 클러스터의 z값을 의미한다.

식 4.10에서 알 수 있는 바와 같이, 실험 결과를 분석한 결과 (E에 의해 지정된) 소위 감정 강도는 '지루함'(e_{11}^2)의 제곱값을 제외하고 e-벡터 요소의 제곱값을 합산하여(268) E-벡터의 모두에 대해 계산하였다.

$$E = e_1^2 + e_2^2 + \cdots + e_{10}^2 - e_{11}^2 + e_{12}^2 \tag{4.10}$$

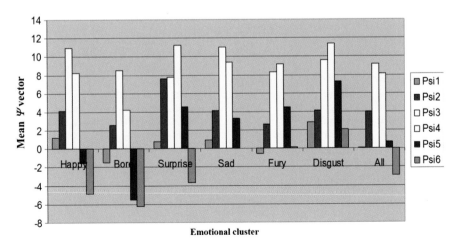

그림 4.66 6개의 감정적 클러스터에서 'Ψ 벡터' 평균과 모든 클립에 대한 평균. 스칸디나비아컬러협회의 허가를 받아 참고문헌 [29]를 재구성하였다.

다른 감정 클러스터의 평균 감정 강도도 그림 4.65에 나타내었다. 그림 4.65에서 알 수 있는 바와 같이, 감정 강도는 '역겨움'에서 최대였다.

다음 단계로서, 특정 기술 파라미터의 중요도가 e-벡터와 감정의 강도(E)에 얼마나 영향을 미치는지 효율적으로 정량화하였다. 12개의 기술적 파라미터는 다음과 같이 상대적으로 중요성을 가진다 ─ 노이즈 100, 어둡거나 밝아지는 속도 96, 피부색에서 대비 59, 평균 휘도 54, 컬러 밸런스 40, 전역 대비 33, 평균 포화도 31, 선명도 21, 선명도 블록 21, 포화 변화 속도 11, 카메라 움직이는 속도 10, 전역 포화 대비 0. 'Ψ 벡터'의 평균(즉 심리적인 요인의 '벡터') 또한 6개의 감정 클러스터 사이에서 상당히 달랐다(그림 4.66 참조).

각 감정 클러스터 내에서, 다변량 선형회귀모델은 $\{z_i\}$에 E의 의존성에 대해 설립되었다. 모델 예측의 성능이 평가되었다. 상관계수(r^2)는 행복한, 지루한, 놀란, 슬픈, 노한, 역겨운 클러스터에 각각 0.42, 0.33, 0.19, 0.29, 0.18, 0.81로 대응한다.

참·고·문·헌

1 Khanh, T.Q. (2004) Physiologische und Psychophysische Aspekte in der Photometrie, Colorimetrie und in der Farbbildverarbeitung (Physiological and psychophysical aspects in photometry, colorimetry and in color image processing). Habilitationsschrift (Lecture qualification thesis), Technische Universitaet Ilmenau, Ilmenau, Germany.

2 Wunderlich, D. (2003) Analytische und experimentelle Untersuchung zur Verbesserung von farbgemanaged Digitalbildern durch verschiedene Farbwahrnehmungsmodelle (Analytic and experimental investigation to enhance color managed digital images by different color perception models). Master thesis, ARRI, Munich and Technische Universität Ilmenau.

3 Geissler, P., Maier, S., Gottschling, T., Gonschorek, O., Bernt, E., Oehler, A., and Khanh, T.Q. (2004) Farbmanagement zur Angleichung von Monitor und Filmprojektion (Color management to adjust the monitor to film projection). FKT Fachzeitschrift, (7).

4 Khanh, T.Q. and Gonschorek, O. (2003) Farbmanagement für die digitale Übertragungskette von einer digitalen Kamera bis Monitore (Color management for the digital transfer chain from a digital camera to monitors). Annual Meeting of the German Society of Color Science and Application, October 6–10, TAE Esslingen.

5 Fairchild, M.D. (1998) Color Appearance Models, Addison Wesley Longman.

6 Hauske, G. (1994) Systemtheorie der visuellen Wahrnehmung (System Theory of Visual Perception), B.G. Teubner Verlag, Stuttgart.

7 Zhu, S.Y., Luo, M.R., Cui, G., and Rigg, B. (2002) Comparing different colour discrimination data sets. Proceedings of the 10th Color Imaging Conference, November 12–15, Scottsdale, AZ, pp. 51–54.

8 Luo, M.R., Cui, G., and Rigg, B. (2001) The development of the CIE 2000 color

difference formula. *Color Res. Appl.*, **26**, 340–350.

9 Zhu, S.Y., Cui, G., and Luo, M.R. (2002) New uniform colour spaces. Proceedings of the 10th Color Imaging Conference, November 12–15, Scottsdale, AZ, pp. 61–65.

10 Cui, G.H., Luo, M.R., Rigg, B., Roesler, G., and Witt, K. (2002) Uniform color spaces based on the DIN99 color difference formula. *Color Res. Appl.*, **25**, 282–290.

11 Nadenau, M. (2000) Integration of human color vision models into high quality image compression. Dissertation No. 2296, Ecole Polytechnique Federale de Lausanne.

12 Barten, P.G.J. (1999) *Contrast Sensitivity of the Human Eye and Its Effects on Image Quality*, SPIE Optical Engineering Press, Washington, DC.

13 Röhler, R. (1995) *Sehen und Erkennen (Seeing and Recognition)*, Springer, Berlin.

14 De Lange, H. (1958) Research into the dynamic nature of the human fovea–cortex systems with intermittent and modulated light. I. Attenuation characteristics with white and colored light. *J. Opt. Soc. Am.*, **48**, 777–784.

15 Kelly, D.H. (1972) Adaptation effects on spatiotemporal sine-wave thresholds. *Vis. Res.*, **12**, 89–101.

16 Kelly, D.H. (1979) Motion and vision. II. Stabilized spatiotemporal threshold surface. *J. Opt. Soc. Am.*, **69**, 1340–1349.

17 Kelly, D.H. (1971) Theory of flicker and transient responses. II. Counterphase gratings. *J. Opt. Soc. Am.*, **61**, 632–640.

18 Lee, B.B., Martin, P.R., and Valberg, A. (1989) Sensitivity of macaque retinal ganglion cells to chromatic and luminance flicker. *J. Physiol.*, **414**, 223–243.

19 Lee, B.B., Pokorny, J., Smith, V.C., Martin, P.R., and Valberg, A. (1990) Luminance and chromatic modulation sensitivity of macaque ganglion cells and human observers. *J. Opt. Soc. Am.*, **7** (12), 2223–2236.

20 SMPTE 196M-2003 (2003) *Standard for Motion-Picture-Film Indoor Theater and Review Room Projection Screen Luminance and Viewing Conditions*, Society of Motion Picture and Television Engineers.

21 ITU-R BT.500-11 (2002) *Methodology for the Subjective Assessment of the Quality of Television Pictures*, International Telecommunication Union.

22 ISO/FDIS 12233 (1999) *Photography – Electronic Still Picture Cameras – Resolution Measurements*, International Organization for Standardization.

23 Winkler, S. (2000) Vision models and quality metrics for image processing applications. Thesis no. 2313, Ecole Polytechnique Federale de Lausanne, EPFL.

24 Lubin, J. and Fibush, D. (1997) Sarnoff JND vision model. T1A1.5 Working Group Document #97-612, ANSI T1 Standards Committee.

25 Vollstaedt, A. (2004) Untersuchung wavelet-basierter Bildkompressionsverfahren für die digitale Bildakquisition (Investigation of wavelet based image compression methods for digital image acquisition). M.S. thesis no. 2183/03/D44, ARRI, München and Technische Universität Ilmenau.

26 ITU-R BT.710-3 (1998) *Subjective Assessment for Image Quality in High-Definition Television*, International Telecommunication Union.

27 Khanh, T.Q., Grechana, N., and Möller, K. (2006) Farbwiedergabeeigenschaft in der Film-und Fernsehproduktion: Von den Lichtquellen bis zur digitalen Bildwiedergabe (Color rendering property in film and TV production: from light sources to digital image rendering). *FKT Fachzeitschrift*, (5), 273–278.

28 CIE 13.3-1995 (1995) *Method of Measuring and Specifying Color Rendering Properties of Light Sources*, Commission Internationale de l'Éclairage.

29 Bodrogi, P., Kwak, Y., Kutas, G., Beke, L., Park, D.S., Czúni, L., and Kim, C.Y. (2008) Modelling visually evoked emotions for color motion images, colour: effects and affects, in *Interim Meeting of the AIC 2008, June 15–18, 2008, Stockholm, Sweden* (eds I. Kortbawi, B. Bergström, and K. Fridell Anter), Scandinavian Colour Institute, Stockholm (CD-ROM).

30 Bíró, Y. (2003) *A hetedik müvészet: a film formanyelve, a film drámaisága (The*

Seventh Art: Formal Language of the Film, Dramatic Effects of the Film), Osiris, Budapest.

31 Gao, X.P., Xin, J.H., Sato, T., Hansuebsai, A., Scalzo, M., Kajiwara, K. Guan, Sh., Valldeperas, J., Lis, M.J., and Billger, M. (2006) Analysis of cross-cultural color emotion. *Color Res. Appl.*, **32** (3), 223–229.

32 Sheridan, T.B. (1992) Musings on telepresence and virtual presence. *Presence-Teleop. Virt.*, **1** (1), 120–125.

33 Heise, D.R. and Calhan, C. (1995) Emotion norms in interpersonal events. *Soc. Psychol. Q.*, **58**, 223–240.

05

멀티 프라이머리 디스플레이의 픽셀 구성

이 절에서는 3원색(red, green, blue) 그리고 멀티 프라이머리 디스플레이(3색 이상의 색으로 이루어진 디스플레이로 예를 들면 5원색, 즉 red, green, blue에 cyan, magenta가 추가된 경우)의 컬러 어피어런스 범위를 최적화하는 방법에 대해 다루고 있다. 넓은 컬러 어피어런스 범위를 위하여, 대부분의 중요한 자연물을 포함하는 넓은 색역의 이미지를 표현할 수 있는 타깃 컬러 좌표를 정하는 것이 중요하다.

하지만 타깃 컬러 좌표 외에도, 색 양자화 수준(color quantization level)이나 프라이머리 컬러(primary color)의 수, 화이트 포인트, 색 간의 휘도 비율 등과 같은 더 중요한 요소들도 있다. 최적의 광색역 프라이머리 세트들과 컬러 어피어런스 공간에서 그들이 분포된 모양이 예시로 소개되고 있다. 2차원 색 공간에서의 컬러 어피어런스 능력의 최적화 방법(2.3절에 나와 있음)은 타깃 컬러좌표의 밝기 정보까지 포함하고 있는 3차원 색 공간에서의 최적화 기법(5.1절과 5.2절에 나와 있는)과 비교해보았을 때 정확하지 못하다.

순차적 색 구동방식의 디스플레이는 공간적으로 프라이머리 컬러의 서브 픽셀(sub pixel)을 배열하여 나타내는 색을 재현할 수 없다. red, green, blue 3원색의 서브 픽셀로 배열된 디스플레이가 있는가 하면, 5원색의 서브 픽셀(red, green, blue, cyan, magenta)로 이루어진 소위 멀티 프라이머리 디스플레이도 있다. 이러한 공간적 색의 배열을 통해서 원하고자 하는 이미지의 색을 재현하고자 한다면, 서브 픽셀 배열 방식 자체로는 원하는 색과의 간섭이 발생하지 않아야 한다. 다시 말해 컬러 아티팩트가 발생해서는 안 된다는 뜻이다.

컬러 아티팩트 중 하나인 색 윤곽 아티팩트(color fringe artifact, CFA)와 같은 컬러 아티팩트를 없애기 위하여 인간의 공간적 색 인지를 기반으로 한 이론을 적용할 수 있는데, 이러한 이론들은 우수한 MTF 특성, 등방성, 휘도 분해능, 높은 개구율의 조건을 충족시키는 것이다. 멀티 프라이머리 서브 픽셀 구성의 예시가 컬러 이미지 렌더링 알고리즘과 함께 소개된다.

5.1
광 색 재현을 위한 3원색, 멀티 프라이머리 디스플레이의 최적화 원리

현대의 이미징 애플리케이션들은 PSNR 수치(4.4.3.2절의 식 4.9 참조), S-CIELAB[1], iCAM[2] 등으로 수치화된 높은 컬러 품질 수준값을 요구한다. 컬러 이미지의 품질을 결정하는 가장 중요한 요소 중 하나는 디스플레이된 컬러 이미지의 어피어런스이다. 그러므로 넓은 디스플레이의 색 재현력을 필요로 하는 광 색역 이미지를 재현하기 위해서는 색 향상을 위한 이미지 프로세싱 변환이 적용되어야 한다.

디스플레이의 색 재현력이 넓지 않은 경우에는, 이미지의 색이 디스플레이의 좁은 색 재현 범위에 매핑되게 된다. 색 범위 매핑방법에는 여러 가지가 있다[3, 4]. 하지만 이는 원천적으로 컬러 품질의 손실을 피할 수 없다. 그러므로 광색역 디스플레이를 디자인하는 것이 컬러 매핑을 줄이기 위하여 필요하다. 반대로, 이미지는 sRGB(2.1.2절 참조) 색 공간에 제한되어 있는데, 디스플레이는 sRGB보다 넓은 색 공간을 가지고 있다면, 색 확장 알고리즘이 사용되어[5] 더 나은 화면을 구성하게 될 것이다.

디스플레이의 색 재현 범위는 각 프라이머리 컬러의 색도와 휘도 수준에 달려 있다. 프라이머리 컬러의 숫자를 늘리거나, 포화도를 높이거나(광원이나 컬러 필터링 폭을 줄여서 단파장에 가까운 빛을 만드는 방법으로)하여 색 재현 범위를 증가시키게 된다. 만약 red, green, blue 외에 프라이머리 컬러의 수를 늘리는 것이 불가능하다면, 입력 이미지를 벗어나는 색이 최소화되도록 기본적인 red, green, blue 세 가지 프라이머리 컬러의 좌표를 최적화하는 것이 중요하다. 최근 컬러 디스플레이의 기술들은 컬러 이미징에 초점을 맞춰서 광색역를 구현하는 것에 집중하고 있다.

하지만 새로운 디스플레이 기술로 높은 컬러 수준의 이미지를 구현하는 것은 프라이머리의 개수, 각 프라이머리 컬러의 색도와 휘도에 대한 이론적인 배경을 근간으로 해야만 가능한 것이다. 이 절에서는 인간의 색각 및 컬러 어피어런스를 기반으로 한 이러한 최적화 원리에 대해서 살펴보고자 한다. 여기서 최적화 원리에 대해서는 전통적으로 널리 쓰이고 있는 CIE1931 x, y 색 좌표(그림 5.1)가 아닌, 3차원 컬러 어피어런스 색 공간(2.3절 참조)으로 설명할 것이다.

그림 5.1에서 보여지는 것처럼, 컬러 프라이머리의 색도 수준을 바꿈으로써 색

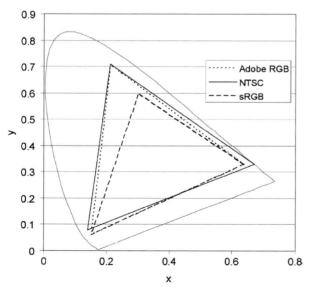

그림 5.1 x, y 색 좌표에서의 컬러 프라이머리[6]. NTSC, Adobe RGB, sRGB 시스템의 색 공간을 비교한 것이다. *Journal of Electronic Imaging*에서 허기받아 재구성함

재현성(x, y 평면에서 삼각형의 면적) 역시 바뀌게 된다. 이러한 2차원 색 공간을 기준으로 보았을 때, 모든 컬러는 밝기 정보에 상관없이 2차원 평면 안에서만 표현된다. 세 가지 이상의 프라이머리 컬러 디스플레이에서는 이 삼각형이 다각형으로 확정되게 된다. 2차원 색 공간에서는, 주어진 테스트 컬러(예를 들면 **목표색** : 보라색 꽃과 같은 자연의 포화도가 높은 색)를 구현하기 위해서 디스플레이의 주어진 컬러 프라이머리 좌표 세트의 조합으로 가능한지를 고려하게 된다.

하지만 Wood와 Sproson[7]에 의해 카메라의 분광 감도 특성과 디스플레이 프라이머리를 매칭시키려는 예시에서와 같이 밝기 정보가 무시되어서는 안 된다. 최근에는 이러한 매칭 방법 역시 3원색 이상의 컬러 디스플레이에서는 반드시 필요한 컬러 계산 관리(computational color management)로 인해서 이미 구식방법이 되어버렸다. 2차원 CIE1931 x, y 색 좌표에서 가장 널리 사용되고 있는 기준 색 공간은 NTSC 색 공간(2.3절 참조)으로, CRT 형광 물질을 사용하던 시절에는 기준 색 공간에 맞춰 2차원 x, y 색 좌표에서 색 재현 영역을 넓게 만드는 것이 목표였다.

이 절에서는 이러한 2차원 방법이 3차원 최적화 방법과 비교했을 때 부족할 뿐만 아니라 잘못됐다는 것도 보여주고자 한다. 몇몇 특허와 논문에서 사람의 특성을 무시한 채 디스플레이의 물리적 2차원에서의 재현성과 색도만을 가지고 접근한 방법으로는 제대로 설명하지 못했다. 한 차원 더 높은 색 재현성 최적화 방법으로, 색 재현 부피, 컬러 양자화 수준, 변환 복잡성을 포함한 디스플레이의 확장된 색 재현성을 위한 컬러 인코딩 특성을 평가할 수 있는 객관적인 지표가 필요하다[8].

이 절에서는 새로운 3차원 색 공간을 바탕으로 컬러 프라이머리 세트를 최적화하거나, 두 컬러 프라이머리 세트 간 비교를 위한 비용 함수 방법을 소개하고자 한다[6]. 여기에 발생하는 비용 함수로는, 색상값마다 달라지는 컬러 프라이머리들의 최소한의 인지 휘도 수준을 포함한 심리 실험 결과를 포함하고 있다. 이 실험은 비용 함수를 최소화하는 방법과 함께 이 절에서 설명될 것이다. 이 방법으로 얻은 최적의 컬러 프라이머리 결과는 비용 함수의 인자값으로 나타나게 될 것이다. 컬러 어피어런스 색 공간에서 최적의 컬러 프라이머리를 찾고 적당한 색 재현성을 구하게 되는 계산 결과는 5.2절에서 볼 수 있을 것이다.

5.1.1
타깃 컬러 설정

디스플레이 프라이머리 컬러의 가장 중요한 기능 중 하나는 넓은 색 재현성을 갖도록 하는 것이다. 이미 앞서 말했듯이, 프라이머리 컬러를 최적화함으로써 만들고자 하는 색 공간을 타깃 컬러 공간이라고 한다. 이 타깃 컬러 공간은 실제 눈으로 어떻게 보이는지를 가늠해보기 위하여 인지 색 공간(예 : CIECAM02)으로 변환되어야 한다. 가능한 타깃 컬러 공간 설정 방법은 아래에 설명되어 있다.

일차적인 색 설정 목표는 소위 '허용 가능한 컬러(legal colors)'를 모두 표현하는 것인데, 여기서 허용 가능한 컬러란 가능한 가장 넓은 색의 범위를 표현하는 것을 말한다. 즉 x, y 색 좌표에서 스펙트럼 궤적(spectral locus)과 퍼플 라인의 경계가 되는 컨벡스 안에 있는 모든 휘도 범위에서의, 모든 색도를 포함하는 이론적인 색을 구현하는 것이다. 허용 가능한 컬러 경계를 넘어서는 물리적으로 구현할 수 있는 색은 없다. 하지만 컬러들 중에서 인지되는 몇몇 색은 다른 색들보다 더 중요하게 된다. 그러므로, 좀 더 현실적인 관점에서의 색 재현 목표를 설정하는 것이 필요하다.

이차적인 타깃 컬러 범위는 주어진 조명 조건하에서의 **최적의 물체색들**을 표현하는 것으로 잡을 수 있다. 이것은 이론적으로 가능한 반사 커브를 가진 물체를 주어진 조명 환경에서 비춰줌으로써 구현되는 색 재현 범위이다. 예를 들면 조명 조건은 외부 환경을 고려하는 경우는 CIE D65 광원으로, 실내 환경을 고려하는 경우는 CIE A 광원으로 각각 한정되어 있다. 이때 색 범위의 경계를 보면, 최고 포화도(saturation)의 색을 내는 반사 스펙트럼 특성이 0에서 1로 변하는 이상적인 스텝 함수인 경우가 해당한다. 물론 자연물의 반사 스펙트럼은 이와 같이 급변하지는 않을 것이다. 최적의 물체색 세트는 물체색들에 대한 이론적으로 가능한 최고의 포화도의 한계를 나타낼 수 있을 것이다.

자연에서 사용 가능한 염료가 제한적인 특성과 컬러 간의 간섭으로 인해, 자연물의 반사 스펙트럼은 어떠한 이론적인 반사 스펙트럼보다도 훨씬 제한적이다. 그러므로 실제로 디스플레이에서는 대부분의 자연물 반사 스펙트럼을 포함하도록 타깃 컬러 설정을 하고, 이를 CIECAM02와 같은 컬러 어피어런스 색 공간에서 디스플레이 프라이머리 컬러로 포함할 수 있도록 집중하는 것이 중요하다. 이 타깃 컬러 재현 범위는 실제 세상의 컬러 색 재현 범위가 되는 것이다.

실제 세상의 색 범위는 주어진 조명 조건하에서의 사람의 얼굴, 나뭇잎, 꽃과 같은 자연물과 먼셀 칩, 직물, 페인트 등의 인공적으로 만든 색들의 반사 스펙트럼 세트로부터 얻어질 수 있다[8]. 이러한 반사 스펙트럼 세트들 중 4,089개의 샘플들을 근간으로 만든 것이 있는데, 이때의 샘플들은 Munsell Limit Color Cascade, Munsell Matte Atlas, Royal Horticultural Society Color Chart, 색종이, 페인트 샘플, 플라스틱, 잉크, 직물이다[9]. 또 다른 데이터 세트로는 비형광 먼셀 샘플과 페인트들로 이루어진 1,793개의 샘플들로 이루어진 데이터 세트[8]가 있다.

최근, 실내 환경에서의 꽃, 잎, 책 표지, 음식, 직물 등의 물체 반사 스펙트럼이 Laboratory of Lighting Technology of the Technische Universität Darmstadt[10]에서 측정되었다. 그림 5.2부터 5.4까지는 꽃, 책, 음식에 대한 각각의 물체색 반사 스펙트럼 특성을 보여주고 있다.

그림 5.2에서 5.4까지의 물체들에 대한 반사 스펙트럼을 보면, 중요한 불그스름한 물체들은 630nm를 넘어서까지 분포되어 있는데, 이를 통해 조명 스펙트럼의 620~660nm 분포의 중요성을 알 수 있다. 여기서 주의할 점은, 조명이 바뀐다면, 자연물들이 그들과 큰 색차를 가지고 있는 인공물이나 인쇄물과 조건 등색 관계가 될 수 있다는 것이다.

SOCS 데이터베이스[11, 12]는 사진, 오프셋 인쇄물, 컴퓨터 인쇄물, 페인트, 직물, 꽃과 나뭇잎, 야외 풍경, 인간의 피부톤 등 53,000여 개의 샘플에 대한 반사 스펙트럼을 포함하는 매우 광범위한 물체색 데이터베이스이다. 대안이 될 수 있는 목표 색 범위는 기존의 CRT 디스플레이의 가능한 컬러 자극 범위(예 : sRGB나

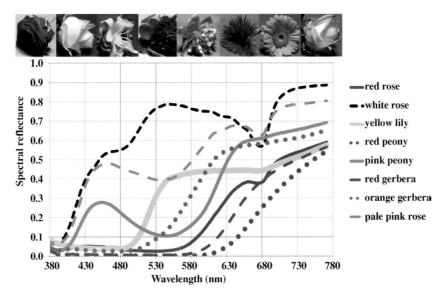

그림 5.2 실내 환경에서의 몇몇 꽃들에 대해 측정한 반사 스펙트럼[10]. 이에 대한 사진은 그래프 범례의 위에서부터 아래의 순서로 표시한 것과 같은 순서로 그래프 위쪽에 왼쪽부터 오른쪽 순서대로 썸네일 형태로 보여주고 있다. 출처 : Teschnische Universität Darmstadt, Germany

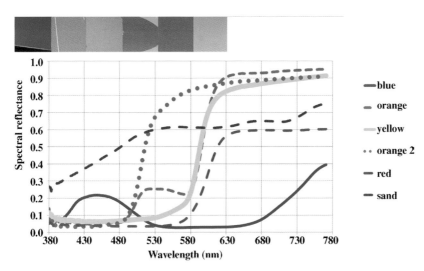

그림 5.3 실내 환경에서의 몇몇 책 표지들에 대해 측정한 반사 스펙트럼[10]. 이에 대한 사진은 그래프 범례의 위에서부터 아래의 순서로 표시한 것과 같은 순서로 그래프 위쪽에 왼쪽부터 오른쪽 순서대로 썸네일 형태로 보여주고 있다. 출처 : Teschnische Universität Darmstadt, Germany

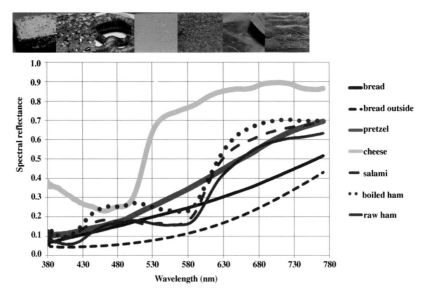

그림 5.4 실내 환경에서의 몇몇 음식들에 대해 측정한 반사 스펙트럼[10]. 이에 대한 사진은 그래프 범례의 위에서부터 아래의 순서로 표시한 것과 같은 순서로 그래프 위에 왼쪽부터 오른쪽 순서대로 썸네일 형태로 보여주고 있다. 출처 : Teschnische Universität Darmstadt, Germany

NTSC)로 될 수도 있을 것이다.

또한 색 범위는 컴퓨터 운영 체제에서 쓰이는 그래프, 순서도, 다이어그램들로 널리 쓰이는 표준색을 포함하기 위하여 앞서 말했던 광색역의 타깃 컬러 범위로 통합될 수 있을 것이다. 만약 컴퓨터 사용자 기반의 애플리케이션인 경우에는 CRT 색을 포함하는 것이 더 중요하게 된다. CIE D50이나 D65 광원하에서 사진용지에 세 가지 잉크를 사용한 포토그래픽 시스템과 같은 컬러 세트도 고려되어야 한다. 주요한 기억색(3.4절 참조) 또한 타깃 컬러 설정에 추가되어야 한다.

타깃 컬러 범위 설정에는 두 가지 다른 측면이 있다. (1) (더 중요한 측면으로는) 디스플레이 색 재현 범위에 포함되는 타깃 컬러 범위의 비율, (2) (덜 중요한 측면으로는) 타깃 컬러 범위 바깥 쪽의 '낭비'되는 부분을 없애기 위한 디스플레이의 색 재현 범위 비율.

타깃 컬러 재현 범위를 평가하는 것은 그들의 볼록 껍질(convex hull)의 교차점에 대한 부피를 계산하거나[13] 타깃 컬러를 샘플링하여 디스플레이 색 범위에 포함되는지를 테스트하는 방법으로 가능하다. 후자의 방법은 볼록 껍질 계산 방법과 동일하지 않을 뿐만 아니라, 목표 색역 안에 있는 샘플링 컬러는 그들의 중요성에 따라 가중치를 두는 것이 필요하다. 가중치는 피부색이나 잔디색 등 보통의 관찰자들에게 오차 허용 범위가 작은 경우에 특히 중요하다. 그러므로 가중치를 두지 않은 샘플링은 중요한 타깃 컬러들을 배제하고 평가할 수가 있게 된다. 샘플링의 숫자가 적어서 정확성에 한계가 있는 경우라면 타깃 컬러 범위에 오목하게 마주하는 방법을 이용해 균형을 맞추도록 한다.

프라이머리 색의 최적화를 위한 최적 샘플링 과정[6]이 5.3절과 5.4절에 기술되어 있다. 이러한 샘플링 과정에서 다음의 타깃 컬러 세트들이 먼저 구성되어야 한다—D65 광원하에서의 SOCS 데이터베이스[11], D65 광원하에서의 포인터 데이터베이스[9], CRT 컬러 특성 모델에서의 완벽한 rgb 격자로 표현한 sRGB 색 공간. CIECAM02-SCD 색 공간[14]에서 샘플링된 이러한 타깃 컬러 세트 조합은 작은 색차에 대한 평가를 위해 특별히 개발된 것이다. 그리고 다음의 CIECAM02 시청 환경 매개변수들이 사용되었다(2.1.9절 참조)—순응 휘도 L_A=50cd/m², 상대 배경 휘도 Y_b=20, 환경(surround)은 평균. 화이트 포인트는 D65로 맞추었다.

CIECAM02-SCD J', a', b' 색 공간의 정육면체는 타깃 컬러 세트 조합의 최대 J', a', b' 절댓값의 최대치로 정의되었다. 이 정육면체는 다시 작은 정육면체로 나뉘었다. 타깃 컬러 세트 조합의 하나 이상의 타깃 컬러를 포함하도록 작은 정육면체들이 구성되었다. 또한 타깃 컬러값이 그 정육면체의 중심이 되도록 표현되었다. 최적화의 모든 단계에서 실제 프라이머리 색에 의해서 타깃 컬러들이 포함되는 비율(coverage)이 계산된다.

이러한 커버리지 계산[6]의 입력값은 CIECAM02 색 공간에서의 실제 혹은 후보 프라이머리 색과 타깃 컬러 정보이다. 먼저 타깃 컬러 세트 샘플값들은 후보 프라이머리의 화이트 포인트를 이용하여 CIECAM02 역변환을 한다. 이러한 샘플 컬러는 XYZ 삼자극치 격자값으로 얻어질 것이다. 두 번째로 모든 타깃 컬러 샘플이 실제 색 재현 공간 안에 들어와 있는지를 확인한다. 보통의 다면체 안에서 N 프라이머리가 XYZ 색 공간에 놓여지게 되는 것이다. 예를 들면 커버리지의 정량화(p_C^{-1})는 식 5.1과 같이 정의된다[6].

$$p_C = \frac{1}{10^{-7} + 100(c/n)}$$ (5.1)

식 5.1에서 c는 포함된 타깃 컬러 세트 샘플들의 숫자를 나타내고, n은 전체 샘플 숫자를 나타내는데, 상수 10^{-7}은 샘플들이 하나도 포함되지 않는 만일의 경우를 위한 값이다. p_C가 아닌 p_C^{-1}을 커버리지값으로 정의한 이유는 다른 요소들(p_C 포함)의 가중치 합을 최소화하는 최적화 과정 때문이다(아래 참조).

5.1.2
최적화 요소

5.1.2.1 색 재현 부피

디스플레이의 프라이머리 색을 최적화하기 위해서는 타깃 컬러 세트(다른 말로 타깃 컬러 공간)를 포함해야 하는 중요한 기준 외에도 몇몇 다른 요인이 있다. 타깃 컬러 세트의 커버리지 비율과 동시에, 인지 색 공간에서 디스플레이 프라이머리 컬러에 의해서 표현될 수 있는 전체 색 공간의 부피 또한 고려되어야 한다. CIECAM02 J, a_C, b_C 공간에서 색 재현 부피는 식 5.2와 같이 정의된다.

$$V = \iiint G(J, a_C, b_C) dJ\, da_C\, db_C$$ (5.2)

식 5.2에서 특성 함수라고 불리는 $G(J, a_C, b_C)$는 색 공간 안에서는(색 공간의 부분 집합과 같을 때) 항상 1이고, 디스플레이의 색 공간 밖일 때에는 0이 된다. 하지만 최적 색 재현 부피에 대한 해석은 명확하지 않다. 넓은 색 공간은 많은 색을 표현할 수 있지만, 이러한 색들이 실제로 디스플레이에서 사용되는 비율이 어느 정도일지는 의문점으로 남아 있다. 또 다른 요인은 양자화 효율로, 이는 필요 이상으로 넓은 디스플레이 색 공간에 의해 제한될 수 있다. 이러한 것들을 고려했을 때 이 부피 기준은 디스플레이의 프라이머리 컬러를 최적화하는 기준으로 사용하지 않는 것이 좋다[8].

5.1.2.2 양자화 효율

다음 최적화 요인으로는 양자화 효율이 있다. 디지털 신호에 의해 구동되는 디스플레이들은 피할 수 없이 양자화된 구동 신호에 의해서 동작한다. 비록 양자화 기준이 프라이머리 색의 최적화와 밀접하게 연결되어 있는 것은 아니지만, 정밀한 최적화 작업을 위해서 필요한 종합적인 최적화 알고리즘을 만들기 위해 이 기준은 가치 있게 사용된다.

양자화 효율을 나타내는 값으로는 CIEDE2000이나 CIECAM02-SCD[14]와 같은 최신의 균등 색 공간에서 표현되는 평균 색차값인 rgb 눈금 단계 크기(rgb grid step size)라고 불리는 수치가 있다. 이 색차 수치의 장점은 CIECAM02를 직접적 기반으로 한다는 점이다. 이러한 평균 색차는 색 공간 전역의 두 인접하는 rgb값들을 계산해야 한다. 예를 들면 디스플레이의 컬러 특성 모델을 사용함으로써(2장 참조) CIECAM02 색 공간에서 무작위 샘플링, 혹은 단계적 샘플링에 의해 이루어질 수 있다.

양자화 효율은 타깃 컬러 세트의 밖에 벗어난 샘플들에 대해서는 작은 가중치를 두어서 계산할 수 있다. 이러한 방법으로 최적화를 하면, rgb값의 밀도는 디바이스의 색 공간과 타깃 컬러 세트 부피의 교차점 안에서 최대화가 될 것이다. 평균 색차값 외에 최댓값이나 최솟값이 쓰일 수도 있다. 타깃 컬러 세트의 바깥쪽의 총 rgb값의 수가 궁금할 수 있겠지만, 이는 매우 다루기 힘든 부분이다. 양자화 효율과 관련된 더 유용한 값은 rgb 눈금 균등도(rgb grid uniformity)라고 불리는 값으로, 앞에 정의한 색차의 변동을 나타내어 rgb 눈금의 균등도를 표현한다. 마지막으로 양자화 효율을 나타내는 것으로는 컬러 채널당 필요 비트 깊이(bit depth)로 주어진 평균 색차로 계산할 수 있다.

5.1.2.3 프라이머리 컬러의 개수

최적화의 다음 요인은 프라이머리 컬러의 개수이다. 어떤 경우는 3개의 프라이머리가 되기도 하고 혹은 그 이상이 되기도 한다. 후자의 경우는 멀티 프라이머리 디스플레이라 불리고, 프라이머리 개수가 정해져야 한다. 광색역의 3원색 컬러 디스플레이를 사용하는 것은 *XYZ* 삼자극치값과 *rgb*값 간의 전단사상(bijective mapping, 명확한 응답)의 관계라는 장점이 있다. 또한 3원색 디스플레이는 현존하는 컬러 특성화 모델이나 이미지 형식, 이미지 압축 방법 등의 하드웨어와 소프트웨어들과 역호환성이 가능하다.

멀티 프라이머리는 최신 디스플레이 기술의 제약으로 프라이머리 개수의 제약이 있음에도 불구하고, 포화도가 충분히 높은 프라이머리에 의해서 넓은 색 공간을 보여줄 수 있다. 멀티 프라이머리 디스플레이는 관찰자 간 색각의 차이를 좀 더 유연하게 맞출 수 있는 것이 가능하나[12], 프라이머리 컬러 수가 증가하면서 복잡함이 발생하게 된다.

먼저 프라이머리 컬러의 증가로 인해서 공간적 · 시간적 해상도에 제약이 따르게 된다. 컬러 서브픽셀 모자이크를 사용하는 디스플레이에서는 서브픽셀의 수가 증가하게 된다. 그에 따라 어떤 색이든 보여줄 수 있는 픽셀의 수는 줄어들게 된다. 디지털 컬러값(red, green, blue, cyan, magenta, yellow)와 *XYZ*값 간의 전단 사상이 없다면 디스플레이 컬러 표현이 모호해지고 조건 등색의 컬러 자극이 나타난다. 조건 등색의 컬러 자극은 다른 디지털 컬러값을 가지고 있고 다른 분광 분포를 가지고 있으나 컬러 어피어런스가 동일한 경우를 말한다.

적당한 컬러 이미지 표현 알고리즘이 없다면, 윤곽에 아티팩트나 열화가 일어날 것이다. 하지만 이런 아티팩트는 표현 알고리즘을 잘 조절하여 해결할 수 있다[15]. 관찰자의 조건 등색 현상, 일반 관찰자들로부터 컬러 매칭 함수 변동은 멀티 컬러 이미지 표현 알고리즘[16]으로 계산하기 위한 요소이다. 컬러 디스플레이의 멀티 프라이머리 표현 문제는 물체의 전체 스펙트럼을 재현하는 다중스펙트럼 이미징과 관련이 있다.

5.1.2.4 화이트 포인트

최적화의 다음 요인은 디스플레이의 화이트 포인트이다(6.5.3절 참조). 하나 혹은 그 이상의 프라이머리 강도를 줄임으로써 현재 디스플레이의 화이트 포인트를 바꾸는 것이 가능하긴 하지만, 밝기와 색 재현성이 줄어드는 것은 피할 수 없다.

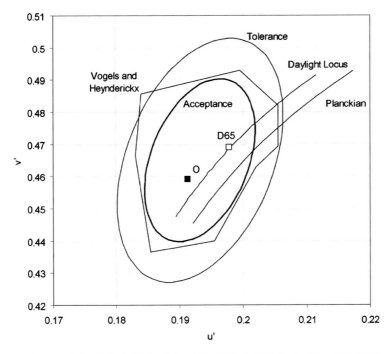

그림 5.5 수용 백색 타원[6], 허용 백색 타원[6], 허용할 수 있는 백색 영역[17]. *Journal of Electronic Imaging*에서 허가받아 재구성함

그러므로 디스플레이의 임의의 화이트 포인트는 색도 다이어그램에서 특정 백색 영역에 놓여 있도록 설계되어야 한다. 3.5.3절의 결과에 의하면, $u' = 0.19$, $v' = 0.46$(이때의 색온도는 약 7500K 정도임) 근처의 화이트 포인트가 시청자들에게 가장 선호도가 높았다. 하지만 실사용 이미지 세트의 컬러 균형 선호는 이미지 콘텐츠에 크게 의존하고, 색온도 범위는 6000~7500K 사이였다(3.5.3절).

컬러 프라이머리의 양자화 과정을 위한 디스플레이 화이트 포인트 선호도(p_W)를 측정하기 위하여 2개의 중심이 같은 허용 백색 타원을 다음과 같은 방법으로 구했다[6]. 첫 번째 타원(수용 백색 타원이라고 하며, 그림 5.5의 두꺼운 선으로 표시)은 Vogels와 Heynderickx(그림 5.5의 다각형 모양) 허용 범위[17] 영역에 맞췄다. 반면 두 번째 타원(허용 백색 타원이라 하며, 그림 5.5의 얇은 타원으로 표시)은 대부분의 영역에서 다각형의 바깥쪽에 그렸다.

디스플레이의 컬러 프라이머리 최적화 과정을 수행하는 동안, 허용 백색 타원

안쪽의 실제 화이트 포인트는 컬러 프라이머리의 실제 세트를 조절하지 않고도
(p_W) 받아들여질 수 있다. 만약 실제 화이트 포인트가 허용 백색 타원 안에 들어
오게 된다면, p_W값은 CIE u', v' 다이어그램에서의 '이상적인' 화이트 포인트(u'=
0.19, v'=0.46, 그림 5.5 참조)로부터 거리에 비례하게 된다. 만약 실제 화이트 포
인트가 허용 백색 타원 바깥에 있다면, p_W값은 D65 광원으로부터의 거리에 비례
하여 매우 높아질 것이다.

5.1.2.5 **기술적 제약**

최적화의 목적은 이론적으로 최적의 컬러 프라이머리 세트를 구현하는 것뿐만
아니라 실제 소자를 만드는 것에도 있다. 그러므로 기술적 한계는 고려되어야 할
것이다. 예를 들어 구현 가능한 포화도의 프라이머리를 사용하는 경우, 스펙트럼
궤적으로부터의 프라이머리 거리, 최대 휘도값을 고려해야 한다. 또한 특정 디스
플레이에서는 주어진 백라이트나 프로젝터 램프를 필터링하여 얻을 수 있는 프
라이머리 색만이 가능할 것이다.

어떠한 디스플레이의 최적화 과정에도 적용할 수 있는 가상의 기술 제약 지수
(p_T)를 다음과 같이 제시하였다[6]. 이러한 기술 제약을 고려하게 되면 실제 최적
화 프라이머리값은 주어진 상수값들보다 실현 가능한 컬러를 나타내는 스펙트럼
궤적으로부터 더 멀리 떨어지게 된다. p_T값이 0이 아닌 경우 u', v' 다이어그램의
프라이머리와 스펙트럼 궤적 사이의 거리는 이 값에 비례하게 된다.

이와 동시에, 컬러 프라이머리가 최적화의 모든 과정에서 삼자극치의 가능한
값을 갖는지(스펙트럼 궤적의 컨벡스 경계 안쪽에서 음수가 아닌 값을 갖는지)를
확인해야 한다. 구현할 수 없는 가상의 프라이머리(p_V)는 최적화 과정에서 스펙
트럼 궤적 바깥쪽에 나타나는 어떠한 프라이머리에 대해서도 x, y 색채 다이어그
램에서 CIE D65 광원으로부터의 측정된 거리에 적당한 상수값을 더하여 정의되
어야 한다. p_V값은 스펙트럼 궤적 안쪽의 프라이머리 컬러에 대해서는 0이 된다.
만약 하나 이상의 프라이머리가 스펙트럼 궤적 바깥쪽에 위치한다면, 그들의 거
리가 더해진 값으로 계산될 것이다[6].

5.1.2.6 P/W 비율

특정 프라이머리의 휘도가 눈에 띌 정도로 너무 낮은 경우, 좀 더 복잡해진다. 관례적으로 프라이머리의 휘도 비율(여기서는 P라고 정의)은 피크 백색 휘도(여기서 W라고 정의)에 관련된 것으로, P/W 비율은 프라이머리의 조합으로부터의 얻고자 하는 화이트 포인트값을 위하여 정해졌다. 허용할 수 있는 P/W 비율의 최적화는 새로운 광색역 컬러 프라이머리를 디자인할 때 중요한 고려 요소가 된다.

광색역 디스플레이가 등장하며 나타나는 첫 번째 문제는 더 높은 순도의 red와 green 프라이머리가 등장할 때 노란 계열의 컬러들이 너무 낮은 밝기를 갖는다는 것이다[18]. 이때는 프라이머리 확장(4번째로)이 노란색이 되는 것으로 해결책을 찾을 수 있다. 하지만 추가적인 프라이머리는 디스플레이의 피크 백색 휘도를 나누어 형성하는 요소들의 수가 증가하게 되는 것이다. 그러므로 P/W 비율이 기본적인 3원색 디스플레이보다 낮아지게 된다. 이러한 현상은 멀티 프라이머리 서브픽셀 모자이크의 서브픽셀 간에서, 필터 휠의 다른 컬러 필터들 사이에서, 혹은 순차적 구동 디스플레이의 다른 컬러의 시간적 부분들 사이에서 나타난다.

시각적으로 허용 가능한 P/W의 휘도 한계는 정신물리학적 실험으로 검토되었다[6]. 이 실험에서는 (CIECAM02에서 나타나는) 다른 색상과 포화도의 (컬러 프라이머리에 해당하는) 테스트 컬러 자극 세트를 보여주었다. 6명의 정상 색각을 가진 관찰자가 실험에 참여하였다. 그들에게 디스플레이 프라이머리 색으로 허용할 수 있는 테스트 컬러 자극의 최소한의 휘도를 정하도록 하였다. 색상환에서 균등하게 12개의 다른 색상(CIECAM02 $H=389.0$, 374.8, 361.8, 293.1, 267.8, 240.3, 182.9, 155.2, 115.0, 82.7, 56.6, 24.0)에서의 세 수준의 높은 포화도의 테스트 컬러 자극에 대해서 실험하였다.

테스트 컬러 자극은 색채 특성으로 표현되었고, 스크린 앞에는 3원색 광원의 DLP 프로젝터를 4원색 디스플레이에 맞게 조절하고, 스크린 뒤쪽에는 단파장에 가까운 광원(금속 간섭 필터로 필터링한 제논 아크 램프)으로 교환 가능한 네 번째 프라이머리를 두었다. 관찰자는 DLP 프로젝터 아래에 위치하였다. 디스플레이 프라이머리에 대해서 시각적으로 허용 가능한 최소 휘도의 관찰자의 결과는

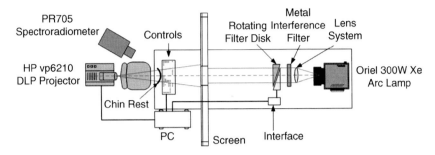

그림 5.6 시각적으로 허용 가능한 P/W 비율을 얻기 위한 정신물리학적 실험 기구[6]. *Journal of Electronic Imaging*에서 허가받아 재구성함

분광기에 의해서 항상 같은 위치에서 측정되었다. 실험 기구는 그림 5.6에 나타나 있다.

테스트 컬러 자극은 10cm 직경의 정면의 원 형태로 배경의 4%, 30%, 50%로 일정하게 나타나도록 하였고, 배경의 면적은 변화시켰다. 배경은 직사각형 백색 패치(u', $= 0.1822$, $v' = 0.4487$)로, 세 단계의 휘도 수준(100, 250, 400cd/m^2)으로 설정하였다.

결과를 살펴보면, 최소한 허용 가능한 밝기 혹은 P/W 비율은 포화도(프라이머리 컬러의 경우에는 높은 포화도 범위)와 배경 휘도 수준에만 다소 영향을 받았다. 컬러 프라이머리와 P/W 비율의 평균 주관적 허용 최소한은 그림 5.7에 색상의 함수로 나타나 있다.

그림 5.7의 색상에 따른 최소한의 시각적 허용 가능 P/W 비율은 $M_{P/W}(h)$로 나타낼 수 있다. 그림 5.7에서 보여지는 것과 같이, yellow, yellow-green 프라이머리($h = 100 - 140$)은 디스플레이 컬러 프라이머리에 따라서 시각적으로 허용 가능하도록 하려면 CIECAM02 밝기값 J의 높은 값을 요구한다. J값은 무채색 밝기를 나타내는 것으로 밝기에 대한 채도의 기여 효과인 Helmholtz-Kohlrausch 효과(6.5.2절 참조)는 무시한 값이다. 120°에서 $M_{P/W}(h)$ 함수의 최댓값을 갖는 이유는 yellow와 yellow-green 색상에서 채도의 기여 효과가 가장 낮기 때문이다.

신뢰 구간은 관찰자 간의 편차를 보여준다. 이 실험에서 신뢰 구간이 100이 넘는 것은 실제 디스플레이와는 다르게 백색이 컬러 프라이머리로부터 조합되지

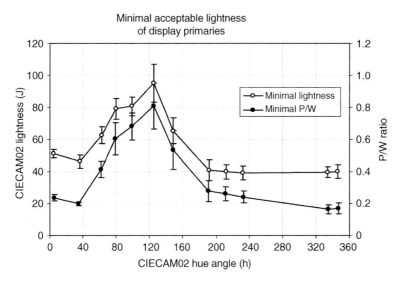

그림 5.7 CIECAM02 색상[6]에 따른 디스플레이의 프라이머리 컬러의 시각적으로 허용 가능한 밝기(왼쪽 세로축)과 P/W 값(오른쪽 세로축). *Journal of Electronic Imaging*에서 허가받아 재구성함

않았기 때문이다. 시각적으로 허용 가능한 최소한의 P/W 비율은 일련의 최적화 과정에서 최적의 컬러 프라이머리의 다른 요소들과 함께 고려되어야 한다.

컬러 프라이머리의 최적화 계산 과정에서 그림 5.7의 $M_{P/W}(h)$ 함수를 포함하도록 P/W 기준($P_{P/W}$라고 표시)의 수치는 새로운 디스플레이 프라이머리의 P/W값과 평균 $M_{P/W}(h)$ 커브를 보간(interpolate)한 값 간의 차이를 더한 값으로 정의하였다(식 5.3, 5.4 참조).

$$p_{P/W} = \sum_{i=1}^{N} \left(o\left(\frac{Y_{P_i}}{Y_W} - M_{P/W}(h_{P_i}) \right) \right)^2 \tag{5.3}$$

$$o(x) = \begin{cases} 0, & x \geq 0 \\ x, & \text{otherwise} \end{cases} \tag{5.4}$$

식 5.3과 5.4에서 N은 컬러 프라이머리의 수를 나타내고, Y_{P_i}는 i번째 프라이머리의 상대적인 휘도를, Y_W는 화이트 포인트의 상대 휘도($Y_W = 100$)값을, 최소한의 허용 가능한 P/W 함수를 보간한 값은 $M_{P/W}(h)$, h_{P_i}는 i번째 프라이머리의 CIECAM02 색상각, o 함수는 최적화 과정 동안 $M_{P/W}(h)$의 값에 도달하지 않는 프라이머리에 대해서만 허용되는 함수이다.

5.1.2.7 라운드니스

다음 요인인 라운드니스(roundness)[19]는 특정 색상 영역에서 색이 '과장'되는 것을 막기 위한 이론적 개념이다. 이상적인 색 공간은 색채 공간에 투영하였을 때 원형이 되어야 하는데, 이는 최대 채도 모든 색상에 대하여 거의 동등해야 한다는 것이다. 라운드니스는 CIECAM02(a_c, b_c) 평면에서 각 색상에 대해서 최대 채도 이심률의 평균값으로 나타낼 수 있다. 이상적으로 라운드니스는 0이 되어야 한다. 안타깝게도, 최소화된 라운드니스의 값은 매우 높은 채도를 보여주기 쉬운 색상에 대해서는 허용할 수 없는 영역에 있고, 최대 채도가 낮은 다른 색상에 대해서만 가능하다. 후자의 제한에 대한 정신물리학적 판단 결과는 없다.

5.1.2.8 RGB 감마와 디스플레이의 블랙

앞에서는 RGB 감마 보정에 의한 색상 유지 요인이 고려되었다. 이는 감마 보정 (gamma correction)을 위하여 색상을 어느 정도 유지하는 방법으로 컬러 프라이머리 세트를 정의하는 것과 동일하다. 하지만 근래에 사용되지 않는 기준으로, 이는 컬러 특성화 모델, 즉 프로그램적으로 혹은 장치적으로 컬러 관리를 하지 않은 경우에만 유효하기 때문이다. 디스플레이 블랙은 중요하지 않은 요소처럼 보이지만, 이는 블랙의 중요성을 간과한 것이다. 색 재현 모양, 타깃 컬러 세트의 커버리지, 많은 다른 요인들이 디스플레이의 블랙의 정도에 영향을 받는다(블랙이란 모든 컬러 채널이 0이 될 때의 값).

5.2
광 색역 프라이머리 컬러와 컬러 어피어런스 공간에서의 색 재현성

이 절에서는 5.1절에서 보여준 샘플 최적화 과정의 결과[6]를 보여주고자 한다. 이 결과들은 최적화를 진행할 때 나타나는 모든 프라이머리 세트를 기술하는 비용 함수(p)의 최적화를 기반으로 한 것이다. 이 비용 함수에서는 5.1.2절의 다음과 같은 요소들이 포함되어 있다 — 5.1.1절의 통합된 컬러 세트의 커버리지(p_C^{-1}), P/

W 비율($p_{P/W}$), 화이트 포인트(p_W), 가상 프라이머리 회피(p_V), 가상의 기술 제약(p_T). 위에서 언급된 실제 최적화 과정에서[6], 비용 함수(p)는 위의 요소들의 가중치 합으로 계산되었다. 이 비용 함수 예시의 더 자세한 설명과 요소들은 참고 자료에서 찾을 수 있다[6]. 디스플레이 기술에 따라서 서브픽셀 모자이크와의 공동 최적화와 같이 다양한 최적화 전략이 나올 수 있다(5.4절 참조).

비용 함수는 최적화된 프라이머리 세트에 대해서 하나의 값으로 나타내지고, 프라이머리 자체는 XYZ 삼자극치값으로 나타낸다. $3N$차원 인자 공간에 걸쳐서 그려진 이 비용 함수값을 비용 표면이라고 부를 수 있다. 공간의 인자들은 컬러 프라이머리의 수(N)와 XYZ 삼자극치의 수(X, Y, Z는 3이 된다)로 결정된다. 비용 표면은 $3N$차원 공간에서 디스플레이 컬러 프라이머리 세트의 공간에서 각 점의 적정성을 나타내는 스컬러 필드가 된다. 이러한 비용 표면은 여러 인자들의 중요성에 따라서 비용 함수에서의 가중치를 다르게 하여 다시 그릴 수도 있다.

5.2.1절과 5.2.2절은 다른 최적화 조건에서의 비용 표면의 최대치를 보여준다[6]. 5.2.1절은 최적의 광 색역 컬러 프라이머리의 몇몇 세트를 설명하고 있고, 5.2.2절에서는 해당하는 색 재현 모양을 컬러 어피어런스 공간[6]에서 보여줄 것이다.

5.2.1
최적 컬러 프라이머리

이 절에서는 8개의 최적의 컬러 프라이머리 세트의 예시를 보여줄 것이다[6]. 디스플레이의 최적화 시청 조건에 사용하는 '어두운(dim)' CIECAM02의 시청 조건을 적용하여 최적화 결과를 도출하였다. 타깃 함수의 가중치는 프라이머리 세트 실험에 의한 기댓값과 일치하는 알고리즘의 최대 성능으로 결정하였다. 비용함수 요소들이 실험적인 고려에 의해서 가중치를 가졌다는 것으로 볼 때, 결과 최적값은 궁극의 프라이머리 세트로 보여질 수 있는 결과와는 관련성이 없게 나타날 수 있다.

두 가지 유형의 최적화(Case I, II)가 진행되었고[6], 두 유형 모두 3원색, 4원색,

표 5.1 8개의 최적 컬러 프라이머리 세트 파라미터

opt. prim. set	case I				case II			
	TCS cov. (%)	White point		Δu'v'	TCS cov. (%)	White point		Δu'v'
		u'	v'			u'	v'	
3P	92.70	0.1982	0.4515	0.000	97.15	0.1868	0.4426	0.000
4P	93.45	0.1947	0.4497	0.004	99.03	0.2014	0.4658	0.027
5P	92.80	0.1933	0.4555	0.006	98.96	0.1990	0.4618	0.023
6P	93.22	0.1877	0.4418	0.014	98.86	0.1904	0.4670	0.025

Case I : 가상 기술적 한계 포함, Case II : 가상 기술적 한계 제외. TCS : 5.1.1절에서 정의된 통합된 타깃 컬러 세트[6], 3P : 3원색 시스템, 4P : 4원색 시스템, 5P : 5원색 시스템, 6P : 6원색 시스템. Δu'v' : 3P 화이트 포인트로부터 $u'-v'$ 색채 다이어그램에서의 차이. *Journal of Electronic Imaging*에서 허가받아 재구성함

6원색 시스템에 대해 각각 진행하였다. Case I에서는 기술적 한계(p_T)가 포함되었고, Case II에서는 포함하지 않았다. 표 5.1에서는 8개의 최적 컬러 프라이머리 세트의 인자들을 보여주고 있다.

표 5.1에서 보여주는 것과 같이, 가상의 기술적 제약의 포함 유무(Case I, II) 최적 커버리지는 4원색(4P)에서 얻어졌다. 3P, 4P, 5P, 6P 간의 화이트 포인트의 색차는 0.004(잘 인지되는[20])부터 0.027(큰 인지 차이[20]) 범위에 있다.

표 5.2에서는 최적 프라이머리 세트의 커버리지(표 5.1 참조)를 표준 디스플레이 색 공간과 비교하였다. 표 5.2에서는 동일한 통합 컬러 세트[6](5.1.1절에 정의됨)을 사용하였다.

표 5.2에서 보여지는 것과 같이, 3색 프라이머리 시스템(sRGB, NTSC, Adobe RGB)은 최적화된 프라이머리 시스템의 타깃 컬러보다 훨씬 적은 컬러를 커버한

표 5.2 디스플레이 표준 색 공간에 의해서 표 5.1과 동일한 타깃 컬러 세트[6](TCS)의 커버리지

	TCS 커버리지(%)
sRGB	77.20
NTSC	89.13
Adobe RGB	86.44

*Journal of Electronic Imaging*에서 허가받아 재구성함

다. 커버리지 차이는 4~22% 범위이다.

5.2.2
컬러 어피어런스 공간에서의 최적의 색 공간

그림 5.8~5.11은 표 5.1에서 정의된 기술적 한계의 포함 유무(포함 : Case I, 미포함 : Case II)의 두 가지 경우에 대해서, 8개의 최적 색 공간 세트의 색 재현성을 보여주고 있다. 그림 5.12는 '관례적으로' 사용하고 있는 2차원의 $u' - v'$ 색채 다이어그램에서 동일한 색 재현성을 보여주고 있다[6].

그림 5.12의 $u' - v'$ 색채 다이어그램에서 프라이머리의 궤적들과 타깃 컬러 세트 커버리지의 값을 비교해보면 2.3절에서 보여준 것과 같이 타깃 함수 p를 기반으로 한 3차원 공간에서의 색재현 최적화는 '관례적으로' 사용하는 2차원 색 재현 최적화와는 크게 다른 결과를 보여주고 있다.

첫 번째로, 색채 평면에서의 색 재현 면적(관례적으로 사용하는 2차원 색 재현 면적 지표)의 큰 차이로 보여지는 부분이 컬러 어피어런스 공간에서의 타깃 컬러 세트의 커버리지 측면에서는 작은 차이로 나타났다. 두 번째로, 그림 5.12에서와 같이 각도의 증가 순서 색상에 따라서 프라이머리 컬러들을 연결한 다각형 선은 최적의 컬러 프라이머리 세트에서는 3차원 색 공간 방식을 적용하면 오목하게 나타난다.

두 번째 관찰은 '관례적으로' 사용하고 있는 2차원 접근 방식에 따른 방법이 잘못되었다는 것을 보여준다. 하지만 3차원 컬러 어피어런스 공간에서 요구되는 높은 밝기를 제공할 수 있는 경우(그림 5.9, $h = 180°$)에만 높은 밝기의 몇몇 타깃 컬러 샘플들을 추가적인 프라이머리를 사용함으로써 커버할 수 있다. 이 추가적인 프라이머리는 추가적으로 높은 채도 프라이머리 장치의 화이트 포인트를 수정하지 않도록 낮은 채도가 될 수도 있다.

Case II의 경우는 가상 기술적 한계를 배제한 최적화로, 이는 프라이머리의 컬러를 스펙트럼 궤적 가까이의 채도에 위치시키는 가능성(실질적으로 레이저를 쓰는 경우에 의해서)을 이용하는 모든 최적 컬러 프라이머리 세트를 말하는 것은

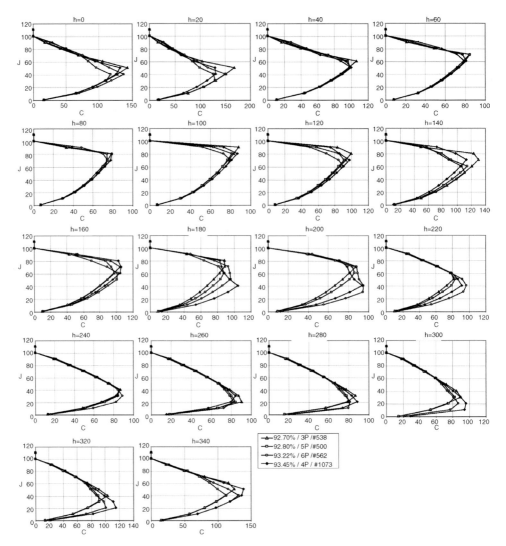

그림 5.8 표 5.1의 최적 컬러 프라이머리 세트(3P, 4P, 5P, 6P)의 색 재현 공간 경계를 CIECAM02 밝기(*J*), 채도(*C*), 색상(*h*)값으로 나타냄. Case I : 가상 기술적 한계 포함. 경계는 다른 색상각에 대해서 다른 CIECAM02 *J*, *C* 평면[6]에 보여주고 있다. # : 최적화 과정의 수, % : 표 5.1 의 커버리지 비율. *Journal of Electronic Imaging*에서 허가받아 재구성함

아니다. 이는 타깃 함수의 화이트 포인트 요소 때문이다. 그림 5.10은 최적의 색 재현 경계에서 최대 밝기 커브를 색상각의 함수로 보여주고 있다. 이 커브들은 그림 5.8과 5.9의 색 재현 경계(최대 채도에서의)를 나타내는 커브의 최대 밝기값 으로부터 얻은 것이다. 그림 5.11에서는 선정된 타깃 컬러 세트[6]를 최적의 컬러

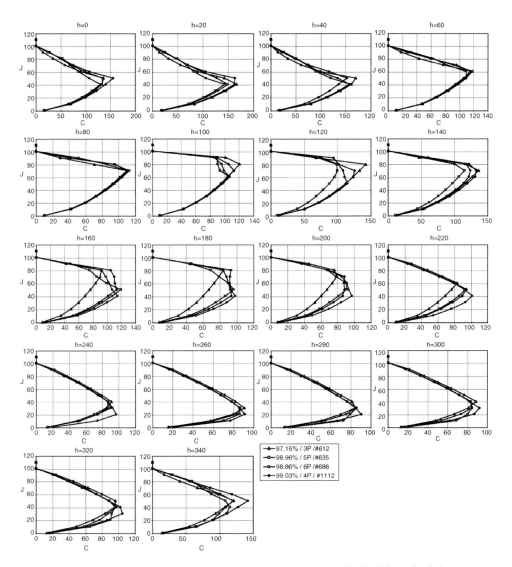

그림 5.9 표 5.1의 최적 컬러 프라이머리 세트(3P, 4P, 5P, 6P)의 색 재현 공간 경계를 CIECAM02 밝기(*J*), 채도(*C*), 색상(*h*) 값으로 나타냄. Case II : 가상 기술적 한계 배제. 경계는 다른 색상각에 대해서 다른 CIECAM02 *J*, *C* 평면[6]에 보여주고 있다. # : 최적화 과정의 수, % : 표 5.1의 커버리지 비율. *Journal of Electronic Imaging*에서 허가받아 재구성함

프라이머리 세트의 색 공간과 함께 CIECAM02 $a_c - b_c$ 평면에 수직 투영하는 것을 설명한다.

3P 컬러 프라이머리 시스템의 컬러 프라이머리들은 보통 타깃 함수의 $p_{P/W}$ 요

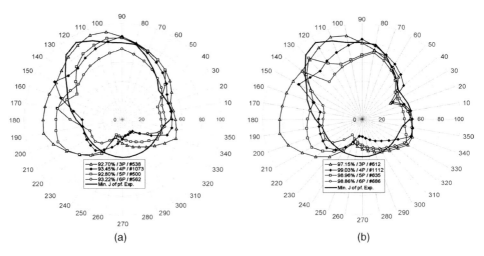

(a)   (b)

그림 5.10 표 5.1의 8개의 최적 컬러 프라이머리 세트에 대한 색 공간 경계(최대 채도)에서의 최대 밝기를 색상각의 함수로 나타냄. Case I은 (a), Case II는 (b)[6]. # : 최적화 과정의 수, % : 표 5.1의 커버리지 비율. Min. J of pf. Exp. : 시각적으로 허용할 수 있는 P/W 비율에 해당하는 최소 CIECAM02 밝기(J) 수준. *Journal of Electronic Imaging*에서 허가받아 재구성함

소인 시각적으로 허용 가능한 P/W 비율을 만족시킬 수 있다. 하지만 색 공간의 경계가 시각적으로 허용 가능한 P/W 비율(그림 5.10의 두꺼운 연속선으로 표시)에 대응하는 최소 밝기에 도달하지 못하는데, 이 범위는 240°와 310° 사이, blue-magenta 영역과 120°와 130° 사이, yellow-green 영역이다(그림 5.10 참조).

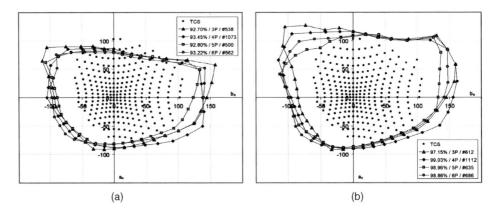

(a)   (b)

그림 5.11 8개의 최적 컬러 프라이머리 세트의 수직 색 공간을 CIECAM02 a_c-b_c 평면에 투영. Case I은 (a), Case II는 (b). TCS : 5.1.1절에서 정의한 타깃 컬러 세트[6]. # : 최적화 과정의 수, % : 표 5.1의 커버리지 비율. *Journal of Electronic Imaging*에서 허가받아 재구성함

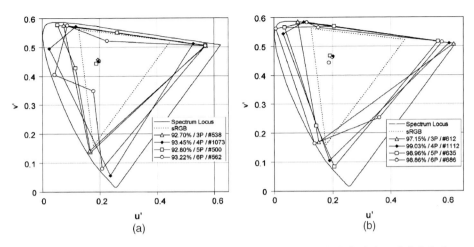

그림 5.12 '관례적으로 사용하는 2차원의' 색채 다이어그램에 8개의 최적 컬러 프라이머리 세트를 나타냄[6]. Case I은 (a), Case II는 (b). # : 최적화 과정의 수 L, % : 표 5.1의 커버리지 비율. *Journal of Electronic Imaging*에서 허가받아 재구성함

일반적으로, 5P, 6P 두 시스템의 프라이머리들은 최소한의 밝기 수준[6]에 도달하지 못한다. 3P 시스템일 때 밝기 부족을 나타내는 색 공간은 위에서 말한 동일한 영역이고, 5P 시스템인 경우는 red 영역이 추가되고, 6P 시스템에서는 거의 모든 영역이 부족하다. 이유는 화이트 포인트는 프라이머리들의 합이기 때문에 N 프라이머리의 경우에는 백색의 전체 밝기가 N개의 프라이머리로 나뉘기 때문이다.

5P 시스템에서의 타깃 컬러 세트 커버리지(p_C)의 가중치 대비 비용 함수에서의 P/W 비율($p_{P/W}$)의 가중치가 증가함으로써, 최적화 과정에서 커버리지값은 82~88% 사이의 값을 얻게 된다(표 5.1과 비교). 이는 실제 컬러 디스플레이의 개발 목표를 고려할 때 타깃 컬러 세트 커버리지와 만족하는 P/W 비율 간에는 트레이드 오프 관계가 있다는 것을 의미한다.

색 재현 공간의 모양을 자세히 살펴보면, 5P와 6P 색 공간은 낮은 밝기-높은 채도 샘플들을 구현하는 것이 가능하다. 이는 그림 5.8($h = 200°$와 $h = 140°$)로부터 특히 명확하게 볼 수 있고, 그림 5.9($h = 180°$와 $h = 120°$)로부터도 확인할 수 있다.

위의 사항들은 왜 추가적인 프라이머리를 사용하는 것이 최적의 4P 색 공간보다 더 커버리지가 떨어지는지를 설명해준다. 색 공간 부피의 눈에 띄는 증가는 Case I의 green-blue($h=120-220°$)의 색상 범위에서만 일어난다. 4개의 테스트 프라이머리 세트들(3P, 4P, 5P, 6P) 중에서 Case I, II 모든 경우에서 4P 시스템이 가장 높은 타깃 컬러 커버리지를 달성할 수 있다.

이는 4원색 시스템은 멀티 프라이머리 시스템의 커버리지 증가와 함께 화이트 포인트의 휘도도 오직 4개의 프라이머리로만 분배되기 때문이다. 만약 추가적으로 5원색 혹은 6원색이 추가된다면, 화이트 포인트의 밝기가 동등하게 100이라 하더라도, 평균적으로 프라이머리의 밝기는 필수적으로 떨어지게 된다. 백색 점의 휘도가 서브픽셀 영역의 컬러 모자이크나 컬러 순차 디스플레이에서의 컬러 시간 분할 길이에 의해서 분배되는 것과 무관하게, 프라이머리의 평균 밝기는 컬러 프라이머리의 수와 반비례 관계에 있다. 더 많은 프라이머리가 생겨서 CIECAM02 공간에서 경계 부분이 더 평평해질수록, 더 높은 밝기-고채도 컬러의 구현은 점점 힘들어진다.

5.3
멀티 프라이머리 컬러 디스플레이에서의 서브픽셀 구조 최적화 원리

최근 플랫 패널 디스플레이와 같은 직시형 디스플레이의 발전으로 인해 모자이크를 이루는 다양한 새로운 컬러 이미지 구현이 기술적으로 가능해졌다. 컬러 모자이크는 서로 다른 작은 컬러의 서브픽셀이 여러 모양으로 이루어져 있다. 서브픽셀을 이루고 있는 반복되는 공간적 패턴을 픽셀이라고 하고, 이는 디스플레이의 화이트 포인트를 포함한 어떠한 컬러도 보여줄 수 있는 서브픽셀의 구성요소이다.

픽셀은 일반적인 3원색 디스플레이에서는 red, green, blue 서브픽셀로 이루어져 있다. 픽셀은 red, green, blue, cyan, magenta, yellow와 같이 3개 이상의 컬러 서브픽셀로 이루어져 멀티 프라이머리 서브픽셀 구조를 얻을 수 있다. 이 절의 목표는 멀티 프라이머리 서브픽셀 구조의 시각적 최적화 원리를 사용할 수 있는 기준 세트를 만드는 것이다. 서브픽셀 배열의 가장 쉬운 방법은 전형적인 RGB stripe 구조(그림 5.13 참조)로 배열하는 것이다.

그림 5.13에서 보여지는 것과 같이 RGB stripe 배열은 동일한 크기의 red, green, blue 3개의 세로로 된 사각형 모양의 픽셀들로 이루어져 있다. 픽셀 렌더링 (pixel rendering)의 컬러 이미지 구현 방법을 사용하여 디스플레이의 공간적 정보의 한 단위인 3개의 서브픽셀로 이루어진 픽셀이 되고, 디스플레이의 해상도는 픽셀의 수가 된다. 픽셀은 색 재현 공간 안에서 어떠한 원하는 컬러도 보여줄 수 있다.

서브픽셀 렌더링(subpixel rendering)과 같은 방법을 사용하여 더 나은 공간적 해상도를 구현할 수도 있다. 이미지의 추가적인 공간적 정보는 예를 들면 숫자로 기술되는 트루타입의 문자나 커브나 함수와 같은 벡터 그래픽 모양과 같은 그래픽 물체의 특별한 저장 방법으로부터 얻을 수 있다. 서브픽셀 렌더링을 사용하면, 이러한 그래픽 물체 실루엣의 미세한 공간적 해상도를 얻을 수 있다.

2.3절과 5.2절에서 배운 바와 같이, RGB stripe 구조(3원색 디스플레이에서)의 색 재현 능력은 4원색 디스플레이의 색 재현 능력(그림 5.11 참조)보다 덜하다. 확장된 색 공간의 프로젝터(컬러로 된 서브픽셀 모자이크가 없는 경우)의 색 공간을 예로 들어보자[18, 21, 22]. Stripe 배치를 가진 4원색 디스플레이 역시 설명되었다[23]. 하지만 stripe 배치는 색 윤곽 아티팩트(color fringe artifact, 시각적

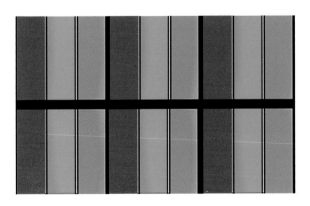

그림 5.13 RGB stripe 서브픽셀 구조

최적화 원리가 아래에 나와 있음)를 피할 수가 없다. 최적화된 배열의 새로운 서브픽셀 구조의 '멀티 프라이머리' 서브픽셀은 최적화된 공간 컬러 어피어런스와 함께 확장된 색 공간도 얻을 수 있다[24].

5.3.1
색 윤곽 아티팩트

서브픽셀 컬러 이미지 구현 방법으로, 디스플레이의 서브픽셀 구조에서 모든 개별적인 서브픽셀의 구동값이 저장된 이미지의 해당 위치에서의 원하는 컬러의 프라이머리 요소와 같은 구동값으로 맞추는 것이다. 하나의 단위 서브픽셀을 지정할 때, 디스플레이의 수평 해상도는 3배로 증가한다. 하지만 (흰 배경에 검은색 문자와 같은) 흑백 정보에서는 이른바 **색 윤곽 아티팩트**가 나타난다[24]. 이 아티팩트는 나중에 다루어질 몇몇 최적화 원리를 지키지 않음으로써 발생한다.

색 윤곽 아티팩트 현상은 세로 선, 기울어진 선, 회전하는 대칭의 그림이 보여질 때 RGB stripe 구조에서 극심하게 나타난다. 세로의 흰색 선의 경우, 구동된 서브픽셀의 경계에 서브픽셀의 부적절한 컬러가 보이게 되는 것이다. 식 5.5는 색 윤곽 아티팩트 현상의 정도를 수치화하는 M_{CFA}를 정의하고 있다[24].

$$M_{\text{CFA}} = \sum_{a \in A} \min(d_{\text{fg}}, d_{\text{bg}}) \tag{5.5}$$

식 5.5에서 A는 구현되는 서브픽셀을 나타내고, a는 이미지의 단위 면적을, d_{fg}는 단위 면적 a와 전경의 컬러와의 가능한 색채 거리($u' - v'$ 다이어그램에서), d_{bg}는 배경 컬러에서의 비슷한 거리를 나타낸다. 단위 면적 a의 크기는 하나의 픽셀이 될 수도 있다. 식 5.5의 최소한의 기준에서 대상의 윤곽 영역이 되는 것이 중요하다.

그림 5.14는 두꺼운 Times New Roman 글자 'm'을 RGB stripe 디스플레이에서 보여줄 때 서브픽셀 렌더링을 적용한 경우(a)와 적용하지 않은 경우(b)를 보여주고 있다.

그림 5.14에서 보여지는 것과 같이, 서브픽셀 렌더링된 글자 'm'의 세 다리 부분에서 왼쪽의 경우 빨간색 선을 가지고 있는 것을 볼 수 있다, 서브픽셀 렌더링

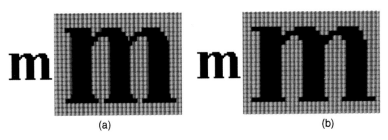

그림 5.14 두꺼운 Times New Roman 글자 'm'(소문자)을 RGB stripe 디스플레이에서 서브픽셀 렌더링을 한 경우-(a)와 하지 않은 경우-(b)[24]. 실제 LCD를 사진 찍어 큰 그림으로 확대한 것이다. *Journal of Electronic Imaging*에서 허가받아 재구성함

을 하지 않은 경우는 색 윤곽 아티팩트가 보이지 않았다. 그림 5.14는 LCD를 실제로 찍은 사진을 확대한 것을 보여주고 있다.

5.3.2
최적화 원리

이 절에서는 '타당한 픽셀(logical pixel)'이라는 표현이 정확하게 동일한 픽셀에 속하는 것이 아니라 '관련된 서브픽셀 그룹'이라는 의미로 사용된다. 하나의 타당한 픽셀의 서브픽셀 단위 컬러의 합은 무채색의 결과(회색과 흰색)로 얻을 수 있다. 주어진 프라이머리 컬러에서 기여하는 서브픽셀 수는 일반적으로 타당한 픽셀 이내에서 하나가 되지만 특정한 멀티 프라이머리 서브픽셀 구조에서의 타당한 픽셀은 동일한 색채의 서브픽셀보다 더 많을 수 있다.

RGB stripe 구조를 개선하기 위해서, 소프트웨어 알고리즘은 폰트의 수평적 해상도를 개선 발전시켜서 색 윤곽 아티팩트가 어느 정도 남아 있는 상태에서 작은 글자들 가독성을 높일 수 있다[25]. 이러한 알고리즘에서 연속적인 이력값, 예를 들면 폰트를 수학적으로 기술한 것은 모든 픽셀에서가 아니라 서브픽셀 레벨에서 매핑된다.

저주파 사전 필터링(안티 앨리어싱이라고 부름)은 서브픽셀 레벨에서의 공간적 휘도 분포 구현에 의해서 색 윤곽 아티팩트를 최소화하는 데 사용되었다[25]. 이 방법은 대체된 박스 필터 RGB 처리라고 부르고, 이 시스템은 ClearType™이라고 알려졌다. 또 다른 방향의 연구에서는 더 진보된 3원색 프라이머리 서브픽셀 구조와 이미지 구현 알고리즘이 개발되었다[26](5.4.1절 참조).

멀티 프라이머리 서브픽셀 구조에서 일반적인 시각적 최적화 원리는 디스플레이 사용자 시각 시스템에서 보여질 때 완벽한 원본의 연속적인 표현과 가능하면 가깝게 디지털 이미지를 구현하고자 하는 것이다. 이러한 최적화를 확인하기 위해서는 원본 이미지와 구현된 이미지를 이미지 컬러 어피어런스(iCAM) 프레임워크(인간 시각 시스템의 공간적 색각 특성을 포함)에서 비교하여 모든 픽셀에 대한 색차를 계산하여 확인할 수 있다. 위에서 언급한 보편적인 콘셉트를 염두에 두고, 다음 절에서 소개될 특정한 최적화 원리들로 표현할 수 있다.

5.3.2.1 색 윤곽 아티팩트의 최소화

최소 CFA를 위해서는 공간적 패턴의 끝 부분에서의 최소 시각적 컬러 에러를 만들어야 한다. 색 윤곽 아티팩트는 무채색의 경우에 가장 흔하게 발생하는 것으로, 흰색 배경의 검은색 글씨 경계에서 주로 발생한다. 그림 5.14에서 보여지는 것과 같이, RGB stripe 구조에서는 CFA가 나타나는 것을 피할 수 없고, 특히 공간적 저주파 사전 필터링이 없는 경우에 더 심하게 나타난다. 검정 배경에 'rgb 순서가 아닌'(g-b-r 순서나 b-r-g 순서) 경우 흰 배경의 경우보다 덜 인지될 것이라는 것은 쉽게 생각해볼 수 있다. 사용자들이 인지하는 것은 두 인접 컬러 픽셀의 추가적인 조합이다(g-b-r에서는 cyan-red, b-r-g에서는 blue-yellow).

ClearType^{TM} 기술은 텍스트 구현에서 발생하는 이런 아티팩트를 없애기 위해 개발되었지만, 글자나 비슷한 형태의 수평적 완화만 가능하다[25]. 서브픽셀로부터 나온 단일 컬러 빛의 완벽한 혼합을 가능하게 하기 위하여, 서브픽셀의 '체커보드(checkerboard)' 배열로 좋은 결과를 얻을 수 있다. 이는 동일한 프라이머리 컬러가 인접하게 나타나지 않도록 교차적인 방법으로 서브픽셀을 배열하는 방법이다. 이런 종류의 서브픽셀 배열은 더 우수한 컬러 혼합이 가능하기 때문에 색 윤곽 아티팩트를 줄일 수 있다. 체커보드 배열은 동일한 서브픽셀이 각각 인접하게 위치할 때에 RGB stripe 구조와 달라진다.

5.3.2.2 변조전달함수

변조전달함수(modulation transfer function)의 높은 값은 공간적으로 해상도가 조밀하다는 것을 뜻한다. 기본적으로, MTF 개념은 사진에서의 렌즈 시스템과 같은 광 소자의 대비 전달(contrast transmission) 능력을 기술하는 데 사용되었다. MTF는 디스플레이에 쉽게 적용될 수 있는 것이, 출력(구현된 이미지)과 입력(원본 이미지) 대비를 공간 주파수의 함수로 표현한 커브이기 때문이다. $MTF(\nu) = M_o/M_i$, M_o와 M_i는 선 주파수 ν의 검은색, 흰색 선이 교차하는 사각파 격자를 포함한, 입출력 변조(대비)를 나타내는 것이다.

변조(M)는 $M = (L_{max} - L_{min})/(L_{max} + L_{min})$으로 정의되고, L_{max}는 격자의 최대 휘도값, L_{min}은 격자의 최소 휘도값을 나타낸다. 디스플레이의 간단한 MTF 정의는 주어진 영역에서의 수직의 교차되는 검은색, 흰색 선 쌍을 나타내는 최댓값으로 정의할 수 있다. 디스플레이에서는 주어진 영역에서의 **최대 가능한 선 쌍의 수**를 나타내는 것이 중요하다. 기존의 RGB stripe 서브픽셀 구조에서는, 흰색과 회색을 포함한 (색 재현성에 포함되는) 어떠한 색에 대해서도 아주 얇은 선(1, 2서브픽셀 넓이)을 보여주는 것이 불가능하다. 이러한 선의 최소 폭은 구조의 픽셀 전체의 폭이 된다.

5.3.2.3 등방성

흰색이나 회색의 얇은 선을 보여주는 가능성 외에도, 더 가혹한 기준은 임의의 컬러의 떨어져 있는 점을 표시하는 것이다. 만약 MTF가 수직과 수평 방향에 대해서 높을 때 이러한 요구는 만족될 수 있다. 이러한 사항은 다음의 중요한 원리인 등방성(isotropy)에 해당한다. 등방성은 서브픽셀 구조의 방향적 무관성을 말한다. 기존의 RGB stripe 구조에서는 단순한 수평적 선 구현이 쉽게 얻어질 수 있지만, 수직 방향에서는 서브픽셀 구현이 이루어지기 힘들다. 기울어진 선과 서예로 쓴 글자는 기존의 RGB stripe 구조로는 최적으로 보여줄 수가 없다.

첫 번째 세 가지 원리(5.3.2.1절부터 5.3.2.3절까지)의 개요는 다음의 원리를 보여줄 수 있는데, 이는 수직적으로뿐만 아니라 수평적인 방향까지의 긴 직사각형 얇은 선을 그림으로써 가능하다. 또한 이러한 얇은 선에서는 교차된 서브픽셀의 컬러 합으로 회색과 흰색을 포함한 색 공간 안의 어떠한 컬러도 얻을 수 있다.

인간 시각 시스템의 대비 감도는 중간과 높은 공간 주파수에서 수직과 수평 방향에 대해서 보다 비스듬한 방향에서 더 떨어진다. 이를 **경사 효과**(oblique effect) [27]라고 한다. 결국 서브픽셀 구조의 방향성 무관성, 즉 완벽한 등방성을 가지는 것이 중요한 것은 어떠한 방향으로도 색 윤곽 아티팩트가 제거되는 것이 중요하기 때문이다.

서브픽셀 컬러의 불완전한 합으로 인해 나타나는 색 윤곽 에러는 만약 동일한 컬러의 인접한 서브픽셀이 합해지고 그림 5.14에서 보여지는 'm' 글자의 다리 부분에서와 같이 하나의 단색 블록이 형성되는 경우에 더 잘 보이게 된다. 색 윤곽 아티팩트는 중요성이 덜한 경사 효과보다 더 강력하게 여겨진다. 또한 만약 디스플레이가 사선 공간 해상도에 대해서 인간의 시각적 시스템에서 나타내게 된다면 이는 불리한 점이 아니게 된다.

5.3.2.4 휘도 해상도

인간의 시각 시스템에서, 상대적으로 낮은 공간적 주파수로 드물게 나타나는 망막의 (S 원추세포라고 불리는) 짧은 파장('S')의 감도 수용체는 blue 서브픽셀에 해당한다. 적당한 컬러 균형(적정 디스플레이 화이트 포인트)을 만들기 위하여, 이러한 blue 서브픽셀의 면적은 다른 서브픽셀의 영역보다 더 커져야 한다.

하지만 안타깝게도, blue 서브픽셀은 충분히 높은 휘도를 낼 수 없다. 그러므로 이들의 큰 크기는 구조를 시각적으로 분리시키고 모든 서브픽셀로부터 나오는 빛의 균등한 혼합을 막을 수 있다. 그러므로 이러한 큰 크기의 blue 서브픽셀은 서브픽셀 구조가 단일하게 보이기 위한 영역에서는 시각적으로 거친 질감을 유발할 수도 있다.

이러한 문제를 극복하기 위하여, 동일한 디스플레이 구동 방식에서 적은 수의 큰 영역의 blue 픽셀을 사용하는 것보다 보통 크기의 blue 서브픽셀을 많이 사용하는 것이 더 좋은 해결책으로 보여질 수 있다. 이는 위의 '더 낮은 공간 주파수의

그림 5.15 Bayer 패턴[28]의 그림으로, 디스플레이가 아니라 디지털카메라의 CCD 필터링 모자이크 배열에 쓰이는 3원색 서브픽셀 배열 구조. Green 공간적 해상도가 2배로, 디스플레이에서는 화이트 밸런스를 맞출 수 없다.

blue' 기준을 감안한 것이다. 인간의 시각 시스템에서 휘도 채널(중간 파장의 감도와 긴 파장의 감도 광 수용체인 M과 L 원추세포의 합)은 이미지의 공간적 미세한 부분을 나타낸다.

인간의 시각 시스템에서의 휘도 채널(L+M)의 공간적 감도에 따르면, green 서브픽셀의 밝기가 서브픽셀 컬러 중 가장 높다. 그러므로 위의 고려사항에 따라서 green 서브픽셀의 해상도가 다른 디스플레이의 프라이머리 컬러보다 더 많아야 한다. 3원색 Bayer 패턴[28]에서는, 디지털카메라의 CCD와 CMOS 필터링 모자이크 배열에서 green의 공간적 해상도가 2배가 된다. 그럼에도 불구하고, 디스플레이에서는 화이트 밸런스(화이트 포인트 기준)를 염두에 두어야 한다(그림 5.15 참조).

그림 5.15에 보여지는 것과 같이, 이미지 센서용으로 디자인된 Bayer 패턴을 디스플레이에 적용한다면 디스플레이의 화이트 밸런스 포인트를 찾는 것이 불가능해진다.

5.3.2.5 높은 개구율

디스플레이에서 시각적으로 유효하지 않은 영역(배선이나 다른 전자적 요소들로 빛이 나지 않는 부분)은 높은 효율을 얻기 위해서 **최소화되어야** 한다. 이를 위해서는 필터 모자이크의 부분과 같이 제조하기 쉬운 디스플레이의 표면이 규칙적인 2차원 모습으로 덮여 있어야 한다. 이는 삼각형, 사각형, 육각형의 규칙적인 형태의 한정적인 세트에 대해서 기하학적으로 고려된 것이다.

컬러 이미지 구현을 위한 서브픽셀의 가능한 공간적 배열은 잉크젯 프린팅에서의 방법과 유사하게 인간의 시각 시스템에서 인지할 수 없는 확률적 패턴이 된다. 하지만 이러한 패턴은 원치 않는 제조 비용의 증가를 유발할 수 있고, 컬러 이미지를 구현하는 서브픽셀의 기본적인 원리와는 상충하는 상대적으로 높은 공간적 해상도에서만 적합한 경우도 있다.

5.4
3원색과 멀티 프라이머리 서브픽셀 구조와 컬러 이미지 구현 방법

이 절에서는 3원색과 멀티 프라이머리 서브픽셀 구조의 예시로 5.3절의 디자인 원리에 따른 서브픽셀 구조를 설명하고자 한다. 여기서는 RGB stripe 구조를 포함한 기존의 3원색 컬러 구조보다 시각적으로 더 우수한 품질의 컬러 이미지를 얻을 수 있다.

5.4.1
3원색 구조

Blue 서브픽셀 수를 줄이는 여러 진보된 RGB 서브픽셀 구조와 디스플레이에서 그들의 스위치와 구동, 시각적 품질 향상이 최적화 원리로 소개되었다. 이들은 모

그림 5.16 PenTile Matrix[TM] 그룹의 도식화된 그림의 예[29]

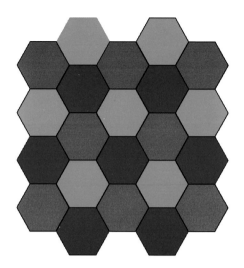

그림 5.17 육각형 RGB 서브픽셀 구조의 도식화된 그림 예시[33]

두 PenTile Matrix™의 그룹이다[29]. 그림 5.16에서 보여지는 것이 이 예시이다.

그림 5.16에서 보여지는 것과 같이, PenTile Matrix™ 서브픽셀 구조는 다음의 방법으로 최적화 원리를 만족시킨다. 먼저, 수평과 수직 방향에서의 MTF를 증가시킨다. 모든 픽셀은 5개의 서브픽셀로 나뉜다―2개의 red, 2개의 green, 1개의 blue. 디스플레이의 데이터 드라이버 수를 줄이기 위하여 blue 픽셀에 대한 데이터 드라이버는 인접한 blue 서브픽셀과 공유한다[30]. AMLCD 패널의 원형 (prototype)은 향상된 컬러 이미지 품질을 보여주었다[26].

계산적으로 서브픽셀의 수가 반인 PenTile™ 패널은 전체적으로 동일한 공간적 해상도의 RGB stripe 디스플레이와 거의 동등한 MTF를 얻을 수 있다[31]. PenTile™ 방법은 red, green 서브픽셀이 체커보드의 대칭 구조를 가지고 있기 때문에 매우 훌륭한 등방성 또한 보여준다[32]. 육각형 RGB 구조[33]는 등방성을 더 향상시킬 수 있다. 그림 5.17이 그 예시이다.

5.4.2
멀티 프라이머리 구조

5.3절의 최적화 원리에 따르면, 두 종류의 멀티 프라이머리 서브픽셀 구조를 예

시로 보여줄 수 있다[34]. 이러한 구조의 목적은 디스플레이의 색 재현성을 확장
시킬 뿐만 아니라 그들의 공간적 배치의 최적화 원리를 지키는 것이다. 이는 색
재현 원리(5.1절)와 공간적 색각으로부터 도출된 원리(5.3절) 간에 트레이드 오프
관계가 있다는 것을 뜻한다. 첫 번째 예시는 육각형의 타당한 픽셀들로 이루어져
있고, 반면에 각 타당한 픽셀은 6원색 컬러의 동일한 삼각형 서브픽셀로 나뉘어
있다(그림 5.18 참조).

그림 5.18에서 보여지는 첫 번째 샘플 구조에서는 3개의 프라이머리 컬러가 보
통의 red, green, blue 프라이머리(P_1, P_3, P_5)가 되고, 추가적으로 yellow, cyan,
magenta와 같은 색들이 다른 색(P_2, P_4, P_6)이 선택될 수 있다. 그림 5.18의 오른
쪽 편의 배열은 왼쪽 편의 배열을 회전시킨 것이다. 이는 반시계 방향으로 30°만
큼 회전되었다.

두 번째 구조는 그림 5.19에서 보여주고 있는데, 7원색에 대한 것으로, 픽셀이
7개의 육각형 모양의 서브픽셀로 이루어져 있다.

그림 5.19에서 보여지는 것과 같이, 모든 픽셀이 꽃과 같은 모양으로 되어 있
고, 컬러와 6개의 프라이머리(P_1, P_2, P_3, P_4, P_5, P_6)의 순서는 red, green, blue,
yellow, cyan, magenta 순서로 이전의 구조와 동일할 것이다. 더하여, white 서브
픽셀(P_7)이 디스플레이의 전체 밝기 향상을 위하여 중앙에 위치하게 된다. 이러한

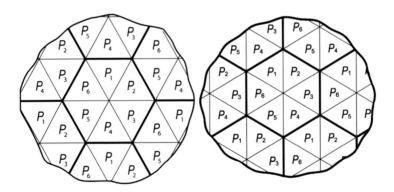

그림 5.18 멀티 프라이머리 서브픽셀 이미지 구현을 위한 6원색 구조[24]. 왼쪽 : 원 배열, 오른
쪽 : 원 배열을 30°만큼 반시계 방향으로 회전시킨 것. P_1과 P_4가 red, P_2와 P_5가 green, P_3가 blue,
P_6가 cyan인 경우는, 4P(4원색) 색 공간이 된다. *Journal of Electronic Imaging*에서 허가받아 재구
성함

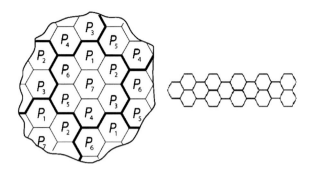

그림 5.19 멀티 프라이머리 서브픽셀 이미지 구현을 위한 7원색 구조[24]. 왼쪽 : 프라이머리 컬러의 배열, 오른쪽 : 구조로부터 얻을 수 있는 서브픽셀 순서. 이는 모든 프라이머리를 포함하는 수평적으로 가능한 가장 얇은 구조이다. *Journal of Electronic Imaging*에서 허가받아 재구성함

경우에, white의 색채는 다른 여섯 서브픽셀들의 조합에 의해 만들어진 white의 색채와 맞을 수 있도록 신중하게 선택되어야 한다. 추가적인 white 프라이머리를 포함하는 것은 DLP(digital light projection) 디스플레이에서 출력 휘도를 높이기 위하여 종종 사용된다. 이렇게 중앙에 white 픽셀이 있는 경우의 단점은 부합하는 컬러 이미지 구현 소프트웨어가 없기 때문에 프라이머리 $P_1 - P_6$의 P/W 비율이 낮아진다는 점이다.

그림 5.18과 5.19에서는 5.3.2.1절에서 설명된 색 윤곽 아티팩트 현상을 최소화하는 디자인 원리에 따라서 동일한 컬러의 서브픽셀이 인접하지 않도록 설계되었다. 따라서 이러한 구조는 육각형 눈금 위에 프라이머리 컬러의 더 균등한 배치의 가능성으로 인해 색 윤곽 아티팩트의 규모를 줄일 수 있다(CFA 계산 샘플이 표 5.4에 표시되어 있다).

육각형 구조는 우수한 회전적 대칭성을 가지고 있어서 서브픽셀 모자이크에서 동일한 컬러가 인접하는 것을 쉽게 피할 수 있다. 또한 5.3.2.3절에서 설명된 등방성 디자인 원리에 따라서 얇은 회색이나 흰색의 선을 다양한 방향으로 보여주는 것이 가능하다. 이들의 MTF값은 디스플레이의 모든 방향에서 RGB stripe 구조보다 더 높다.

RGB stripe의 경우와는 다르게, 육각형 구조에서 인접한 서브픽셀을 가상의 선을 따라서 구동하는 방법이 동일한 프라이머리에서의 컬러 단절을 초래하지 않는다. 결과적으로 수직 검정이나 흰색 선을 보여줄 때, 서브픽셀들은 모든 픽셀을 사용하는 대신에 서브 픽셀의 반만으로도 가능하다. 예를 들면 그림 5.18과 같이 한 픽셀은 $P_4P_3P_2$이고 위쪽 오른편의 인접 픽셀은 $P_5P_6P_1$이 켜지는 것이다.

표 5.3은 수직, 수평 MTF값을 비교하여 보여주고, 그림 5.18과 5.19의 육각형 구조와 전형적인 RGB stripe 구조의 그림 5.20에서 보여지는 것과 같이 다른 폰트 타입의 두 글자 'n'의 예시에 대해서 번지에 의해 지시할 수 있는 능력(addressability)을 보여주고 있다.

그림 5.20에서 구현되는 것을 보면 삼각형, 사각형, 육각형의 다른 다각형들이 서로 다른 기하학적 특성을 보여주고 있다. 그러므로 이들 간에 서로 비교하기가 어렵다. 표 5.3의 첫 번째 행은 그림 5.20에서 보여지는 모든 배치에 대해서 동일한 사각형 영역에서의 서브픽셀 포함 숫자를 나타낸다. 5.20에서 보여지는 각 네 종류의 서브픽셀 배치에서 공정한 비교를 위해 비슷한 숫자의 서브픽셀(300~324개 정도)이 포함되었다.

표 5.3의 두 번째 열에서는 네 종류의 서브픽셀 배치의 수직 MTF를 보여주고 있다. 5.3.2.2절의 MTF의 간단한 정의에 따르면, 그림 5.20에서 보여지는 사각형 안의 검은색과 흰색 선의 쌍 수를 말한다. 표 5.3의 세 번째 열은 네 종류에 대한 수평 MTF를 보여주고 있고, 수직에서 설명한 것과 비슷하다. 네 번째 열은 수직적 지시 능력을 보여주고 있다. 이는 그림 5.20에서 보여지는 사각형 영역 안에

표 5.3 그림 5.18과 5.19의 육각형 구조와 RGB stripe 배치에 대한 MTF와 지시 능력 비교[24]

	RGB stripe	Hexagon (six-prim.)	Hexagon (seven-prim.)	Hexagon(six-prim. rotated)
Figure number	5.13	5.18 (왼쪽)	5.19	5.18 (오른쪽)
Number of subpixels	324	300	304	312
MTF vertical	6	7.5	6	5
MTF horizontal	4.5	3.5	8	6
Vertical addressability	12	15	38	25
Horizontal addressability	9	18	16	12

*Journal of Electronic Imaging*에서 허가받아 재구성함

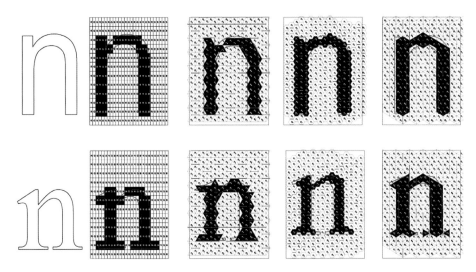

그림 5.20 흰 배경에서의 검은색 Arial과 Times New Roman 'n' 글자의 서브픽셀 구현[24]. Arial 글자는 첫 번째 행이고 Times New Roman 글자는 두 번째 행에 그려져 있다. 구조 : 첫 번째 열 – 원래의 연속적인 이미지, 두 번째 열 – RGB stripe(그림 5.13), 세 번째 열 – 6원색(그림 5.18 왼쪽), 네 번째 열 – 7원색(그림 5.19), 다섯 번째 열 – 회전된 6원색(그림 5.18 오른쪽). *Journal of Electronic Imaging*에서 허가받아 재구성함

서 다른 방향에서 임의의 컬러(검은색과 흰색 포함)의 (얇은) 수평적 선을 보여줄 수 있는 최대 숫자를 나타낸다. 다섯 번째 열은 수평적 지시 능력을 보여준다. 이는 (얇은) 수직적 선을 보여줄 수 있는 최대 숫자를 뜻하고 앞서 설명한 것과 비슷하다.

표 5.3에서 보여지는 것과 같이, RGB stripe의 지시 능력은 주어진 방향에서(수직 혹은 수평) MTF 수치의 정확한 2배였다. 하지만 육각형 구조의 지시 능력은 보통 동일한 방향에서의 MTF의 2배 이상이 된다. 육각형 패턴의 이러한 특성은 삼각형과 육각형들의 자연적 특징으로부터 기인한다. 사각형 눈금과는 다르게, 삼각형이나 육각형은 타당한 픽셀들의 (그림 5.18과 5.19의 두꺼운 검은색 선에 의해 둘러싸인) 중간에서뿐만 아니라 왼쪽 픽셀의 가장 오른쪽의 서브픽셀과 오른쪽 픽셀의 가장 왼쪽 서브픽셀과 같은 두 픽셀 간에서도 평면을 커버할 수 있다.

그림 5.18에서 설명된 배열에서는 육각형 픽셀 눈금이 하나의 서브픽셀만큼 이동하면 다른 육각형 픽셀이 되고, 그들의 각각이 6원색의 모두를 구성하게 된다.

위에서 언급했듯이, 이것은 구조의 MTF를 증가시키는 것은 아니지만 이는 얇은 서브픽셀로 구현된 선에 대해서 더 정확한 공간적 배치가 가능하게 된다.

표 5.3으로부터 볼 수 있듯이, 7원색 육각형 구조의 경우에는 모든 '꽃 모양'이 행을 표현할 수 있을 뿐 아니라, 모든 7원색에 포함되는 교차하는 하나 혹은 서브픽셀들의 조합으로도 가능하다(그림 5.19의 오른편 참조). 이는 결국 수직적 지시 능력을 증가시킨다.

그림 5.20에서, 서브픽셀로 구현된 검은색의 Arial과 Times New Roman 타입의 소문자 'n'이 흰 배경에 보여지고 있다. 서브픽셀 구현의 기본적 원리에 따르면, 그들의 프라이머리 컬러에 상관 없이 이 문자 'n'은 글자의 윤곽선 안쪽의 주요 부분에 대한 서브픽셀들로만 — 만약 서브픽셀의 중심이 고려된다면 — 구성된다. 그림 5.20에서 보여지는 네 유형의 배치에 대해 색 윤곽 아티팩트를 정량화하기 위해서, 식 5.5의 일반적인 형태를 흰 바탕에 있는 검은색 글씨의 특별한 경우로 도출할 수 있다.

글자 'n'의 한 획의 폭이 그림 5.20의 네 배치 유형에서 타당한 픽셀의 폭과 유사하기 때문에, 색 윤곽 아티팩트 현상은 글자 'n' 안쪽의 각각 다른 컬러 프라이머리의 서브픽셀 수를 고려하여 정량화될 수 있다. 최소한의 CFA를 위해서는 다른 컬러 프라이머리의 서브픽셀 수가 글자 'n' 안쪽에서 인접하게 'white'를 보여줄 수 있는 수와 동일해야 한다. 만약 이 숫자들이 서로 다르게 되면, 'white'와 글자의 실제 배경 색과 다른 색을 나타낼 것이고, 이는 수식 5.5에 의해 설명된다.

글자 'n' 안쪽의 다른 컬러 프라이머리의 서브픽셀 숫자들의 비율값(글자 'n' 안쪽의 서브픽셀 전체 수와 관련)은 표 5.4에 나타나 있고, 평균값과 표준편차(STD), 평균으로부터의 최대 분포가 표시되어 있다.

이상적인 경우(서브픽셀 렌더링을 무시)를 가정해보면, 어떤 열(1~7)의 비율값이라도 모두 동일해야 하고, STD값은 0이 되어야 한다. 그러므로 이러한 STD 값은 그림 5.20에서 보여지는 흰 배경의 검정 글씨의 특별한 경우에 대한 CFA의 측정값으로 보여질 수 있다. 육각형 구조의 회전 대칭성(등방성) 측면에서 보면, 이들의 성능이 RGB stripe보다 더 우수한 것은 놀랄 일이 아니다.

표 5.4 식 5.5를 기반으로 한 흰 배경에서의 검은 글씨에 대한 색 윤곽 아티팩트의 샘플 계산

arch	font	total number of subpixels	Percentage of the number of subpixels of the color primaries inside the letters 'n'							Mean	STD (CFA)	Max. dev.
			1r	2g	3b	4c	5m	6y	7w			
RGB stripe	Arial	80	26.3	27.5	**46.3**	—	—	—	—	33.3	11.2	12.9
	Times	77	28.6	27.3	**44.2**	—	—	—	—	33.3	9.4	10.8
Six-prim.	Arial	73	19.2	19.2	15.1	15.1	15.1	16.4	—	16.7	2.0	2.5
	Times	63	17.5	15.9	17.5	15.9	15.9	17.5	—	16.7	0.9	0.8
Seven-prim.	Arial	88	14.8	13.6	14.8	13.6	14.8	13.6	14.8	14.3	0.6	0.6
	Times	53	15.1	11.3	15.1	15.1	15.1	17.0	11.3	14.3	2.1	3.0
Six-prim. rotated	Arial	83	15.7	16.9	15.7	18.1	18.1	15.7	—	16.7	1.2	1.4
	Times	67	14.9	13.4	16.4	19.4	19.4	16.4	—	16.7	2.4	3.2

글자 'n' 안쪽의 각각 다른 컬러 프라이머리의 서브픽셀 수(그림 5.20에서 보여지는)는 글자 'n' 안쪽의 전체 서브픽셀 수를 비율값으로 나타낸 것과 연관이 있다. STD값은 CFA의 측정값으로 여겨진다. 두 번째 행의 숫자 1−7은 컬러 프라이머리들을 나타내고, 이 숫자를 따라서 있는 'r, g, b, c, m, y, w'는 red, green, blue, cyan, magenta, yellow, white를 나타낸다[24]. *Journal of Electronic Imaging*에서 허가받아 재구성함

RGB stripe 구조에서는 글자 'n' 안쪽에서 blue 서브픽셀의 수는 red와 green보다 2배 정도이다. 이는 표 5.4에 두꺼운 숫자로 표시하였다. 이는 RGB stripe에서 시각적 색 윤곽 아티팩트를 유발한다. 표 5.4의 모든 다른 구조에서는 글자 'n' 안쪽에서 STD의 값은 다른 프라이머리 컬러 서브픽셀들의 더 균등한 배분을 의미하는 바가 덜하다.

표 5.4에서 보여지는 것과 같이, 7원색 구조(그림 5.19 참조)는 Arial 타입의 글자를 구현하는 경우에 전체적으로 가장 작은 STD값(0.6)을 가지고 있다. 하지만 Times 글자의 경우에는 기본적인 6원색 구조가 가장 우수하게 나타났다(STD = 0.9).

그림 5.20과 표 5.4에서의 예시에서, 저주파 필터링 없이 서브픽셀 렌더링의 성능을 보여주었다. 하지만 실제로는 저주파 필터링이 RGB stripe 구조에 항상 적용이 되어[25] 색 윤곽 아티팩트를 줄여주고 있다. 저주파 필터링을 육각형 구조에 한쪽 방향 이상으로 적용함으로써 육각형 구조의 시각적 성능은 개선될 것이

고, 특히 글자를 구현하는 것에 있어서 개선이 될 것이다.

5.4.3
컬러 이미지 구현 방법

이 절에서는 멀티 프라이머리 서브픽셀 구조에서의 이미지 구현 방법에 대해 보여주고 있다. 알고리즘은 원본 이미지를 멀티 프라이머리 서브픽셀 구조로 구현하기 위하여 컬러 서브픽셀의 구동값을 계산한다. 이 방법은 서브픽셀 렌더링이 적용되지 않은 경우에도 사용될 수 있다. 이는 향상된 휘도 해상도와 함께 적절한 색채 구현을 가능하게 하는 오차 함수를 기반으로 한 방법이다[24, 35]. 다른 방법들은 참고 자료로부터 찾을 수 있다[36].

이 절의 컬러 이미지 구현 방법[24, 35]은 5.4.2절의 6원색 혹은 7원색의 멀티 프라이머리 서브픽셀 구조(그림 5.18, 5.19)를 위한 것이지만 이는 n 프라이머리 ($n > 3$)의 어떠한 멀티 프라이머리 시스템에도 맞출 수 있다. 이 방법은 디바이스에 무관한 XYZ 삼자극치값으로 기술된다.

서브픽셀 구조의 주어진 영역에 대한 입력은 서브픽셀 수준에서의 원본 이미지의 휘도 분포와 모든 픽셀(타당한 픽셀) 수준에서의 원본 이미지의 모든 컬러 분포가 된다. 이는 5.3.2.4절에서 소개된 것과 같이 인간의 시각적 시스템의 높은 휘도 해상도에 상응하는 공간적으로 높은 해상도의 휘도 정보를 뜻한다. 이 알고리즘 자체는 아래에 설명되어 있다.

C_i는 상대적인 구동값 혹은 서브픽셀 P_i의 가중치라고 한다. C_i는 [0, 1] 사이의 값이고 i는 프라이머리를 나타내는 수, $i = 1, \cdots , n$이다. 멀티 프라이머리 컬러 이미지 구현의 문제점은 3차원 입력 벡터 XYZ의 분해되는 값이 직관적이지 않다는 것인데, 이는 2.1.4절의 **P** 매트릭스와는 다르게 XYZ 삼자극치값을 포함하는 컬러 프라이머리의 $(3 \times n)$의 매트릭스가 정방 매트릭스($n > 3$)가 아니기 때문이다. 그러므로 이는 역으로 뒤집는 것이 불가능하다.

$n = 6$인 경우에, 임의의 원본 입력 삼자극치 XYZ_{orig}의 컬러를 구현하기 위해서, 다음의 알고리즘이 적용될 수 있다. $\{P_1, P_2, P_3\}$와 $\{P_4, P_5, P_6\}$ 같이 6원색의

픽셀을 두 그룹으로 나누어보았다. 첫 번째 그룹의 구동값을 바꾸고(C_i, $i = 1, 2,$ 3) 모든 최적화 과정에서 첫 번째 그룹의 출력을 더하여 이에 대응하는 XYZ 출력을 계산하였다. 나머지 XYZ_{rem}라고 부르는 값을 입력 컬러(XYZ_{orig})와 현재의 XYZ 값으로부터 차이 벡터로 계산을 하였다.

이 나머지는 두 번째 프라이머리 그룹 $\{P_4, P_5, P_6\}$의 3차원의 상대적인 구동값을 선형적 매트릭스 변환을 통해서 명확하게 구현할 수 있다. 이는 $i = 4, 5, 6$일 때 C_i가 [0, 1]인 경우에만 유효한 방법이다. 그러므로 색 공간 바깥 오류라고 불리는 E_{col}은 식 5.6을 통해서 구할 수 있다.

$$E_{col} = \Sigma\Delta_i \qquad\qquad (5.6)$$

식 5.6에서 Δ_i는 식 5.7에서 $i = 4, 5, 6$에 대해서 정의된다.

$$\begin{aligned}
\Delta_i &= 0 \quad &&\text{if} \quad C_i \in [0, 1] \\
\Delta_i &= -C_i \quad &&\text{if} \quad C_i < 0 \\
\Delta_i &= C_i - 1 \quad &&\text{if} \quad C_i > 1
\end{aligned} \qquad (5.7)$$

최적화 과정에서, 첫 번째 세트 $\{P_1, P_2, P_3\}$의 각 값들은 E_{col}을 최소화하기 위하여 E_{col}이 컬러 허용값 이하로 되거나 0으로 될 때까지 [0, 1] 사이의 값으로 변환된다. 일반적으로 n차원의 최적화 기술이 사용된다. 더 자세한 알고리즘의 내용은 참고 문헌에서 찾을 수 있다[24].

첫 번째 그룹에서의 값에서 컬러 프라이머리와 동등할 것이고, 두 번째 프라이머리 세트 $\{P_4, P_5, P_6\}$는 XYZ 삼자극치 공간에서 실제 3차원 공간이 확장되어야 한다. 위의 방법은 각 컬러 프라이머리의 가중치를 얻어 하나의 픽셀 안에서 서브픽셀 레벨의 렌더링 없이 원하는 컬러 출력을 표현하는 것이다.

서브픽셀 렌더링을 포함하기 위해서는 더 많은 사항을 고려해야 한다. 이 경우에는 컬러 정보보다 더 높은 해상도에서 휘도 정보를 표현하게 된다. 이 방법은 어느 정도의 색채 오류를 가지고 도출되었다. 이 방법은 3 이상의 프라이머리 컬러에 대해서 XYZ_{orig} 분해값이 수학적으로 유일하지 않다는 것을 기반으로 하는 방법이다. 6원색 가중치의 선형적 조합의 수는 무한하고 서브픽셀 해상도에서 원본 이미지 휘도 분포의 가장 잘 예측된 값을 얻는 것으로부터 휘도 분포의 가중치의 하나의 조합을 선택하는 것이 가능하다.

서브픽셀 렌더링은 알고리즘에 대해서 두 번째 오류 함수 텀을 더함으로써 포함될 수 있다. 이는 서브픽셀 휘도 오류(E_{lum})라고 부르는 텀을 색 공간 바깥 오류 E_{col} 텀에 보충하는 것이다. 서브픽셀 휘도 오류 텀(E_{lum})은 타당한 픽셀(Y_i/Y_1로 정의되는)에서 서브픽셀의 휘도 비율의 절대적 차이의 합이다. 식 5.8은 6원색 예시에 대한 E_{lum} 계산 수식이다.

$$E_{lum} = \sum\nolimits_{i=2}^{6} (|Y_i/Y_1 - Y_{i0}/Y_{10}|) \tag{5.8}$$

전체 오류 함수는 식 5.9의 최적화 과정을 통해 최소화될 수 있다.

$$E_{tot} = \alpha E_{col} + \beta E_{lum} \tag{5.9}$$

식 5.9에서 α와 β는 가중치를 나타낸다. 만약 α =0이라면 어떠한 컬러 정보도 계산되지 않고, 오직 휘도 정보만 계산되는 것이다. 최적화 과정에서 $\{P_1, P_2, P_3\}$ 세트의 각 가중치는 [0, 1] 사이 값으로 변환되어 E_{tot}이 허용 수준 이하로 떨어질 때까지 최소화시킨다. 어떠한 일반적인 3차원 최적화 기술도 다시 사용될 수 있다. 7원색 구조의 경우 비슷한 방법이 사용된다. 유일한 수정사항은 첫 번째 그룹에서 최적화를 위하여 4개의 프라이머리가 선택되어야 한다는 것이다. 두 번째 그룹은 다시 3개의 요소를 가지고 3차원 공간에서 선형적으로 독립성을 가져야 한다.

참·고·문·헌

1 Zhang, X. and Wandell, B.A. (1996) A spatial extension of CIELAB for digital color reproduction. SID'96 Digest, pp. 731–735.

2 Fairchild, M.D., Johnson, G.M., Kuang, J., and Yamagutchi, H. (2004) Image appearance modeling and high-dynamic-range image rendering. Proceedings of ACM-SIGGRAPH, First Symposium on Applied Perception in Graphics and Visualization.

3 Green, Ph. and MacDonald, L. (2002) Color Engineering, John Wiley & Sons, Ltd., pp. 297–314.

4 CIE 156-2004 (2004) Guidelines for the Evaluation of Gamut Mapping Algorithms, Commission Internationale de l'Éclairage.

5 Horiuchi, T., Uno, M., and Tominaga, Sh. (2010) Color gamut extension by projector-camera system. Lecture Notes Comput. Sci., 6453, 181–189.

6 Beke, L., Kwak, Y., Bodrogi, P., Lee, S.D., Park, D.S., and Kim, C.Y. (2008) Optimal color primaries for three- and multi-primary wide gamut displays. J. Electron. Imaging, 17, 023012.

7 Wood, C.B.B. and Sproson, W.N. (1977) The choice of primary colors for color television. BBC Eng., (January), 19–35.

8 CIE 168 (2005) Criteria for the Evaluation of Extended-Gamut Color Encodings, Commission Internationale de l'Éclairage.

9 Pointer, M.R. (1980) The gamut of real surface colors. Color Res. Appl., 5 (3), 145–155.

10 Krause, N., Bodrogi, P., and Khanh, T.Q. (2011) Spectral reflectance functions of indoor natural products and materials. Annual Meeting 2011 of the German Society of Color Science and Application, October 4–6, Braunschweig, Germany.

11 ISO/TR 16066:2003 (2003) Graphic Technology – Standard Object Color Spectra Database for Color Reproduction Evaluation (SOCS), International Organization for Standardization.

12 Yamaguchi, M., Teraji, T., Ohsawa, K., Uchiyama, T., Motomura, H., Murakami, Y., and Ohyama, N. (2002) Color image reproduction based on the multispectral and multiprimary imaging: experimental evaluation, in Color Imaging: Device Independent Color, Color Hardcopy and Applications VII (Proc. SPIE 4663), SPIE, pp. 15–26.

13 O'Rourke, J. (1998) Computational Geometry in C, Cambridge University Press.

14 Luo, M.R., Cui, G., and Li, C.J. (2006) Uniform color space based on CIECAM02 color appearance model. Color Res. Appl., 31 (4), 320–330.

15 Brill, M.H. and Larimer, J. (2005) Avoiding on-screen metamerism in N-primary displays. J. SID, 13 (6), 509–516.

16 Murakami, Y., Ishii, J.I., Obi, T., Yamaguchi, M., and Ohyama, N. (2004) Color conversion method for multi-primary display for spectral color reproduction. J. Electron. Imaging, 13 (4), 701–708.

17 Vogels, I.M.L.C. and Heynderickx, I.E.J. (2004) Optimal and acceptable white-point settings of a display. Proceedings of IS&T/SID 12th Color Imaging Conference, pp. 233–238.

18 Roth, S., Ben-David, I., Ben-Chorin, M., Eliav, D., and Ben-David, O. (2003) Wide gamut, high brightness multiple primaries single panel projection displays. SID Symposium Digest, vol. 34, pp. 118–121.

19 Kwak, Y., Lee, S.D., Choe, W., and Kim, C.Y. (2004) Optimal chromaticities of the primaries for wide gamut 3-channel display. Proc. SPIE, 5667, 319–327.

20 Bieske, K. (2009) Investigation of the perception of changes of the color of light for the development of dynamic illumination systems. Ph.D. thesis, Technische Universität Ilmenau, Ilmenau, Germany (in German).

21 Ajito, T., Obi, T., Yamaguchi, M., and Ohyama, N. (2000) Expanded color gamut reproduced by six-primary projection display. Proc. SPIE, 3954, 130–137.

22 Ajito, T., Obi, T., Yamaguchi, M., and Ohyama, N. (1999) Multiprimary color display for liquid crystal display projectors using diffraction grating. Opt. Eng., 38, 1883–1888.

23 Hiyama, I., Ohyama, N., Yamaguchi, M., Haneishi, H., Inuzuka, T., and Tsumura, M. (2002) Four-primary color 15-in. XGA TFT-LCD with wide color gamut. Proceedings of EuroDisplay 2002, pp. 827–830.

24 Kutas, G., Choh, H.K., Kwak, Y., Bodrogi, P., and Czúni, L. (2006.) Subpixel arrangements and color image rendering methods for multi-primary displays. *J. Electron. Imaging*, **15**, 023002.

25 Betrisey, C., Blinn, J.F., Dresevic, B., Hill, B., Hitchcock, G., Keely, B., Mitchell, D.P., Platt, J.C., and Whitted, T. (2000) Displaced filtering for patterned displays. SID Symposium Digest, pp. 296–299.

26 Elliott, C.H.B., Han, S., Im, M.H., Higgins, M., Higgins, P., Hong, M.P., Roh, N.S., Park, C., and Chung, K. (2002) Co-optimization of color AMLCD subpixel architecture and rendering algorithms. SID Symposium Digest, pp. 172–175.

27 Long, G.M. and Tuck, J.P. (1991) Comparison of contrast sensitivity functions across three orientations: implications for theory and testing. *Perception*, **20** (3), 373–380.

28 Bayer, B.E. (1976) Color imaging array. U.S. Patent No. 3,971,065.

29 Elliott, C.H.B. (1999) Reducing pixel count without reducing image quality. *Inform. Display*, **15** (12), 22–25.

30 Elliott, C.H.B. (2000) Active matrix display layout optimization for sub-pixel image rendering. Proceedings of 1st International Display Manufacturing Conference, pp. 185–187.

31 Credelle, T. *et al.* (2002) MTF of high resolution PenTile™ matrix displays. Proceedings of EuroDisplay 2002, pp. 159–162.

32 Elliott, C.H.B. and Hellen, C. (2002) Rotatable display with sub-pixel rendering. U.S. Patent Application 20020186229.

33 McCartney, R.I., Jr. (1994) Color mosaic matrix display having expanded or reduced hexagonal dot pattern. U.S. Patent No. 5,311,337.

34 Kwak, Y., Choh, H.K., Bodrogi, P., Czuni, L., and Kranicz, B. (2006) Pixel structure for flat panel display apparatus. USPTO Application No. 20060290870.

35 Kwak, Y., Choh, H.K., Bodrogi, P., Schanda, J., and Kutas, G. (2006) Apparatus and method for rendering image, and computer-readable recording media for storing computer program controlling the apparatus. USPTO Application No. 20060017745.

36 Berbecel, G. (2003) *Digital Image Display: Algorithms and Implementation*, John Wiley & Sons, Ltd.

06

실내 조명 조건에서의 컬러 품질 향상

6.1
컬러 연색성과 컬러 품질

현대 조명 디자인의 중요한 과제는 물체들의 컬러를 올바르게 인지할 수 있도록 비춰줄 수 있는 분광 분포를 가진 새로운 광원(light source)을 선택하는 것이다. 컬러가 올바르게 보여진다고 하는 수준은 일반적으로 실제 물체의 컬러와 이른바 기준 광원 혹은 기준 조명하에서의 컬러를 비교하는 것을 기반으로 정해진다. 이러한 광원의 특성을 컬러 연색성(color rendering)이라고 부른다.

연색성은 국제조명위원회(CIE)에서 '기준 조명하에서의 컬러 어피어런스와 의식적, 잠재적으로 비교되는 조명의 컬러 어피어런스 효과'라고 정의되어 있다[1]. 기준 광원으로는 데이라이트(day light)나 텅스텐이 쓰인다. 사람들은 보통 인공 광원하에서(그림 6.1 참조) 물체가 어떻게 보여져야 하는지에 대해서 그들이 가지고 있는 장기 기억을 참고하게 된다. 실제로, 컬러 연색성은 광원을 선택할 때 가장 중요한 특성 중 하나이다.

현재 데이라이트의 특정 상(phase)(하루 중 어느 특정 시간)과 비슷한 색(이때 색이란 광원 자체의 색 자극을 말하는 것이고, 반사된 물체 색을 의미하는 것이

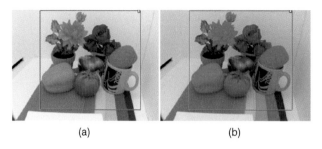

(a)   (b)

그림 6.1 테스트 광원의 컬러 연색성을 평가하기 위해서, 사용자는 테스트 광원에서의 물체들의 컬러 어피어런스(b)와 기준 광원에서의 컬러 어피어런스(a)를 비교한다[2]. 실생활에서는 기준 조건(a)이 존재하지 않기 때문에, 장기 기억에 저장되어 있는 컬러에 대한 기억이 컬러 연색성 평가 기준이 된다.

아님)을 가지는 광원들부터 텅스텐 조명까지 여러 종류의 인공 광원들이 존재한다. 이는 광원 자체가 허용할 수준의 백색 톤으로 보여지는 한, 이러한 광원들에 의해 백색이나 분광 분포상 무채색 물체들의 색 인지에 방해가 되지 않는다는 것이다. 하지만 이러한 광원하에서라도 특정 분광 분포를 가진 컬러 물체에 대해서는 인지에 문제가 발생할 수 있다. 원인은 광원에 의해 변형된 분광 분포상에서 특정 파장 범위가 없어지거나, 충분히 나타나지 못했기 때문에 특정 물체의 색에서의 인지가 왜곡되었기 때문이다. 이러한 경우는 광원의 컬러 연색성이 낮은 것이다.

광원의 컬러 연색성을 수치화하는 것은 복잡하지만 조명 공학에서 매우 중요한 일이다[3]. 중요한 반사색에 대해서 기준 광원하에서의 컬러 어피어런스와 매칭되는 컬러 어피어런스를 갖는 테스트 광원의 경우는 연색성이 높은 것이다. 이러한 매칭은 사용자가 테스트 광원에서의 컬러 어피어런스와 기준 조건에서의 어피어런스(대부분의 경우 장기 기억에 의한 것) 두 가지를 비교하는 것으로 수행되는데, 이는 기준 조건이라는 것이 현실 상황에서는 의식적으로, 혹은 의도하지 않게 무시되고 있기 때문이다. 광원의 컬러 연색성은 일반적으로 CIE의 연색지수(color rendering index, CRI) R_a로 기술된다[1]. 일반적인 연색지수에 대한 자세한 계산 방법은 CIE 문서를 참고하면 확인할 수 있다[1]. 여기에서는 가장 중요한 7개의 단계를 요약해보았다(그림 6.2 참조).

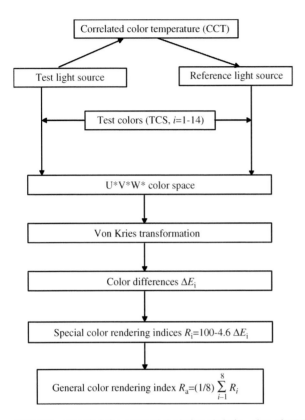

그림 6.2 CIE 연색지수(CRI) 계산 단계를 나타내는 블록 선도[1]

1단계. 기준 광원은 테스트 광원의 색온도(correlated color temperature, CCT) 와 동일하게 선택되어야 한다. 테스트 광원의 CCT가 5000K보다 낮은 경우 기준 광원은 동일한 색온도의 흑체 복사가 될 것이다. 테스트 광원의 CCT가 5000K보다 높은 경우에는 데이라이트의 상(phase)과 동일한 CCT의 기준 광원 이 될 것이다. 색차(color difference) ΔE는 u, v 색 공간상에서 5.4×10^{-3} 이하 를 충족시켜야 한다.

2단계. 먼셀 컬러 지도(Munsell color atlas)의 14개 컬러 샘플이 테스트 컬러 샘 플(TCS)로 선정된다. 처음 8개의 TCS는 평균 연색지수 R_a 계산에 사용된다. 그 리고 나머지 6개의 TCS는 특수 연색지수라고 불리는 지수들로 사용된다.

3단계. 테스트 광원하에서와 기준 조명하에서의 14개 컬러 샘플에 대한 CIE

1931 삼자극치 X, Y, Z를 각각 계산한다. 그리고 CIE 1960 UCS 색좌표 u, v와 CIE 1964 U^*, V^*, W^*값을 산출한다.

4단계. Von Kries transformation으로 테스트 광원의 색도(chromaticity)를 기준 조명 색도로 변환시킨다.

5단계. 14개의 TCS에 대한 테스트 광원과 기준 조명하에서의 U^*, V^*, W^*값들로부터 14개의 CIE 1964 색차(ΔE_i, $i = 1 - 14$)를 산출한다.

6단계. 모든 TCS($i = 1 - 14$) 각각에 대해서, 특수 연색지수를 다음과 같은 식으로 계산한다. $R_i = (100 - 4.6\Delta E_i)$.

7단계. 처음 8개의 특수 연색지수들의 산술평균값이 평균 연색지수(R_a)로 정의된다.

하지만 컬러 연색성[컬러 충실도(color fidelity)라고도 함]은 일반적으로 광원 컬러 품질을 나타내는 하나의 항목일 뿐이고, 컬러 식별 능력(color discrimination capability)과 같이 컬러 품질을 나타내는 또 다른 중요한 항목들이 있다(6.4.1절 참조). 이러한 항목들 중 어떤 것은 개별적 실험 방법과 어떠한 주어진 테스트 광원에서 정도를 지수화하는 수치적 예측 방법이 필요하다. 만약 특정한 컬러 품질을 나타내주는 신뢰도 높은 지수가 이미 다른 분야에서 사용되고 있다면, 가장 적절한 지수를 또 다른 분야에 적용하여 쓸 수 있다. 예를 들면 전기기사들이 다른 색의 전선들로 작업할 때 컬러 식별 지수(color discrimination index, CDI)를 사용할 수 있다. 비슷하게, 램프 디자이너는 직물 분야에서 사용되는 컬러 선호 지수를 해당 분야에서 사용할 수 있다. 광원이 여러 다른 용도로 사용되는 경우에는, 해당되는 여러 컬러 품질 지수들에 가중 지수를 타당하게 매겨서 이를 나타낼 수 있다.

컬러 품질은 오직 실내 조명에서만 이슈가 된다는 점을 주목해야 한다. 가정 환경이나 사무실 환경과 같은 실내 조명의 경우, 사용자들의 컬러 품질에 대한 기대 수준이 높다. 거리 조명과 같은 야외 조명에는 반대이다. 저압 나트륨 램프와 같은 특정한 야외 조명용 광원은 매우 낮은 컬러 품질을 나타내고 있다. 야외 조명의 경우는 에너지 효율과 시각적 성능(visual performance, 예를 들면 twilight 시각 효과, twilight 밝기 효율)이 컬러 품질보다 더 중요하기 때문이다.

6.2
높은 연색 환경을 위한 실내 조명의 최적화

여러 시각적 연색 실험들은 앞서 6.1절에서 소개된 평균 연색지수(R_a)값이 테스트 광원 환경에서 인지되는 연색 특성과 일치하지 않는다는 것을 보여주었다. 특히 RGB 발광 다이오드(RGB LEDs)나 형광 변환 백색 LED(phosphor-converted white LEDs, pcLEDs)를 포함하는 여러 다른 광원 조건하에서 테스트 광원 세트들의 예상 순위는 종종 잘못 매겨졌다[3]. 반면에 고전적인 형광등에서는 비교적 우수한 일치 특성을 보여주었다. 현대 실내 조명의 연색성 최적화를 위해서는 현재 사용되고 있는 연색지수(R_a)보다 더 올바르게 인지 특성을 수치화한 타깃값이 필요하다. 이러한 수치를 정의하기 위하여 몇 가지 시각 실험이 수행되었다.

6.2.1절에서는 이러한 연색성 시각 실험들의 방법 및 결과, 그리고 광원의 컬러 품질에 대한 더 보편적인 콘셉트를 위해 연관된 실험들에 대해 나와 있다. 6.2.2절은 CIE 연색지수와 다른 최근의 연색성에 대한 내용으로 할애되었다. 6.2.2.1절은 CIE 연색지수 계산 방법의 부족한 부분에 대한 설명을, 6.2.2.2절은 여러 다른 광원의 컬러 특성을 위한 최근에 제안된 컬러 연색성 계산 방법에 대한 내용으로 이루어져 있다.

6.2.1
컬러 충실도 인지 실험

전통적인 컬러 연색성(컬러 충실도) 인지 실험에서, 관찰자들은 동일한 반사색 샘플들이 테스트 광원하에서와 기준 조명하에서 보여지는 컬러 어피어런스를 평가한다. 이에 대한 설명을 위하여 전형적인 실험 방법을 아래에 기술하였다. 이러한 실험은[4], 그림 6.3과 같은 2개의 챔버로 되어 있는 관찰 부스(Double-chamber viewing booth)에서 수행되었다.

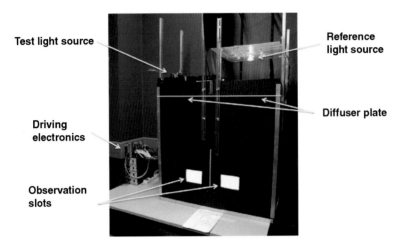

그림 6.3 2개의 챔버로 되어 있는 관찰 부스[4]. *Color Research and Application*에서 허가받아 재구성함

부스에 비춰지는 모든 빛에 대해서 관찰자의 시각 상태가 명소시 이내로 들어오도록(240cd/m²) 챔버의 벽면들은 흰색으로 칠하였다. 테스트 광원은 왼쪽 챔버에 비춰지고, 기준 조명은 오른쪽 챔버에 비춰졌다. 광원들은 확산판(diffuser plate)를 통과하여 지나가고, 광원들의 분광 분포(spectral power distributions, SPDs)는 챔버들의 아래쪽에 놓여 있는 흰색 판을 측정하여 얻어지고, 광원들의 색 특성(CCT, *x*, *y* 좌표, CIE 연색지수 R_a, 표 6.1 참조)은 이 SPDs로부터 계산되어 얻어졌다.

테스트 광원과 기준 광원을 두 그룹으로 나누어 실험이 진행되었는데, 한 조건은 약 2700K, 또 다른 조건은 4500K였다. 2700K 그룹은 테스트 광원으로 두 종류의 warm white phosphor LED(HC3L과 C3L), RGB LED cluster(RGB27), 두 종류의 warm white fluorescent lamps(FL627과 FL927)를 사용하였고, 기준 조명으로는 텅스텐 할로겐 광원(TUN)을 사용하였다. 4500K 그룹은 테스트 광원으로 두 종류의 white phosphor LED(HC3N과 C3N), RGB LED cluster(RGB45), 두 cool white fluorescent lamps(FL645와 FL945)를 사용하였고, 기준 조명으로는 HMI 조명을 사용하였다. 그림 6.4는 2700K 광원들의 상대적 분광 분포를, 그림 6.5는 4500K 광원들의 상대적 분광 분포를 나타내고 있다(표 6.1 참조).

표 6.1 컬러 충실도 인지 실험에 사용된 광원의 상관 색온도, 색좌표(x, y), CIE 연색지수(R_a)[4]

light source	description	CCT(K)	x	y	R_a
HC3L	T; white phosphor LED	2798	0.448	0.401	97
C3L	T; white phosphor LED	2640	0.476	0.432	67
RGB27	T; RGB LED	2690	0.462	0.414	17
FL627	T; a 4000K fluorescent lamp filtered by a color filter plus the diffuser plate to get close to 2700K	2786	0.456	0.415	64
FL927	T; a 3000K fluorescent lamp filtered by the diffuser plate to get close to 2700K	2641	0.466	0.414	90
TUN	R; tungsten halogen	2762	0.460	0.419	97
HC3N	T; white phosphor LED	4869	0.349	0.355	95
C3N	T; white phosphor LED	4579	0.363	0.393	69
RGB45	T; RGB LED	4438	0.361	0.355	22
FL645	T; the same 4000K fluorescent lamp as FL627 filtered by another Rosco color filter and the diffuser plate to get close to 4500K	4423	0.365	0.371	69
FL945	T; a 5400K fluorescent lamp filtered by the diffuser plate to get close to 4500K	4391	0.366	0.372	92
HMI	R; a gas discharge light source filtered by the diffuser plate to get close to 4500K	4390	0.362	0.353	92

T : test light source, R : reference light source

2개의 동일한 무광 컬러 페이퍼(관찰 슬롯으로부터 4°×3° 보여지게 만들어진 2개의 동일한, 균일한 독립적 테스트 컬러 샘플)들이 회색 배경($L = 59cd/m^2$) 위에서 관찰되었다. 17종류의 다른 컬러 샘플이 모두 관찰되었고, 하나씩 순차적으로 진행되었다. 그레이스케일 색차 기준(참고문헌[5] 참조)이 테스트 광원과 기준 광원에서의 인지되는 색차 정도를 판단하는 데 도움을 주었다(그림 6.6 참조). 시각적인 색차 단위(ΔE_{vis})는 그레이스케일상 한 단계와 동일했다.

17개 중 12개의 컬러 샘플들은 Macbeth ColorChecker®(1~12번) 차트에서 선

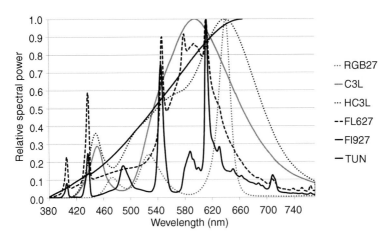

그림 6.4 2700K 그룹의 광원들(표 6.1 참조)의 상대적 분광 분포[4]. *Color Research and Application*에서 허가받아 재구성함

택하였고, 나머지 5개의 컬러 샘플은 NIST 컬러 세트[6](13~17번)에서 선택했다 (그림 6.7 참조). 각 조명 조건에서의 각 테스트 컬러 샘플에 반사된 빛의 분광 분포는 원위치에서 교정된 분광복사기로 측정되었다.

정상 색각을 가진 8명의 관찰자가 색차 평가 실험을 수행하였다. 관찰 전에, 색

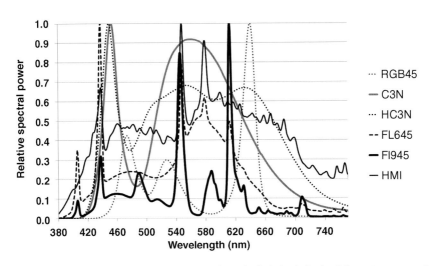

그림 6.5 4500K 그룹의 광원들(표 6.1 참조)의 상대적 분광 분포[4]. *Color Research and Application*에서 허가받아 재구성함

그림 6.6 회색 배경에 4°×3° 사각형의 테스트 컬러 샘플(무광 용지)과 그레이스케일 색차 기준이 놓여진 기준 광원 쪽 관찰 부스[4]. 그레이스케일 한 단계는 $\Delta L^* = 2$와 같다. 관찰자들은 기준 챔버의 관찰 슬롯(오른쪽)을 통해서 이 장면을 보게 된다(그림 6.3과 비교). *Color Research and Application*에서 허가받아 재구성함

특성(hue, chroma, lightness) 평가를 익숙하게 하기 위해 잘 알려진 컬러 교육 자료로 훈련이 진행되었다. 훈련 단계가 끝나고, 다음의 방법으로 색차 인지 평가가 진행되었다. 첫째, 관찰자들은 색차를 다섯 단계인 (1) 우수, (2) 좋음, (3) 허용할 만함, (4) 허용할 수 없는, (5) 매우 나쁨으로 평가를 했다. 이는 평가를 위한 변수 R로 되었다. 둘째, 관찰자들은 테스트와 기준 간의 유사 정도를 그래픽 평가 척도(변수 P)를 놓고 평가했다. 이 척도는 관찰자들의 판단의 일관성을 확인하고, 그들이 세 번째 과제로 수행하게 되는, 그림 6.6의 그레이스케일 기준을 참고로 전체 인지 색차(ΔE_{vis}) 점수화에 도움을 줄 수 있다.

관찰자들은 양안을 이용하고, 그들의 머리를 완벽히 넣어서 볼 수 있도록, 슬롯에 머리를 대고서 각 챔버의 관찰 슬롯을 보았다. 이러한 관찰 방법은 완벽한 몰입과 순응을 가능하게 해주었다. 처음에는, 순응을 위하여 기준 챔버를 약 10분 동안 관찰하도록 하였다. 실험을 위한 단계에서는 기준 챔버를 보고서 최소 2초가 지난 후에 시선을 테스트 챔버 쪽으로 옮겨서 관찰하도록 하였다. 그리고 최소 2초가 지난 후에 다시 기준 챔버를 관찰하도록 했다. 관찰자들은 이러한 과정을 색차를 평가할 수 있을 때까지 반복하고 질문지에 답변하도록 했다.

이론적 예측치와 비교해보기 위해서, 표 6.1의 10개 테스트 광원에 대해서 발

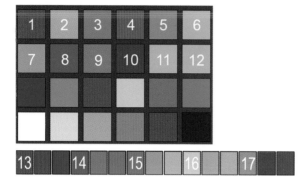

그림 6.7 테스트 컬러 샘플(1~17)[4]. 위 : Macbeth ColorChecker® 차트(1~12), 아래 : NIST CQS ver. 7.1 color set[6] (13~17, VS1, 즉 VS4, VS7, VS10, VS13). *Color Research and Application* 에서 허가받아 재구성함

생될 색차값을 계산하였고, 이는 그림 6.7의 17개 테스트 컬러에 대해서 다음 의 6개 색차 계산 방법을 사용하였다—CIELAB(ΔE^*_{ab}), CIEDE2000(ΔE_{2000}, k_L = k_C = k_H = 1)[7], CIECAM02 J-a_C-b_C 공간[8]에서의 유클리드 색차(ΔE_{02}), CIECAM02-LCD, CIECAM02-SCD, CIECAM02-UCS[9]. 계산을 위한 시청 파 라미터값들은 표 6.2의 값을 사용하였다. 이러한 값들은 광원 의존성이 약하게 나타났고(F, c, N_C 제외), 표 6.2는 평균값만을 보여주고 있다.

변수 P의 z-점수값들(z_P, 테스트 광원과 기준 광원 간 테스트 컬러들의 시각적 유사성)과 ΔE_{vis}($z_{\Delta Evis}$, 그레이스케일 기준과 비교했을 때의 시각적 색차)는 각 관찰 자들의 모든 데이터 평균과 표준편차로부터 계산되었다. 인지 색차($z_{\Delta Evis}$)는 인지 되는 유사 정도(z_P)가 증가함에 따라서 2차 방정식($r^2 = 0.75$)의 형태로 줄어들었 다(그림 6.8 참조).

표 6.2 색차 계산에 사용되는 시청 파라미터의 평균값

viewing parameter	value
CIELAB Y_n[a]	323 cd/m²[b]
CIECAM02 Y_b; L_A	19; 62 cd/m²[b]
CIECAM02 F; c; N_C	1.0; 0.69; 1.0

[a] 기준 백색 휘도는 시청 부스의 바닥에 흰색 판을 두고 측정하였다.
[b] 평균값. 실제 값들은 광원에 따라서 ±2% 정도 변화한다.

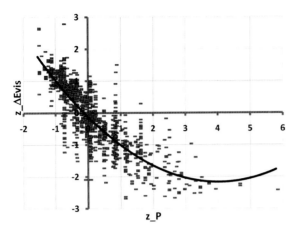

그림 6.8 인지되는 유사 정도(z_p)에 따른 인지 색차($z_{\Delta Evis}$) 함수[4]. 전체 데이터 세트가 표시되어 있다(1,318개). 피팅 : 2차 방정식, $r^2 = 0.75$. *Color Research and Application*에서 허가받아 재구성함

그림 6.8에 나타난 $z_{\Delta Evis}$, z_p의 반대되는 경향은 관찰자의 판단에 대한 일관성과 실험 방법의 적절성에 대해 반대의 경향성을 뒷받침해주는 것이다. ΔE_{vis}, $z_{\Delta Evis}$ 값은 앞서 6개의 색차 식으로 계산한 값(ΔE_{calc})들과 비교해보았다. ΔE_{vis}, $z_{\Delta Evis}$값의 상관계수들도 표 6.3과 같이 계산되었다.

표 6.3에서 보여지듯, CIECAM02-UCS의 수치가 가장 상관성이 높게 나타났다. 또한 $z_{\Delta Evis}$의 상관계수가 개인 간의 차이를 나타내는 ΔE_{vis} 보다 높았다(6.6절 참조).

설명된 CIECAM02-UCS의 우수 특성은 최근 비슷한 연색성 인지 실험에서도 입증되었다[10]. 인지 색차와 가장 상관도가 높은 것은 CIE에서 정의했던 U^*, V^*, W^* 색 공간에서 계산된 연색지수값(6.1절의 5단계 계산 방법 참조)이 아니라

표 6.3 인지 색차 데이터에 대한 ΔE_{vis}(z점수값, $z_{\Delta Evis}$)과 ΔE_{calc} 간의 Pearson 상관계수(r)

	CIELAB	CIEDE2000	CIECAM02	CAM02-LCD	CAM02-SCD	CAM02-UCS
ΔE_{vis}	0.596	0.609	0.645	0.651	0.650	0.654
$z_{\Delta Evis}$	0.647	0.660	0.698	0.704	0.702	0.706

모든 상관관계 $p = 0.01$(two-sided)

CIECAM02-UCS 균등 색 공간[9]에서 계산된 색차값이라는 것을 알 수가 있었다. 또한 CIECAM02-UCS 색 공간이 CIELAB, CIEDE2000, CIECAM02의 J, a_C, b_C 공간의 컬러 어피어런스 모델에서의 유클리드 색차값보다 더 우수하였다. 비슷한 컬러 연색성 인지 실험[11]을 보면, 색온도 2700K, 4000K, 6500K에 대해서, CIE 연색지수를 계산하는 U^*, V^*, W^* 색 공간보다 CIECAM02 컬러 어피어런스 모델의 색 공간에서 색차값이 실제로 인지되는 색차와 훨씬 더 상관도가 높다는 결과를 얻었다.

6.2.2
컬러 연색성 예측 모델

6.1절에서는 광원에 따라 컬러 연색성을 예측할 수 있는 현재의 CIE 방법에 대해서 설명했다. 이 절에서는 CIE 연색지수의 부족한 부분을 해결할 수 있는 최신 컬러 연색성 예측 방법에 대해 소개하고 있다. 6.2.2.1절에서는 현재 연색지수의 부족한 부분에 대해 간단히 설명하고, 6.2.2.2절에서는 광원의 여러 컬러 품질을 표현해줄 수 있는 최근 제안된 컬러 연색성 계산 방법에 대해서 보여줄 것이다.

6.2.2.1 현재 연색지수의 문제점

현재 사용하고 있는 연색지수 R_a값이 부족한 이유에 대해서는 이미 확인되었다 [12]. 가장 심각한 문제는 R_a의 계산 방법 중 8개의 테스트 컬러 샘플에 대한 것이다. 이 테스트 컬러 샘플들은 충분히 포화되지 않은 컬러(채도가 낮은)들이기 때문에, 포화된 컬러(채도가 높은)에 대한 컬러 어피어런스를 정확히 대변할 수 없고, 특히 포화된 컬러의 반사 분광 분포가 그림 6.9와 같은 RGB나 white LED처럼 특정 파장을 가지고 있는 광원에 대해서 더욱 정확성이 떨어진다.

그림 6.9의 예로 RGB LED 광원(색온도 = 2690K)의 red 최대치(640nm)가 테스트 컬러 샘플 TCS09의 포화된 red를 더욱 강화해주는 것을 볼 수 있다. 그러므로 이 경우에는 해당 TCS의 특수 연색지수의 값이 −180이 된다. 이는 평균 연색지수 R_a(이 경우 R_a = 17)가 이러한 현상을 제대로 설명할 수 없다는 것이고, 이는

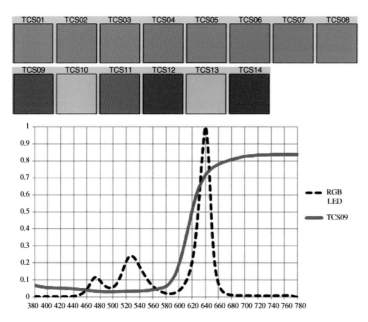

그림 6.9 CIE 연색성 평가 방법의 8개의 포화도가 낮은 테스트 컬러 샘플 효과. 위 : 평균 연색지수 R_a 계산에 사용되는 테스트 컬러 샘플 TSC01−TSC08, 중간 : 포화도가 높은 테스트 컬러 샘플 TCS09−TCS14, 아래 : 포화된 색인 TSC09 샘플의 반사 분광 분포와 RGB LED 광원의 스펙트럼 관계

R_a가 8개의 포화도가 낮은 테스트 컬러(TCS01-TCS08)만을 가지고 계산되었기 때문이다.

기준 광원의 선택은 또 다른 문제점이 된다. 기준 광원들의 연속적 변화는 색온도가 인지에 미치는 영향이 확실치 않기 때문에 해석하기 쉽지 않다. 하지만 인지되는 화이트 톤 7단계 값은 기준조명 T27, T30, T35, T42, D50, D65, D95[13]에 대해서 더 적절하게 보여졌다. 현재의 CRI 방법은 5000K(5000K 이하 흑체 복사와 5000K 이상의 데이라이트 상, 6.1절 참조)에서 불연속적이기 때문에 계산상의 문제 또한 제기되고 있다. 이에 더하여, 낮은 색온도의 조명(예 : 2000K)은 옐로 틴트(Yellow tint) 인지 문제가 발생해 인간이 느끼는 색 항상성(color consistency)이 깨지게 된다(그림 6.10 참조).

구식 색순응 모델(von Kries 변환)을 사용하는 것도 현재의 연색지수 계산 방법에서 문제가 된다. 특히 von Kries 변환은 테스트 광원과 기준 광원 간의 색 순응

그림 6.10 불완전한 색 항상성을 보여주는 예시. 낮은 색온도의 조명으로 비춰진 컬러 물체들의 정물 컬러 어피어런스

상태에서 큰 차이가 생기는 경우(예 : 6500K 대 3000K)에 더 정확성이 떨어지게 된다. 새로운 컬러 연색성 계산 방법은 이러한 차이를 보완하는 것이 필요하다. 정확하지 않은 색 순응 식이 정확하지 않은 컬러 어피어런스 예측을 야기하는 것이다. 결론적으로 테스트 광원과 기준 광원 사이에 예상되는 색차 크기는 정확하지 못하게 되고, 이로 인해 연색지수값이 맞지 않게 되는 것이다.

색차식은 또 다른 문제점이 된다. U^*, V^*, W^* 색 공간에서의 유클리드 색차값과 인지 색차 간의 상관성은 낮다. 이러한 색 공간을 시각적 불균등 색 공간이라고 할 수 있다. 균등 색 공간이라면 모든 테스트 컬러(T)가 기준 컬러 R로부터 동일한 색차 크기(ΔE_{vis})로 인지되는 경우에는 R을 둘러싼 구에 위치해 있어야 하고, 이 구는 모든 색 공간 안의, 어떠한 기준 컬러에 대해서도 일정해야만 한다. 불균등 색 공간에서는 일정한 인지 색차가 구의 형태가 아니라 다양한 방향으로 타원체를 형성하고, 이러한 타원체의 모양 또한 기준 컬러가 무엇이냐에 따라서 달라지게 되는 것이다. 그림 6.11에서는 CIELAB $a^* - b^*$ 평면에 불균등 색 공간에서의 인지 허용 동일 색 범위를 나타내고 있다. 이러한 타원체 위에 놓여진 색들은 중심 색으로부터 평균적으로 용인될 수 있는 색차를 보여준다[14].

그림 6.11에서 보여지는 것과 같이, 타원체는 중심 색이 무엇이냐에 따라 달라

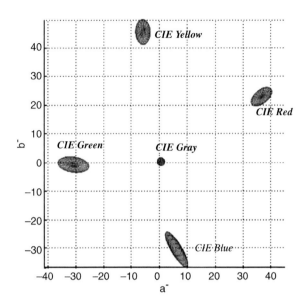

그림 6.11 CIELAB a^*-b^* 평면에 투영된 허용 색차 타원[14]

진다. 그러므로, CIELAB은 허용 색차 평가를 위해서는 인지적으로 불균등한 색 공간이라 할 수 있다.

평균 연색지수(R_a)와 관련된 또 다른 문제점은 8개의 충분히 포화되지 않은 컬러 샘플들에 의해 계산된 8개의 연색지수들에 있다. 이러한 지수들의 산술평균값인 R_a는 포화된 컬러를 포함한 모든 물체색들의 테스트 조명과 기준 조명 사이에서 생기는 컬러 변화를 올바르게 설명하는 것이 불가능하다. 이러한 문제는 LED와 같은 새로운 조명의 조합으로 만든 조명을 현대적인 색소에 사용하는 경우 심각하게 발생한다. 더한 문제는 비전문가가 평균 연색지수값을 해석하고자 할 때 생긴다. 예를 들어 $R_a = 83$이라는 숫자가 무엇을 의미하는지, 특히 $\Delta R_a = 3$이 테스트 광원의 시각적 성능 기준으로서 얼마나 색차가 발생한 것인지 이해할 수가 없다. 마지막으로, 앞서 언급했듯이, 연색성 이외에도 컬러 선호도, 재현성, 조화 등 컬러 특성에 관련되었지만, R_a값과는 연관이 없는 여러 인자가 존재한다[2].

6.2.2.2 새로운 연색지수의 제안

CIE 연색지수 계산 방법을 개선하기 위한 가능성은 1991년부터 CIE 기술위원회

1−33 체제로부터 이어져왔다. 1999년 R96ₐ의 새로운 방법이 제안되었다[15]. (전 세계적으로 지지를 받진 못했지만) 이 방법은 6.2.2.1절에서 설명된 부족한 점에 대해 다음과 같은 해결책을 제시하였다.

(1) 테스트 컬러 샘플들은 Macbeth ColorChecker® 차트에서 포화색과 포화되지 않은 색, 중요한 기억색을 포함하여 선정되었다.

(2) 기준 광원으로 연속적인 태양의 색온도나 데이라이트의 상을 선택하는 대신에 오직 6종류의 기준 조명인 D65, D50, P4200, P3450, P2950, P2700(P는 플랑크곡선을 뜻하고, 뒤따라오는 숫자는 색온도를 나타낸다)을 사용하였다[13].

(3) CIE 색 순응 모델[16] 사용을 권장하였다.

(4) 테스트 컬러 샘플에 대해서 테스트 광원을 D65로 바꾼 값과 기준 광원을 D65로 바꾼 값을 가지고 CIELAB에서 색차 계산을 한다.

최근에는 위에서 소개된 R96ₐ 방법 이외에 여러 새로운 연색지수들이 소개되었다. 이들 중 대표적인 것들의 진행되고 있는 현재 상황을 아래에 기술하였다.

CQS. 미국표준기술연구소(NIST, Gaithersburg, MD, USA)에서 정한 방법으로, 모든 테스트 광원에 대해서 컬러 품질 등급(color quality scale, CQS) 값이 주어진다[6]. 색차는 CIELAB 색 공간에서 계산하지만, 최신 버전에서는 더 균등한 색 공간이 사용된다. CIE 테스트 컬러를 사용하지 않고, 먼셀 컬러로부터 색상환에 분포된 15개의 포화된 색을 선택하여(VS1−VS15) 사용한다. CIE 연색지수에서는 기준 광원과 비교했을 때 테스트 컬러의 포화도가 증가하는 테스트 광원에 대해서는 페널티를 부여하였다. 하지만 이는 더 포화된 컬러를 선호하는 관찰자의 특성이 무시된 것이다. 그래서 CQS 방법은 이러한 선호 특성을 고려하여 테스트 광원에 의해서 포화도가 증가하는 것에 대해 페널티를 부여하지 않고, 광원의 색 재현 범위가 낮게 나타나는 경우에 페널티를 부여한다. 또한 테스트 광원의 색온도 조건이 극도로 치우친 경우에는 CQS값이 낮게 계산된다. 15개의 테스트 컬러에 대한 포화도를 보완한 색차값들을 산술평균

이 아니라 RMS(root mean square)값으로 계산한다.

SBI. 독일의 일메나우대학교에서 제안한 주관적 평가지수이다. 관찰자들로부터 컬러 품질에 대해서 여러 측면에서의 주관적 인상들을 입력값으로 하여 SBI 값을 계산한다[17]. 관찰자들은 테스트 광원과 기준 광원 간의 밝기 변화, 눈부심, 순도, 색상, 매력, 자연스러움에 대해 점수를 매긴다.

CRI-CAM02UCS. 영국의 리즈대학교[10]에서 제안한 CIECAM02-UCS 균등 색 공간에서 색차(ΔE_{UCS})를 계산하는 방법[9]으로, 각 테스트 컬러 샘플(i)에 대해서 특수 연색지수 $R_{UCS, i} = 100 - 8.0 \Delta E_{UCS, i}$를 계산하고 지수들의 평균으로 대표 연색지수 $R_{UCS, i}$를 계산한다. CIE 방법과 동일한 기준 광원과 테스트 컬러 샘플을 사용하여 계산한다. 특정한 목적을 위해서라면 임의의 분광 특성에 대해서 테스트 컬러로 사용할 수도 있다. 최신의 색 순응 변환 방법은 CIECAM02 컬러 어피어런스 모델[18]의 기본 구성요소이기 때문에, CIECAM02 기반의 색차 식 혹은 CIECAM02-UCS와 같은 균등 색 공간이 다른 휘도 및 색 순응 조건에서의 인지 색차 정량화에 적합하다.

RCRI. 독일의 다름슈타트 공대[4]에서 제안한 방법으로, 그림 6.7의 17개 테스트 샘플들의 17개의 CIECAM02-UCS 색차를 계산한다. RCRI 방법은 이러한 색차값들을 기준 광원과 테스트 광원하에서의 컬러 어피어런스 유사성에 대하여 관찰자의 판단을 예측하는 5개의 카테고리(1 : 훌륭함, 2 : 좋음, 3 : 허용 가능, 4 : 허용 불가, 5 : 매우 나쁨)로 분류한다. 분류는 CIECAM02-UCS 색차값이 상응하는 5개의 카테고리에 대한 평균 색차값(1 : 2.01, 2 : 2.37, 3 : 3.75, 4 : 6.53, 5 : 11.28)과의 유사성을 기반으로 한다. 예를 들어 계산된 색차값이 2.1(11.1)이라면, 이는 훌륭함(매우 나쁨) 카테고리로 분류되는 것이다. 이 5개의 카테고리를 결정하는 평균 CIECAM02-UCS 색차값들은 여러 사람들의 실험 결과를 통해서 결정된 것이다[4]. RCRI 방법은 6.1절에 설명된 CIE 연색지수 계산 방법과 동일한 기준 광원을 사용한다. RCRI값은 17개의 컬러 샘플들 중 훌륭함, 좋음 평가를 받은 개수(N)로부터 $RCRI = 100(N/17)^{1/3}$으로 계산된다. 이 값은 테스트 광원의 사용자에게 얼마나 많은 테스트 컬러 샘플이 기준 컬러 어피어런스와 좋게(카테고리 2) 혹은 훌륭하게(카테고리 1) 매치되는지를 알려주는 것이다.

nCRI. CIE TC1-69에서 진행 중인 최신 방법으로, CIE에서 채택되지는 못했고, 다음 세대에 완성되어 최종 표준이 될 예정이다. 그림 6.2와 비교했을 때 많은 개선점을 포함하고 있다.

6.3
컬러 조화를 고려한 실내 조명의 최적화

6.1절에서 보여진 것과 같이 조화는 광원의 컬러 품질의 중요한 심리학적 부분이다[2]. 컬러 조화란 밝은 환경에서 선택된 물체색들 간의 심미적 판단을 의미한다. 여기서 선택된 물체의 숫자는 둘(두 가지 색 조합)이 될 수도 있고, 셋(세 가지 색 조합)이 될 수도 혹은 더 많을 수도 있다(더 많은 수의 조합). 이 장의 목적은 고품질의 색 특성을 위하여 실내 조명의 분광 분포를 최적화하는 것에 관한 것으로, 이 절에서는 이러한 최적 광원하에서 테스트 컬러 조합들의 가장 조화로운 특성을 얻을 수 있도록 광원을 최적화하는 수학적 계산 방법(Szabó 등의 방법[19, 20])에 대해 설명하고 있다. 테스트 컬러 조합들의 조화 연색지수(color harmony rendering index) 계산 방법은 단일 테스트 컬러에 대한 연색지수 계산 방법(6.1절 참조)과 유사하다. 하지만 다른 점은 기준 광원과 테스트 광원 사이의 색차를 계산하는 것이 아니라, 컬러 조화를 예측하여 계산한다는 것이다.

6.3.1
컬러 조화 인지 실험

피험자들이 색 조합들의 조화에 대해서 등수를 매기는 방법으로 평가할 수 있다고 알려져 있다[19-21]. 이러한 인지 실험들은 특성이 우수하고, 캘리브레이션이 잘 맞추어진 모니터에서 진행할 수도 있고, 광원을 이용한 시청 부스에서 종이 샘플을 이용하여 수행될 수도 있다[20]. Szabó 등의 모델(6.3.2절 [19])의 근간이 되는 실험은 9명의 정상 색각을 지닌 관찰자들이 모니터상에서 2~3개의 컬러 조합에 대해서 조화로움에 대한 평가를 −5점부터 +5점까지(−5점 : 부조화, +5 : 조화로움) 점수를 매기는 방식으로 진행되었다. 순차적으로 컬러 조합을 실험할 때에 잔상 효과를 없애기 위하여 그레이 배경 화면을 2초 정도 보여주며 진행이 되었다. 실험 조합의 한 예로는 그림 6.12를 참조할 수 있다. 테스트 샘플들은 CIECAM02 J, a_C, b_C 전체 공간에서 샘플링되었다. 세 단계 밝기와 채도값들로 테스트 샘플이 구성되었고, 각 실험되는 색상에 대해서 가장 포화된 색이 사용되어서 2,346개의 두 가지 컬러 조합과 14,280개의 세 가지 컬러 조합 실험이 진행되었다.

6.3.2
Szabó 등의 컬러 조화 예측 모델

색 조화의 원리는 완성도(Goethe[22]), 순서(Chevreul[23]), 균형(Munsell[24])으로 이루어진다. 전통적인 조화 원리에 대해서는 Nemcsics[25]에 의해서 설명되었다. Judd와 Wyszecki[26]는 색 조화를 "인접하는 두 가지 이상의 컬러가 기분 좋은 효과를 낼 때, 이를 컬러 조화라고 할 수 있다"고 정의하였다. 최적의 광원을 계산하기 위해서는 컬러 조화를 수치화하는 수식을 고안하는 것이 매우 중요하다. 이러한 수식은 색 순응 변환 모델이 들어가 있는 널리 쓰이고 있는 CIECAM02 컬러 어피어런스 모델을 근간으로 하는 것이 좋을 것이다. 이 절에서는 Szabó 등의

그림 6.12 두 가지 컬러와 세 가지 컬러 조합에 대한 컬러 조화 인지 평가를 −5부터 +5까지 점수로 평가(−5점 : 부조화, +5점 : 조화로움)[19]. 예시는 세 가지 컬러에 대한 실험이다. 피험자들은 컬러 조화에 대한 느낌을 적합한 점수를 클릭하여 평가한다.

두 가지 컬러에 대한 조화식(color harmony formulas, CHF)이 소개될 것이다[19].

CHF 수식들은 고정된 색상으로 구성되거나 다양한 색상으로 구성된 두 가지의 색 조합을 포함하고 있다. 또한 세 가지 색 조합에 대한 독립적인 수식은 따로 기술되어 있다[19]. CHF 수식들은 반사색 샘플을 바탕으로 한 독립적인 컬러 조화 실험에 의하여 결정되고, 이 모델과 실험 결과 데이터 간의 높은 상관성을 이끌어 냈다($r_2 = 0.81$[20]). 또 다른 식으로는, Ou와 Luo가 만든 CH라는 것이 있다. 이 CH 식은 두 가지 색 조합에 대한 인지되는 색 조화에 대해 예측할 수 있다[21].

Szabó 등의 모델을 근간으로 하는 컬러 모니터 실험 결과로부터([20]6.3.1절 참조), 두 가지 혹은 세 가지 색 조합에 대해서 시각적으로 수치화된 값들을 CIECAM02의 채도, 밝기, 색상 차이와 각 구성 컬러들의 합들로 이루어진 함수로 분석하였다. 이는 관찰자 간의 혹은 관찰자 한 명에 대한 여러 반복적 결과와 어느 정도 일치하는 것을 확인하였다. 전통적인 조화 원리가 인지적 조화 실험 결과와 항상 일치되는 것은 아니었다. '동일 밝기' 조합의 원리가 낮은 조화 점수를 얻었고, 다른 밝기의 조합들이 좋은 조화 점수를 얻었다. 두 가지 컬러 조합의 경우에, 전통적인 색 조화 이론에서는 '보색' 원리가 색 조화의 가장 주요한 이론이었으나, 이러한 이론은 가끔은 인지 색 조화값이 낮게 나타날 때가 있었다. 반면에 '동일 색상', '동일 채도' 조합의 경우에 가장 우수한 인지적 색 조화 수치를 나타냈다.

세 가지 색 조합의 경우에는 '동일 색상' 특성이 인지적으로 가장 우수한 점수를 얻었다. 동일한 밝기의 세 가지 색은 오히려 낮은 점수를 얻었고, '인접한 색상' 원리는 색 조화 점수에 긍정적으로 작용하였다. 실험 결과는 두 가지와 세 가지 색 조합에 대한 서로 다른 수식이 필요하다는 것을 보여주었다. 또한 이 다른 수식들은 각각 동일한 색상 조합과 다른 색상 조합들에 대해서 따로 필요하다는 것이 밝혀졌다.

식 6.1은 동일한 색상의 두 가지 컬러 조합에 대한 색 조화를 예측하는 식이다. 수식 6.1의 인자들은 표 6.4에 정의되어 있다.

표 6.4 동일 색상의 두 가지 색 조합의 조화를 예측하는 CHF 수식 인자들[19]

인자	수식
밝기 차이(JDIFF)	$2.33 \times 10^{-5} |\Delta J|^3 - 0.004 |\Delta J|^2 + 0.211 |\Delta J| + 0.246$
밝기 합(JSUM)	$0.0268 J_{sum} - 0.656$
채도 차이(CDIFF)	$3.87 - 0.666 |\Delta C|$
색상 선호(HP)	$0.361 \sin(1{:}511h) + 2.512$

$|\Delta J|$: 2개의 구성 컬러 간의 밝기 차이 절댓값, J_{sum} : 두 컬러의 밝기 합, $|\Delta C|$: 2개의 구성 컬러 간의 채도 차이 절댓값, h : 컬러 조합의 색상 각도. 모든 값은 CIECAM02 컬러 어피어런스 모델로 계산된다.

$$\text{CHF} = 0.283 \cdot (3.275\text{JDIFF} - 0.643\text{JSUM} + 2.749\text{CDIFF} + 4.773\text{HP}) - 5.305$$

$$(6.1)$$

식 6.2는 다른 색상들에 대한 두 가지 컬러 조합에 대한 색 조화를 예측하는 식이다. 식 6.2의 인자들은 표 6.5에 정의되어 있다.

$$\text{CHF} = 0.47 \cdot (0.515\text{JDIFF} + 0.391\text{JSUM} + 0.205\text{CDIFF} + 1.736\text{CSUM}$$
$$+ 2.187\text{HDIFF} + 5.104\text{HP}) - 2.283$$

$$(6.2)$$

표 6.5 서로 다른 색상의 두 가지 색 조합의 조화를 예측하는 CHF 수식 인자들[19]

인자	수식
밝기 차이(JDIFF)	$2.5 \times 10^{-5} |\Delta J|^3 + 3 \times 10^{-3} |\Delta J|^2 - 2.2 \times 10^{-2} |\Delta J| + 0.158$
밝기 합(JSUM)	$0.027 J_{sum} - 0.656$
채도 차이(CDIFF)	$-0.053 |\Delta C| + 1.172$
채도 합(CSUM)	$-0.051 C_{sum} + 2.36$
색상 차이(HDIFF)	$8 \times 10^{-5} |\Delta h|^2 - 0.0279 |\Delta h| + 2.3428$
색상 선호(HP)	$\frac{1}{2}\left[4 \times 10^{-5}(h_1)^2 - 0.127 h_1 + 1.4035 + 4 \times 10^{-5}(h_2)^2 - 0.0127 h_2 + 1.4035\right]$

$|\Delta J|$: 2개의 구성 컬러 간의 밝기 차이 절댓값, J_{sum} : 두 컬러의 밝기 합, $|\Delta C|$: 2개의 구성 컬러 간의 채도 차이 절댓값, C_{sum} : 두 컬러의 채도 합, $|\Delta h|$: 2개의 구성 컬러 간의 색상각 차이의 절댓값, h_1, h_2 : 두 컬러의 색상각. 모는 값은 CIECAM02 컬러 어피어런스 모델로 계산된다.

6.3.3

조화 연색성 예측 계산 방법

광원이 기준 광원으로부터 테스트 광원으로 변화할 때, 조명을 받는 물체들의 인지되는 컬러 조화 역시 함께 변화하게 된다. 샘플들 간의 컬러 변화가 CIECAM02 공간상에서 비체계적으로 이동하는 경우(규모와 방향이 함께 변화하는 경우를 우려) 컬러 조화가 무너지는 것을 관찰할 수 있을 것이다[20]. 컬러 조화의 변화를 정량화하기 위해, 기준 광원과 테스트 광원 사이의 테스트 컬러 샘플들의 컬러 조화 예측값(CHF) 차이를 선형 변환하여 조화 연색지수(color harmony rendering index)가 제안되었다.

이러한 차이값들로 인지되는 컬러 조화의 왜곡(개선) 범위를 수치화함으로써 테스트 광원의 조화 연색성을 설명하고자 하는 것이다. 식 6.3은 i번째 테스트 컬러 조합의 특수 조화 연색지수($R_{hr,i}$)를 보여주고 있다.

$$R_{hr,i} = 100 + k(\text{CHF}_{i,\text{ref}} - \text{CHF}_{i,\text{test}}) \tag{6.3}$$

기준 광원하에서 계산된 i번째 테스트 컬러 조합의 컬러 조화값이 $\text{CHF}_{i,\text{ref}}$, 테스트 광원하에서 계산된 i번째 테스트 컬러 조합의 컬러 조화값이 $\text{CHF}_{i,\text{test}}$이고, k는 사용 가능한 조화 연색 규모를 결정하는 상수값이다. 일반 지수값(R_{hr})은 모든 테스트 샘플 조합들에 대한 특수 지수들의 산술 평균으로 계산될 수 있다.

R_{hr}값은 다른 광원들의 컬러 조화 특성을 계산하여 최적화하고 평가하는 데 사용될 수 있다. 34색의 테스트 물체들의 모든 두 가지 색 조합을 예로 들면, 모든 조합의 개수는 $34 \cdot 33 \div 2 = 561$이다. 이 561개의 두 가지 컬러 조합에 대한 42개 테스트 광원하에서의 컬러 조화 지수($\text{CHF}_{i,\text{test}}$)와 기준 광원하에서의 컬러 조화 지수($\text{CHF}_{i,\text{ref}}$)를 계산해보았다. 기준 광원은 CIE 방법을 이용하여 결정하였다(6.1절의 1단계 참조). 각 광원들에 대한 561개의 조화 연색지수($R_{hr,i}$)가 계산되었고, 이때 상수 $k = -100$을 적용하였다. 그리고 34개의 물체들에 대한 특수 CRI-CAM02UCS 연색지수($R_{\text{UCS},i} = 100 - 8.0\Delta E_{\text{UCS},i}$)[10]도 계산되었고, 이 34개 값들의 평균값도 계산하였다($R_{\text{UCS},i}; i = 1-34$).

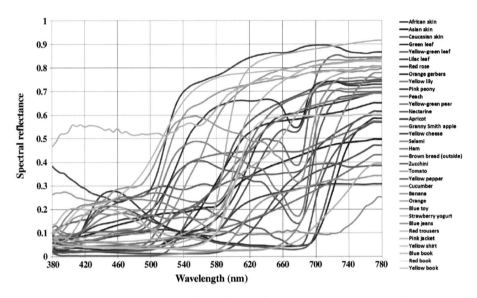

그림 6.13 광원들의 조화 연색지수 평가를 위한 34개의 테스트 물체들의 분광 반사 특성

이 34개 테스트 물체들은 현대 실내 환경을 대변할 수 있는 넓은 범위의 색상
과 채도 범위 특성을 반영한 것이다. 이들의 분광 반사 특성은 그림 6.13에서 볼
수 있다.

42개의 테스트 광원 세트는 인광체 변환 백색 LED 광원, 형광등, 정제 가스 방
전 램프, 백색 보강 LED 램프, 텅스텐 할로겐 램프, 고연색성을 위해 최적화된
9개의 이론 조합(theoretical multicomponent) 램프들로 이루어져 있다. 이 광원
들은 표 6.6에 정리되어 있다.

그림 6.14는 표 6.6의 예시에 나온 광원들의 평균 연색 특성(R_{UCS})과 평균 조화
연색 특성(R_{hr}) 간의 관계를 보여주고 있다.

그림 6.14에서 보여지는 것과 같이, 평균 연색 특성(R_{UCS})과 평균 조화 연색 특
성(R_{hr}) 간에는 명확한 역(negative) 특성 관계($r^2 = 0.62$)를 보이고 있다. R_{UCS} 대신
에 CIE 연색지수(R_a)를 활용한 또 다른 조화 연색지수 계산 방법으로는, 또 다른
테스트 컬러 조합들, 테스트 광원들의 경우에도 역시 $r^2 = 0.35$의 역관계 특성값
을 얻었다. 이러한 결과를 토대로 광원의 상대 분광 분포를 최적화할 때, 연색 특
성과 조화 특성은 트레이드 오프(trade-off) 관계라는 것을 알 수가 있다.

표 6.6 42개의 광원(light sources, LS) 세트, 그들의 상관 색온도(CCT), 34개 컬러 샘플에 대한 평균 CRI-CAM02UCS 특수 연색지수(R_{UCS})[10], 561개의 컬러 조합에 대한 조화 연색지수들(R_{hr})의 평균값[20]

LS	CCT	R_{UCS}	R_{hr}	LS	CCT	R_{UCS}	R_{hr}
pcLED1	6344	69	123	pcLED6	3098	74	111
pcLED2	4579	67	128	pcLED7	3099	76	115
pcLED3	4870	93	97	pcLED8	2974	76	103
FL1	4374	59	129	pcLED9	3348	87	88
FL2	4445	88	99	pcLED10	4234	61	112
HMI	4370	86	104	pcLED11	4309	66	111
retrLED	2683	87	99	pcLED12	4333	67	113
pcLED4	2640	65	127	pcLED13	5046	56	113
pcLED5	2797	95	91	pcLED14	3982	61	118
FL3	2773	56	131	pcLED15	4061	76	106
FL4	2637	88	102	pcLED16	4821	86	100
TUN	2762	96	108	pcLED17	5650	61	114
MLED1	2775	93	92	pcLED18	5575	66	117
MLED2	3042	92	99	pcLED19	5046	56	113
MLED3	3032	94	96	pcLED20	5225	58	111
MLED4	4520	82	98	pcLED21	5043	63	118
MLED5	4541	82	98	pcLED22	6369	59	113
MLED6	4947	88	83	pcLED23	4966	64	121
MLED7	6476	85	112	pcLED24	6540	66	120
MLED8	6451	85	85	pcLED25	6369	59	113
MLED9	6219	96	96	pcLED26	5018	62	120

pcLED : 인광체 변환 백색 LED, TUN : 텅스텐 할로겐, FL : 형광등, HMI : 정제 가스 방전 램프, retrLED : 백색 보강 LED 램프, MLED : 이론 조합 램프

더 나아가 조화 연색지수의 평균값만으로는 광원의 컬러 조화 특성을 평가하기 힘들다고 할 수 있다. 이를 설명하기 위해서는 앞선 예시의 두 가지 선택된 광원, FL1(R_{hr} = 129)와 TUN(R_{hr} = 108)에 대한 특수 조화 연색지수들을 자세히 들여다볼 필요가 있다. 두 광원에 대한 561개의 특수 조화 연색지수들의 히스토그램은 그림 6.15에 비교되어 있다.

그림 6.15에서 보여지는 것과 같이, FL1 광원의 평균 조화 연색지수가 TUN 광원의 지수보다 더 높고, FL1이 TUN 대비 히스토그램이 더 넓게 분포되어 TUN 광원은 수치적으로 덜 조화로운 특성을 보여주게 된다. 이것은 컬러 조합에 관심

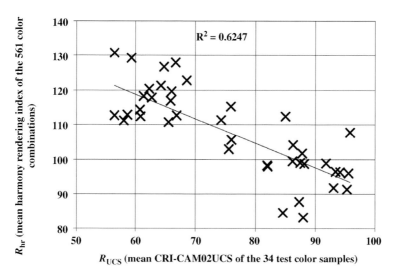

그림 6.14 표 6.6의 예시에 대한 평균 컬러 연색성(R_{UCS})과 평균 조화 연색 특성(R_{hr}) 간의 관계

을 기울여서 보게 되는 경우에, 혹은 더 조화로운 조합이 실제 환경에서 구현되지 못하는 경우에 조명 환경에 대해서 조화로운 느낌을 받지 못하게 된다는 것을 의미하게 된다. 그림 6.16은 표 6.6의 12개의 테스트 광원들의 561개 조합에 대한 95% 신뢰 구간의 평균치뿐만 아니라 최소, 평균, 최대 $R_{hr,\,i}$를 포함하는 조화 연

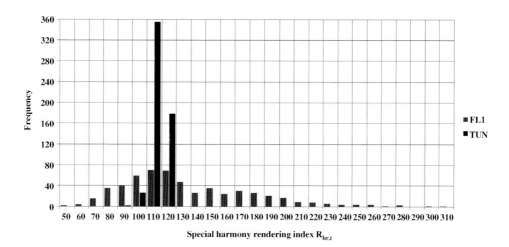

그림 6.15 FL1($R_{hr}=129$)과 TUN($R_{hr}=108$)(표 6.6 참조) 광원에서의 561개의 특수 조화 연색지수. 가로축 : 조화 연색지수 분류($j=1-27$, $C_j=50, 60, \cdots, 300, 310$). 세로축 : 빈도, 즉 $C_{j-1}<R_{hr,\,i}\leq C_j$에 해당하는 테스트 컬러 샘플의 숫자

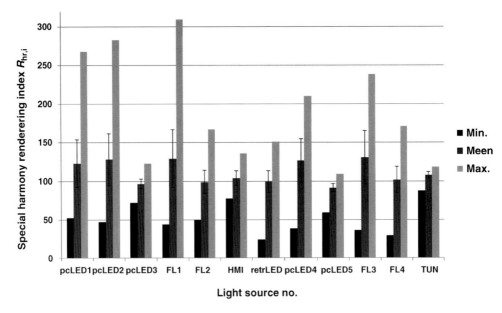

그림 6.16 표 6.6의 12개 테스트 광원의 561개 조합에 대한 95% 신뢰구간의 최소, 평균, 최대 $R_{hr,i}$를 포함하는 조화 연색 특성

색 특성을 그래프로 보여주고 있다.

그림 6.16에서 보여지는 것과 같이, 텅스텐 할로겐 광원(TUN)은 HMI, pcLED3, pcLED5와 견줄 만한 정도의 균형 잡힌 조화 연색 특성을 보여주고 있다. 하지만 그 외 광원(모든 형광등을 포함)들은 몇몇의 컬러 조합에서 조화가 깨지게 되는 것을 알 수가 있다. 그러므로 광원의 상대 분광 분포의 최적화 작업은 특수 조화 연색지수들을 고려하여 전체적인 분포에 대해서 이루어져야 한다.

6.4
광원 컬러 품질의 주요 요소

6.4.1
컬러 품질에 영향을 주는 인자

앞서 6.2절에도 이미 언급했지만, 광원의 컬러 품질은 광원에 의해서 비춰지는 환경에서의 물체에 대한 관찰자의 컬러 인지와 판단 등 여러 다른 양상을 포함하고 있다[2, 3, 27]. 컬러 충실도(color fidelity, 6.1절에서 정의됨)는 고전적인 특성을 나타낸다. 컬러 충실도와 동일한 의미의 단어는 **컬러 연색성**(color rendering)이다[1]. 어떤 작업들은 반사되는 컬러 샘플들에서 발생하는 작은 색차를 인지하는 것을 필요로 한다. 이를 광원의 **컬러 식별** 특성이라고 한다. 시각적 선명도는 비춰진 환경의 일반적인 밝기의 느낌과 전반적인 대비(contrast) 느낌, 다시 말하면 물체 간의 큰 색차가 존재하는 것과 연관되어 있다[28].

물체 표면의 연속적인 **컬러 변화**가 발생시키는 미세한 그림자의 인지가 중요한 측면이 될 것이다. 컬러의 선호는 보통 물체들 색의 생생함과 자연스러움에 대해 주의를 기울이는 심미적 판단과 연관되어 있다. 반면에 **컬러 조화**는 어떤 환경에서 선택된 물체들의 컬러들 간 관계를 심미적으로 판단하는 것이다. 기억색 재현에 대한 개념은 테스트 광원하에서 장기 기억 속에 있는 색과의 유사성을 기반으로 소개되었다[29, 30]. 이는 테스트 광원하에서 관찰자가 물체의 컬러 분포 특성이 장기 기억 속에 있는 컬러 분포 특성과 얼마나 동일한지를 판단하는 기억 특성이라고 부를 수 있다.

광원의 상대 분광 분포 특성을 종합적으로 최적화하기 위해서는, 서로 다른 컬러 품질 특성에 대해 다른 수식을 사용하는 것이 중요하다. 예를 들면 연색지수와 같은 수식은 사용자들이 측정한 분광 분포값으로부터 인지되는 컬러 품질(예 : 컬러 충실도) 특성을 예측하는 것을 가능하게 해준다. 컬러 특성을 포괄적으로 디자인하기 위해서는, 이러한 예측값들 간의 상호 의존적인 특성에 대해서 생각해보는 것이 중요하다. 컬러 품질을 결정하는 특성 간의 가능한 트레이드 오프 특성을 찾기 위해서 서로 연결되어 있지 않은 지수들을 찾고, 합리적인 최적화된 광원의 분광 분포 함수를 얻는 것이 목표가 된다.

이를 위하여, Guo와 Houser[31]는 몇몇 예측변수들을 계산하여 비교하였다. 이 계산들은 CIE 연색지수(R_a)[1]와 Judd의 'flattery' 지수(R_f)[32], Thornton의 CPI[33], Thornton의 CDI[34], Xu의 컬러 표현 용량(CRC)[35], Fotio의 추상체 표면적(CSA)[36], Pointer의 연색지수(R_p)[37]를 포함하고 있다. 중요한 상관관계는 R_a와 R_f, CPI, CRC, R_p; R_f와 CPI, CRC, R_p; CPI와 CDI, CRC, R_p; CDI와

CRC, CSA, R_p; CRC와 CSA, R_p; CSA와 R_p와 같이 나타났다.

이러한 상관관계의 분석을 통하여 두 가지 주요한 요소가 도출되었다 — (1) 색 재현성(면적 혹은 부피) 기반의 요소(CSA, CRC, R_p로 설명됨), (2) 기준 광원 기반의 요소(R_a, R_f, CPI, CDI로 설명됨). 컬러 품질의 이러한 두 주요 요소는 Rea와 Freyssinier-Nova[38]의 색 면적 기반의 지수를 R_a와 함께 사용하여 컬러 식별, 생생함, 자연스러움의 시각적 판단을 예측하여 입증되었다.

이러한 발견과 더불어 Hashimoto와 Nayatani[39]는 R_a와 함께 컬러 품질을 설명할 수 있는 컬러 재현 면적 기반의 지수(FCI)를 제안하였다. 또한 Yaguchi 등 [40]에 의해서 제안된 연색성 기술 방법은 컬러명을 분류하는 방법을 사용하였다. 충실도와 선호도의 복합 지수도 역시 소개되었는데, NIST의 컬러 특성 등급 (6.2.2.2절 참조)[41]과 Schanda의 복합 선호 연색지수[42]가 있다. 6.3절에서 이미 언급했듯이, Szabó 등[20]은 조화 연색지수 R_{hr}과 테스트 광원의 연색지수를 계산한 R_a값을 비교하여, 그들 간에 역관계가 있음을 발견하였다. 또한 CQS[41] (6.2절 참조)값도 함께 계산하여 R_a값과 상당히 연관이 있음을 알아냈다.

6.2.1절에서 언급된 컬러 연색 인지 실험과는 달리, 컬러 품질 시각 실험에서는 관찰자의 컬러 선호 특성을 테스트 광원과 기준 광원 간 발생하는 색차를 평가하는 컬러 충실도와 구분해내는 것이 중요하게 된다. 보통의 컬러 선호 실험에서는, 평가자들이 여러 다른 LED 광원들 조합의 조명 조건에서 텅스텐 할로겐 조명과 형광등과 비교하여, 과일이나 채소들의 컬러에 대한 매력성, 자연스러움, 적합함(적합함은 선호하는 과일이나 채소를 고를 때 시각적으로 쉽게 선택되는 쪽을 말할 수 있다)을 평가하여 수행되었다[43]. CIE의 연색지수(R_a)는 이러한 주관적 판단 결과와 잘 매칭되지 않았다. 하지만 매력성은 재현 면적 지수(참고문헌 [38] 참조)와 상관성이 있었다.

또 다른 실험에서는, Circle 32 실험[44]이라고 하는 작은 색차들 간의 컬러 식별 능력 실험이 수행되었는데, 이는 CIELAB의 색상환을 따라서 균등하게 분포된 32개의 포화되지 않은 컬러 견본을 나열하게 하는 방법이었다. 컬러 식별 능력은 스펙트럼상 불균형하게 분포된 광원들(RGB 혹은 RGBA LED 클러스터)의 경우에는 현저하게 떨어지는 것으로 나타났고, 이는 CIE 연색지수 R_a와 상관성을 보였다.

더 나아간 연구를 보면[45], 18명의 관찰자들이 컬러 물체들(실제 과일, 채소, Macbeth ColorChecker$^®$)을 고연색성의 색 재현 면적은 작거나[38], 저연색성의 높은 색재현 면적을 가졌거나, 혹은 고연색성의 높은 색 재현성 조건의 여섯 가지의 광원(3000K의 warm white 세 종류, 4600K의 cool white 세 종류)하에서 선명함과 자연스러움을 평가하였다. 자연스러움의 점수가 가장 높게 평가된 조건은 연색성과 색 재현성이 모두 높은 광원에서였다. 고연색 특성 하나만으로는 자연스러운 특성을 얻지 못하였다. 가장 선명함을 얻을 수 있는 조건은 광원의 컬러 연색성이 낮고 재현 면적이 높은 광원에서였다.

컬러 특성 지수(6.2.2.2절 참조)[6]라고 불리는 컬러 품질을 입증하는 중요한 연구는 NIST의 스펙트럼 조절 가능한 광원 장치(Spectrally Tunable Lighting Facility)[46]로 수행되었다. 이 장치는 복합광을 이용하여 광원의 상대 분광 분포를 정밀하게 조절할 수 있는 룸 형태로 되어 있다. 여러 백색 LED 스펙트럼들(3000과 4000K 색온도에서의 $70 < R_a < 95$)이 만들어졌다. 이 스펙트럼들은 과일, 생선 초밥, 조화, 피부색과 같은 여러 물체색의 포화도를 증가시키거나 감소시킬 수 있도록 선택된 것이다. 한 쌍의 광원이 물체를 번갈아가며 비추고, 두 광원 중 어느 쪽 광원에서 물체들이 더 좋아 보이는지를 선택하도록 하였다. CQS 값[6]은 CIE 연색지수 대비 관찰자들의 선택 결과와 훨씬 더 부합하였다.

컬러 용인성 실험은 3차원의 모든 물체(미세한 그림자와 질감을 포함)의 컬러 어피어런스에 대하여 수행되었고, 혹은 디스플레이상에 2차원으로 프로젝션되어 수행되었다[47]. 하지만 현재까지 컬러 용인성을 설명할 수 있는 방법은 이미지 컬러 어피어런스와 색차 모델링이 복잡하여 제안되지 못했다. 컬러 용인성은 테스트 광원하에서의 물체의 컬러 분포가 관찰자의 장기 기억 속에 저장된 컬러 분포와 동일한지 여부를 판단하는 것이다.

종합 컬러 품질 실험을 살펴보면, Nakano 등[48]은 4명의 관찰자로 하여금 열 가지 다른 광원하에서의 컬러 물체 5개의 다른 장면을 18단계의 의미 분별척도법(충실도 높음-충실도 낮음, 컬러를 쉽게 말할 수 있음-컬러를 말하기 어려움, 따뜻함-차가움, 포화됨-포화되지 않음, 명랑함-냉철함, 좋음-나쁨, 명확함-흐릿함, 강함-약함, 편안함-불편함, 아름다움-추함, 쾌활함-우울함, 부드러움-단단함, 좋아함-싫어함, 새로움-오래됨, 생생함-힘 없음, 노랑-파랑, 빨강-초록, 밝음-어두움)으로 평가하게 하였다. 다섯 장면들은 초분광 이미지를 이용하여 캘리브레이션이 잘된 컴퓨터 모니터에 띄워졌다. 기여율 70%(첫 번째 인자)와 16%(두 번째 인자)의 두 가지 주요한 인자를 각각 발견하였다. 이 중 두 번째 인자는 R_a값과 상관성이 있었다($r^2 = 0.74$).

다음 단계로는(6.4.2절), 선택된 컬러 인지 성능 지수들(어떤 점에서는 Nakano 등[48]의 실험과 비슷함) 간의 상관성을 물리적으로 측정된 수치로부터 수치적 예측 과정 없이 분석할 것이다. 장면들에 대한 종합적 컬러 품질을 정신물리학적 방법으로 평가하는 방법으로 상세한 질문들을 사용하여 점수를 얻는 것이다. 6.4.3절에는 시각 결과들이 컬러 품질의 4인자 모델에 의해 해석되어 시각 지수의 주요 인자를 분석할 것이다.

6.4.2
실험적 컬러 특성 평가 방법

이 절에서는 컬러 품질의 시각 평가의 종합적 방법에 대해서 설명하도록 한다. 관찰자는 보통 테이블 위에 나열되어 있는 여러 복잡한 자극들의 자세한 컬러 품질에 대한 질문지에 답을 했다. 이 테이블 위의 나열된 물체는 시청 부스에서 보여지는 실제 실내 장면들을 대표하는 여러 컬러 물체들로 구성된 **정물(still life)**의 모습이었다(그림 6.17 참조).

시청 부스는 세 가지 종류의 광원이 위로부터 넓게 비추었다. 오직 하나의 광원만이 따로따로 정물을 비추었고, 다른 두 광원들은 빛이 시청 부스에 미치지 않도록 기계적으로 움직일 수 있는 체커보드 커버로 막아 놓았다. 실험자들이 커버를 움직임으로써 광원의 종류를 바꿀 수 있었다. 각 광원들의 상관 색온도는 2600K였다. 텅스텐 백열등(INC, 기준), 소형 형광등(CFL), 백색 인광 LED 램프

그림 6.17 양안으로 보여지는 여러 다른 특성을 평가하기 위한 정물 배열(150cm×80cm× 80cm). 크기 10cm×15cm의 PTFE 백색 기준과 관찰자의 눈 간 거리는 70cm이다.

(LED)가 사용되었다.

관찰자들은 광원이 어떤 종류인지 모르는 상태로 실험을 진행하였다. 광원 자체는 숨겨진 채로 광원에 대해서는 번호로 표시하였다. 정물의 모습 중앙에는 백색 기준(white standard)을 두어 색 순응을 확인하였다. 백색 기준의 평균 휘도는 세 광원들 간의 변화값을 포함하여 $107 \pm 6 cd/m^2$였다. 광원들의 광 특성 측정 데이터는 표 6.7에 요약되어 있고, 그림 6.18은 광원들의 상대 분광 분포를 보여주고 있다(백색 기준에서 측정된 것임).

30명의 정상 색각을 가진 관찰자들이 실험을 진행하였다. 관찰자들의 색각 평가는 Farnsworth의 D-15 테스트로 진행되었다. 관찰자들은 그들의 모든 시야에

표 6.7 백색 기준에서 측정한 광원들의 광 특성값

light source	INC	CFL	LED
$L(cd/m^2)$	106	111	110
x	0.469	0.484	0.467
y	0.412	0.423	0.422
CCT(K)	2589	2480	2684
R_a	99.7	83.9	89.4

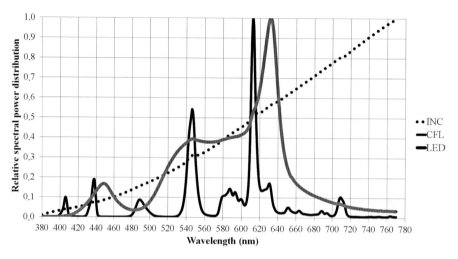

그림 6.18 세 가지 광원의 상대 분광 분포

들어오는 정물의 장면을 살펴보았다. 그리고 컬러 품질 중의 특별 요소에 관한 질문들에 대해서 여러 다른 점수로 매기는 방식으로 컬러 품질에 대한 여러 다른 특성을 평가하였다.

각 질문은 하나 혹은 그 이상의 요소들의 평가로 구성되었다. 관찰자들은 오직 하나의 요소에 대해서 각각 평가하였다. 이 요소라고 하는 것은 정물들 중에서 하나의 전체 물체가 되거나 전체 물체들의 조합이 될 수도 있었다. 관찰자들은 세 종류의 광원하에서 현재 요소들의 컬러 어피어런스를 비교하였다. 한 관찰자는 주어진 요소를 한 번에 하나의 광원들에 대해서 각각 점수를 매겼다. 하지만 이러한 점수 매기는 과정 중에서, 다음 물체나 다음 질문으로 넘어가기 전에는 실험 진행자들은 관찰자들의 요구에 따라서 어떠한 광원이라도 다시 보여줄 수 있도록 하였고, 주어진 광원은 최소 3초의 시간 동안 정물 장면을 비추었다.

이 시간은 광원들 간 색도들의 작은 변화에 대해서 재순응을 할 수 있도록 설계된 것으로, 그 때문에 정물 장면의 중앙에 있는 백색 기준을 항상 볼 수 있도록 하였다. 관찰자들은 각 광원들에 대해서 오래 관찰하기를 원하지 않았는데, 이는 오래 시청하는 경우에 그들의 단기 기억 속에 있는 물체들의 컬러 어피어런스가 희미해지고, 이로 인해 판단하기가 더 어려워졌기 때문이다.

질문지를 작성하기 전에, 모든 관찰자들은 컬러 품질의 여러 다른 특성을 구분할 수 있도록 자세하게 교육을 받았다. 질문지의 각 특성들에 대한 정의와 특성들 간의 차이점에 대해서는 설명되어 있다. 다음의 9개 질문(Q1~Q9)은 정물 장면에서의 컬러 품질에 대해 질문된 것이다.

- **밝기 관련(Q1).** 다음의 요소들에 대한 밝기를 평가하시오(그림 6.17 참조) ─ 백색 기준, 장미꽃, 나뭇잎, 파랑 털실, 마지막으로 전체 정물 장면. 텅스텐 백열등(INC, 기준) 아래서의 밝기를 1.00으로 고정하였다. 그리고 관찰자들은 CFL과 LED 광원 아래서의 인지되는 밝기를 INC($\equiv$1.00)과 비교하여 대답하도록 하였고, CFL과 LED에서 값들이 1 이상이 되는 것을 허용하였다. 실험 결과들의 평가에서는 각 광원에서의 각 관찰자들의 이 다섯 가지 요소들의 평균 점수가 '밝기'라고 불리는 변수 V_1이 되었고, 이는 90개의 경우가 되었다. 30명의 관찰자 각각이 3개의 광원에 대해서 평가하였다(INC일 때는 $V_1 \equiv 100$).

- **매력성 관련(Q2).** 다음의 요소들에 대해서 심미적 판단에 따른 매력성을 INC와 비교($\equiv$1.00)하여 평가하시오 ─ 스웨터, 오른편 인형의 피부톤, 빨강 달리아, 장밋빛 달리아, 오렌지빛 달리아, 피망, 파랑 털실, 수련. CFL과 LED에서 값들이 1 이상이 되는 것을 허용하였다. 각 개별적인 컬러 어피어런스가 좋은지, 컬러의 조합들이 좋은지 여부에 대해서 평가하시오. 각 광원하에서의 각 관찰자들의 이 8개 요소들의 평균 점수는 '선호'라고 불리는 변수 V_2가 되었다(INC일 때는 $V_2 \equiv 1.00$).

- **조화 관련(Q3).** 수채화 물감(12개의 컬러, 7개의 세 컬러 조합, 각 3cm 직경)의 19개 조합에 대해서 컬러 조화를 평가하시오(그림 6.19 참조). 한 번에 하나의 컬러 조합에 대해서만 보여주었다. 이는 관찰자의 눈으로부터 60cm 떨어진, 회색 커버 위의 정물 장면의 가운데에 놓여졌다. 구성 컬러들 간의 관계에 대한 심미적 판단을 필요로 하는 실험이다. 각 광원하에서 각 관찰자들의 19개 요소들에 대한 평균 점수는 조화라고 불리는 변수 V_3가 된다(INC일 때는 $V_3 \equiv 1$).

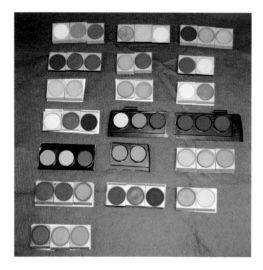

그림 6.19 컬러 조화 평가에 쓰인 물감들 19개의 두 가지 혹은 세 가지 컬러 조합. 원형 물감의 지름은 3cm였다.

- **컬러 카테고리 관련(Q4).** 정물 장면 가운데의 백색 표준 아래에 위치한 원형의 수채 물감들(직경 = 3cm)(그림 6.17 참조)에서 인접한 색들을 확실하게 구분하고 알아볼 수 있는지 여부를 평가하시오. 다음의 일곱 가지 조합에 대해서 평가되었다 — 윗줄의 노랑/오렌지, 오렌지/빨강, 빨강/보라, 보라/라일락, 라일락/파랑, 아랫줄의 파랑/어두운 녹색, 어두운 녹색/풀색. 관찰자들은 이상적인 경우에, 인접한 물감들의 컬러 카테고리를 시각적으로 쉽게 구분할 수 있도록 하였다(예 : 노랑으로부터 오렌지색을 구분). 각 광원하에서 각 관찰자들의 이 일곱 가지 요소에 대한 평균 점수는 '카테고리'라고 불리는 변수 V_4가 된다(INC일 때는 $V_4 \equiv 1$).

- **색 재현성 관련(Q5).** 정물 장면(그림 6.17 참조)의 포화된 컬러들, 특히 Macbeth ColorChecker®에서 보여지는 색 재현 정도를 평가하시오. 이 점수는 색 '재현성'이라고 불리는 변수 V_5가 된다(INC일 때는 $V_5 \equiv 1$).

- **컬러 변화 연속성 관련(Q6).** 다음의 물체들에 대한 세밀한 컬러 변화(그림자들)에 대해서 평가하시오 — 오른편의 장미꽃, 나뭇잎, 파랑 털실. 관찰자에게 최대한 많은 세밀한 컬러 그림자를 볼 수 있도록 하였다. 각 광원하에서 각 관

찰자들의 이 세 가지 물체에 대한 평균 점수는 '변화'라고 불리는 변수 V_6가 된다(INC일 때는 $V_6 \equiv 1$).

- **최소 색차 관련(Q7)**. 관찰자들은 60cm의 거리에서 지름 21cm의 원형 종이를 돌리게 된다. 이 원형 종이는 연속적 컬러 변화를 보여주는 두 카피가 대칭되어 있고, 각각은 위에서부터 아래까지 180°만큼 컬러가 덮여 있다. 하나는 왼쪽 편에, 또 다른 하나는 오른쪽 편에 인쇄되어 있다. 컬러 변화는 CIELAB a^* $-b^*$ 평면상의 컬러 중심값 C_1과 세컨드 컬러(C_2) 사이를 따라서 움직이게 된다. C_1과 C_2 간의 ΔE^*_{ab}값 7.0과 20.0은 CIELAB 색차 1도 단위당 0.04~0.11에 해당한다. CIELALB $L^* = 50$에서 모든 컬러에 대해서 L^*는 일정하게 유지한다. 관찰자들은 다른 원형 종이(커버)의 밑에 있는 (아래쪽) 원형 종이를 돌린다(그림 6.20 참조). 커버 원형의 위쪽 반은 중심 컬러 C_1과 동일하게 인쇄되었고, 아래쪽 원형에서 나타나는 컬러 변화가 2cm×2cm의 슬롯에 보이도록 만

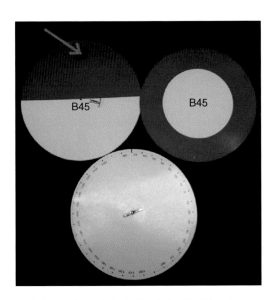

그림 6.20   최소 색차 평가를 위한 색상환(직경=21cm). 왼쪽 위 : 커버 판으로, 컬러 중심이 반원에 인쇄되어 있고, 빨간색 화살표로 표시된 2cm×2cm 슬롯을 포함하여 아래 원판의 컬러 변화를 볼 수 있게 하였다. 오른쪽 위 : 컬러 중심과 세컨드 컬러 간의 연속 컬러 전이가 대칭적으로 인쇄되었다(2×180°, 위에서부터 아래까지, 하나는 왼쪽 편, 또 다른 하나는 오른쪽 편), 아래 : 0°에서 180°까지 수치가 대칭적으로 표시되어 관찰자들의 차이를 인지하게 되는 각도를 읽을 수 있도록 하였다.

들어져 있다. 커버 원형 종이의 아랫부분 반쪽에는 8개의 컬러 중심값 정보가 표시되어 있다(그림 6.21 참조). 여덟 쌍의 컬러 중심(C_1)과 세컨드 컬러(C_2)는 그림 6.22의 CIELAB a^*-b^* 다이어그램에 그려져 있다.

관찰자는 아래쪽의 원형 종이를 색차가 위쪽의 (커버) 원형 종이와 구분할 수 있는 수준이 될 때까지 돌리게 된다. 그러면, 아래 종이의 뒤쪽 수치(α)를 읽는다. $\alpha = 0$은 세컨드 컬러와 컬러 중심과 물리적으로 완전히 동일하다는 것을 뜻하고, $\alpha = 180°$ 세컨드 컬러와의 색차가 최대치를 가리킨다. 관찰자들의 결과는 다음의 방법인 $\alpha' = (180° - \alpha)/180°$로 수치화된다. 그리고, 8개의 원형 샘플들에 대한 α'의 평균값을 계산하고, 이 평균값이 '차이'라고 불리는 변수 V_7이 된다. 이 질문에서는 기준 광원은 없다.

- **기억색 유사성 관련(Q8).** 네 가지 사물(정물의 특정 나뭇잎, 인형 아래 놓여 있는 청바지, 오른편의 인형 피부톤, 장미꽃)을 당신이 기억하고 있는 사물들을 토대로, 장기 기억 속의 기억색을 사용하여(이는 내부적 기준을 이용하는

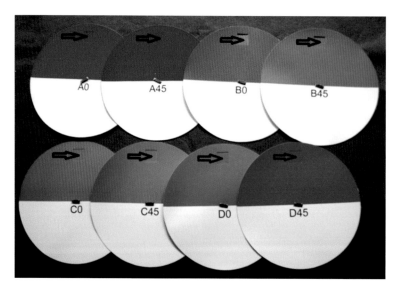

그림 6.21 최소 색차를 평가하는 8개의 색상환(커버 판, 직경=21cm). 원판의 위 반쪽은 중심 컬러와 동일하게 인쇄되어 있고, 2cm×2cm의 슬롯이 있어 아래의 연속적인 컬러 변화를 볼 수 있도록 하였다(검은색 화살표로 표시). 나머지 반쪽의 흰색 부분에는 8개의 컬러 중심 정보를 표시하였다.

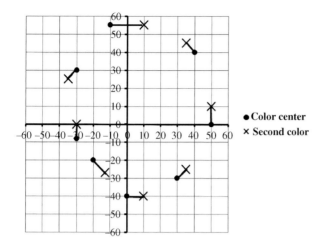

그림 6.22 CIELAB a^*-b^* 다이어그램에서 여덟 쌍의 중심 컬러(C_1)와 세컨드 컬러(C_2)

것임) 컬러 어피어런스를 평가하시오. 위의 네 아이템의 평균 점수가 '메모리'라고 불리는 변수 V_8이 된다. 여기에는 기준 광원이 없다. 관찰자들은 각 사물별로 텅스텐 광원, 소형 형광 램프, 백색 인광 LED 램프에서 그들의 내부 기준을 이용하여 유사성을 평가하게 된다. 각 점수의 최댓값은 평가자들의 기억의 컬러와 정확히 일치하는 경우 1.00이 된다.

● **컬러 충실도 관련(Q9)**. 6개의 사물(당근, 피망, 장미꽃, 나뭇잎, 청바지, 오른 편의 인형 피부톤)의 컬러 어피어런스를 기준 광원(INC)과 비교하여 CFL, LED 광원하에서 각각 평가하시오. 이는 일반적인 연색성 인지 평가이다. 이 6개 아이템의 평균 점수가 '충실도'라고 불리는 변수 V_9이 된다(INC일 때는 $V_9 \equiv 1$).

6.4.3
컬러 품질 모델링 : 4인자 모델

6.4.2절에서 기술한 변수 $V_1 - V_9$에 대한 810개의 데이터 세트(질문 9개×관찰자 30명×광원 3종류)가 분석의 입력값이 되었다. 주요 인자 분석 방법이 선택되었고, 이는 $V_1 - V_9$ 연관 매트릭스 계산으로 진행되었다. 4개의 인자가 추출되었고,

반복되었다. 표 6.8은 인자들의 가중치를 보여주고 있다.

0.6보다 높은 인자 가중치(표 6.8의 굵은 글씨체로 되어 있음)들에 대해서는 모든 요소에 대한 이름을 다음과 같이 바꿨다—'선호'는 F_1, '밝기'는 F_2, '색 재현성'은 F_3, '색차'는 F_4. 이것이 컬러 품질의 4인자 모델이 된다. 이런 의미에서, 선호 인자(F_1)는 5개의 요소, 즉 선호, 조화, 기억색, 충실도, 컬러 변화 인자들과 상응한다. 밝기 인자(F_2)는 V_1(밝기)와 V_4(카테고리)와 관련이 있다. 색 재현성(F_3)은 재현성과, 색차 인자(F_4)는 색차와 연결이 된다.

또한 표 6.8을 통해서 다섯 가지 특성(선호, 조화, 기억색, 충실도, 컬러 변화)이 첫 번째 인자(선호 F_1)로 설명될 수 있다는 것을 알 수 있었다. 이는 근본적인 컬러 품질 요소로 제안할 수 있으므로, 광원 설계에서 이로운 발견이 될 수 있다. 예를 들면 근본 요소(F_1)가 광원의 상대 분광 분포 최적화 단계에서 증가하는 경우에는, 광원의 다섯 요소 역시 증가하면서, 모든 다섯 가지 컬러 특성을 만족시킬 수 있다. 하지만 이 다섯 요소 중 하나가 증가한다고 하더라도 반드시 다른 요소들이 함께 증가하는 것은 아니며, 이는 그들의 변화의 일부분만이 F_1을 설명하고 있기 때문이다(표 6.8 참조). 그러므로 최적화 단계에서 두 번째 단계로, 광원의 응용

표 6.8 4인자에 대한 $V_1 \sim V_9$ 변수의 가중치

Variable	Question	Factor loadings			
		F_1	F_2	F_3	F_4
	Factor labels	Preference	Brightness	Gamut	Difference
V_2	선호	**0.860**	0.247	−0.065	0.134
V_3	조화	**0.802**	−0.069	−0.088	0.121
V_8	기억색	**0.676**	0.122	0.027	−0.485
V_9	충실도	**0.655**	−0.257	0.424	0.002
V_6	변화	**0.636**	−0.134	0.257	−0.369
V_1	밝기	−0.143	**0.927**	−0.115	0.038
V_4	카테고리	0.403	**0.645**	0.462	−0.038
V_5	색재현성	−0.052	0.012	**0.926**	0.034
V_7	차이	0.076	0.030	0.050	**0.887**

두껍게 표시된 값들은 각 인자들과 연관됨을 나타낸다.

분야에 따라서 각 요소들을 선택적으로 정밀 조절하는 것이 필요할 수 있다.

컬러 품질의 특정 요소들 중 연관된 요소들이라고 하는 것은 그들 지수가 수치적으로 분리될 필요가 없다는 것을 의미하는 것은 아니다. 반대의 의미는 맞을 수도 있다. 특정한 광원의 최적화를 타깃으로 하는 경우에는 모든 요소에 대한 적절한 연관 지수를 도출하는 것은 매우 중요하나, 만족감에 대한 결과는 연관된 요소들로부터 얻어질 수 있다. 이에 대한 예시로는 컬러 선호도와 컬러 충실도의 경우를 들 수 있다 — 컬러 충실도를 최적화하는 것이 선호 컬러가 된다는 것을 부정하는 것은 아니지만, 그것이 가장 선호되는 컬러에 도달할 수는 없을 것이다. 전체 조명의 경우에는 컬러 선호도를 최적화하는 것은 적당하지 않은 것이, 컬러 충실도 편차로 인하여 (특히 채도 향상 편차들) 중요한 물체들을 잘못 표현하고, 광원 사용자들에게 잘못된 결정을 내리게 할 수 있기 때문이다.

6.4.4
세 가지 실내 광원의 컬러 품질을 위한 주요 요소

이 절에서는 6.4.3절에서 설명한 컬러 품질 인자들인 $F_1 - F_4$를 그림 6.18의 세 가지 실내 광원을 예시로 들어 분석해보았다. 그림 6.23은 이 세 가지 광원에 대해

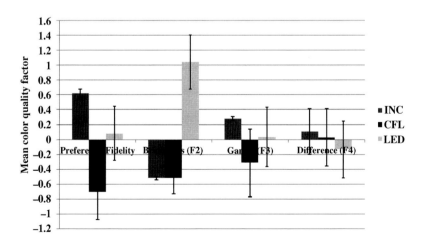

그림 6.23 테스트 광원에 대한 4인자의 평균값. 30명의 관찰자들의 평균값과 이들의 95% 신뢰구간을 보여주고 있다.

서 4인자 모델로 컬러 품질 인자값들(F_1-F_4)을 비교한 것이다. 95% 신뢰 구간에서 30명의 관찰자들의 평균값들을 보여주고 있다. 값들은 회귀 분석에 의하여 계산되었다.

그림 6.23에서 보여지는 것과 같이, 인자들에 따라서 각각 다른 순위를 보여주고 있다. 텅스텐 광원(INC)은 F_1(선호)에 대해서는 가장 높은 순위를 보였고, 그 다음은 LED와 CFL 순이었다. 각각의 비중첩 신뢰 구간이 이러한 경향이 의미 있음을 보여주고 있다. LED는 F_2(밝기) 인자에서 가장 높은 순위를 보였고, 그다음은 INC와 CFL이었다(다음의 두 광원 간에는 큰 차이가 나지는 않는다).

F_2가 광원에 주요하게 작용을 하였다(ANOVA, $F=53.3$, $p<0.001$). CFL은 색재현성 인자(F_3)가 INC보다 낮았지만, 전체적인 광원의 영향을 따져보았을 때 5% 수준으로 영향력이 있지 않았다(ANOVA, $F=2.8$, $p=0.068$). 또한 광원의 종류에 따라서 F_4('색차') 인자에는 큰 영향을 미치지는 않았다. 마지막으로, 텅스텐 램프(INC)가 기준 광원으로 사용되어, V_7과 V_8을 제외한 모든 변수에서 1.00의 고정된 수치를 가지고 있다는 것을 주목해야 한다. 이는 INC가 V_7을 주로 설명하는 F_4를 제외하고 모두 작은 신뢰 구간을 가지고 있기 때문이다.

색차 인자(F_4)는 현재의 테스트 광원들 간에는 크게 의미 있게 보여지지 않는데, 이는 높은 수준의 컬러 품질을 가진 광원의 최적화에는 큰 연관이 없기 때문이다. 실제로, 컬러 식별력은 스펙트럼이 매우 치우쳐 있는 광원들(RGB나 RGBA LED 클러스터)에서만 감소한다는 것이 이전 연구에서 밝혀진 바 있다[36].

6.5
여러 광원 조건에서의 복잡한 실내 환경 평가

복잡한 실내 환경은 다양한 색의 반사 물체들로 이루어져 있고, 이 물체들은 다른 광원으로 비춰짐에 따라 컬러 어피어런스가 계속 변화하게 된다. 즉 새로운 광원을 방에 설치함으로써 인지되는 컬러 품질은 왜곡되거나 향상될 수 있다. 광원의 선택은 인지되는 컬러 품질의 모든 면에서 관찰자들의 판단이 향상되는 방향으로 진행되어야 한다. 판단의 점수가 실제로 인지되는 양과 비선형적 관계를 갖게 될지도 모른다. 6.5.1절에서는 이러한 테스트 컬러 물체와 관찰자의 유사성 판단 간의 관계에 대해서 다루게 되는데, 여기서 색차와 유사성은 테스트 광원과 기준 광원 간의 컬러 충실도로 설명될 수 있다.

또 다른 중요한 과제는 복잡한 실내 환경에서 컬러 충실도, 컬러 조화, 색 재현 능력과 함께 컬러 물체의 밝기 인지를 어떻게 정량화하는지다. 이는 34개의 테스트 컬러 샘플과 42개의 테스트 광원으로 6.3.3절에서 이미 설명했던 예시를 이용하여 6.5.2절에서 더 자세히 설명할 것이다. 여기에서는 광원이 어느 정도의 휘도 수준에만 도달한다면 광 효율이 더 이상 실내 조명 환경을 최적화할 타당한 목표가 아니라는 것이 밝혀질 것이다. 마지막으로 6.5.3절에서는 42개의 테스트 광원을 예시로 백색의 인지와 광원의 색도에 대한 이슈를 다루게 될 것이다.

6.5.1
색차수치와 연색수치 간의 심리적 관계

현재의 연색지수의 문제점에 대해서는 평균 연색지수를 분석할 때의 복잡성을 포함하여 앞서 6.2.2.1절에서 설명하였다. 이 절에서는 컬러 연색성 계산 방법의 마지막 단계로, 색차값을 연색지수로 변환하는 것에 대해서 다룰 것이다. 실내 환경의 테스트 광원하에서 일반적인 물체의 컬러 어피어런스에 대한 관찰자들의 판단을 예측하는 것은 테스트 광원의 컬러 연색성을 특징 짓기 위해서 중요한 문제이다.

6.1절의 6단계를 보면, 테스트 광원의 연색지수(R)는 테스트 광원과 기준 광원 간의 테스트 샘플의 색차(ΔE)값을 이용하여 예측하여 계산된다 : $R = 100 - 4.6\Delta E_{U^*V^*W^*}$. 이 수식은 단지 기술적 바탕으로 정의된 것으로[1], 여기서 R은 테스트 광원의 연색 특성을 정량화한 값을 나타낸다. 하지만 6단계의 연색지수 계산 방법은 심리적인 의미도 포함해야 한다. 즉 이는 테스트 광원하에서 비춰지는 물체의 색과 기준 광원에 의해 비춰지는 물체의 색 간 유사싱에 대한 관칠자의 핀딘 R_p를 예측해야 하는 것이다.

이런 관점에서, 이 절에서는 이러한 측정한 색차값과 관찰자의 연색성 판단 결과 간의 심리적 관계 $R_p(\Delta E_{UCS})$를 평가하기 위한 인지 실험 결과에 대해서 설명을 하고자 한다. 이렇게 심리적 관계를 이용하면 지수를 비전문가들도 쉽게 이해할 수 있다는 장점이 있다. 이러한 관계의 하나인 RCRI에 대해서는 6.2.2.2절에서 소개되었다. RCRI값[4]은 테스트 광원의 사용자에게 테스트 샘플이 기준 컬러 어피어런스와 얼마나 잘 매칭되는지를 보여줄 수 있다.

하지만 RCRI 실험에서는 같은 종류의 테스트 컬러 샘플들만을 포함하였고, 실제 물체들의 컬러 분포 특성은 실험하지 않았다. 실생활에서는 실제 물체들의 색차를 평가하는 것이 중요하다. 실제 물체들(예 : 자연 혹은 인공의 꽃이나 과일, 채소, 장난감 등)은 전형적인 컬러 분포 특성을 가지고 있고, 이러한 컬러 분포[49]는 같은 물체를 비추더라도 비추는 광원이 달라지면 바뀌게 된다. 예를 들면 백색 LED 등으로 비출 때와 텅스텐 램프로 비출 때의 분광 분포는 달라진다. RCRI 방법과 같이 점수를 1(우수), 2 (좋음), 3(허용할 만함), 4(허용할 수 없는), 5(매우 나쁨)과 같이 매기는 방법뿐 아니라, 1.7이나 2.3과 같이 연속적인 지수로 상응하는 값을 찾는 것 또한 중요하다. 그림 6.24에는 연속적인 심리적 관계 $R_p(\Delta E_{UCS})$를 평가하는 시각 실험 장치를 보여주고 있다.

실험에 사용된 광원은 하나의 백열 기준 광원과 연색지수 R_a값이 18~93 사이의 범위에 분포되어 있는 서로 다른 10개의 테스트 광원들로 이루어져 있다(그림 6.25 참조). 화이트 포인트(약 2800K 색온도에서)를 시각적인 백색 기준(white standard)으로 맞추었다. 조도는 백색 기준에서 701~710 lx 범위로 측정되었다.

RGB LED뿐만 아니라 연색지수가 높거나 낮은 백색 LED 조합으로 10개의 테스트 광원이 만들어졌다. 모든 광원은 조명 보드(그림 6.24의 1번)에 장착되었고, 균일한 광을 조사하기 위하여 확산판(2번)을 백색 기준(3번)과 인공물(4번)들이 놓인 테이블 위에 설치하였다. 시각 실험을 할 때는 동등한 컬러 패치와 실제 과일과 꽃들 역시 평가에 사용하였다(전체 7개의 물체)(표 6.9와 그림 6.26 참조).

모든 테스트되는 물체들은 다른 물체들과 함께 동시에 보여지도록 배열하였다(그림 6.24의 4번). 총 15명의 정상 색각을 가진 관찰자들이 Farnsworth의 D-15 테스트 방법으로 평가하였다. 관찰자들은 하나의 물체를 테스트 광원(최소 2초)

그림 6.24 연속적인 심리적 관계 $R_p(\Delta E_{UCS})$를 평가하는 시각 실험 장치. (1) 백색 LED, RGB LED, 백열등으로 이루어진 조명 보드로 10개의 테스트 광원을 만들어내고, 백열등은 기준 광원이 된다. (2) 확산판(조명 보드와 플레이트 사이 공간은 하얀 벽으로 둘러싸여 있어, 이 사진을 찍음으로 해서 내려진 조명이 확산될 수 있도록 구성), (3) 백색 기준, (4) 정물 형태의 테스트 인공물들, 실험 중에는 실물과 관찰자들의 손도 함께 평가되었다. (5) 관찰자들이 제어할 수 있는 2개의 버튼으로 된 스위치, 하나는 실제 테스트 광원 버튼이고 다른 하나는 기준 광원 버튼이다. (6) 광원을 제어하고 값(색차 인지 점수와 유사 판단 점수)을 입력할 수 있는 사용자 기반의 S/W가 구성된 컴퓨터, (7) 동일한 S/W로 구성된 조명 보드를 구동할 수 있는 전기 회로

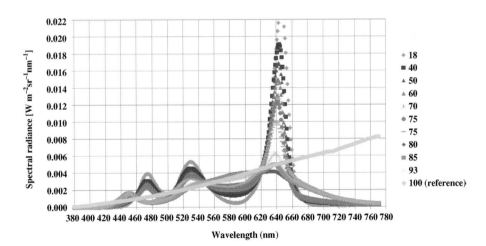

그림 6.25 연속적인 심리적 관계 $R_p(\Delta E_{UCS})$를 평가하기 위해 시각 실험에 사용된 11개 광원의 분광 분포. CIE의 일반 연색지수(R_a)값이 범례로 표시되어 있다.

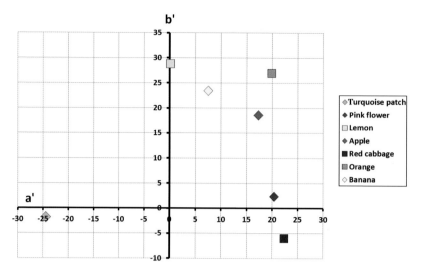

그림 6.26 텅스텐 기준 광원하에서의 CIECAM02-UCS *a′−b′* 다이어그램에 표시된 테스트 물체들. 표 6.9의 값과 비교해보라. 모든 물체는 관찰자들이 직접 평가하였다. 이 다이어그램은 특정 관찰자가 평가한 한 예시값을 보여주는 것이다.

과 기준 광원(최소 2초)을 바꿔 가며 2개의 버튼(그림 6.24의 5번)을 이용하여 평가하였다. 평가하는 것은 기준 광원과 테스트 광원 간의 각 물체들의 컬러 어피어런스 유사성을 심리적 점수로 수치화하여 판단하는 것이다. 관찰자들은 정신물리학적 컴퓨터 프로그램(그림 6.24의 6번)의 사용자 인터페이스에서 연속적인 점수로 판단을 하도록 했다. 또한 동일한 판단을 유지하기 위하여, 컴퓨터 모니터(그림 6.24의 6번)를 보고 난 후에 매번 최소 10초간은 기준 백색에 다시 순응하는 시간을 가졌다.

유사성 판단 점수는 1부터 6까지로 이루어져 있다. 모든 숫자는 다음의 의미로 나뉘어 있다―1 : 매우 좋음, 2 : 좋음, 3 : 중간 정도, 4 : 낮음, 5 : 나쁨, 6 : 매우 나쁨. 하지만 관찰자들이 점수를 매길 때에는 마치 학교 성적을 수치화하는 것처럼(예를 들면 1.7과 같이) 연속적인 숫자로 평가하도록 하였다. 조명 보드의 구동 전기(그림 6.24의 7번)는 동일한 컴퓨터 프로그램에 의해서 제어되었다. 평균 수치인 ΔE_{UCS}값은 각 테스트 광원과 기준 광원 간의 자연물과 인공물 각각의 색차 분포 차이 변화에 대한 값이 된다.

표 6.9 7개의 물체가 텅스텐 기준 광원하에서 계산된 각각의 CIECAM02-UCS J', a', b'값들(그림 6.26과 비교해보라)

Test object	Type	Photo	CIECAM02-UCS		
			J'	a'	b'
Turquoise	Homogeneous patch		70.4	−24.4	−1.9
Pink flower	Real		53.6	20.4	2.3
Orange	Real		58.2	19.9	26.9
Lemon	Artificial		76.2	0.1	28.8
Apple	Artificial		69.1	17.3	18.6
Red cabbage	Artificial		37.5	22.4	−6.0
Banana	Real		76.4	7.5	23.4

표 6.9에 나타나 있는 7개 물체에 대한 15명의 유사성 점수(관찰 점수 R_p)는 그들의 계측기로 측정한 색차 평균값(ΔE_{UCS})을 나타낸다. 그림 6.27은 15명의 관찰자들이 각 7개의 물체들에 대한 유사성 점수(R_p) 평균과 그들의 95% 신뢰 구간을 ΔE_{UCS}의 함수로 보여주고 있다.

그림 6.27에서 보여지는 것처럼, 7개 물체에 대한 $R_p(\Delta E_{UCS})$는 모두 3차 다항식에 의해 비선형적으로 일정하게 감소하는 유사한 경향을 보이고 있다. 하지만 유사성 점수는 물체에 기인하는 것으로, 특정 물체들(사과, 바나나, 분홍색 꽃, 레몬)에 대해서는 관찰자들이 더 예리하게 보았고, 덜 예리하게 관찰하는 물체들(터키색 컬러 패치, 적색 양배추, 오렌지)도 있었다. 이러한 경향은 ΔE_{UCS}값에 의존하는 경향이 있었다. 15명의 7개 물체에 대한 유사성 점수 평균값(R_p)은 그림 6.28에 나타나 있다. 이러한 전체 평균 유사성 점수들은 95% 신뢰 구간을 보여주

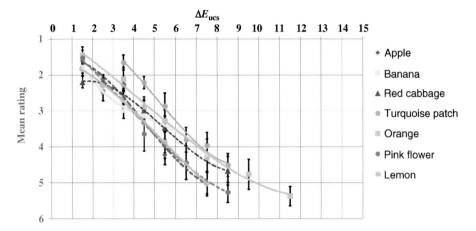

그림 6.27 15명의 관찰자들의 평균 유사성 점수(R_p)와 각 7개 물체들에 대한 그들의 95% 신뢰 구간을 ΔE_{UCS} 함수로 표시. 각 물체들의 연결 곡선 : 실험값들은 3차 다항식 추세로 피팅되었다. 빨간색 곡선 : 모든 컬러 물체들에 대해 모든 관찰자들에 대한 평균 경향 피팅 곡선(그림 6.28과 식 6.4 참조)

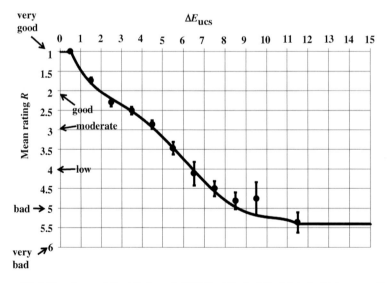

그림 6.28 점 : 15명의 관찰자×7개 물체의 평균 유사성 점수(R_p). 구간 : 95% 신뢰 구간. 가로축 : 계측기로 측정한 색차값들(ΔE_{UCS}), 연속적인 커브 : 모든 관찰자의 평균에 피팅한 커브(식 6.4 참조). 왼쪽 좌표축에 표시한 글자들(매우 좋음, 좋음, 중간 정도, 낮음, 나쁨, 매우 나쁨)은 연속적인 유사성 점수 전체에 의미적 점수 분류를 표시한 것이다. 표 6.11과 비교해보라.

표 6.10 식 6.4의 다항식 계수값

i	0	1	2	3	4	5
a_i	0.24389926	1.78724426	−0.68216738	0.14116555	−0.01249592	0.00039117

고 있다.

그림 6.28에 보여지는 것과 같이 평균 유사성 점수값은 비선형적 감소 경향을 보여준다. 다음의 함수들은 실험적 결과와 신뢰 구간 안에서 피팅된 것이다.

$$R = 1, \qquad\qquad \Delta E_{\text{UCS}} < 0.5$$
$$R = \sum_{i=0}^{5} a_i (\Delta E_{\text{UCS}})^i, \quad 0.5 \leq \Delta E_{\text{UCS}} \leq 11.5 \qquad (6.4)$$
$$R = 5.39952461, \qquad \Delta E_{\text{UCS}} > 11.5$$

식 6.4의 다항식 계수는 표 6.10에 나와 있다.

식 6.4는 15명의 관찰자×7개의 물체에 대한 정신물리학적 유사성 점수 데이터를 피팅한 것이다. 그러므로 이것은 계측된 색차 수치와 심리적 관계라고 볼 수 있고, 연색지수의 계산 시 마지막 단계에 해당된다고 볼 수 있다. 식 6.4는 어 떤 연색지수 방법에도 중요한 요소로 더해지게 되고, 이는 테스트 광원과 기준 광원 간의 색차만 알면 관찰자들의 유사성 점수(판단)를 예측할 수 있다는 것이다. 식 6.4는 다음과 같은 방법으로 비전문가가 연색지수를 해석할 수 있도록 도와준다. 연색성(컬러 충실도)의 어떠한 값도 ΔE_{UCS} 색차값에 대응시키는 것이 가능하다. 표 6.11은 이를 CRI-CAM02UCS(R_{UCS}) 연색 수치의 예로 설명하고 있다.

표 6.11 식 6.4를 참고한 CRI-CAM02UCS(R_{UCS}) 컬러 연색성 수치[10]값들의 해석

R_{UCS}	ΔE_{UCS}	R(식 6.4)	Semantic rating
96.8	0.4	1.00	Very good
92.0	1.0	1.48	Good-very good
84.8	1.9	1.99	Good
76.8	2.9	2.3	Good-moderate
68.8	3.9	2.7	Moderate

그림 6.28의 세로축 표시 내용과 비교해보라.

표 6.11의 예시로 보여지는 것처럼, R_{UCS} 수치[10]는 비전문가들에게 쉽게 표현하여 '매우 좋음' 혹은 '보통 수준'과 같이 해석될 수 있다. 이 해석은 연색지수에 더해지는 값을 나타낸다. 수식 6.4 대신에 다른 수식 또한 그림 6.28의 실험 결과와 피팅되어 사용될 수 있다.

6.5.2
복합적 실내 장면에서 색 재현성, 연색성, 조화와 관련된 밝기 : 계산 예시

이 절에서는 물체 색의 인지 밝기를 다른 컬러 특성 측면인 색 재현성, 연색성, 조화색과 관련 지어 분석해보았다. 실내 환경에서 시력 유지와 시각적 성능을 유지시켜주기 위해서는 충분히 높은 휘도 수준이 필요하다. 예를 들면 하얀 종이 위의 검은 글씨를 읽을 때 이는 중요하다. 이러한 조도 수준은 ISO 표준(ISO 9241-6)에 정의되어 있다. 예를 들어 일하는 사무실 환경에서 하얀 표면 위의 휘도 수준이 200cd/m² 정도가 시력 유지를 위해서 허용할 수 있는 값으로 나타나 있다. 적정한 휘도 수준이 보장될 수 있는 환경이 주어진다면, 실내 환경에서의 컬러 품질 측면에 주의를 기울여, 광원의 상대 분광 분포는 주어진 상황에서의 컬러 품질 측면의 최적화가 이루어져야 한다.

첫 번째 측면은 장면에서의 컬러 물체의 밝기, 동일한 광원하에서의 백색 기준의 밝기(brightness) 대비의 상대적인 밝기가 된다. 실내의 조명 환경에서 컬러 품질을 평가할 때, 관찰자들은 보통 물체의 밝기를 평가하게 된다. 밝기에 대한 느낌을 올바르게 표현하기 위해서, 더 채도가 높은 컬러의 물체들은 채도가 덜한 물체를 인지할 때보다 같은 휘도에서 더 밝게 인지하게 된다. 이는 Helmholtz-Kohlrausch 효과[50]라고 한다. 이 효과는 색상에 따라서 많이 달라지게 된다. 이 절에서는 예측 수식(L^{**})을 제시하게 된다[51]. Helmholtz-Kohlrausch 효과의 대안 모델로 좀 더 복잡한 In-CAM(CIELUV) 모델[52]을 포함하고 있다. 이 L^{**} 수식은 물체의 색을 CIELAB 색상(h)과 채도(C^*)에 맞춰 CIELAB 밝기(L^*)를 다음과 같이 적용한 것이다.

$$L^{**} = L^* + [2.5-0.025\,L^*][0.116|\sin((h-90°)/2)| + 0.085]C^* \qquad (6.5)$$

식 6.5에서 L^{**}는 채도 인자를 Helmholtz-Kohlrausch 효과에 따라 적용한 물체색의 밝기에 대한 수치 관계를 나타내고 있다. 재미있는 것은, L^{**}값을 상대 휘도(Y_{rel})에 대하여 그림을 그려보면, 물체의 휘도는 장면의 완벽한 백색의 휘도 값으로 나누어지게 된다. 그림 6.29는 표 6.6에 나와 있는 34개의 테스트 컬러와 pcLED1부터 텅스텐 광원까지의 12개 테스트 광원 간의 관계를 보여주고 있다.

높은 수치의 상대 휘도값을 압축하는 것으로 나타내는 CIELAB L^*값 외에도, 다른 물체색에 대한 L^{**}의 색상과 채도 의존성은 그림 6.29에서 보여주고 있다. 몇몇 물체들은 일정 범위의 상대 휘도(예 : $Y_{rel} = 20-40$)에 속하는데, 그들은 상대 휘도에 대해서 서로 다른 상대 밝기를 나타내고 있다. 예를 들면 햄, 배, 노란 책과 같은 것들이 그러하다. 그러므로 복잡한 실내 조명 환경에서 특정 물체색의 밝기를 향상시키기 위해서는 L^{**}와 같은 (평균) 채도 밝기 수치가 광원 최적화 타깃으로 쓰이는 것이 필요하다.

다음 질문으로는 밝기 인지가 얼마나 컬러 품질의 다른 측면과 연관되어 있는지가 되겠다. 이를 설명하기 위해서, 평균 밝기 상관성(L^{**}), 평균 특수 컬러 충실

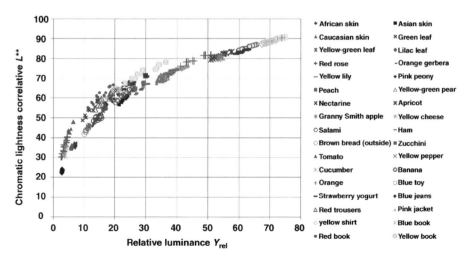

그림 6.29 상대 휘도(Y_{rel})에 따른 밝기 상관관계(L^{**})[51]. 6.3.3절의 34개 테스트 컬러 샘플과 12개의 광원에 대한 예시. 관계 $L^{**}(Y_{rel})$는 각 테스트 컬러마다 다르게 나타난다.

도(R_{UCS}), 평균 특수 조화 연색지수(R_{hr}, 6.3절 참조), 색 재현성(G) 간의 관계를 6.3.3절에 나와 있는 34개의 테스트 컬러 샘플들(R_{hr}의 경우에는 561개의 컬러 조합)과 42개의 테스트 광원에 대해서 분석해보았다. 모든 34개의 컬러 샘플들에 대한 평균값을 계산해보았다. 색 재현성(G)은 CIECAM02 J, a_C, b_C 색 공간에서 모든 가능한 2개의 컬러 조합과 34개 샘플 사이의 거리를 더하고, 10,000으로 나누어 예측하였다. 이러한 조합의 수는 34 · 33÷2=561과 같고, 이는 6.3.3절에 설명된 바와 같다. 그림 6.30은 L^{**}와 G와의 관계를 보여주고 있다. 42개의 광원은 3개의 색온도 그룹, 즉 따뜻함(CCT<3500K), 중간(3500K≤CCT<5500K), 차가움(CCT≥5500K)으로 분류하였다.

그림 6.30에서 보여지는 것과 같이, 평균 밝기(L^{**})는 42개의 광원 간에 크지 않은 산포(약 6%)를 보여준다. 이 값은 최대, 최소 L^{**}값을 평균 L^{**}값으로 나누어서 계산된 것이다. 하지만 개별적인 물체들은 더 클 수 있다(그림 6.29 참조). 예를 들어 빨간색 장미의 밝기는 변화 폭이 표 6.6의 12개의 광원 간에서 29%나 차이가 나게 된다. 그러므로 어떤 주어진 환경(예 : 꽃)에서 일반적인 반사 색을 고를 때 광원의 밝기 측면을 개선하는 것을 고려해야 한다.

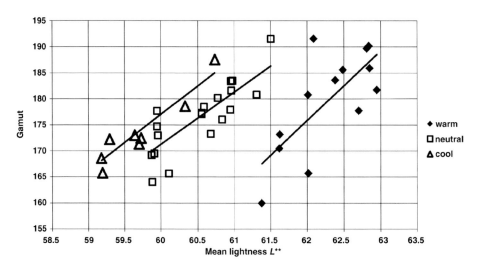

그림 6.30 밝기 상관성 L^{**}[51]와 색 재현성 G와의 관계. 각 표시는 34개 테스트 컬러 샘플(6.3.3절 참조)의 평균을 나타낸다. 6.3.3절의 42개 광원에 대한 예시. 광원은 4개의 그류이 따뜻함(CCT<3500K), 중간(3500K≤CCT<5500K), 차가움(≥5500K)으로 분류된다.

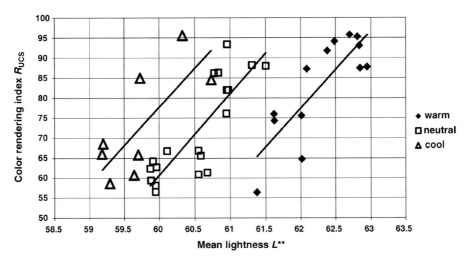

그림 6.31 밝기 상관성 L^{**}[51]와 연색지수 R_{UCS}과의 관계. 나머지는 그림 6.30의 설명 내용과 동일하다.

따뜻한 색온도 그룹에서는 34개의 테스트 물체의 특정 세트에 대해서 중간이나 차가운 색온도 그룹 대비 더 높은 평균 밝기 값이 나타났다. 차가운 색온도의 광원은 푸른 테스트 물체들의 밝기를 더 향상시켜주게 된다. 색 재현성(편차는 약 18%)은 각 색온도 그룹에서 평균 밝기와 상관관계를 어느 정도 가지고 있다(r^2 = 따뜻한, 중간, 차가운 색온도 그룹 각각 0.53, 0.66, 0.87). 그림 6.31은 평균 밝기 상관성 L^{**}와 R_{UCS} 간의 관계를 보여주고 있다.

그림 6.31에서 보여지는 것처럼, 연색지수 R_{UCS}(42개의 광원에 대해서 편차 약 53%)는 각 색온도 그룹에서 평균 밝기와 어느 정도 상관성을 가지고 있다(r^2 = 따뜻한, 중간, 차가운 색온도 그룹 각각0.68, 0.72, 0.59). 평균 밝기와 연색성의 최 댓값은 따뜻한 색온도 그룹에서 얻을 수 있었다. 그림 6.32는 평균 밝기 L^{**}와 조화 연색지수 R_{hr} 간의 상관성을 보여주고 있다.

그림 6.32에서 보여지는 것처럼, 조화 연색지수 R_{hr}(42개의 광원에 대해서 편차 약 44%)과 평균 밝기는 반대의 상관관계를 가지고 있다(r^2 = 따뜻한, 중간, 차가운 색온도 그룹 각각 0.45, 0.72, 0.87). 그림 6.33은 색 재현성(G)과 연색지수 R_{UCS} 간의 관계를 보여주고 있다.

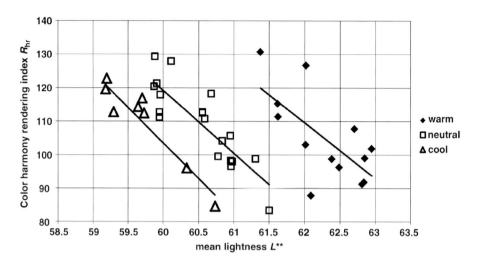

그림 6.32 밝기 상관성 L^{**}[51]와 조화 연색지수 R_{hr}과의 관계. 나머지는 그림 6.30의 설명 내용과 동일하다.

그림 6.33에서 보여지는 것처럼, 연색지수 R_{UCS}는 색 재현성 G와 따뜻한 광원에 대해서 상관성($r^2 = 0.75$)이 있다. 중간과 차가운 색온도의 광원에 대해서는 이보다는 연색지수 R_{UCS}와 G와의 상관성($r^2 = 0.45$, $r^2 = 0.33$)이 덜하게 나타났다. 색 재현성과 연색지수의 최댓값은 따뜻한 색온도 그룹의 두 광원에서 얻어졌다.

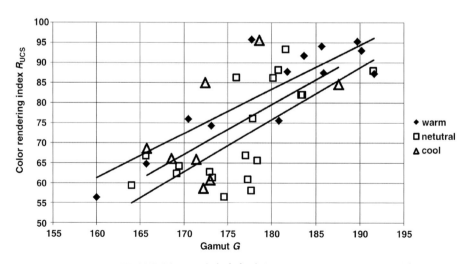

그림 6.33 색 재현성 G와 연색지수 R_{UCS}과의 관계. 나머지는 그림 6.30의 설명 내용과 동일하다.

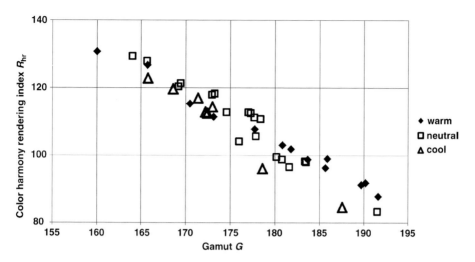

그림 6.34 색 재현성 G와 조화 연색지수 R_{hr}과의 관계. 나머지는 그림 6.30의 설명 내용과 동일하다.

6.1절에서 언급했듯이, 광원의 높은 연색성과 높은 재현 특성은 우수한 시각적 자연스러움을 보여주게 된다[38]. 하지만 가장 선명한 특성은 다소 낮은 연색성과 높은 재현성의 광원에서 얻을 수 있었다. 그림 6.34는 색 재현성(G)과 조화 연색지수 R_{hr} 간의 관계를 보여주고 있다.

그림 6.34에서 보여지는 것과 같이 색 재현성 G와 조화 연색지수 R_{hr} 사이에는 반대의 상관성이 뚜렷하게 보이고 있다(r^2 = 따뜻한, 중간, 차가운 색온도 그룹 각각 0.99, 0.93, 0.96). 적용 분야에 따라서, 광원하에서의 조화 연색 특성 혹은 색 재현성이 최댓값이 될 수도 있다. 두 색 품질 측면에서 볼 때, 두 측면 간의 트레이드 오프 관계는 필수적이다. 그림 6.35에서는 연색지수 R_{UCS}와 조화 연색지수 R_{hr} 간의 관계를 보여주고 있다.

그림 6.35에서 보여지는 것처럼, 연색지수 R_{UCS}와 조화 연색지수 R_{hr} 간에는 반대의 상관관계가 나타나고 있다(r^2 = 따뜻한, 중간, 자가운 색온도 그룹 각각 0.74, 0.65, 0.45). 적용 분야에 따라서, 광원의 조화 연색성 혹은 연색 특성이 최댓값이 될 수도 있다. 컬러 품질의 두 가지 측면을 최적화하기 위해서는, 두 측면의 트레이드 오프는 피할 수 없다.

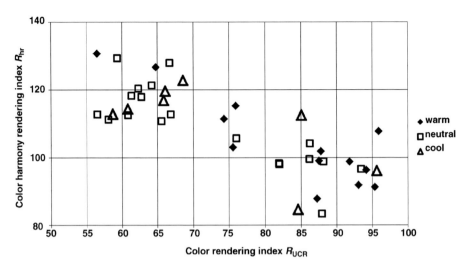

그림 6.35 연색지수 R_{UCS}와 조화 연색지수 R_{hr}과의 관계. 나머지는 그림 6.30의 설명 내용과 동일하다.

6.5.3
광원의 컬러와 백색 인지 정도

어떠한 분야에서는 컬러 품질의 중요한 측면이 실내 환경에서 서로 다른 백색톤의 반사되는 물체의 인지되는 백색 정도가 될 수 있다. 몇몇 수식들이 인지되는 백색 정도를 예측하기 위하여 개발되었다. 예를 들면 CIE whiteness 수식[53]과 C/V whiteness 지수[54]가 있다. CIE 주광 아래서 완벽하게 반사되는 확산판(모든 파장대에서 이상적으로 100% 반사되는 물체)의 인지되는 백색 정도는 C/V 지수로 예측할 수 있다. C/V값은 주광의 색온도와 함께 증가하는데, 이는 시각적 관찰 결과와 일치한다. CIE D65 광원에 대해서 100으로 정규화하고, C/V whiteness 지수를 계산하였다. 이 경우 예를 들면, 4000K의 주광은 82가 되고, 12000K인 경우에는 109가 된다[54].

간단한 방법인 기준 광원 CIE 연색지수 계산 방법(6.1절 참조)으로는 위의 경향과는 다르게 인지 백색 정도를 나타낸다. 하지만 광원 사용자들은 항상 높은 백색 인지 정도를 원하는 것은 아니다(5.1.2.1절 참조). 예를 들면 가정 조명(최소한 유럽에서는)의 경우에는 따뜻한 백색 광원이 선호된다. 그러므로 일반적으로 높은 품질의 광원의 분광 분포 설계 목표는 그들의 백색 정도를 최대화하는 것이 아니고, 광원 자체를 보거나, 광원에 의해서 반사된 실내 백색 표면을 볼 때에 백색이 부자연스러운 톤(예 : 조금 녹색 빛이 돌거나 보라색 빛이 도는 경우)이 되는 것을 피하는 것이다. 현대 실내 조명 기술에서는 광원의 상대 분광 분포를 기준 광원(6.1절 참조)의 CIE 1976 균등 색 공간, u', v' 다이어그램(식 1.9 참조)에서의 색도와 가깝게 맞춤으로써 최적화가 가능하다.

기준 광원이 흑체(blackbody 혹은 planckian) 복사(광원의 상관 색온도가 5000K 이하일 때)이거나 주광 조건(광원의 상관 색온도가 5000K 이상일 때)일 때, 주어진 색온도에서 사용자의 선호 백색을 맞추기 위해서는 광원이 u', v' 다이

표 6.12 광원과 기준 광원 간의 색도 차이(ΔC, u', v' 다이어그램에서의 유클리드 거리

LS	CCT	R_{UCS}	ΔC	LS	CCT	R_{UCS}	ΔC
pcLED1	6344	69	0.0074	pcLED6	3098	74	0.0028
pcLED2	4579	67	0.0170	pcLED7	3099	76	0.0013
pcLED3	4870	93	0.0001	pcLED8	2974	76	0.0046
FL1	4374	59	0.0032	pcLED9	3348	87	0.0128
FL2	4445	88	0.0049	pcLED10	4234	61	0.0004
HMI	4370	86	0.0081	pcLED11	4309	66	0.0048
retrLED	2683	87	0.0050	pcLED12	4333	67	0.0026
pcLED4	2640	65	0.0092	pcLED13	5046	56	0.0010
pcLED5	2797	95	0.0038	pcLED14	3982	61	0.0085
FL3	2773	56	0.0032	pcLED15	4061	76	0.0033
FL4	2637	88	0.0020	pcLED16	4821	86	0.0017
TUN	2762	96	0.0043	pcLED17	5650	61	0.0005
MLED1	2775	93	0.0007	pcLED18	5575	66	0.0005
MLED2	3042	92	0.0010	pcLED19	5046	56	0.0010
MLED3	3032	94	0.0008	pcLED20	5225	58	0.0063
MLED4	4520	82	0.0007	pcLED21	5043	63	0.0004
MLED5	4541	82	0.0009	pcLED22	6369	59	0.0004
MLED6	4947	88	0.0034	pcLED23	4966	64	0.0106
MLED7	6476	85	0.0019	pcLED24	6540	66	0.0040
MLED8	6451	85	0.0039	pcLED25	6369	59	0.0004
MLED9	6219	96	0.0000	pcLED26	5018	62	0.0069

표 6.6의 42개의 광원을 예시로 계산하였다.

어그램(그림 5.5 참조)에서 광원이 흑체 궤적이나 주광 곡선에 가깝게 위치해야
한다는 것을 의미한다. 이를 위해서는, 광원과 기준 광원 간의 채도차 $\Delta C(u',\ v'$
다이어그램에서 유클리드 거리)가 최적화 과정에서 최소화가 된다. 표 6.6에 나
와 있는 42개의 광원에 대해서 이러한 채도 차를 계산해보면, 표 6.12에 결과로
나타난 ΔC와 같이 계산하게 된다.

표 6.12에서 보여지는 것과 같이 ΔC값은 0.0000(MLED9)부터 0.0170(pc
LED2) 범위에 분포해 있다. 결과를 보면 R_{UCS}값이 증가함에 따라서 ΔC값이 다
소 감소하는 경향을 보이는 것을 알 수 있다. 오늘날의 산업계에서는 채도 차이
$\Delta C=0.002$까지가 고품질의 백색 톤을 위한 채도 차이값이 되고, $\Delta C=0.005$까지
가 허용 가능한 수준이 된다. 안타깝게도 동일한 u', v'값을 가진 두 가지 자극이
라 할지라도 좁은 분광 분포(예 : white RGB LED 광원)의 광원과 넓은 분포(기
준 광원과 같은)의 시각적 채도 불일치 현상이 나타나고 있다[55]. 그러므로 white
RGB LED 광원 같은 경우에는 ΔC값은 때때로 매우 갑작스러운 결과(녹색이나
보라색 톤과 같은 경우)를 얻을 수도 있다. 이러한 현상은 근본적으로 CIE 1931
표준 관찰자의 컬러 매칭 함수의 오차에 기인하는 것으로(1.1.1절 참조), 색각이
상이한 사람들 간의 편차와 비선형적인 색채 순응 현상[56]에 의한 것이다.

6.6
광원의 컬러 품질에 대한 관찰자 간의 색각 편차 영향

실내 광원의 컬러 품질을 논할 때, 관찰자 간 컬러 인지 편차와 관찰자 간 (혹은
광원 사용자 간) 컬러 인식 차이는 무시될 수 있다. 이 절의 목표는 정상 색각을
가진 관찰자들 그룹 안에서(6.6.1절 참조) 관찰자 상호 간의 컬러 품질 인지 혹은
컬러 품질 판단 메커니즘에 대해서 열거하는 것이고, 색각 결함인 경우의 컬러
품질 개선 과제에 대해서는 다루지 않았다.

간단하게 보여줄 수 있는 예시는 관찰자 상호 간 컬러 매칭 함수의 편차에 의
한 컬러 품질 인지 편차 영향에 대한 것이다. 6.6.1절에서는 컬러 매칭 함수의 편
치를 정량화하고 이 편차의 영향을 컬러 어피어런스 모델에서 설명할 것이다. 그

리고 다른 광원들 세트에서의 관찰자 간 색채 밝기 인지 편차, 연색성, 조화 연색성, 색 재현성을 추정해보고자 한다.

하지만 위에 언급된 예시 계산은 하나의 색각의 요소(컬러 매칭 함수)에 대한 편차 영향을 보여주는 것뿐이다. 색각에 대한 신경 메커니즘은 타고난 광 수용체 특성의 편차와 상쇄되기에 충분할 정도로 조정할 수 있다. 그러므로 실제 편차는 계산된 값보다 작을 수 있다. 반면에 컬러 신경 신호 평가의 마지막 단계에서 사람들 간에 큰 편차가 생길 수 있다.

실제로 Kuehni에 따르면, 개별적 관찰자들은 시각적 색차 평가의 점수가 매우 넓게 분포하고, "개별적으로 인자는 10이나 그 이상까지 쉽게 올라간다"[57]. 6.5.1절을 보면, 연색지수는 마지막 계산 단계에서 유사성 판단 점수(R)를 필요로 한다. 이 R값은 인지되는 색차와 비선형 관계를 보여주고 있고, 이들의 관찰자 상호 간의 편차는 시각 실험에서 나타난 큰 편차와는 달리 예상보다 작게 나타났다.

이 책의 저자는 이러한 변화에 대해 안정적으로 설명해주는 어떤 정신물리학적 모델에 대해서도 알지 못한다. 그러므로 6.6.2절에서는 좀 더 실용적인 방법으로 접근하여, 6장의 이전의 실험 결과들에 대해서 관찰자들을 그룹으로 나눠 관찰자 간의 편차에 대해 분석해보고자 한다. 예를 들면 관찰자 그룹을 나눌 때 인종을 고려하여 컬러 품질, 조화, 선호 측면을 다른 방법으로 평가할 수 있지만, 이는 이 절에서 다루지는 않는다. 다른 문화 간에 보이는 장기 기억색에 대해서는 3.4절에서 다루었다.

헝가리 관찰자들[19]과 Ou 등의 색 조화 모델을 바탕으로 한 6.3절의 색 조화 모델과 중국인 관찰자들을 바탕[21]으로 한 색 조화 모델의 상관관계는 겨우 $r^2 = 0.30$으로, 색 조화 평가의 다른 문화 간 차이를 해석할 수 있다.

6.6.2절에서 관찰자들 간의 여러 다른 컬러 품질(6.4.2절 참조)에 대한 연속적인 시각 점수 편차의 이슈가 분석될 것이다. 컬러 인지 외에도, 컬러 인식(cognitive color)[58] 또한 관찰자들 간에 달라진다. 이는 인지되는 색차의 크기에 대한 판단과 관련이 있다. 예를 들면 6.2.1절의 다섯 단계의 비슷한 점수 혹은 6.5.1절의 여섯 단계의 더 연속적인 점수에서 색차의 점수 차이가 나타난다. 후자

의 경우에 대한 판단에서 개인 간 편차는 6.2.1절의 다섯 단계 점수로 분류한 색차 인지 실험 편차와 함께 6.6.2절에서 설명될 것이다. 마지막으로 6.6.3절에서는 광원 디자인에 대한 관찰자 간 편차 상관성이 논의될 예정이다.

6.6.1
색각 메커니즘 편차

컬러 메커니즘의 편차는 수용체 전, 수용체, 수용체 후 단계로 이루어져 있다 [59]. 수용체 전 단계에서는 황반 안료의 흡광도, 렌즈, 다른 안구의 매개체가 중요한 역할을 한다. 수용체 단계에서는 추상체 시각 색소의 낮은 분광 흡수 함수 밀도가 달라질 수 있다. 수용체 후 단계에서는 수용체와 전 단계에서 생기는 백색 변화에 대한 신경 보상이 이루어진다. 고유의 색상 변화, 초점 컬러, 장기 기억색, 조화색, 컬러 선호 판단뿐만 아니라 색차 메커니즘 편차와 수용체 후 단계의 색채 순응 메커니즘[60]의 개인 간 편차가 있다.

계산 예시로, Stiles와 Burch의 실험[61](www.cvrl.or)에서 12명의 선택된 관찰자들의 10° $r(\lambda)$, $g(\lambda)$, $b(\lambda)$ 컬러 매칭 함수가 12개의 $x(\lambda)$, $y(\lambda)$, $z(\lambda)$로 변환되었다. 이 계산에서, 다른 상대 분광 분포를 가진 5개의 광원이 그림 6.13의 34개 테스트 컬러 샘플을 비추었고, 컬러 품질의 네 가지 기술 요소(밝기 L^{**}, 색 재현성 G, 연색지수 R_{UCS}, 조화 연색지수 R_{hr})가 CIE(1931) 2° 컬러 매칭 함수 대신에 12명 각각의 $x(\lambda)$, $y(\lambda)$, $z(\lambda)$ 세트로 계산했다는 점만 제외하고는 6.5.2절에서와 동일한 방법으로 계산되었다. 그림 6.36은 5개의 광원에 대한 상대 분광 분포를 보여주고 있다. 표 6.6으로부터 TUN, FL645, pcLED5값을 얻었다. RGB27과 RGB45는 각각 상관 색온도 2700K, 4500K의 RGB LED 램프를 나타낸다. 그림 6.36은 또한 12명의 관찰자들에 대한 $x(\lambda)$, $y(\lambda)$, $z(\lambda)$ 함수를 나타낸다.

L^{**}, G, R_{UCS}, R_{hr}값의 관찰자 간 편차(표 6.13 참조)는 12명의 결과의 최댓값과 최솟값의 차이를 평균치로 나누어 비율로 계산하였다.

표 6.13과 그림 6.36에 보여지는 것처럼, RGB LED 광원의 분광 분포에서의 최대치의 개인 긴 큰 편차의 스펙트럼 범위가 십시는 섯은 연색지수와 조화 연색지

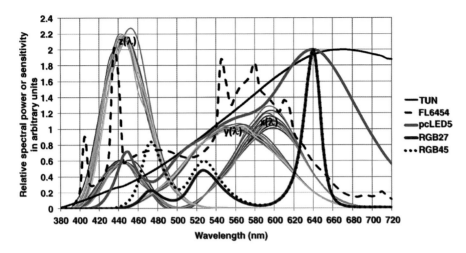

그림 6.36 Stiles와 Burch 실험[61]의 12명의 관찰자들의 12개의 다른 $x(\lambda)$, $y(\lambda)$, $z(\lambda)$ 세트를 5개 광원의 상대 분광 분포와 비교하였다. 상관 색온도 2700K와 4500K의 RGB LED 램프인 RGB27, RGB45뿐 아니라 표 6.6의 TUN, FL645, pcLED5가 5개 광원에 해당된다.

표 6.13 5개의 광원(TUN, FL645, pcLED5, RGB27, RGB45, 그림 6.36 참조)하에서의 컬러 품질 기술 요소(%)의 관찰자 간 편차 : 밝기 L^{**}, 색 재현성 G, 연색지수 R_{UCS}, 조화 연색지수 R_{hr}

Light source	TUN	FL645	pcLED5	RGB27	RGB45
L^{**}	0.5	0.4	0.5	0.2	0.8
G	4.2	3.9	3.7	2.4	2.4
R_{UCS}	0.4	4.0	1.4	15.7	44.1
R_{hr}	0.7	1.8	1.7	13.9	12.8

변동성(%) : 12명의 관찰자 중 최댓값, 최솟값의 차이를 평균값으로 나눈 것

수의 편차가 큰 것을 설명한다.

6.6.2
컬러 품질 편차의 영향

이 절에서는 이 장에서의 실험 결과에 대한 관찰자 간 편차를 모델 예측 없이 분석할 것이다. 6.6.2.1절에서는 컬러 품질(6.4.2절의 $V_1 - V_9$)에 대한 시각 점수의 관찰자 간 편차를 다룬다. 6.6.2.2절에서는 색차 인지(그림 6.8 참조) 크기의 편차를 설명하고 연색지수(R_{UCS})를 실험 결과에 근거하여 추정할 것이다. 마지막으로

6.6.2.3절에서는 6.5.1절의 연속 유사 점수의 관찰자 간 편차를 분석할 것이다.

6.6.2.1 컬러 품질의 시각적 점수 편차

컬러 품질($V_1 - V_9$)의 각 측면과 각 광원(INC, CFL, LED 그림 6.18 참조)에 대해서, 다른 관찰자들은 다른 시각적 점수값을 얻었다. 상호 간 편차(IOV, %)는 30명의 관찰자들의 최댓값과 최솟값의 차를 평균값으로 나누어 계산되었다(표 6.14 참조). 표 6.14는 각각에 대한 표준편차값도 보여주고 있다. 그림 6.36~6.39는 INC, CFL, LED 광원 각각에 대해서 95% 신뢰 구간에서의 최소, 평균, 최대 시각적 점수를 보여주고 있다.

표 6.14와 그림 6.37~6.39로부터 보여지는 것과 같이, 색 재현성(V_5)은 관찰자 간 편차가 가장 크고, 그다음으로는 색 변화(V_6), 기억색(V_8) 순서였다. 밝기(V_1)와 색차(V_7)는 가장 변화가 적었다. 선호, 조화, 분류는 중간 편차를 보여주고 있다.

6.6.2.2 연색지수와 인지 색차의 편차

이 절에서는 6.2.1절에서 테스트 광원과 기준 광원 간의 컬러 어피어런스를 (1)

표 6.14 3개 광원(INC, CFL, LED, 그림 6.18 참조)에 대한 컬러 품질에 대한 시각적 점수의 관찰자 간 편차(6.4.2절의 $V_1 - V_9$)를 %로 표시

	IOV(%)								
	V_1	V_2	V_3	V_4	V_5	V_6	V_7	V_8	V_9
INC	—	—	—	—	—	—	23	67	—
CFL	27	59	48	37	107	57	26	95	74
LED	32	48	51	55	108	101	28	79	58
	STD								
	V_1	V_2	V_3	V_4	V_5	V_6	V_7	V_8	V_9
INC	—	—	—	—	—	—	0.052	0.124	—
CFL	0.058	0.096	0.084	0.083	0.229	0.117	0.056	0.177	0.152
LED	0.088	0.101	0.098	0.116	0.210	0.168	0.055	0.148	0.120

IOV : 30명의 관찰자들 간 최댓값과 최솟값의 차이를 평균값으로 나눈 값(%). INC는 $V_1 - V_6$와 V_9에 대해서 고정된 기준(V=1,000)이 된다. V_1 : 밝기, V_2 : 컬러 선호도, V_3 : 컬러 조화, V_4 : 컬러 분류, V_5 : 색 재현성, V_6 : 연속적 컬러 변화, V_7 : 색차, V_8 : 장기 기억색과의 유사성, V_9 : 컬러 충실도(연색성), 표준편차값도 동일하게 보여준다(STD).

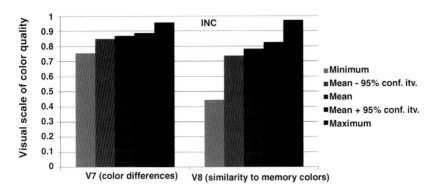

그림 6.37 30명의 관찰자 간 컬러 품질변수 V_7과 V_8의 최소, 평균, 최대 시각적 점수값과 그림 6.18의 INC 광원에 대한 평균값의 95% 신뢰 구간. INC는 V_1-V_6, V_9에 대해서는 고정된 기준 광원($V=1.000$)이다.

우수, (2) 좋음, (3) 허용할 만함, (4) 허용할 수 없는, (5) 매우 나쁨의 다섯 단계로 분류하여 점수화한 인지 색차의 관찰자 간 편차를 분석할 것이다. 표 6.15는 8명의 관찰자에 의한 각 분류별 95% 신뢰 구간의 평균 ΔE_{UCS}값을 보여주고 있다. 이러한 신뢰 구간으로부터, 컬러 연색성 평가(ΔR_{UCS})의 관찰자 간 편차는 CRI-CAM02UCS를 이용하여 추정될 수 있다[10].

표 6.15에서 보여지는 것과 같이, 다른 분류의 색차에 대한 관찰자 간 편차는 ±0.19와 ±0.99 사이에 분포되어 있다. 이에 대응하는 편차는 CRI-CAM02UCS

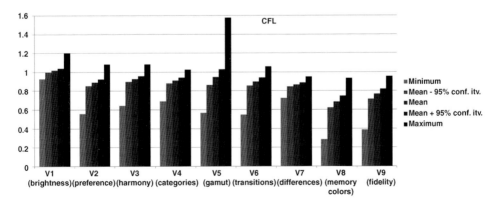

그림 6.38 30명의 관찰자 간 컬러 품질변수 V_1-V_9의 최소, 평균, 최대 시각적 점수값과 그림 6.18의 CFL 광원에 대한 평균값의 95% 신뢰 구간

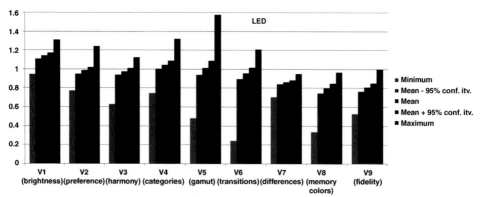

그림 6.39 30명의 관찰자 간 컬러 품질변수 $V_1 - V_9$의 최소, 평균, 최대 시각적 점수값과 그림 6.18의 LED 광원에 대한 평균값의 95% 신뢰 구간

연색지수[10]의 수치로 ±1.5와 ±7.9 사이에 걸쳐져 있다.

6.6.2.3 유사성 점수 편차

그림 6.27의 평균 연속 유사성 점수 R의 95% 신뢰 구간 2배의 길이에 해당되는 길이로 7개의 다른 테스트 물체(표 6.9 참조) 각각에 대하여 ΔE_{UCS}의 함수로 그림 6.40에 다시 그렸다. 이 값은 유사성 점수의 관찰자 간 편차로 볼 수 있다. R 점수가 연속적이지만, 모든 점수의 의미 분류는 기준 컬러 어피어런스 유사성(1 : 매우 좋음, 2 : 좋음, 3 : 중간 정도, 4 : 낮음, 5 : 나쁨, 6 : 매우 나쁨)을 적용하였다.

　그림 6.40으로부터 보여진 것과 같이 기준 광원과 테스트 광원 간의 색차 크기에 대한 연속적인 유사성 점수(그림 6.40 x축의 ΔE_{UCS} 참조)는 0.3~1.0 사이의 범

표 6.15 6.2.1절의 점수 분류에 의한 8명의 관찰자들의 평균 ΔE_{UCS} 색차값(1 : 매우 좋음, 2 : 좋음, 3 : 중간 정도, 4 : 낮음, 5 : 나쁨, 6 : 매우 나쁨), 95%의 신뢰 구간에 대한 값

Rating category	Mean ΔE_{UCS}	ΔD_{UCS}
1	2.01 ±0.19	±1.5
2	2.37 ±0.17	±1.4
3	3.75 ±0.27	±2.1
4	6.53 ±0.46	±3.6
5	11.28 ±0.99	±7.9

ΔR_{UCS} : 반살시 간 연색 지수 편차

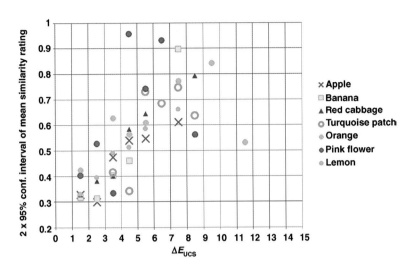

그림 6.40 그림 6.27로부터 유사성 점수 R을 다시 그린 관찰자 간 편차. ΔE_{UCS}(테스트 광원과 기준 광원 간의 계산된 색차) 함수로 95% 신뢰 구간의 2배 길이의 R 평균값을 나타낸다. 표 6.9의 7개 테스트 물체들에 대한 것을 볼 수 있다.

위에 분포되어 있고, 테스트 물체 또한 마찬가지다. 이러한 경향은 색차가 작은 경우(예 : $\Delta E_{UCS} < 3$)에 관찰자 간 편차도 작아지는 경향이 있고(0.5 이하), 색차가 큰 경우(예 : $\Delta E_{UCS} > 6$)에는 관찰자 간 편차가 커지는 경향이 있다(0.6 이상). 단위 1은 두 의미 분류 사이를 나타내는 것으로, 예를 들면 '좋음'에서 '중간 정도' 간을 구분한다. 우수한 연색지수 특성의 광원에서는 예를 들어 $R_{UCS} > 92$인 경우, 일반적인 색차는 $1\Delta E_{UCS}$ 정도로, $(92 - 100)/(-8.0) = 1.0$이기 때문이다. 이러한 광원의 경우 정상 색각을 가진 두 관찰자는 기준 광원과의 컬러 어피어런스 유사성에 관해서 동등한 의미 판단(예 : '매우 좋음')을 내릴 것이다. 그러나 연색 특성이 떨어지는(예 : $R_{UCS} = 36$, $\Delta E_{UCS} = 8$) 광원의 경우에는 광원의 연색 특성에 대해서 의미적으로 일치되지 않을 경우, 예를 들면 '나쁨'과 '낮음'이 있을 것이다.

6.6.3
광원 디자인에 대한 적정 편차

6.6.1절과 6.6.2절에서 보여진 것과 같이, 컬러 품질에 대한 다른 측면의 관찰자 간 편차는 특정 테스트 광원에서는 작을 수 있으나 또 다른 경우에는 커질 수도

있다. 만약 주어진 광원에서 컬러 품질의 특정 측면의 관찰자 간 편차가 높은 경우에는(정상 색각의 관찰자 그룹 안에서) 이 광원이 표준 관찰자에게 최적화되었기 때문에 모든 정상 색 시각을 가진 사용자들에게 받아들여질 것을 기대할 수 없다.

참·고·문·헌

1 CIE 13.3-1995 (1995) *Method of Measuring and Specifying Color Rendering Properties of Light Sources*, Commission Internationale de l'Éclairage.

2 Bodrogi, P., Brückner, S., and Khanh, T.Q. (2010) Dimensions of color quality. 5th European Conference on Color in Graphics, Imaging, and Vision, CGIV 2010, June 14–17, Joensuu, Finland.

3 CIE 177:2007 (2007) *Color Rendering of White LED Light Sources*, Commission Internationale de l'Éclairage.

4 Bodrogi, P., Brückner, S., and Khanh, T.Q. (2011) Ordinal scale based description of color rendering. *Color Res. Appl.*, **36** (4), 272–285.

5 Guan, S.-S. and Luo, M.R. (1999) A color-difference formula for assessing large color differences. *Color Res. Appl.*, **24** (5), 344–355.

6 Davis, W. and Ohno, Y. (2010) The color quality scale. *Opt. Eng.*, **49** (3), 033602.

7 Luo, MR., Cui, G., and Rigg, B. (2001) The development of the CIE 2000 color-difference formula: CIEDE2000. *Color Res. Appl.*, **26**, 340–350.

8 CIE 159:2004 (2004) *A Color Appearance Model for Color Management Systems: CIECAM02*, Commission Internationale de l'Éclairage.

9 Luo, M.R., Cui, G., and Li, Ch. (2006) Uniform color spaces based on CIECAM02 color appearance model. *Color Res. Appl.*, **31**, 320–330.

10 Luo, M.R. (2011) The quality of light sources. *Color Technol.*, **127**, 75–87.

11 Sándor, N. and Schanda, J. (2006) Visual color rendering based on color difference evaluations. *Lighting Res. Technol.*, **38** (3), 225–239.

12 Bodrogi, P., Csuti, P., Horváth, P., and Schanda, J. (2004) Why does the CIE color rendering index fail for white RGB LED light sources? Proceedings of the CIE Expert Symposium on LED Light Sources: Physical Measurement and Visual and Photobiological Assessment, Tokyo.

13 Borbély, Á., Sámson, Á., and Schanda, J. (2001) The concept of correlated color temperature revisited. *Color Res. Appl.*, **26**, 450–457.

14 Fedutina, M. (2010) Color discrimination studies on a LCD monitor. Master thesis, Institute of Printing Science and Technology, Technische Universität Darmstadt (in German).

15 CIE 135 (1999) *CIE Collection 1999: Vision and Color, Physical Measurement of Light and Radiation. 135/2: Color Rendering, Closing Remarks*, Commission Internationale de l'Éclairage.

16 CIE 109-1994 (1994) *A Method of Predicting Corresponding Colors Under Different Chromatic and Illuminance Adaptations*, Commission Internationale de l'Éclairage.

17 Jungnitsch, K., Bieske, K., and Vandahl, C. (2008) Untersuchungen zur Farbwiedergabe in Abhängigkeit vom Lampenspektrum. Tagung Licht 2008, 10–13. September 2008 Ilmenau, Tagungsband, pp. 289–296.

18 CIE 159:2004 (2004) *A Color Appearance Model for Color Management Systems: CIECAM02*, Commission Internationale de l'Éclairage.

19 Szabó, F., Bodrogi, P., and Schanda, J. (2010) Experimental modeling of color harmony. *Color Res. Appl.*, **35** (1), 34–49.

20 Szabó, F., Bodrogi, P., and Schanda, J. (2009) A color harmony rendering index based on predictions of color harmony impression. *Lighting Res. Technol.*, **41**, 165–182.

21 Ou, L.C. and Luo, M.R. (2006) A color harmony model for two-color combinations. *Color Res. Appl.*, **31** (3), 191–204.

22 Goethe, JW. (1970) *Theory of Colors*, The MIT Press, Cambridge, MA (reprinted), translation by C.L. Eastlake (1840) from the German "Farbenlehre", 1810.

23 Chevreul, M.E. (1981) *The Principles of Harmony and Contrast of Colors*, Van Nostrand Reinhold, New York (reprinted), translation by C. Martel (1854) from the French edition, 1839.

24 Van Nostrand, R. (1969) *Munsell: A Grammar of Color*, Reinhold Book Corporation.

25 Nemcsics, A. (1993) *Farbenlehre und Farbendynamik*, Akadémiai Kiadó, Budapest.

26 Judd, D.B. and Wyszecki, G. (1975) *Color in Business, Science and Industry*, 3rd edn, John Wiley & Sons, Inc., New York.

27 Halstead, M.B. (1977) CT Color rendering: past, present, and future, in *Proceedings of AIC Color 77*, Adam Hilger, Bristol, pp. 97–127.

28 Hashimoto, K. and Nayatani, Y. (1994) Visual clarity and feeling of contrast. *Color Res. Appl.*, **19** (3), 171–185.

29 Smet, K., Ryckaert, W.R., Pointer, M.R., Deconinck, G., and Hanselaer, P. (2011) Color appearance rating of familiar real objects. *Color Res. Appl.*, **36** (3), 192–200.

30 Smet, K.A.G., Ryckaert, W.R., Pointer, M.R., Deconinck, G., and Hanselaer, P. (2010) Memory colors and color quality evaluation of conventional and solid-state lamps. *Opt. Express*, **18**, 26229–26244.

31 Guo, X. and Houser, K.W. (2004) A review of color rendering indices and their application to commercial light sources. *Lighting Res. Technol.*, **36**, 183–199.

32 Judd, D.B. (1967) A flattery index for artificial illuminants. *Illum. Eng.*, **62**, 593–598.

33 Thornton, W.A. (1974) A validation of the color preference index. *J. Illum. Eng. Soc.*, **4**, 48–52.

34 Thornton, W.A. (1972) Color-discrimination index. *J. Opt. Soc. Am.*, **62**, 191–194.

35 Xu, H. (1993) Color rendering capacity and luminous efficiency of a spectrum. *Lighting Res. Technol.*, **25**, 131–132.

36 Fotios, S.A. (1997) The perception of light sources of different color properties. Ph.D. thesis, UMIST, Manchester, UK.

37 Pointer, M.R. (1986) Measuring color rendering – a new approach. *Lighting Res. Technol.*, **18**, 175–184.

38 Rea, M.S. and Freyssinier-Nova, J.P. (2008) Color rendering: a tale of two metrics. *Color Res. Appl.*, **33** (3), 192–202.

39 Hashimoto, K. and Nayatani, Y. (1994) Visual clarity and feeling of contrast. *Color Res. Appl.*, **19** (3), 171–185.

40 Yaguchi, H., Takahashi, Y., and Shiori, S. (2001) A proposal of color rendering index based on categorical color names. International Lighting Congress, Istanbul.

41 Davis, W., Ohno, Y., Davis, W., and Ohno, Y. (2005) Toward an improved color rendering metric. *Proc. SPIE*, **5941**, 59411G.1–59411G.8.

42 Schanda, J. (1985) A combined color preference – color rendering index. *Lighting Res. Technol.*, **17**, 31–34.

43 Jost-Boissard, S., Fontoynont, M., and Blanc-Gonnet, J. (2009) Perceived lighting quality of LED sources for the presentation of fruit and vegetables. *J. Mod. Opt.*, **56** (13), 1420–1432.

44 Mahler, E., Ezrati, J.J., and Viénot, F. (2009) Testing LED lighting for color discrimination and color rendering. *Color Res. Appl.*, **34**, 8–17.

45 Rea, M.S. and Freyssinier, J.P. (2010) Color rendering: beyond pride and prejudice. *Color Res. Appl.*, **35** (6), 401–409.

46 Podobedov, V., Ohno, Y., Miller, C., and Davis, W. (2010) Colorimetric control and calibration of NIST spectrally tunable lighting facility. CIE 2010 Conference on Lighting Quality & Energy Efficiency, March 14–17, Vienna.

47 Schanda, J., Madár, G., Sándor, N., and Szabó, F. (2006) Color rendering – color acceptability. 6th International Lighting Research Symposium on Light and Color, Florida.

48 Nakano, Y., Tahara, H., Suehara, K.,

Kohda, J., and Yano, T. (2005) Application of multispectral camera to color rendering simulator. Proceedings of AIC Color '05, pp. 1625–1628.

49 Ling, Y., Bodrogi, P., and Khanh, TQ. (2009) Implications of human color constancy for the lighting industry. CIE Light and Lighting Conference, Budapest.

50 Nayatani, Y. (1997) Simple estimation methods for the Helmholtz–Kohlrausch effect. *Color Res. Appl.*, **22**, 385–401.

51 Fairchild, M. and Pirrotta, E. (1991) Predicting the lightness of chromatic object colors using CIELAB. *Color Res. Appl.*, **16** (6), 385–393.

52 Nayatani, Y. and Sakai, H. (2008) An integrated color-appearance model using CIELUV and its applications. *Color Res. Appl.*, **33** (2), 125–134.

53 CIE 015:2004 (2004) *Colorimetry*, 3rd edn, Commission Internationale de l'Éclairage.

54 Katayama, I. and Fairchild, M.D. (2010) Quantitative evaluation of perceived whiteness based on a color vision model. *Color Res. Appl.*, **35** (6), 410–418.

55 Bieske, K., Csuti, P., and Schanda, J. (2006) Colour appearance of metameric lights and possible colorimetric description. CIE Expert Symposium on Visual Appearance, October 19–20, Paris.

56 Oicherman, B., Luo, M.R., Rigg, B., and Robertson, A.R. (2009) Adaptation and colour matching of display and surface colours. *Color Res. Appl.*, **34** (3), 182–193.

57 Kuehni, R.G. (2008) Color difference formulas: an unsatisfactory state of affairs. *Color Res. Appl.*, **33** (4), 324–326.

58 Derefeldt, G., Swartling, T., Berggrund, U., and Bodrogi, P. (2004) Cognitive color. *Color Res. Appl.*, **29** (1), 7–19.

59 CIE 170-1:2006 (2006) *Fundamental Chromaticity Diagram with Physiological Axes – Part 1*, Commission Internationale de l'Éclairage.

60 Oicherman, B., Luo, M.R., Rigg, B., and Robertson, A.R. (2008) Effect of observer metamerism on color matching of display and surface colors. *Color Res. Appl.*, **33**, 346–359.

61 Stiles, W.S. and Burch, J.M. (1959) NPL colour-matching investigation: final report. *Opt. Acta*, **6**, S1–S26.

07

최신 시각 기술

이 장의 목표는 미래의 그리고 현재 발전하고 있는 LED 기반의 실내 조명뿐만 아니라 스스로 빛을 내는 소자의 시각 기술(LED 디스플레이와 같은) 평가와 최적화에 관련된 색채계와 컬러 사이언스의 이슈를 보여주고자 한다. 7.1절에서는 플렉서블 디스플레이, 레이저 디스플레이, LED 디스플레이에 대해서 다룰 것이다. 특히 색 재현성 확장 알고리즘이나 광색역 LED 디스플레이의 색온도 의존성에 대해서 초점을 맞출 것이다.

7.2절에서는 최신의 광원들에 대한 기술, 특히 강조 조명을 위하여 실내 환경에서의 조절 LED 램프를 사용한 LED 조명, 밝기와 생체 리듬의 상호 최적화, 컬러 품질의 다른 측면들의 강조 가능성, 새로운 인광체들의 조합 사용 등의 가능성에 대해 기술하고자 한다. 7.2절은 또한 새로운 광원 디자인을 위한 인간의 색 항상성 메커니즘의 영향에 대해 설명할 것이다. 마지막으로 이 책의 마무리를 7.3절에서 하고자 한다.

7.1
최신 디스플레이 기술

7.1.1
플렉서블 디스플레이

우수한 화질 특성 외에도, 플렉서블 디스플레이 기술은 휴대성으로 인해 매우 유용하게 사용될 수 있는 기술이다[1]. Allen의 분류에 따르면[2], 플렉서블 디스플레이는 (1) 구부러지지만 사용하는 동안에는 움직이지 않고, (2) 중간 단계로 유연하지만 완전히 유연하지는(말 수 있는) 않고, (3) 돌돌 말 수 있는 종이나 옷처럼 완전히 유연할 수 있다. 플렉서블 디스플레이의 기술 요소는 유연 기판, 기판 전자, 디스플레이 재료, 코팅, 실링, 패키징 기술 등으로 이루어져 있다[2].

플렉서블 디스플레이는 금속 포일이나 얇은 유리, 혹은 플라스틱 위에 만들어진다. 전기 변색, LCD, OLED, 전기 영동의 기술이 고려될 수 있다[2]. 최신의 플렉서블 디스플레이 기술 중 하나는 탄소 나노 튜브(CNT) 기술로, 유연 기판 위에 투명한 도전 코팅을 하여 사용될 수 있다. 기존의 ITO(indium tin oxide, 투명 전체)를 대신하여 전기광학적 특성과 유연성의 손실 없이 기계적으로 구부릴 수 있는 플렉서블 디스플레이의 구동 전극으로 CNT를 사용할 수 있다[3].

단일 벽의 탄소 나노 튜브는 전선의 늘어나는 성질이 증가하는 불화계 고무에서 흩어지는 성질이 있다. 이러한 기술을 이용하여, 늘어날 수 있는(30~50%까지) 능동 OLED 디스플레이를 만들 수 있고, 이는 프린팅되어 집적된 유연 도체들, 유기 트랜지스터, 유기 다이오드들로 이루어져 있다. 이는 기계적·전기적 손상 없이 반구까지 늘어날 수 있다[4].

폴리머들은 그들이 가지고 있는 투명함, 가벼움, 유연성, 견고함, 대량 생산에 적합함 측면에서 플렉서블 디스플레이에서 매우 가치 있는 물질이다. 이러한 최신 기술들은 수증기로부터 OLED를 보호하는 봉지 기술(encapsulation), 음극 선택, 전기광학 물질, 박막 트랜지스터, 투명 전도 물질의 양극, 장벽층을 가지고 있는 폴리머 기판, OLED, LCD, OTFT를 위한 능동 재료, 유전 물질, 코팅 물질

[1]의 기술에 대해서 아직 해결해야 할 과제가 많다.

유연한 폴리머 기판 위에서 넓은 면적의 플라스틱 전기 시스템을 프린트하는 것 역시 가능하다. 마이크로 캡슐화된 전기 영동 잉크로 이루어진 전자 종이에서는 능동 기판을 만들기 위하여 유기 반도체로 이루어진 회로들로 이루어져 있다. 이러한 디스플레이들은 트랜지스터와 광학적 특성 두 측면에서 모두 훌륭한 성능을 보여준다[5].

플렉서블 디스플레이는 유기 사용자 인터페이스(organic user interface, OUI)라고 불리는 사용자 인터페이스에서 컴퓨터와 사용자 간의 상호작용이 가능하다. 기존의 그래픽 사용자 인터페이스(GUIs)와는 다르게, OUI는 유연한 물리적 표면으로, 디스플레이가 출력 소자로서만이 아니라 입력 소자로서도 동시에 역할을 하게 된다. OUI에서는 포인팅이 멀티 터치 동작으로 바뀌고 컴퓨터의 특정 기능들이 플렉서블 디스플레이의 모양으로 제어될 수도 있을 것이다. 이에 덧붙여 OUI 자체만으로도 사용자와 대화를 초기화하기 위해서 그 모양을 바꿀 수 있다. 여러 다른 모양의 여러 디스플레이 시스템에서는 이 모두를 상상할 수 있을 것이다[6].

7.1.2
레이저, LED 디스플레이

레이저 프로젝터는 천체 투영관이나 비행 모의 실험을 포함한 다양한 애플리케이션에 사용되고 있다. 최근 전자 부품들이 집적된 레이저 프로젝터는 두 가지 주요한 모듈로 이루어져 있는데, RGB 레이저 모듈과 프로젝션 헤드이다. 이 두 모듈은 광섬유 케이블로 이어져 있다. 해상도 측면에서는 채널당 12비트의 UXGA(1600×1200픽셀)의 컬러 해상도가 가능해졌다[7].

레이저 디스플레이는 본질적으로 그들의 높은 포화도('단색성의')의 프라이머리 컬러들에 따라서 넓은 색 재현력을 가지고 있다. 또한 노이즈를 줄이고 화질을 향상시키기 위해서, 디지털 입력 이미지 신호는 음향광학 변조기로 처리한다[7]. 높은 해상도, 초점 비트 수, 넓은 색 재현성, 높은 휘도 범위로 인해 레이저 천체 투영 디스플레이는 천체들의 시각적 환영을 완전한 어둠 속에서 생생한 컬러로 떠다니는 모습을 보여줄 수 있다[7].

그 외에도 홀로그래픽 디스플레이는 이미지가 3차원 부피 형태로 나타나기 때문에 3차원 영상의 새로운 애플리케이션에 중요하다. Langhans 등은 3차원 부피 형상 디스플레이를 크게 두 가지 타입, 즉 정지 3차원 형상 디스플레이와 움직이는 3차원 형상 디스플레이로 나누었다[8]. 움직이는 3차원 형상 디스플레이는 회전하는 스크린으로 되어 있고, 반면에 정지 3차원 형상 디스플레이는 3차원 투명 크리스털 불빛을 켜고, 3차원 영상을 그리게 된다. 크리스털은 광학적으로 활성화된 희토류의 이온을 도핑한다. 이러한 이온들은 두 교차하는 IR 레이저 빔에 의해서 다른 파장대로 여기되고, 광을 방출한다. 크리스털 대신에, 특별한 유리와 폴리머들이 또한 사용될 수 있다[8].

오늘날 반도체 레이저 기술의 급속한 발전으로 소비자들이 시장에서 레이저 홈 시어터를 만나는 것이 가능하게 되었다. 이러한 홈 시어터는 MEMS 스캐너를 사용한 레이저 스캐닝 디스플레이와 소형 RGB 레이저 소스로 구성되어 있다. MEMS 스캐너는 2개의 수직 축을 따라서 회전하고, 3개의 반도체 레이저 빔(RGB)들이 입력 신호에 의해서 직접적으로 변조된다. 이 결합된 레이저 빔이 스캐너에 의해서 스크린에 투영된다[9]. 레이저에 의한 변조는 앞서 언급한 음향광학 변조기의 실질적 대안이 될 수 있다.

LED 디스플레이는 앞서 2장에서 이미 다루었고, 프로젝션 디스플레이(광원이 컬러 필터 모자이크와 결합하는 형태)와 다이렉트뷰(LED 모자이크, LED 백라이트) 두 가지를 언급하였다. 이 절에서는 최신 디스플레이 애플리케이션에서 현재의 LED 발전 동향에 영향을 주는 LED의 몇 가지 중요한 기술적 특징에 대해서 설명하고자 한다. 여기에는 스위치 온 특성, 광속, 광 효율, 기판 온도, 수명, 디밍 기술 등이 있다.

높은 밝기의 LED 광원 모듈의 발전을 위해서는 칩 구조 최적화, 적당한 반도체 물질 찾기, 칩을 위한 접착력 개선, 본딩 기술, 전극 배열 기술이 필요하다. Blue LED 칩을 green, yellow, orange, red로 바꾸어 빌광시키는 새로운 인광 물질의 발전도 또 다른 목표이다.

주어진 색상의 컬러 인광 변환(pc) LED의 광 출력은 동등 색상에 해당하는 칩 LED(인광 변환 없이 반도체 광자에 의한 발광) 대비 온도 변화에 더 안정적이다 [10]. 컬러 인광 변환 LED 기반의 blue 인듐 갈륨 나이트라이드(InGaN) 칩 LED 는 red, yellow 칩 LED 기반의 합성 갈륨 비소인(GaAsP)과 같은 반도체 LED에 대비하여 높은 온도 안정성을 보여준다. 대량 생산된 인광 변환 LED 세트들에서 는 색상의 미세한 변화를 없애는 것이 매우 중요한 문제이다. 이 때문에 생산되 는 제품들의 주의 깊은 테스트와 분류가 필요하다.

LED의 장점 중 하나는 빠른 스위치 온 특성이다. red 칩 LED의 예시를 그림 7.1에서 보여주고 있다.

그림 7.1에서 보여지는 것처럼, red LED(아래쪽 곡선)의 광속은 구동 신호 (위쪽 곡선)의 스위치가 켜진 후로부터 수평의 시간축(50% 신호 수준)을 따라서 283ns 지연된다. 중간 곡선은 동기화 신호이다(여기에서는 관련 없음). 또한 발광 도달 시간은 205ns이다. 이론적으로 이러한 특징은 1MHz의 최대 주파수에 대응 하는 것이고, 이는 구동 신호에 대해서 LED 디스플레이에서 높은 프레임 주파수 를 가능하게 하는 광속의 큰 손실 없이 일어난다.

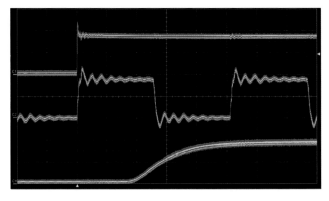

그림 7.1 Red 칩 LED의 스위치 온 특성. 가로축 : 시간축, 한 칸은 100ns에 해당한다. 아래쪽 시 간축의 노란색 화살표 : 전기 구동 신호(위쪽 곡선, 상대 단위)의 시작. 아래쪽 곡선 : LED의 상대 광속. 중간 곡선 : 동기화 신호(설명에는 관련 없음). 출처 : Technische Universität Darmstadt

실제로는 더 낮은 신호의 주파수가 적용된다. LCD에 들어가는 LED 백라이트의 RGB LED 구동 시스템의 실제 예시에서는, RGB 컨버터가 300kHz의 스위칭 주파수에서 PWM 디밍 주파수가 500Hz를 공급했을 때 동작하였다[11]. 이러한 컬러 피드백 시스템의 응답 시간은 특별한 주의가 요구되어야 한다[12]. 또한 전류, 온도, 광 센서들의 에이징 보상 문제들도 풀어야 할 숙제이다. 이러한 문제는 컬러 피드백 시스템을 부정확하게 만들거나 매우 비싸게 만들게 될 수 있다.

LED 디밍(LED 광속의 시간적 평균을 제어 조절하는 것) 동작에 관해서는, 펄스 폭 변조(PWM)가 광속과 듀티 주기[주어진 PWM 주파수에서 LED가 켜진 시간적 비율을 듀티(duty)라고 함] 선형적 관계를 얻을 수 있었는데, 이는 LED 디스플레이의 장점이 된다[10, 11]. 디밍 방법의 대안은 일정 전류 감소(CCR) 방법이 있는데, 이는 비선형적이다. Blue LED와 인광 변환 blue LED에 대해서는 CCR의 경우 LED의 광 효율이 낮은 듀티 주기에서 증가한다. Red 칩 LED에서는 이러한 증가 현상은 없고, 낮은 듀티 주기에서 광효율이 종종 감소하는 것을 관찰할 수 있었다[10].

긴 LED 수명 역시 최신 디스플레이 애플리케이션에서 중요한 기준의 하나이다. 예를 들어 정보나 간판용 LED 디스플레이들은 쉬지 않고 켜져 있다. 여기서 궁금한 점은 LED에서 얼마나 많은 전류가 흐를 때, 기판의 온도(T_j)가 얼마일 때 수명에 영향을 미치는지다. 여러 기판 온도별로 측정하고 추정한 광속과 서비스 타임(서비스 타임은 켜진 이후로 경과한 시간을 말함) 특성을 기반으로, Vinh과 Khanh[13]은 기판 온도 T_j(Kelvin 단위로 측정)로부터 예측 수명 L(처음 광속으로부터 70% 감소한 시간, 한 시간 단위로 측정)이 기하급수적으로 증가하는 것을 발견했다(식 7.1 참조).

$$L = a\, e^{bT_j} \tag{7.1}$$

식 7.1에서 a와 b는 LED 종류와 구동 전류에 따라 달라진다[13]. 실제 측정에서 LED의 온도는 LED의 특정 위치에 부착된 센서로 측정된다. 이 위치는 제조자들에 의해 세공되는 LED 온도 세트라고 불리는 위치이다. 센서 온도 T_s의 기판 온

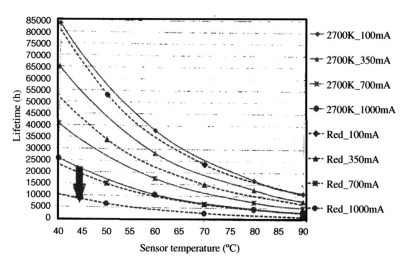

그림 7.2 센서의 온도 특성(가로축 : T_S, °C)에 따른 수명(세로축 : L, 1시간 단위)[13]. 오렌지색 표시(연속적인 곡선) : 인광 변환 백색 LED(CCT = 2700K). 빨간색 표시(점선 곡선) : red 칩 LED. 전류 레벨 : 100, 350, 700, 1000mA. 아래쪽으로 표시된 빨간색 화살표는 red 칩 LED의 백색 LED 대비 수명 예측 감소를 나타낸다. *Licht*에서 허가받아 재구성함

도 T_j 간에는 선형적 관계가 있다[13]. 수명과 센서 온도 특성의 예시는 그림 7.2 에서 인광 변환 백색 LED(CCT = 2700K)와 red 칩 LED의 네 단계 전류 레벨(100, 350, 700, 1000mA)의 경우로 보여주고 있다.

그림 7.2에서 보여지는 것과 같이, red 칩 LED의 수명은 백색 인광 변환 LED 의 수명보다 훨씬 짧다. 예를 들면 red 칩 LED의 경우는 T_S = 60°C, I = 700mA, L = 10,000시간, 백색 LED에서는 L = 17,000시간이 된다. 인광층을 blue 발광 표면과 떨어뜨려 놓는 것—이를 리모트 인광 LED라고 함—은 인광의 수명 저하를 막아줄 수 있다[14].

7.1.3
멀티 프라이머리 디스플레이의 색 재현성 확장

디스플레이의 입력 이미지는 표준 색 공간으로 정해진다. 그 후에 특정한 알고 리즘이 선호 컬러 어피어런스를 예측하여 멀티(n > 3) 프라이머리 컬러(2.3.2절, 5.2.2절 참조)의 광색역 디스플레이의 컬러 능력을 최대한으로 보여줄 수 있도록 하는 과정이 필요하다. 예를 들면 Hoshino의 알고리즘[15]은 CIELAB 밝기 L^* 와 채도 C^*를 동시에 밝기 수준에 따라서 표준 색 공간을 광색역 공간으로 확장 시켜준다. 하지만 CIELAB 대신에 CIECAM02를 쓰는 것이 더 바람직한데, 이는 CIECAM02가 인지적으로 더 균등한 색 공간이기 때문이다. 최신 색 재현성 확장 알고리즘은 고정된 확장 방법을 사용하는 것이 아니라 입력 이미지의 분석 결과 (컬러 히스토그램)에 맞춰 확장시켜준다[16].

이러한 방법의 키 포인트는 채도 향상이다. 하지만 전체적인 채도를 모두 증가 시키게 되면 보기 좋은 컬러 어피어런스를 얻지 못할 것이다. 예를 들어 중요한 피부색은 피부색의 색상에 따른 채도 상승 실험(그림 3.11)의 선호 점수로부터 볼 수 있듯이 포화도가 높아지면 안 된다. 또한 중간 톤(백색이나 밝은 회색 같은)은 이 중간 톤을 계속 유지해야만 한다. 이에 대한 해결 방안으로는 보통의 채도 확 장과 중요한 장기 기억색의 주변에서 허용 부피를 매핑하는 알고리즘을 결합하 여 사용하는 것이다. 3.4.3절에서도 설명했듯이, 이러한 매핑은 인간의 색 기억을 장기 기억색으로 이동시키는 것과 유사하다.

어쨌든, 다른 컬러 매핑 알고리즘이 색 공간(다른 장기 기억색의 인접한 곳에 서)의 다른 부분에 적용된다면, 이 부분들 간의 변화가 부드럽게 보이도록 하는 작업이 필요하게 된다[17]. 그렇지 않으면 공간적인 컬러 아티팩트가 나타날 수 있다. 또한 매우 높은 이득 계수의 색 공간 확장 함수의 사용은 피해야 하는데, 이 는 의사윤곽과 같은 공간적 아티팩트들이 나타나게 되기 때문이다[16]. 상호작용 을 하는 색 공간 확장 툴 또한 개발되었다[17]. 이러한 툴을 이용하면, 관찰자들 은 입력 이미지의 컬러를 CIELAB 색 공간 영역에 따라서 그들의 선택에 따라 바 꿀 수 있다.

최신의 LED 기반 광색역 디스플레이에서 중요한 문제는 LED 소자의 온도 변 화에 따라서 LED의 광 출력이 변화하는 문제가 발생하는 것이다. 만약 온도 변화 에 의하여 다른 컬러 LED의 휘도나 색도 변화가 일어난다면, 이러한 변화는 색 공간 확장에 큰 위험 요소가 되고, 화질도 열화될 것이다. 7.1.2절에서 언급했듯 이, 컬러 소셜 피느백 시스템이 근본석인 해결잭으로 여겨시시 않을 수 있다. ㄱ

러므로 LED의 온도 환경 조건이 바뀌는 것과 같이 온도 변화에 따라서 백색을 유지하는 것과 LED 디스플레이의 색 재현성을 유지하는 것이 중요한 요구사항이 된다.

LED 디스플레이의 광 출력 온도 의존성을 설명하기 위하여, 이상적인 RGB 필터로 이루어진 4원색 광색역 LED 디스플레이의 시범적 계산 예시가 아래와 같이 나와 있다. 이 예시에서 모델 디스플레이는 컬러 순차 모드(2.3.2절 참조)로 구동하는 것으로 가정한다. 이것은 특정 LED 발광의 시간 순서에서 오직 컬러 필터에 해당하는 서브픽셀만 통과되는 것이다. 특히 green LED와 cyan LED가 발광할 때에 green 필터만이 통과된다.

먼저, LED 자체의 온도 의존성을 분석해야 한다. 그림 7.3은 칩 LED의 네 가지, 즉 red(R), green(G), cyan(C), blue(B) 타입의 상대 분광 분포의 세 가지 온도 조건(T_S = 10, 50, 100°C) 의존성을 보여주고 있다. R, C, B의 특성은 실제 칩

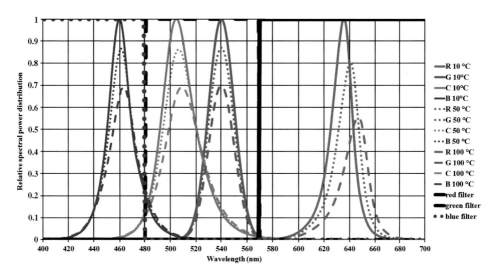

그림 7.3 네 가지 타입의 칩 LED의 상대 분광 분포(RSPDs)의 온도 의존성 — 4원색 컬러 순차(RGCB) LED 디스플레이 이론적 모델의 red(R), green(G), cyan(C), blue(B). 센서의 세 가지 온도 조건은 T_S = 10, 50, 100°C이다. 모든 LED에 대해서 RSPD의 최댓값은 1이고 이는 온도 T_S = 10°C일 때이다. T_S = 50과 100°C에서의 RSPDs는 T_S = 10°C의 상대적인 수치다. R, C, B곡선은 실제 칩 LED의 측정을 기반으로 한 것이고, G곡선은 시뮬레이션된 곡선이다. 모델 RGB 컬러 필터의 투과 스펙트럼을 나타내고 있다.

LED의 물리적 측정 결과를 기반으로 한 것이고, G는 시뮬레이션을 통해 얻은 결과이다.

그림 7.3에서는 상대 분광 분포의 최대치를 모든 LED에 대해서 $T_S = 10°C$일 때를 1로 맞추었고, $T_S = 50, 100°C$일 때의 상대 분광 분포는 $T_S = 10°C$의 상대적인 값이다. 그림 7.3에서 보여지는 것과 같이 LED의 광 출력은 온도 증가에 따라서 감소한다.

LED의 최대 파장이 온도에 따라서 크게 변화하는 현상이 있는데, 이는 red LED : 632nm(10°C)가 645nm(100°C)로 변화하는 것처럼 red LED에서 특히 심하게 나타났다. Blue LED의 최대 파장 변화는 459nm(10°C)가 463nm(100°C)로 변화하였고, cyan LED의 경우는 504nm(10°C)가 508nm(100°C)로 변화하였다. 온도에 따른 최대 파장의 변화는 시뮬레이션된 green LED에서는 무시되었다.

위의 온도 관련 LED 디스플레이의 컬러 성능 변화 효과에 대해서는 그림 7.4에서 보여주고 있다.

그림 7.4에서는 온도 변화에 따른 주광 기준 광원에 상응하는 화이트 포인트의 변화와, 세 가지 센서의 온도 조건 $T_S = 10, 50, 100°C$에 따른 CIE x, y 색도 다이어그램을 보여주고 있다. 네 가지 LED의 가중치를 고려하여 $T_S = 10°C$에서 화이트 포인트는 NTSC 화이트 포인트($x = 0.31, y = 0.316$)로 맞추었다. 그림 7.4에서 보여지는 것처럼, 온도가 올라감에 따라서 디스플레이의 화이트 포인트는 높은 색온도로 이동하는 경향이 있다.

$T_S = 100°C$에서는, 기준 광원과 화이트 포인트와의 확실한 색도의 차이가 있다($\Delta uv = 0.01$). 즉 디스플레이의 화이트 포인트는 색도 다이어그램의 왼쪽 위, 녹색 방향으로 이동하는 것을 알 수 있다. 색 재현성은 온도가 증가함에 따라 연속적으로 줄어든다. $T_S = 10°C$에서는 NTSC 색 공간의 150.4%이고, $T_S = 50°C$에서는 149.6%, $T_S = 100°C$에서는 147.9%와 같이 색 재현성이 변화하였다.

7.1.2절에서 언급했던 것과 같이 칩 LED의 수명은 보통 pcLED 대비 짧다. 그러므로 최신 LED 디스플레이에서는 칩 LED를 pcLED로 대체하는 것에 관심을 두고 있다. 다른 이론적 예시를 들어보자면, 이의 RGCB 모델 디스플레이에서

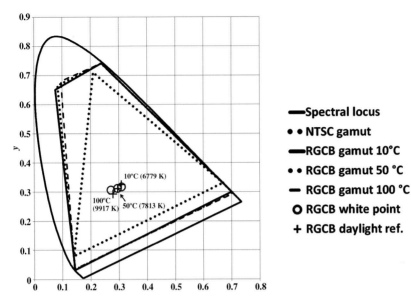

그림 7.4 CIE x, y 다이어그램에서 보여지는 4원색 컬러 순차(RGCB) 모델의 LED 디스플레이의 온도 의존성. 다이어그램은 그림 7.3의 4개의 칩 LED의 온도 특성을 이용하여 계산하였다. 주광 기준 광원(CCT, K)에 대응하는 RGCB 디스플레이의 화이트 포인트와 세 가지 센서 온도(T_S=10, 50, 100°C)에서의 색 재현성을 보여주고 있다. RGCB 디스플레의 화이트 포인트는 T_S=10°C에서 NTSC 화이트 포인트(x=0.31, y=0.316)에 맞춰졌다.

4개 칩 LED 중 둘, 즉 red와 cyan을 기본적인 red pcLED와 cyan pcLED로 바꾸었다. 그림 7.5는 T_S=10, 50, 100°C의 센서 온도에서 이러한 pcLED에 대한 상대 분광 분포를 보여주고 있다.

그림 7.5에서 보여지는 것처럼, pcLED의 광 출력은 온도가 증가함에 따라서 감소한다(그림 7.3과 비교). 발광하는 LED의 cyan과 red 인광 요소들의 최대 파장이 장파장 쪽(green과 red 컬러 필터 각각에 통과함으로써)으로 이동하는 현상이 칩 LED 대비 훨씬 덜한 것을 알 수 있다. Red pcLED에서 파장의 이동은 3nm(100°C에서 626nm, 10°C에시 623nm)뿐이다. Cyan pcLED에서는 측정 걸과에 의하면 파장의 변화가 나타나지 않았다.

그림 7.6은 red와 cyan을 pcLED로 교체한 모델 LED 디스플레이의 온도 의존성을 보여주고 있다. 그림 7.6의 CIE x, y 색도 다이어그램은 그림 7.3의 green과

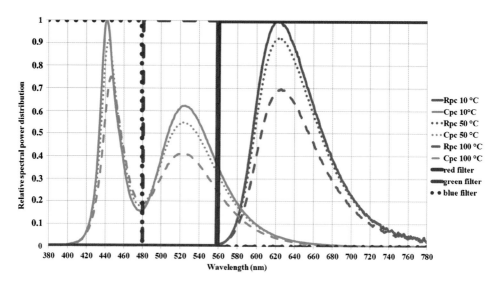

그림 7.5 인광 변환 LED의 4원색 컬러 순차 LED 디스플레이(green과 blue 칩 LED는 그림 7.3과 동일)에서 red와 cyan의 칩 LED를 대체하는 red(Rpc)와 cyan(Cpc) 두 가지 유형의 온도에 따른 상대 분광 분포 특성. T_S=10, 50, 100°C의 세 조건의 센서 온도. 모든 LED에서 최대 RSPD는 T_S= 10°C일 때를 1로 하였고, T_S=50, 100°C에서의 RSPDs는 T_S=10°C의 상대적인 값이다. 이러한 곡선은 red와 cyan pcLED의 측정값을 바탕으로 만든 것이다. 모델 RGB 컬러 필터의 투과 스펙트럼을 나타내고 있다.

blue 칩 LED의 온도 특성과 그림 7.5의 red pcLED와 cyan pcLED의 특성을 가지고 계산한 것이다. T_S=10°C일 때 화이트 포인트는 NTSC 화이트 포인트 기준으로 맞추었다.

그림 7.6에서 보여지는 것과 같이, 온도가 올라감에 따라서, 디스플레이의 화이트 포인트는 높은 색온도 방향으로 이동(100°C에서 7807K, 10°C에서 6779K)하지만 이동량은 전체 칩 LED 디스플레이(100°C에서 9917K, 10°C에서 6779K)보다 덜하다. T_S = 100°C에서 화이트 포인트와 주광 기준 점과의 색차(Δuv = 0.007) 또한 전체 칩 LED 디스플레이(Δuv=0.01)보다 덜하게 나타난다.

Red pcLED와 cyan pcLED 디스플레이에서는, 온도 증가에 따라서 색 재현성이 다소 증가하였다. T_S = 10°C에서는 NTSC 색 공간이 122.3%이고, T_S = 50°C에서는 122.6%, T_S = 100°C에서는 122.9%와 같이 색 재현성이 변화하였다. 이 모델 디스플레이의 색 재현성(그림 7.6 평균 123%)은 전체 칩 LED 디스플레이(그

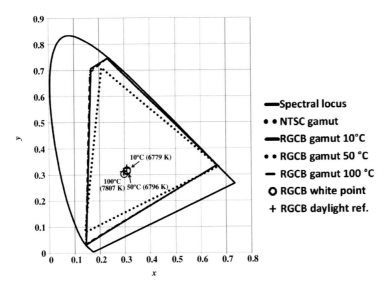

그림 7.6 CIE x, y 색도 다이어그램에서 4원색 컬러 순차(RGCB) 모델의 LED 디스플레이의 red, cyan 인광 변환 LED(Rpc와 Cpc)의 온도 의존성. 다이어그램은 그림 7.3의 green, blue 칩 LED, 그림 7.5의 Rpc와 Cpc의 온도 특성으로 계산된 것이다. RGCB 디스플레이의 기준 광원(CCT, K)에 대한 화이트 포인트와 세 가지 센서 온도 조건(T_S=10, 50, 100°C)에 따른 색 재현성을 보여주고 있다. RGCB 디스플레이의 화이트 포인트는 T_S=10°C에서 NTSC 화이트 포인트(x=0.31, y=0.316)로 맞춰졌다.

림 7.6, 평균 149%)보다 낮은 수준이다. 이유는 이 예시의 기존에 사용하는 red, cyan 인광 물질은 그들에 대응하는 칩 LED보다 덜 유리한 파장대에서 발광하기 때문이다.

그림 7.3과 7.5에서 cyan 인광 물질의 최대 파장(평균 525nm)이 cyan 칩 LED(평균 506nm) 대비 긴 파장 쪽으로 이동한 것을 관찰할 수 있다. 이러한 x, y 색도 다이어그램에서 왼쪽 위로 이동하는 cyan pcLED로 인해 색 재현성에 손실이 발생하는 것이다. 비슷하게 red 인광 물질의 최대 파장(평균 625nm)은 이 red 칩 LED(평균 639nm) 대비 짧은 파장 쪽으로 이동한 것을 알 수 있다. 이것은 x, y 색도 다이어그램 오른쪽 아래의 red pcLED의 이동에 의해서 색 재현성에 손실이 생기는 것을 나타낸다. 결론적으로 최신 광색역 디스플레이에서는 인광 물질의 발광 스펙트럼 특성을 최적화하고, 더불어 그들의 효율을 향상시키는 것(현재의 red 인광 물질의 효율성은 떨어진다)이 가장 중요한 이슈가 될 것이다.

7.2
최신 실내 조명 기술

실내 조명 기술은 에너지 효율이 우수하면서도 우수한 컬러 품질을 제공할 수 있는 기술에 의한 텅스텐 램프의 교체 요구로 인하여 혁명을 맞이하고 있다. 소형의 형광 램프는 이 문제에 대한 대안이 될 수 있지만 일정 영역의 파장 범위에서 좋지 않은 컬러 품질 결과를 나타내는 문제가 있다. 백색 pcLED는 더 나은 기술을 보여줄 수 있는데, 이는 인광 물질 선택의 폭이 넓고, blue LED 칩과 함께 사용하여 유연하게 스펙트럼 설계가 가능하기 때문이다. 이러한 백색 pcLED는 때때로 유색의 칩 LED(red, amber, cyan, green)이나 유색의 pcLED와 함께 조합하여 사용된다.

유색 LED 조합은 강조 조명이나 장식 조명(7.2.1절 참조)에 사용될 수 있지만 가장 중요한 실내 애플리케이션은 일반적인 백색 실내 조명이다. LED 광원의 전기, 온도 안정성의 타당성에 대해서는 이 절에서 설명될 것이다. 24시간 주기 파장 디자인과 컬러 품질의 여러 측면(색채 밝기, 컬러 연색성, 색 재현성, 조화)들의 최적화는 7.2.2절에 기술되었다. 스펙트럼 디자인의 인간의 색 항상성 영향에 대해서는 7.2.5절에서 다룰 것이다.

7.2.1
강조 조명을 위한 조절 가능한 LED 램프

일반적인 조명이라 하면 (보통은 한 가지 종류의) 일반적인 광원을 방의 천장 밑에 달고, 조도 수준을 500~1000 lx 정도로 맞추어 사용하는 것을 떠올릴 것이다. 업무 조명은 광이 업무의 대상에 집중되도록 조도를 높여서(예 : 병원의 응급실은 10^4 lx까지), 책 읽기, 바느질, 공예, 수술, 물체를 가까이서 보며 검사하는 일 등에는 더 우수한 성과를 얻고자 할 것이다. 그에 반해 강조 조명은 미적인 목적을 가지고 시각 환경을 더 아름답고, 뚜렷하고, 매력적으로 만들고자 하는 것이다. 강조 조명에서는 광원 색도의 광범위한 조정('튜닝')이 환경의 컬러 어피어런스를 바꿔주는 중요한 요구사항이 될 것이다

이러한 요구를 만족시키기 위해, LED 기술은 스펙트럼 디자인의 유연성 확장 뿐만 아니라 에너지 절감까지 많은 것을 제공할 수 있다[18]. 소매점의 설문 조사 로부터 일반적인 형광등이 없어지고, 할로겐 강조 램프가 줄어들 때에, blue LED 강조 조명은 미적인 요소를 절충하지 않고도 전력을 50%까지 줄일 수 있다는 것을 보여주고 있다[18]. 강조 조명은 특정 공간적 패턴과 포화도가 높거나 다른 백색 톤의 컬러 셰이딩(color shading)을 만들어낼 수 있다. 일반적인 백색이나 한 가지 종류의 조명을 사용하는 환경에서의 강조 조명의 광원은 '특정 장소나 물체의 미적인 어필'을 향상시켜줄 수 있다[19].

"컬러를 강조하는 조명 기구는 상업적 물품을 전시하는 쇼룸이나 예술품을 전시하는 박물관이나 미술관, 사람을 상대할 수 있도록 조명을 향상시킨 호텔이나 회사의 로비, 특정 지역과 특정 연주자에게 집중되는 공연 무대와 같은 특정 장소에서 매우 매력적으로 작용한다"[19]. 기존의 광원들과는 달리, 백색 LED와 컬러 LED들의 조합으로 만들어진 조명 기구(강조 조명을 위한 조절 가능한 LED라고 하는)의 도움으로 광 출력은 사용자의 요구에 따라 광범위하고 유연하게 변화할 수 있다. 이러한 강조 조명은 하나의 광원만으로도 쓰일 수 있고, 일반적인 조명과의 조합으로도 사용될 수 있다.

다음은 조절 가능한 백색 LED 램프의 계산 예시를 보여주고 있다. 이러한 광원은 3개의 LED 조합에 가중치를 달리하며 LED 램프의 상대 분광 분포를 변화('튜닝'이라고 함)시킬 수 있으므로 액센트 광원으로 사용될 수 있다. 그러므로 사용자는 색온도를 연속적으로 조절할 수있다. '튜닝'의 효과를 보여주기 위한 예시로, 서로 다른 색상 특성을 가진 8개의 중요한 물체(백인 피부톤, 나뭇잎, 빨간 장미, 복숭아, 살라미, 토마토, 노랑 파프리카, 청바지)의 컬러 어피어런스와 색온도를 확인해보았다. 이 8개의 물체는 그림 6.13의 34개의 물체로부터 선정한 것이다. 그림 7.7은 이 8개의 선택된 물체들에 대한 특수 연색지수 R_{UCS}(6.2.2.2절 참조)값을 조절 가능한 LED 램프의 상관 색온도의 함수로 보여주고 있다.

그림 7.7에 보여지는 것처럼, 만약 조절 가능한 LED 램프가 낮은 색온도, 예를 들어 3000K로 맞춰져 있다면, 빨간색과 오렌지색 물체들(빨간 장미, 복숭아, 살

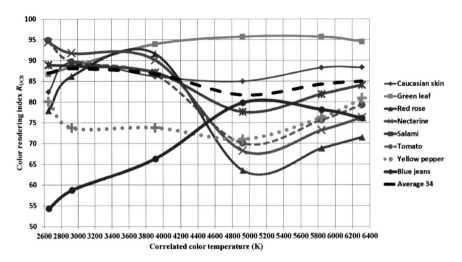

그림 7.7 색온도(CCT)를 조절할 수 있는 백색 LED 램프의 계산 예시. 세로축 : 8개의 물체(범례 참조)에 대한 특수 연색지수 R_{UCS}(6.2.2.2절)를 CCT(가로축, 단위는 K)의 함수로 표시했다.

라미, 토마토)는 우수한 연색성을 보여주고 있고, 푸른 물체들(청바지와 같은)은 떨어지는 연색 특성을 보여주고 있다. 하지만 사용자가 색온도를 높게, 예를 들어 5000K로 맞춘다면 반대의 현상이 일어날 것이다. 요점은 강조 조명에서 상관 색온도는 조명 환경에서 비춰지는 물체들의 분광 분포에 따라서 선택을 해야 한다는 것이다. 예를 들면 푸른색 물체일 때는 높은 색온도가 선택되어야 한다. 광원의 공간적 분포의 변화(방에 컬러 조명의 그라데이션이 생기는 경우) 또한 강조 조명을 향상시키지만 이러한 이슈는 여기에서 다루지 않을 것이다.

7.2.2
생체 리듬과 밝기의 최적화

가시광선은 인간의 시각 시스템에서 시각적 인지를 자극하여 실내 환경의 광원이 비추고 있는 컬러로 된 물체의 밝기를 인지할 수 있도록 한다. 1.3절에서 설명된 것과 같이, 가시광선 역시 인간의 생체 시계와 인간의 중앙 신경 시스템의 복잡한 하부 시스템에 영향을 준다[20]. 생체 시계는 "복잡한 생리학적인 시스템부터 단세포까지 매일의 모든 생물학적 기능에 대한 시간을 조직화하고 조절한다"

[21]. 멜라토닌 호르몬은 이러한 생체 시계의 중요한 요소 중 하나이다. 이것은 잠을 자게 하는 호르몬이다. 빛에 노출이 되면 뇌의 송과선에 의해서 멜라토닌의 생성을 억제한다.

광원 기술에서 생체 리듬을 최적화하는 것은 최근 관심이 증대되고 있고, 이를 안정적으로 적용하는 것에 대하여 우리의 현재 수준의 지식들은 검증되어야 한다. 특히 밤에 멜라토닌을 억제하도록 빛의 상대 분광 분포와 세기를 바꾸는 효과에 대해서 설명 및 검증되었고, 생체 자극(CS) 모델이 개발되었다[21]. 하지만 "모든 빛에 대한 것은 아니고, 밤 시간의 멜라토닌 억제에 따른 동일한 스펙트럼 감도 결과는 보여지지 않았다"[21]. 그러므로 이러한 연구 단계의 결과를 적용하는 것은 주의해야 한다.

이 절에서는 새로운 시각 기술로서 생체 리듬 최적화의 가능성을 보여주기 위하여 생체 자극에 대한 Rea 등의 모델[21]을 42개의 대표 광원(표 6.6 참조)에 적용해보았다. 만약 생체 리듬 최적화가 실내 조명의 분광 분포에 적용된다면, 이러한 최적화 과정에서 컬러 품질 측면을 추가적인 요구사항으로 고려해야 한다. 그럼에도 불구하고, 이러한 최적화는 매우 신중하게 진행되어야 하는 것이, 특정한 분야에서는 낮은 수준의 생체 자극(최소화)과 높은 수준의 컬러 품질 측면(최대화)을 요구할 수 있기 때문이다. 이러한 요구에 대해서는 이 절에서 Rea 등의 모델에 의해 계산된 광원의 생체 자극과 동등한 광원으로 비추었을 때의 색채 밝기, 컬러 연색성, 색 재현성, 조화의 네 가지 컬러 품질의 관계를 보여주고 있다.

생체 자극은 다음의 방법으로 계산된다[21]. 첫 번째로 S원추세포, 간상체 신호, 내재적인 감광성의 망막 신경절 세포(ipRGCs), L+M 채널의 네 가지 망막 자극 신호를 계산하는데, 이는 CIE 10° 광도 명소시 관찰자 $V_{10}(\lambda)$[22]에 의해 모델링되었다. 내재적인 감광성의 망막 신경절 세포는 또한 지속적인 동공 반사의 요소를 조절하는 데 기여한다[23, 24]. 그림 7.8은 이러한 광 수용체들(혹은 그들의 조합)의 분광 감도를 보여주고 있다.

그림 7.8에서 보여지는 것처럼 모든 신호[$V_{10}(\lambda)$ 포함]의 분광 감도는 CIE 1924 명소시 $V(\lambda)$ 함수 대비 blue 쪽으로 이동하였다. S원추세포, 간상체, ipRGc, L+

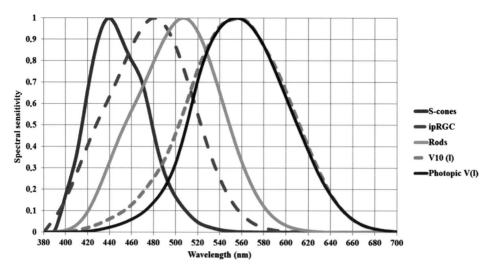

그림 7.8 Rea 등의 모델[21]에서 광 수용체(혹은 그들의 조합)의 분광 감도. S원추세포 : $S(\lambda)$, 간상체 : $V'(\lambda)$, 내재된 감광성의 망막 신경절 세포 : ipRGC(λ), L+M 채널 : $V_{10}(\lambda)$[22]. 비교를 위하여 CIE 1924의 명소시 $V(\lambda)$ 함수도 함께 보여주고 있다.

M 신호는 380nm에서 780nm의 파장에 대응하는 분광 감도 함수를 적분하여 눈에서의 방사 스펙트럼을 곱하여 계산된다.

모델의 다음 단계로, S−(L+M) 반대 색 신호를 계산한다(표 1.1 참조). 만약 S −(L+M) 신호가 음수이면, 생체 자극은 ipRGC 신호에만 의존하는 것이다. 반대로 S−(L+M) 신호가 음수가 아니라면, CS는 ipRGC 신호와 S−(L+M) 신호, 간상체에 의존한다. 높은 방사 수준에서 모델은 간상체 포화를 포함한다. 모델의 마지막 단계로는 위의 신호의 조합을 제시하고 있는 CIE A 광원(2856K에서 흑체복사)으로 정규화(normalized)하고 압축된 신호를 야간의 인간의 멜라토닌 억제 데이터에 맞추어 적용하는 것이다[25−27]. 생체 자극 계산 과정의 세부적인 수치는 자료를 참고하길 바란다[21].

이 절의 계산 예시에서는, 생체 자극의 값[21]이 표 6.6의 42개 각 광원의 색온도 함수로 계산하였다. 모든 광원에 대해서 눈에서의 조도는 700lx로 맞추었고, 이는 조명이 밝은 사무실 환경에서의 각막 면에서의 일반적인 조도값이다.

그림 7.9에서 보여지는 것과 같이, 생체 자극은 작용하는 모든 메커니즘(그림

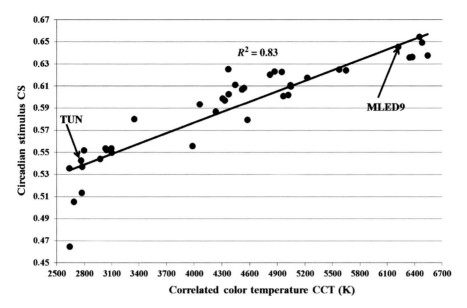

그림 7.9 표 6.6의 42개 광원에 대한 상관 색온도와 생체 자극[21]과의 관계. 모든 광원에 대해서 눈에 도달하는 조도를 700lx로 맞추었다(밝은 사무실 환경에서 각막 면의 일반적인 조도값). TUN : 텅스텐 할로겐 램프, MLED9 : R_{UCS}=96의 높은 컬러 연색성을 가진 여러 LED 광원의 이론적 조합

7.8 참조)이 blue 스펙트럼이 지배적이기 때문에 색온도가 증가하면서 생체 자극도 함께 증가한다. 두 가지 광원에 대해서 비교해보면, 그림 7.9의 R_{UCS} = 96의 높은 컬러 연색성 : MLED9(여러 LED 광원의 이론적 조합, CCT = 6219K)과 TUN(텅스텐 할로겐 광원, CCT = 2762K)을 비교해보았다. 동등한 700lx 조도 조건에서 MLED9는 CS값이 0.65로 TUN 0.54 대비 높다. 그러므로 MLED9는 더 높은 멜라토닌 억제 효과를 가지고 사무실에서 작업 능력을 향상시킬 수 있다. 반면에 TUN은 멜라토닌 억제 정도가 낮기 때문에 잠자기 전에 집에서 쉬는 데 더 적합한 광원이다. 이러한 결과는 조도계로 측정한 조도 수치는 생체 리듬 효과를 평가하는 데 적합하지 않다는 것을 나타낸다.

앞서 언급했듯이, 42개 광원의 생체 자극과 컬러 품질 측면을 비교하는 것은 흥미로운 일로, 첫 번째로 해당 광원에 대한 34개의 물체(그림 6.13 참조)에 대한 평균 색채 밝기 L^{**}(식 6.5 참조)를 비교해보고자 한다. 이러한 예시는 광원의 사용자가 하얀 벽의 방에 앉아 있고, 천장에서 생체 자극을 주는 광원이 내리쬐고 있을 때, 컬러로 된 일반적인 물체들의 밝기값을 평가하는 개념이다. 이러한 조건의 유효성은 향후 확인해볼 예정이다.

34개의 물체들의 평균 밝기(L^{**})를 상관 색온도의 함수로 확인해보자(그림 7.10 참조).

그림 7.10에서 보여지는 것과 같이, 광원의 색온도가 올라감에 따라서, 다시 말해 광원의 blue 스펙트럼이 점점 증가하면서, 물체들의 밝기(L^{**})는 떨어졌다. 이것은 이 34개의 물체들의 반사 스펙트럼이 중간과 장파장 쪽에 치우쳐 있기 때문이다. 그림 6.13을 보면, 540nm 이상의 파장대에 blue 쪽 스펙트럼보다 더 많은 자극들이 있다. 그림 7.10에서 보여지는 것과 같이, 이러한 물체들은 MLED9(6219K, $L^{**} = 60$)에서보다 TUN(2762K, $L^{**} = 63$)에서 평균적으로 더 밝게 보이는 것으로 나타난다.

그림 7.9와 7.10에서와 같이 42개의 동일한 광원 세트들에 대해서, 그림 7.11에서는 동일한 34개의 컬러 물체들에 대한 광원으로부터 얻은(혹은 하얀 벽으로부

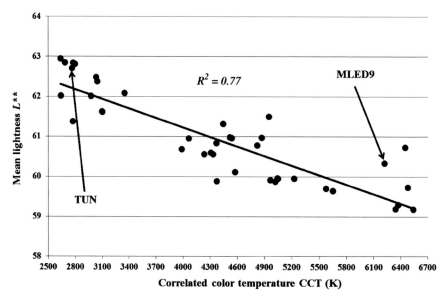

그림 7.10 그림 6.13(실내 물체 특성)의 34개 테스트 물체의 평균 밝기 L^{**}(식 6.5 참조)를 표 6.6 의 42개 광원의 색온도에 대한 함수로 나타냄

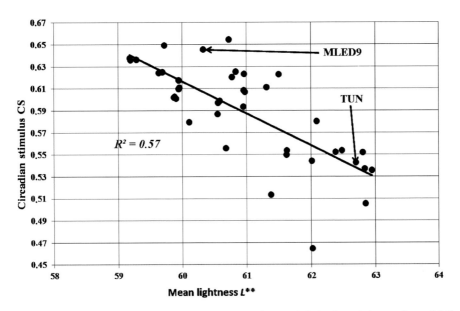

그림 7.11 생체 자극[21]을 평균 밝기 L^{**}(식 6.5)의 함수로 나타냄. 평균 밝기는 그림 6.13(실내 물체 특성)의 34개 테스트 물체들로 계산되었다. 각 점은 표 6.6의 각각의 42개 광원에 해당한다. CS값을 계산하기 위해서, 모든 광원에 대해서 눈의 조도를 700lx로 맞추었다(밝은 사무실 환경에서 각막 면의 일반적인 조도값).

터) CS 값을 각 광원에서의 34개의 물체들의 평균 색채 밝기 L^{**}의 함수로 설명하고 있다.

그림 7.11에서 보여지는 것과 같이, 생체 자극[21]은 그림 7.9와 7.10으로부터 예측할 수 있는 평균 밝기가 증가함에 따라서 감소한다. 이 결과는 700lx로 고정된 조도 조건에서 (저녁 시간 서양 가정에서의 텅스텐 조명과 같이) 낮은 CCT의 광원에서는 생체 자극 수치가 낮게 나타난다. 그러므로 멜라토닌 억제 현상이 덜하게 되고, 이에 따라 좀 더 편안한 느낌을 주어 수면에 도움이 된다. 동시에 이러한 환경에서 34개의 컬러 물체들 중 중요한 빨간색, 오렌지색, 노란색의 물체들은 컬러 어피어런스가 향상되는 경향을 보인다. 반대로 고정된 조도 조건의 (낮시간 사무실 환경에서의 차가운 백색 LED 조명기구와 같이) 높은 CCT의 광원에서는 생체 자극 수치가 높다. 그러므로 멜라토닌이 더 억제되어 이는 집중력과 업무 능력을 증가시켜줄 수 있다.

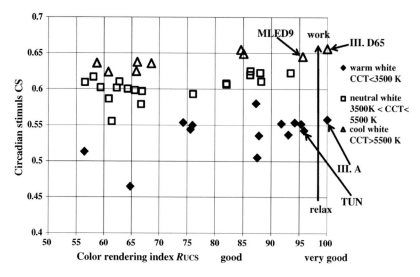

그림 7.12 요구되는 연색성(R_{UCS})과 사용자의 활동 경향에 따른 광원 선택 다이어그램. R_{UCS}는 그림 6.13(실내 물체 특성)의 34개 테스트 물체에 대해 계산한 것이다. 그림 6.31과 비교해보라.

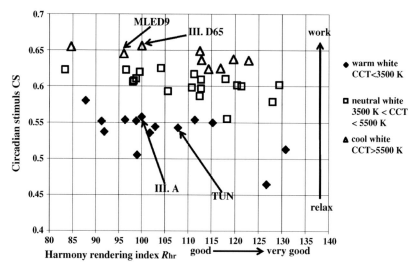

그림 7.13 요구되는 조화 연색지수(R_{hr})와 사용자의 활동 경향에 따른 광원 선택 다이어그램. 그림 6.32와 비교해보라.

이러한 광원하에서 42개 광원의 생체 자극을 컬러 연색지수(R_{UCS})와 비교해보는 것도 흥미로운데, 이때 대표적인 A와 D65 광원에 대해서도 함께 비교해보았다. R_{UCS}값은 그림 6.13의 34개 테스트 물체들로부터 계산한 값이다. 그림 7.12는

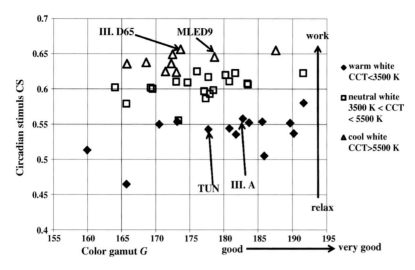

그림 7.14 요구되는 색 재현성(G)과 사용자의 활동 경향에 따른 광원 선택 다이어그램. 그림 6.33과 비교해보라.

CS−R_{UCS} 다이어그램을 보여주고 있다(그림 6.31과 비교해보라).

그림 7.12의 CS−R_{UCS} 다이어그램은 요구되는 연색지수(R_{UCS}) 수준과 휴식과 업무 범위에서 변화하는 사용자들의 활동 경향에 따라서 향후 사용 가능한 광원 선택 방법을 제시한다. 그림 7.12에서 보여지는 것과 같이 높은 연색지수의 광원 중에서 MLED9나 D65는 업무 환경에서 사용이 가능하고, TUN이나 A 광원은 휴식 시간에 사용이 가능하다. 비슷한 다이어그램이 조화 연색지수와 색 재현성에도 적용되어 선택이 가능하다(그림 7.13, 7.14 참조).

그림 7.13과 7.14의 CS−R_{hr}과 CS−G 다이어그램을 바탕으로, 사용자의 활동 경향을 휴식에서부터 업무로 변화시키며 요구되는 조화 연색성(R_{hr}) 혹은 색 재현성(G)에 따라서 광원을 선택하는 것이 가능하다.

7.2.3
강조 컬러 품질 항목에 따른 광원의 선택

6.5.2절의 계산 예시에서는 42개의 실내 광원(표 6.6) 특성의 대표값으로 그림 6.13의 34개 실내 물체 특성을 사용하여 광원 품질의 네 가지 수치(밝기, 색 재현

성, 컬러 연색성, 색 조화)를 사용하였다. 미래에는 밝은 실내 환경에서 특정 컬러 품질 측면을 강조하는 광원을 선택하는 것이 중요할 수 있다. 이 절에서는 위의 42개 광원을 이러한 관점에서 조사해보고자 한다.

6.5.2절과 비슷하게, 42개의 광원을 따뜻함(CCT<3500K), 중간 정도(3500K ≤CCT<5500K), 차가움(CCT≥5500K)의 세 가지 색온도 그룹으로 나누었다. 각 색온도 그룹에서는 6.5.2절에서와 같이 각 광원의 동일한 네 가지 수치(L^{**}, G, R_{UCS}, R_{hr})를 살펴보았다ー34개 물체의 평균 색채 밝기(L^{**}), 색 재현성(G), 연색지수(R_{UCS}), 조화 연색지수(R_{hr}). 첫 번째로, 사용자들은 색온도 그룹을 선택하고(예 : 따뜻한 그룹을 선택) 강조되는 광원의 컬러 품질 수치를 하나 선택한다(예 : 색 재현성). 예시를 보면, 따뜻한 백색 광원의 도움으로 색 재현성 측면이 강조되고 이때 사용자는 따뜻한 백색 광원 중 어느 것을 선택하여 사용해야 하는지를 알 수 있다.

광원 선택을 위해 사용자들의 일을 덜어주기 위해서, 컬러 품질값들(L^{**}, G, R_{UCS}, R_{hr})은 각 색온도 그룹에서 다음과 같이 변환되었다ー색온도 그룹 안의 모든 광원의 수치값 평균에서 각 해당 수치를 빼고 그 값을 해당하는 표준편차로 나누었다. 그림 7.15는 따뜻한 백색 색온도 그룹에서 광원들에 대한 이러한 변환된 수치값을 보여주고 있다.

그림 7.15에서 보여지는 것처럼, 따뜻한 백색 광원의 밝기를 강조하기 위해서는 표 6.6의 따뜻한 백색의 형광 램프인 FL4를 선택한다. 색 재현성을 강조하기 위해서는 MLED1 혹은 pcLED5가 선택되어야 한다. 연색성을 위해서는 TUN이나 pcLED가, 색 조화를 위해서는 FL3이나 pcLED4를 선택해야 한다.

그림 7.16은 중간 백색 색온도 그룹의 광원에 대한 변환된 수치를 보여준다.

그림 7.16에서 볼 수 있듯이, 중간 정도의 광원에서 밝기를 강조하기 위해서는 사용자들이 MLED6나 FL2를 선택해야 한다. 색 재현성을 강조하기 위해서는 MLED6가 선택되어야 하고, 연색성을 위해서는 FL2나 MLED6, 색 조화를 위해서는 FL1이나 pcLED2가 선택되어야 한다.

그림 7.17은 차가운 백색 색온도 그룹에서의 광원에 대한 변환된 수치를 보여

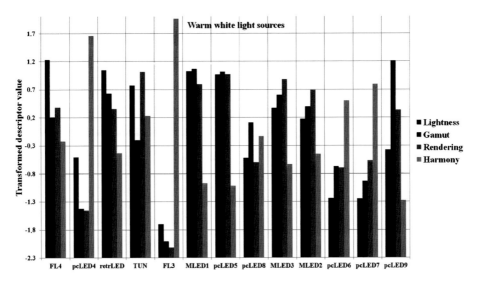

그림 7.15 세로축 : 다음의 컬러 품질 측면에 대해서 변환된 수치값(내용 참조) — 평균 색채 밝기 (L^{**}), 색 재현성(G), 연색지수(R_{UCS}), 조화 연색지수(R_{hr}). 가로축 : 표 6.6의 42개 광원 중 따뜻한 백색 색온도 그룹(CCT<3500K)의 광원

준다.

그림 7.17에서 볼 수 있듯이, 차가운 백색 광원에서 밝기를 강조하기 위해서는 사용자들이 MLED8을, 연색성을 위해서는 MLED9을, 색 조화를 위해서는 pcLED1을 선택해야 한다.

7.2.4
새로운 인광체의 혼합물

인광체 변환 백색 LED 기술은 실내 조명에서 우수한 컬러 품질을 보여주면서도 광 효율 측면에서 텅스텐 램프를 대체할 수 있는 가장 기대되는 기술이다[28]. 높은 컬러 연색성(혹은 다른 컬러 품질)을 얻기 위해서는 분광 분포가 잘 맞춰지는 것이 중요하고 이는 단일 yellow 인광체를 사용하는 것보다는 여러 인상제들로 이루어진 새로운 인광체 혼합물을 사용하는 것으로 가능하다[29, 30]. (네 가지 인광체의 혼합물에 의해 변환된 blue LED 칩과 같은) 4-pc WLED라고 하는 광원은 색온도 4280K에서 일반 연색지수 R_a = 95를 갖는다[29].

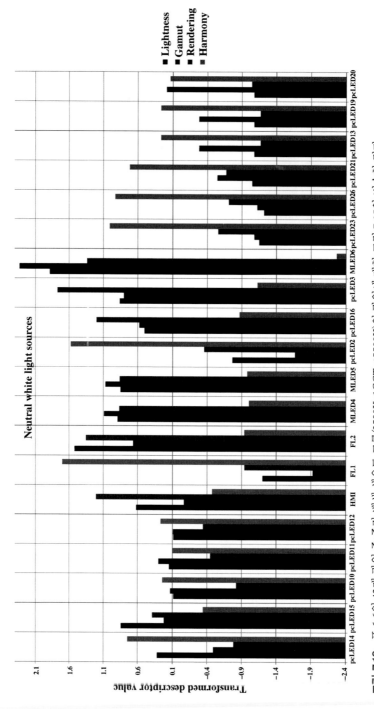

그림 7.16 표 6.6의 42개 광원 중 중간 백색 색온도 그룹(3500K≤CCT<5500K)의 광원에 대한 그림 7.15와 비슷한 결과

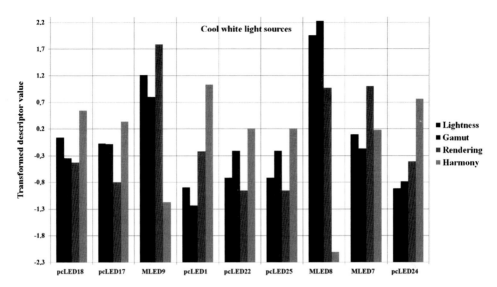

그림 7.17 표 6.6의 42개 광원 중 중간 차가운 색온도 그룹(CCT≥5500K)의 광원에 대한 그림 7.15와 비슷한 결과

위의 참고 자료[29]에 따라, 2900~5900K 사이의 네 가지 상관 색온도에서의 이론적인 4-pc WLED의 계산 예시를 이 절에서 보여줄 것이다. 계산의 첫 단계는 5개의 발광 스펙트럼(상대 분광 분포) 샘플을 선택하는 것으로, blue LED칩과 yellow, orange, green, red 네 종류의 인광체를 선택하였다. 이 샘플들의 발광 스펙트럼(그림 7.18)은 시장에서 널리 사용되고 있는 인광체 LED의 스펙트럼 측정 값으로부터 얻은 것이다.

그림 7.18은 발광 스펙트럼들의 선형적 조합으로 구성되었다. 그러면 다섯 가지 요소의 상대 가중치가 한정된 범위(0~2 사이)에서 변화하게 되는데, 이는 u, v 컬러 다이어그램 상에서 화이트 포인트가 흑체 복사 궤적에 있거나(테스트 광원의 색온도가 5000K 미만일 때) 주광색의 궤적에 가까워지기(테스트 광원의 색온도가 5000K보다 크거나 같을 때, 6.1절의 1단계 참조) 위해서이다. 이런 샘플의 계산에서는 백색 기준의 오차가 아주 적게 계산될 수 있었다($\Delta uv < 10^{-7}$). 그림 7.19는 네 조건의 색온도에 대한 다섯 스펙트럼 요소의 상대적 가중치를 보여주고 있다.

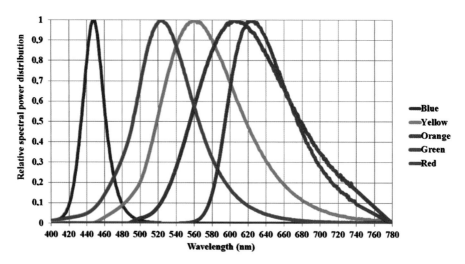

그림 7.18 시장에서 널리 사용되고 있는 인광체 LED—blue LED 칩과 yellow, orange, green, red 네 종류의 인광체 측정값으로부터 얻은 샘플의 발광 스펙트럼

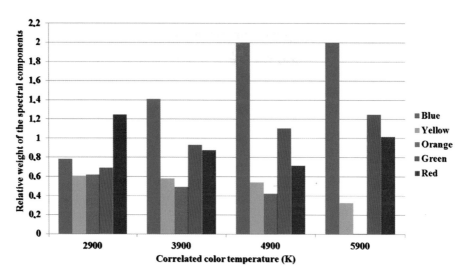

그림 7.19 네 조건의 색온도(CCT = 2900, 3900, 4900, 5900K)에 대한 그림 7.18의 다섯 스펙트럼 요소의 상대적 가중치. 이러한 색온도에서 다섯 요소들의 4개의 서로 다른 선형적 조합에서의 화이트 포인트가 매우 정확하게 얻어졌다($\Delta uv < 10^{-7}$, 본문 참조).

그림 7.19에서 보여지는 것과 같이, blue LED 칩으로부터 나온 빛의 상대적 가중치가 증가하면 (예상했던 바와 같이) 색온도도 증가하였다. 이러한 이론적인 4-pc WLED의 상대 분광 분포는 그림 7.20에서 볼 수 있다.

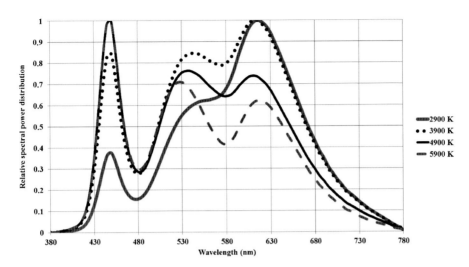

그림 7.20 이론적 4-pc WLED의 상대 분광 분포. 그림 7.19의 가중치 기반의 그림 7.18의 요소 스펙트럼들의 선형적 조합

그림 7.20은 blue LED와 인광체 혼합물 조합의 상대 분광 분포의 모양이 색온도에 따라서 어떻게 변화하는지를 보여주고 있다. 이러한 4-pc WLED들에 대해서 색채 밝기(L^{**}), 색 재현성(G), 연색지수(R_{UCS}), 조화 연색지수(R_{hr})의 수치들이 색온도에 따라 어떻게 변화하는지를 살펴보는 것 또한 중요하다. 이는 그림 7.21에 나타나 있다.

그림 7.21에서 보여지는 것과 같이, 34개 물체의 평균 밝기(L^{**})는 CCT가 증가함에 따라서 감소(약 26%)한다(컬러 물체들의 이번 샘플 세트에서는). 색 재현성(G)과 연색지수(R_{UCS})는 거의 일정하게 유지되고(4% 이내), 반면에 조화 연색 특성은 색온도가 증가함에 따라서 감소한다(약 15%).

이러한 계산 외에도, 오늘날 일반적으로 사용되는 세 가지 실내 광원과 이러한 네 가지 수치를 약 2600K 색온도에서 비교해보는 것도 흥미롭다. 이 광원들은 표 6.7로부터 참고할 수 있는 텅스텐 백열 램프(INC, R_a = 100), 소형 형광 램프(CFL, R_a = 84), 보강 LED 램프(LED, Ra = 89)로 그림 7.22에서 이를 비교할 수 있다.

그림 7.22에서 보여지는 것과 같이, 평균 밝기와 색 재현성은 이러한 세 가지

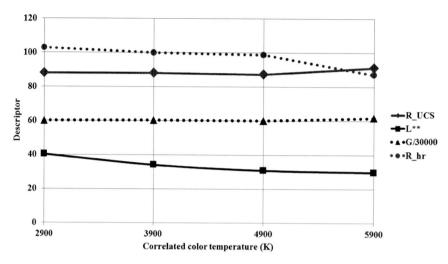

그림 7.21 그림 7.20의 4-pc WLED의 평균 색채 밝기(L^{**}), 색 재현성(G), 연색지수(R_{UCS}), 조화 연색지수(R_{hr})를 상관 색온도의 함수로 나타낸 것. L^{**}, G, R_{UCS}, R_{hr} 값은 7.2.2절에서 정의되었다.

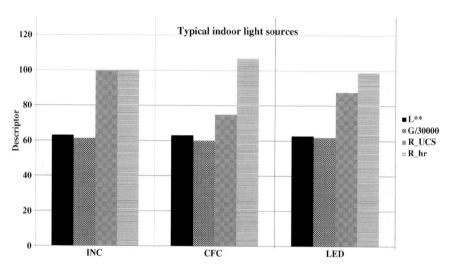

그림 7.22 2600K 색온도에서 오늘날 일반적으로 사용되는 세 가지 실내 광원들에 대해서 평균 밝기(L^{**}), 색 재현성(G), 연색지수(R_{UCS}), 조화 연색지수(R_{hr})값들 비교. 광원은 텅스텐 백열 램프(INC), 소형 형광 램프(CFL), 보강 LED 램프(LED)이다(표 6.7과 그림 6.18 참조).

광원들 간에 눈에 띄는 차이를 보이지 않았다. 또한 CFL의 색 조화 특성은 INC 나 LED보다 우수하다. 반면에 평균 연색지수(R_{UCS})를 보면, CFL은 낮은 값(R_{UCS} = 75)을 가지는데, 이는 그림 6.13의 세 가지 컬러 물체들로 인한 것이다. 그림

6.13의 7번(빨간 장미, $R_{UCS, special} = 31$), 21번(토마토, $R_{UCS, special} = 57$), 28번(청바지, $R_{UCS, special} = 49$)이 이 세 가지 컬러 물체에 해당한다. 이는 일반적인 CFL이 중요한 스펙트럼 범위(red 혹은 blue)에서 발광을 거의 하지 않기 때문인데, 이러한 물체들은 해당 스펙트럼 범위에서 높은 반사 스펙트럼을 가지고 있기 때문이다(그림 6.13과 6.18 비교). 비슷하게, LED에서는 7번(빨간 장미, $R_{UCS, special} = 72$), 28번(청바지, $R_{UCS, special} = 60$)과 같은 두 물체에 대해서는 일반적인 LED 보강 램프($R_{UCS} = 87$)보다 더 낮은 R_{UCS}값을 갖는다. 이러한 세 광원에 대한 특수 연색지수($R_{UCS, special}$)는 표 7.1에서 보여주고 있다.

표 7.1에서 보여지는 것과 같이, CFL의 경우 위에 언급된 물체들 외에도 몇몇 다른 물체들, 예를 들면 불그스름한 색을 띤 다른 물체들(사과, 햄, 살라미)과 두 가지 피부톤(아시아인, 백인), 녹색, 노란색, 갈색 빛의 물체들(초록과 노란색 나뭇잎, 배, 바나나, 노란 셔츠, 노란 백합, 치즈, 빵)에 대해서도 $R_{UCS, special}$ 값이 80 이하로 나타나 있다. 여기서 얻을 수 있는 결론은 새로운 광원을 디자인하기 위해서는 위의 결과들에 대해서 특별히 주의하여, 모든 중요한 물체들을 표현할 수 있도록 중요한 스펙트럼 범위를 커버할 수 있도록 해야 한다는 것이다. 또 다른 결론으로는 여덟 가지 포화도가 높지 않은 컬러 샘플들(6.1절의 7단계)에 대한 CIE 연색지수(R_a)는 잘못될 수 있다는 것이다. 예를 들면 CFL의 경우 $R_a = 84$지만 일반적인 물체에서 매우 나쁜 연색성을 보여줄 수 있기 때문이다.

마지막으로, 이번 절의 4-pc LED의 계산 예시는 한정적인 부분에서만 유효한데, 이는 그림 7.18의 5개 발광 스펙트럼의 선형적 조합이 실제의 인광체 혼합 소자의 상대 분광 분포를 완벽히 예측한 것이 아니기 때문이다. 왜냐하면 소자의 blue LED칩과 인광체들 사이에서는 다중 반사와 재흡수, 재여기 등의 다양한 현상이 존재하기 때문이다. 이러한 현상은 WLED의 기하학적 구조에 의한 것인데, 이는 광선 추적법(ray-tracing)에 의해 모델링이나 물리적 모델링으로 계산될 수 있다[31−33]. ZnO 나노 막대의 백색 LED라는 새로운 분야에서는 균형 잡힌 분광 분포 특성과 연색지수 R_a가 98까지 높아질 수 있고, 모든 14개의 CIE 특수 연색지수는 90 이상이 될 수 있다[3].

표 7.1 그림 6.13의 34개 컬러 물체들에 대한 표 6.7과 그림 6.18의 세 가지 광원의 특수 연색지수($R_{UCS, special}$)

Type	Object description	No.	INC	CFL	LED
CIE R_a			*100*	*84*	*89*
Skin tones	African	1	100	83	93
	Asian	2	100	*77*	89
	Caucasian	3	100	*78*	90
Leaves	Green	4	100	*71*	88
	Yellow-green	5	100	*77*	88
	Lilac	6	100	81	83
Flowers	Red rose	7	99	*31*	*72*
	Orange gerbera	8	100	90	92
	Yellow lily	9	100	*65*	82
	Pink peony	10	100	*77*	86
Fruits-1	Peach	11	100	86	94
	Yellow-green pear	12	100	*77*	88
	Nectarine	13	100	*65*	87
	Apricot	14	100	*74*	88
	Granny Smith apple	15	100	*75*	87
Food-1	Yellow cheese	16	100	*71*	83
	Salami	17	100	*69*	94
	Ham	18	100	*64*	92
	Brown bread (outside)	19	100	*76*	86
Vegetables	Zucchini	20	100	*70*	87
	Tomato	21	99	*57*	90
	Yellow pepper	22	100	*78*	89
	Cucumber	23	100	*77*	88
Fruits-2	Banana	24	100	*68*	83
	Orange	25	100	85	90
Toy	Smurf	26	100	92	94
Food-2	Strawberry yogurt	27	100	91	96
Textiles	Blue jeans	28	99	*49*	*60*
	Red trousers	29	100	85	88
	Pink jacket	30	100	81	90
	Yellow shirt	31	100	*76*	83
Books	Blue book	32	100	*79*	82
	Red book	33	100	81	95
	Yellow book	34	100	88	95

80 미만의 값들은 두꺼운 이탤릭체로 표시하였다.

7.2.5
광원 디자인에서 색 항상성의 영향

인간의 색 항상성 메커니즘을 이해하는 것은 앞으로의 실내 광원 기술에서 중요해질 수 있다[35]. 색 항상성이란 물체를 비추는 광원의 스펙트럼 분포가 달라져 관찰 환경이 변화함에도 불구하고 인간은 물체색의 반사 스펙트럼을 인식할 수 있는 인간의 인지 능력을 말한다. 잘 설명할 수 있는 예시로 여러 다른 컬러 물체들을 차가운 형광등 대신에 따뜻한 텅스텐 빛으로 비출 때를 들 수 있다. 물체들의 색이 크게 변화했음에도 불구하고, 그들의 컬러 어피어런스는 놀랍게도 일정하게 유지된다.

인간의 시각 시스템의 몇몇 다른 메커니즘이 색 항상성 현상에 기여하는데, 모델링에는 심리학자, 컴퓨터 과학자, 엔지니어, 신경과학자 등 여러 다른 분야의 전문가들이 관여해왔다[35]. 색 항상성은 조명의 색채 변화(그리고 인간 시각 시스템에 대한 대략적인 추정)만을 가지고는 색 항상성을 완벽하게 설명할 수 없고, 이는 광원의 컬러 연색성을 설명하는 의도로 만들어진 현대의 알고리즘과 같이 직관적인 색 순응 변환에 의해 설명할 수 있다.

인간의 광 수용체 신호 단계에서는, 물체의 반사 함수와 조명의 분광 분포 특성을 분리시킬 수 없지만[36, 37], 인간의 시각 시스템은 이전에 여러 다른 조명 조건하에서 수백만 번의 자연물을 관찰한 지식으로부터 얻은 결과로 빛이 비춰지는 현재의 장면에 대한 추가적인 단서를 얻을 수 있다. 그렇기는 하지만, 인간의 색 항상성은 완벽하지 않을 때도 있고, 컬러 항상성의 수준은 실제 눈에 보여지는 장면에 의존하기도 한다.

오늘날 새로운 LED 램프의 최적화를 위하여 램프의 분광 분포가 인간의 시각 시스템이 색 항상성을 가질 수 있는 자연의 넓은 조명 조건과 매우 다르다는 것을 인식하는 것이 중요하다. 이러한 새로운 스펙트럼은 인간의 색 항싱성 작용을 방해할 수도 있고, 연색성이 나쁘게 나타날 수 있다. 그러므로 주어진 애플리케이션에서 중요한 물체들에 대한 반사 스펙트럼 특성을 고려하여 광원의 스펙트럼을 디자인하기 위해서 통합된 하나의 색 항상성 이론을 적용하는 것이 중요하다. 하지만 안타깝게도 이러한 이론은 이 책을 쓰는 현재의 시점에서는 존재하지 않고, 가까운 미래에도 나올 것 같지는 않다. 그럼에도 불구하고 아래에 설명할 내용으로, 인간의 색 항상성 영향 인자들을 살펴보고 적정 광원 최적화를 하는 것은 중요하다.

색 순응은 인간의 시각정보 처리 과정의 하위 수준에서 일어나는 색 항상성의 중요한 메커니즘 중 하나이다. 하지만 색 순응의 비선형성, 추상체 신호의 상호작용 측면은 종종 무시된다. (CAT02라고 불리는) CIECAM02의 색 순응 변환(CAT)에서는 오직 화이트 포인트의 추상체 신호가 CAT 결과에 영향을 미친다. 하지만 조명 환경에서는 컬러 물체들의 질감과 모양뿐만 아니라 부분적 대비, 전체 대비와 같은 무수한 다른 요소들이 작용한다.

조명 환경에서의 부분 대비는 색채 유도의 시각적 효과를 유발한다. 예를 들면 커다란 녹색 패치 안의 초점 부분에 작은 회색 패치를 놓으면 패치 안쪽이 약하게 핑크 빛이 도는 것을 볼 수 있다. 이러한 효과는 장면에서 전체 대비에 의해서, 떨어져 있는 자극에 의해서도 나타나게 된다[35, 38]. 테스트 패치의 컬러 어피어런스는 배경의 컬러뿐만 아니라 배경의 컬러 변화에도 영향을 받는데, 이는 패치 주변에 다른 대비와 컬러 포화도에 의한 것이다. 물체는 낮은 대비의 컬러가 없는 배경일 때가 높은 대비의 여러 컬러의 배경일 때보다 더 선명하게 보여지는 것으로 밝혀졌다[39]. 이러한 현상은 오늘날 많이 쓰여지는 CAT에서 사용되는 균등한 순응 부분에 의한 정량화된 순응의 한계를 보여준다.

상관 색 항상성은 연색성과 관련되어 더 중요한 이슈가 된다[35]. 이는 조명이 바뀌었을 때에 물체색 간 인지 관계의 항상성을 말한다[40]. 상관 색 항상성은 장면 안에서의 공간적 추상체 활성화를 조사함으로써 얻을 수 있다[41]. 대부분의 자연물에서는 자연광이 변화해도 뚜렷한 물체들 간에는 추상체 활성화 비율이 크게 변하지 않는다[41]. 컬러 연색성과 관련하여 낮은 컬러 연색성의 테스트 광원에서는 기준 광원 대비 조명 환경하에서의 물체색들 간의 변화가 일어난다[35].

테스트 광원과 기준 광원 아래서의 정해진 테스트 컬러 물체들에 대한 공간적 추상체 활성화율을 계산하는 것은 연색성 계산 방법을 제시하는 것과 같다. 우리의 지식에 따르면, 그러한 방법은 작용되지 않고, 주관적 연색성 평가 결과와 비교되는데, 이는 상대적인 색 항상성만으로는 조명하에서의 물체들의 컬러 어피어런스 변화를 설명할 수 없기 때문이다[35].

위에서 언급했듯이, **색채 질감**(조명으로 비춰진 물체에서 보여지는 컬러 셰이딩과 미세한 기하학적 구조)은 색 항상성을 설명하는 인간 시각 시스템의 더 높은 차원의 단서를 보여주는 것이다. 자연물은 대부분의 컬러 연색성 계산 방법에서 쓰이는 하나의 테스트 컬러 패치와는 다른 질감을 가지고 있다. 이는 테이블 위에 놓여 있는 정물 배열(그림 6.17)이 (일반적으로) 단일의 컬러 패치들의 조합(그림 6.7)보다 더 광원의 품질을 잘 설명할 수 있는 이유이다.

컬러 셰이딩으로 인해서 자연물은 CIECAM02 a_C, b_C 다이어그램에서 컬러 분포를 나타내게 된다[35, 42]. 이러한 컬러 분포는 만약 물체를 비추는 광원이 바뀌게 된다면 특성대로 바뀌고, 인간의 시각 시스템은 물체가 불완전한 분광 분포를 가지고 있거나 평범하지 않은 경우가 아니라면 이러한 특성 변화를 예측[43]할 수 있을 것이다. 12개의 실물 세트와 두 가지 광원(우수한 컬러 연색성의 백색 인광체 변환 LED 광원과 나쁜 컬러 연색성의 RGB LED 광원)의 예시를 그림 7.23에서 보여주고 있다. 이 물체들의 *XYZ*값은 고해상도의 고사양 이미징 측색기로 계측되었고 이는 CIECAM02 a_C, b_C값으로 변환되었다.

그림 7.23에서 보여지는 것과 같이, 12개의 물체 질감에 대한 **컬러 분포**는 RGB LED 광원하에서는 백색 인광체 LED로 비췄을 때 대비 왜곡되어 있다. 그러므로 백색 인광체 LED가 꺼지고 대신 RGB LED가 켜질 때, 색 항상성은 무너지게 된다.

위에서 보여진 것처럼, 인간의 색 항상성은 매우 복잡한 현상이다. 현재는 통합된 수식 모델이 없기 때문에, 광원의 분광 분포 최적화에 이러한 결과들을 사용하는 것이 현실적으로 불가능하다. 하지만 이를 고려하는 것은 향후 새로운 광원 기술, 특히 스펙트럼적으로 더 유연한 LED에서는 중요하게 작용할 것이다.

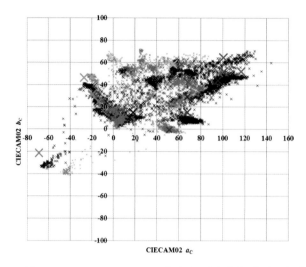

그림 7.23 CIECAM02 $a_C - b_C$ 다이어그램에서의 실물(노란 파프리카, 오렌지색 실, 빨간 토마토, 피망, 빨간 장미, 오렌지색 달리아, 보라색 테이블보, 하늘색 테이블보, 노랑-초록 테이블보, 노란색 테이블보, 빨간색 테이블보, 갈색 테이블보) 세트의 컬러 분포. 물체들은 우수한 컬러 연색성의 백색 인광체 변환 LED 광원(작은 회색 ×표)과 나쁜 컬러 연색성의 RGB LED 광원(큰 검은색 ×표)으로 비춰졌다. 작은(큰) 색깔의 ×표시는 백색 LED(RGB LED) 아래에서의 이러한 물체들의 $a_C - b_C$값의 평균값을 보여준다[42]. 물체들은 고해상도, 고사양 이미징 측색기로 측정되었다. 재인쇄는 IS&T : The Society for Imaging Science and Technology에 허가받음. 모든 저작권은 CGIV2010 – 5th European Conference on Color in Graphics, Imaging, and Vision에 있다.

7.3
요약과 전망

이 책은 인간의 시각 시스템, 특히 색각에 대한 지식을 어떻게 활용하여 컬러 디스플레이와 실내 조명에 의해서 비춰지는 컬러 물체들의 반사광을 최적화하는 데 사용할 수 있는지에 주목하고 있다. 컬러 물체들의 어피어런스를 최적화하기 위해서는, 광원의 분광 분포 특성이 물체의 반사 스펙트럼을 고려하여 최적화되어야 한다. 이러한 최적화의 목적은 광원의 컬러 품질을 향상시키고자 함이다(6장).

광원의 컬러 품질 요소들은 컬러 물체의 컬러 충실도, 컬러 조화, 색 재현성, 선호도, 색채 밝기와 색차 향상, 명료성, 컬러 변화의 연속성, 기억색과 유사성, 물체에 비춰지는 광원 아래서의 물체의 형태, 질감, 컬러에 해당하는 용인 가능성으로 이루어져 있다.

앞서 여러 다른 피부톤을 포함한 실내의 중요한 물체들에 대한 측정된 분광 분포 세트를 보여주었다. 이는 위에서 언급된 물체에 비춰지는 광원의 인지되는 컬러 품질 측면의 수치적 상관성(수치)의 계산에 관련된 것이다. 예를 들면 컬러 충실도의 수치적 상관성은 연색지수가 된다(6.2절). 이러한 지수들의 실질적 적용은 조명 엔지니어가 광원의 기술적 요소들을 변화함으로써 새로운 광원의 분광 분포를 최적화할 수 있도록 하는 것이다. 하지만 광원 기술에서는 한정된 스펙트럼 영역에서만 이러한 변화를 허용하게 되는데, 이는 기술적인 한계로 인해 광원의 분광 분포에서 중요한 파장대가 사라지거나 잘 나타나지 않게 될 수도 있기 때문이다. 이로써 LED 칩 기술과 인광체 기술이 조명 최적화를 위한 새로운 지평을 열었다고 볼 수 있다.

디스플레이를 생각해보면, 디스플레이의 컬러 자극을 정확하게 만들기 위하여 색채 조절과 특성화 방법을 설명하였다. 디스플레이의 색채 조절은 정확한 컬러 이미지 구현을 위하여 필수적이지만, 또 한편으로는 정신물리학적 실험을 통해서 디스플레이의 기술적 요소가 시청자들에게 얼마나 영향을 미치는지를 실험하였다. 더 구체적으로 설명하면, 디스플레이로부터 얻은 인간의 시각 반응 데이터에 맞는 정신물리학적 모델은 인간의 인지 혹은 시각 인식을 예측하는 것이 컬러 자극이 물리적으로 정확한 경우에만 가능하다. 예를 들면 2.4절의 PDP 모니터의 색 특성화는 — 공간적 부조화의 규모와 같은 기술적 한계의 확인을 포함한 — 컬러 크기 효과의 정신물리학적 실험과 관련이 있다.

같은 이유로, 동등 가독성 실험(3.3.2절)에서 글자의 휘도와 배경의 휘도는 동일해야 한다. 이를 위해서 CRT 특성화 방법의 결과(2.2.2.1절)를 사용하였다. 하지만 모든 디스플레이 기술은 고유의 톤 곡선과 전기광학 변환 함수, 온도 특성, 특정 하드웨어나 이미지 구현 알고리즘으로부터 나타나는 시각적 불편감을 나타내는 다른 기술적 아티팩트를 가지고 있다.

디스플레이의 **완벽한** 특성화 모델은 (확장된 균등 컬러 패치의 *XYZ* 예측값과 같은) 디스플레이의 색채계뿐만 아니라, **공간적 컬러 해상도**나 연속적인 컬러 셰이딩을 보여주는 디스플레이의 능력 측면에서도 설명되어야 한다. 전체 조광된 물체의 균일도(2.1.5절)나 시야각의 색 자극 의존성(2.1.6절)과 같은 요인들은 모두 중요하지만, 각도별 방사 특성과 같은 디스플레이 시야각 특성의 **정확한 물리적 측정**도 함께 명시되어야 한다.

특성화 모델은 디스플레이의 하드웨어에 대한 반영이 (부분적으로라도) 필요한데, 예를 들면 디스플레이 자체의 톤 곡선을 CRT와 같은 톤 곡선으로 바꾸기 위해서 이런 부분이 필요하다. 이런 것들은 ICC 컬러 프로파일(4.1.2절)과 같은 프로그램을 적용할 수 있다. 하지만 보통은 디스플레이 사용자들이 원하는 것은 디스플레이의 정확한 *XYZ*값을 맞출 수 있는 간단한 프로파일뿐만 아니라, 색 재현의 목적과 시청 환경에 따른 원본 이미지의 컬러 어피어런스를 맞춰주는 이미지 프로세싱 알고리즘이다(3.2절). 이러한 컬러 프로파일은 장기 기억색 기반(3.4.3절)이거나, 이미지 선호 기반(3.6절)의 최적화 혹은 감성 최적화(4.6절)를 포함할 수 있다.

최적의 프라이머리 컬러로 넓은 색 재현 면적을 얻기 위해서는(5.2절) 멀티 프라이머리 서브픽셀 구조(5.4절)로 공간적 컬러 해상도를 최적화하여 디자인하는 방법이 있다. 3색 이상의 새로운 서브픽셀 구조를 가진, 혹은 더 넓은 휘도 범위를 가진 멀티 프라이머리 디스플레이 기술이 시장에 등장하였다. 이러한 기술은 LED 백라이트의 멀티 프라이머리 LCD 디스플레이(2.3절), 대형 플라스마 디스플레이(2.2.2.2절), LED 프로젝터(2.2.2.5절)를 포함하고 있다. 이러한 넓은 색 재현 면적으로 인해서, 모든 자연의 물체들(매우 포화도가 높은 빨간색, 보라색, 오렌지색조차도) 정확하게 보여주는 것이 가능하다.

색 재현성 확장 알고리즘(7.1.3절)은 컬러 프로파일에서도 쓰이는데, 이는 멀티 프라이머리 디스플레이는 경우에 따라서 원본 이미지보다 색 공간을 확장시켜 보여줄 필요가 있기 때문이다. 이러한 예시로, 5원색 혹은 6원색 디스플레이(5.2.2절)보다도 4원색 시스템이 더 넓은 색 재현 능력을 보여주는 경우도 있다. 컬러 이미지 구현 방법은 새로운 프라이머리 서브픽셀 구조(5.4절)에 보여주는 것이 가능해야 한다. 그림 5.19의 7원색 디스플레이라고 할지라도, 일부 색들은 4원색 구조보다 커버를 하지 못했다. 이는 4원색 구조에서 공간적이 컬러 뷰포릭 최적으로 보여줄 수 있었기 때문이다.

멀티 프라이머리 서브픽셀 구조에서 공간적 컬러 표현의 중요성과 색 재현성의 중요성을 비교하는 것이 향후 재미있는 미래 연구 주제가 될 수 있다. 미래 연구의 주제는 공간적 컬러 아티팩트를 없애기 위한 복잡한 컬러 서브픽셀 구조에서 현재의 컬러 이미지 파일을 보여주는 이미지 렌더링 알고리즘을 최적화하는 것이 될 수 있다. 정교하고 연속적인 컬러 변화를 포함하고 있는 이미지 부분에서는 색 띠 현상(color fringe artifact)(5.3절) 없이 확장된 색 공간을 어떻게 완벽하게 구현하는지를 해결해야 할 것이다.

다이내믹 LED 백라이트는 넓은 휘도 범위(HDR)의 이미지(2.3.3절)를 보여줄 수 있다. 이렇게 강조된 어피어런스는 눈에 들어오는 빛의 양이 기술적으로 얻을 수 있는 휘도 범위로 줄어들었음에도 불구하고 사용자들의 장면에 대한 몰입감과 감성 효과를 향상시켜준다. 이와 동시에 HDR 이미지의 이미지 압축 최적화를 위하여 높은 대비비 근처 휘도 범위의 의미 있는 최저 한계를 조사해야 한다.

현대의 디스플레이는 큰 면적의 컬러 자극을 보여준다. 또한 이러한 컬러 어피어런스의 일부 특성만을 기술한 모델이 있다(2.4절). 향후 이미지 프로세싱 과정에서는 30° 이상의 넓은 시청 각도의 이미지인 경우를 위하여 이러한 큰 컬러 자극에 대하여 변환하는 것이 필요하다. 시각적 인간공학 원리(3.1절)는 여러 컬러물체들의 시각적 찾기 능력 향상을 위하여 컬러 대비를 적용하여 컨트롤할 수 있는 디스플레이에 대해 설명하고 있다(3.3절).

인지 컬러, 선호 컬러, 감성 컬러 또한 이 책의 주제이다. 장기 기억색은 디스플레이의 인지 컬러 품질을 향상시켜주기 위해 중요하다는 것이 밝혀졌다(3.4.3절). 영화와 같은 동영상에 관련되어 감성을 자극하는 시각적 효과는 비디오의 기술적 인자에 근거하여 수학적으로 모델링되어 계산되었다(4.6절).

미래의 종합적인 이미지 프로세싱 알고리즘은 이러한 측면(기억색, 선호색, 시각적 감성 자극)들을 고려해야 한다. 이미지 원래의 컬러는 이미지의 컬러 신호뿐만 아니라, 이미지의 부분적 혹은 전체적인 대비를 토대로 장기 기억색이나 선호색 혹은 감성을 극대화하는 방향으로 변환될 수 있다. 기억색, 선호색, 시각적 감성 자극은 사용자의 나이, 국적 등에 의해서 개인 간 편차가 크게 나타난다. 이러한 편차는 잘 연구되지 않았고, 향후 중요한 연구 분야로 보인다. 또 다른 미래 연구 분야는 박명시(mesopic)의 컬러 어피어런스에 관한 것으로, 많은 중요한 분야에서는 시각의 박명시 부분에서 일어난다. 예를 들면 홈 시네마를 포함한 디지털 혹은 아날로그 영화, 차 내부 조명 등이 이에 해당한다. 박명시 컬러 이미지 어피어런스 모델은 이러한 애플리케이션에서의 이미지 프로세싱 과정을 위하여 개발되어야 할 것이다.

참·고·문·헌

1 Choi, M.C., Kim, Y., and Ha, C.S. (2008) Polymers for flexible displays: from material selection to device applications. *Prog. Polym. Sci.*, **33**, 581–630.

2 Allen, K.J. (2005) Reel to real: prospects for flexible displays (invited paper). *Proc. IEEE*, **93** (8), 1394–1399.

3 King, R.C.Y. and Roussel, F. (2007) Transparent carbon nanotube-based driving electrodes for liquid crystal dispersion display devices. *Appl. Phys. A*, **86**, 159–163.

4 Sekitani, T., Nakajima, H., Maeda, H., Fukushima, T., Aida, T., Hata, K., and Someya, T. (2009) Stretchable active-matrix organic light-emitting diode display using printable elastic conductors. *Nat. Mater.*, **8**, 494–499.

5 Rogers, J.A., Bao, Z., Baldwin, K., Dodabalapur, A., Crone, B., Raju, V.R., Kuck, V., Katz, H., Amundson, K., Ewing, J., and Drzaic, P. (2001) Paper-like electronic displays: large-area rubber-stamped plastic sheets of electronics and microencapsulated electrophoretic inks. *Proc. Natl. Acad. Sci. USA*, **98** (9), 4835–4840.

6 Vertegaal, R. and Poupyrev, I. (2008) Organic user interfaces. *Commun. ACM*, **51** (6), 26–30.

7 Deter, A. (2006) 2nd generation of laser display technology. Innovation Special Planetariums 6, Carl Zeiss, pp. 26–27.

8 Langhans, K., Guill, C., Rieper, E., Oltmann, K., and Bahr, D. (2003) Solid Felix: a static volume 3D-laser display. *IS&T Rep.*, **18** (1), 1–16.

9 Ko, Y.C., Cho, J.W., Mun, Y.K., Jeong, H.G., Choi, W.K., Kim, J.W., Park, Y.H., Yoo, J.B., and Lee, J.H. (2006) Eye-type scanning mirror with dual vertical combs for laser display. *Sens. Actuators A*, **126**, 218–226.

10 Brückner, S. and Khanh, TQ. (2011) Dimmung von Hochleistung-LEDs, Nutzen, Methoden und lichttechnische Folgen (Dimming of high-brightness LEDs: benefits, methods and consequences for lighting engineering. *Licht*, **3**, 44–49.

11 Lee, S.Y., Kwon, J.W., Kim, H.S., Choi, M.S., and Byun, K.S. (2006) New design and application of high efficiency LED driving system for RGB-LED backlight in LCD display. Proceedings of the 37th IEEE Power Electronics Specialists Conference (PESC'06), Jeju, Korea, pp. 1–5.

12 Muthu, S., Schuurmans, F.J., and Pashley, M.D. (2002) Red, green, and blue LED based white light generation: issues and control. Proceedings of the Industry Applications Conference, vol. 1, pp. 327–333.

13 Vinh, T.Q. and Khanh, T.Q. (2011) Gefährliche mischung, wirkungen von Strom und Temperatur auf die LED-lebensdauer (A dangerous mixture: effect of current and temperature on the lifetime of LEDs). *Licht*, **11–12**, 76–80.

14 Hunt, C.E., Quintero, J., and Carreras, J. (2011) Appearance degradation and

chromatic shift in energy efficient lighting devices. Proceedings of the 19th Color and Imaging Conference, San Jose, CA, pp. 71–75.

15 Hoshino, T. (1991) A preferred color reproduction method for the HDTV digital still image system. Proceedings of the IS&T Symposium on Electronic Photography, pp. 27–32.

16 Xie, Y. and Klompenhouwer, A.M. (2011) Colour image enhancement. U.S. Patent Application No. 2011/0110588 A1.

17 Kang, B.H. and Cho, M.S. (1999) Methods of colour gamut extension algorithm development using experimental data. Proceedings of 1999 IEEE Tencon, pp. 352–355.

18 Freyssinier, J.P., Frering, D., Taylor, J., Narendran, N., and Rizzo, P. (2006) Reducing lighting energy use in retail display windows. Sixth International Conference on Solid State Lighting, *Proc. SPIE*, **6337**, 63371L.

19 Zulim, D., Lydecker, S.H., King, L.C., and Hinnefeld, J.D. (2007) Networked architectural lighting with customizable color accents. U.S. Patent Application No. 2007/0285921 A1.

20 Gall, D. and Bieske, K. (2004) Definition and measurement of circadian radiometric quantities. Proceedings of CIE Symposium '04 on Light and Health, Commission Internationale de l'Éclairage, Vienna, pp. 129–132.

21 Rea, M.S., Figueiro, M.G., Bierman, A., and Bullough, J.D. (2010) Circadian light. *J. Circadian Rhythms*, **8** (2), 1–10.

22 CIE 165:2005 (2005) *CIE 10 Degree Photopic Photometric Observer*, Commission Internationale de l'Éclairage.

23 Viénot, F., Bailacq, S., and Le Rohellec, J. (2010) The effect of controlled photopigment excitations on pupil aperture. *Ophthalmic Physiol. Opt.*, **30** (5), 484–491.

24 Gamlin, P.D.R., Mc Dougal, D.H., Pokorny, J., Smith, V.C., Yau, K.W., and Dacey, D.M. (2007) Human and macaque pupil responses driven by melanopsin containing retinal ganglion cells. *Vis. Res.*, **47**, 946–954.

25 Rea, M.S., Bullough, J.D., and Figueiro, M.G. (2002) Phototransduction for human melatonin suppression. *J. Pineal Res.*, **32**,

209–213.

26 Brainard, G.C., Hanifin, J.P., Greeson, J.M., Byrne, B., Glickman, G., Gerner, E., and Rollag, M.D. (2001) Action spectrum for melatonin regulation in humans: evidence for a novel circadian photoreceptor. *J. Neurosci.*, **21**, 6405–6412.

27 Thapan, K., Arendt, J., and Skene, D.J. (2001) An action spectrum for melatonin suppression: evidence for a novel non-rod, non-cone photoreceptor system in humans. *J. Physiol.*, **535**, 261–267.

28 Khanh, T.Q. (2010) LED – a technology for quality and energy efficiency. Proceedings of CIE 2010 "Lighting Quality & Energy Efficiency", CIE x035:2010.

29 Xie, R.J., Hirosaki, N., Sakuma, K., and Kimura, N. (2008) White light-emitting diodes (LEDs) using (oxy)nitride phosphors. *J. Phys. D*, **41**, 144013.

30 Winkler, H., Barnekow, P., Benker, A., Petry, R., Tews, S., and Vosgroene, T. (2008) Inorganic phosphors for LED applications. IMID/IDMC/ASIA Display 2008 Digest.

31 Yamada, K., Imai, Y., and Ishii, K. (2003) Optical simulation of light source devices composed of blue LEDs and YAG phosphor. *J. Light Vis. Environ.*, **27** (2), 10–14.

32 Zhu, Y. and Narendran, N. (2008) Optimizing the performance of remote phosphor LEDs. *J. Light Vis. Environ.*, **32** (2), 65–69.

33 Won, Y.H., Jang, H.S., Cho, K.W., Song, W.S., Jeon, D.Y., and Kwon, H.K. (2009) Effect of phosphor geometry on the luminous efficiency of high-power white light-emitting diodes with excellent color rendering property. *Opt. Lett.*, **34** (1), 1–3.

34 Zhu, Y. and Narendran, N. (2010) Investigation of remote-phosphor white light-emitting diodes with multi-phosphor layers. *Jpn. J. Appl. Phys.*, **49**, 100203.

35 Ling, Y., Bodrogi, P., and Khanh, T.Q. (2009) Implications of human colour constancy for the lighting industry. CIE Light and Lighting Conference with Special Emphasis on LEDs and Solid State Lighting, May 2009, Budapest, Hungary.

36 Hurlbert, A.C. (1998) Computational models of colour constancy, in *Perceptual Constancy: Why Things Look as They Do* (eds V. Walsh and J. Kulikowski), Cambridge

University Press, pp. 283–322.

37 Smithson, H.E. (2005) Sensory, computational and cognitive components of human colour constancy. *Philos. Trans. R. Soc. B*, **360** (1458), 1329–1346.

38 Shevell, S.K. and Wei, J. (1998) Chromatic induction: border contrast or adaptation to surrounding light? *Vis. Res.*, **38** (11), 1561–1566.

39 Brown, R.O. and MacLeod, D.I. (1997) Color appearance depends on the variance of surround colors. *Curr. Biol.*, **7** (11), 844–849.

40 Nascimento, S.M.C., de Almeida, V.M.N., Fiadeiro, P.T., and Foster, D.H. (2004) Minimum-variance cone-excitation ratios and the limits of relational colour constancy. *Vis. Neurosci.*, **21**, 337–340.

41 Foster, D.H., Nascimento, S.M.C., Craven, B.J., Linnell, K.J., Cornelissen, F.W., and Brenner, E. (1997) Four issues concerning colour constancy and relational colour constancy. *Vis. Res.*, **37** (10), 1341–1345.

42 Bodrogi, P., Brückner, S., and Khanh F T. Q. (2010) Dimensions of light source colour quality. Proceedings of CGIV 2010, 5th European Conference on Colour in Graphics, Imaging, and Vision, Joensuu, Finland, pp. 155–159.

43 Ling, Y., Vurro, M., and Hurlbert, A. (2008) Surface chromaticity distributions of natural objects under changing illumination. Proceedings of CGIV 2008, 4th European Conference on Colour in Graphics, Imaging, and Vision, Terrassa, Spain, pp. 263–267.

저자 소개

Peter Bodrogi는 독일 다름슈타트테크니쉐대학 광 기술 연구실의 선임 연구원이다. 학부 때 헝가리 부다페스트의 로란드외트뵈시(Loránd Eötvös)대학에서 물리를 전공하였다. 헝가리 판노니아대학에서 정보 기술을 전공하여 박사학위를 받았다. 많은 과학 관련 출판물의 공동저자이고 색각과 자발광 디스플레이 기술과 관련된 특허권자이다. 독일의 알렉산더 폰 훔볼트 재단의 연구협회 및 영국의 월시-웨스턴 상(Walsh-Weston Award)을 포함한 여러 과학적 상을 수상하였으며 국제조명위원회(CIE)의 여러 기술위원회 회원이기도 하다.

Tran Quoc Khanh은 독일 다름슈타트테크니쉐대학에서 교수직과 광 기술 연구실의 대표를 맡고 있다. 독일 일메나우테크니쉐대학에서 광학 전공으로 학부를 졸업하고 광학 공학으로 박사학위를 받았으며 색도 측정과 색채 영상 처리를 주제로 교육 자격을 획득하였다. 독일 뮌헨 ARRI Cine Technik에서 과제 책임자로서 산업계에서의 경험을 쌓았고 독일 다름슈타트 자동 조명 국제 심포지엄의 저명한 시리즈를 조직해왔으며 국제조명위원회(CIE)의 여러 기술위원회 회원이다.

역자 소개

이승배

고려대학교에서 화학을 공부하였고, 같은 대학 재료공학과에서 디스플레이 재료 물성 연구로 석사학위를 받았다. 일본으로 유학하여 치바대학교 화상공학과에서 시각 과학을 연구하여 박사학위를 받았다. 현재 삼성디스플레이연구소에서 Master로 화질 특성 연구와 디스플레이 평가 업무를 맡고 있다. 주요 관심 분야는 Vision Science와 Color Science이며, 이를 바탕으로 디스플레이의 인지 화질 특성 정량화를 연구하고 있다.

이은정

이화여자대학교 정보통신학과를 졸업하고, 삼성SDI 중앙연구소에 입사하여 AMOLED의 제품 평가 업무를 해왔다. 성균관대학교 반도체디스플레이공학과에서 OLED에서의 광 효율 및 색 특성 향상에 관련된 연구를 하여 석사학위를 받았고, 현재는 삼성디스플레이연구소에서 디스플레이의 화질 평가와 표준화에 대한 업무를 맡고 있다.

이자은

경북대학교에서 컴퓨터공학을 공부하였고, 삼성SDS에서 3년간 근무하였다. 이후 경북대학교 물리학과에서 물리학을 공부하였고, KAIST 물리학과에서 생물물리를 연구하여 석사와 박사학위를 받았다. 현재 삼성디스플레이연구소에서 근무하고 있으며 디스플레이 평가, 인간공학, 표준화 분야의 작업을 진행해왔다. 최근에는 HMD에 대한 화질 특성에 대해 연구하고 있다.

정종호

경북대학교 전자전기공학부 및 대학원에서 영상처리를 전공하였다. 현재 삼성디스플레이연구소에서 화질 평가 업무를 맡고 있다. 담당하는 분야는 Color Science와 Image Processing이며, 인지 화질 평가를 위한 요소를 연구개발하고 있다.